John S. Bell

Quantenmechanik

John S. Bell

Quantenmechanik

Sechs mögliche Welten und weitere Artikel

2., korrigierte Auflage

DE GRUYTER

Autor
Dr. John Stewart Bell (1928–1990)

ISBN 978-3-11-044790-3
e-ISBN (PDF) 978-3-11-044798-9
e-ISBN (EPUB) 978-3-11-044796-5
Set-ISBN 978-3-11-044799-6

Library of Congress Cataloging-in-Publication Data
A CIP catalogue record for this book has been applied for at the Library of Congress.

Bibliografische Information der Deutschen Nationalbibliothek
Die Deutsche Nationalbibliothek verzeichnet diese Publikation in der Deutschen Nationalbibliografie; detaillierte bibliografische Daten sind im Internet über http://dnb.dnb.de abrufbar.

Druck und Bindung: CPI books GmbH, Leck
♾ Printed on acid-free paper
Printed in Germany

www.degruyter.com

Inhaltsverzeichnis

J. S. Bell: Artikel zur Quantenphilosophie

On the problem of hidden variables in quantum mechanics. *Reviews of Modern Physics* **38** (1966) 447–452.

On the Einstein-Podolsky-Rosen paradox. *Physics* 1 (1964) 195–200.

The moral aspect of quantum mechanics. (mit M. Nauenberg) In *Preludes in Theoretical Physics*, herausgegeben von A. De Shalit, H. Feshbach und L. Van Hove. North Holland, Amsterdam, (1966) S. 279–286.

Introduction to the hidden-variable question. *Foundations of Quantum Mechanics*. Proceedings of the International School of Physics 'Enrico Fermi', course IL, New York, Academie (1971) S. 171–181.

On the hypothesis that the Schrödinger equation is exact. TH-1424-CERN 27. Oktober 1971. Beitrag zum 'International Colloquium on Issues in Contemporary Physics and Philosophy of Science, and their Relevance for our Society', Penn State University, September 1971. Nachgedruckt in *Epistemological Letters*, Juli 1978, S. 1–28, und hier in überarbeiteter Form als Kapitel 15. Ausgelassen.

Subject and Object. In *The Physicist's Conception of Nature* Dordrecht-Holland, D. Reidel (1973) S. 687–690.

On wave packet reduction in the Coleman-Hepp model. *Helvetica Physica Acta* **48** (1975) 93–98.

The theory of local beables. TH-2053-CERN, 28. Juli 1975. Presented at the Sixth GIFT Seminar, Jaca, 2.–7. Juni 1975, und nachgedruckt in *Epistemological Letters*, März 1976.

Locality in quantum mechanics: reply to critics. *Epistemological Letters*, November 1975, S. 2–6.

How to teach special relativity. *Progress in Scientific Culture*, Vol 1, No 2, Sommer 1976.

Einstein-Podolsky-Rosen experiments. *Proceedings of the Symposium on Frontier Problems in High Energy Physics*, Pisa, Juni 1976, S. 33–45.

The measurement theory of Everett and de Broglie's pilot wave. In *Quantum Mechanics, Determinism, Causality, and Particles*, herausgegeben von M. Flato et al. Dordrecht-Holland, D. Reidel, (1976) S. 11–17.

Free variables and local causality. *Epistemological Letters*, Februar 1977.

Atomic-cascade photons and quantum-mechanical nonlocality. *Comments on Atomic and Molecular Physics* **9** (1980) S. 121–126. Gastvortrag bei der 'Conference of the European Group for Atomic spectroscopy', Orsay-Paris, 10.–13. Juli 1979.

de Broglie-Bohm, delayed-choice double-slit experiment, and density matrix. *International Journal of Quantum Chemistry*: Quantum Chemistry Symposium 14 (1980) 155–159.

Quantum mechanics for cosmologists. In *Quantum Gravity* 2, Herausgeber C. Isham, R. Penrose und D Sciama. Oxford, Clarendon Press (1981) S. 611–637. Überarbeitete Version von 'On the hypothesis that the Schrödinger equation is exact' (siehe oben).

Bertlmann's socks and the nature of reality. *Journal de Physique*, Colloque C2, suppl. au numero 3, Tome 42 (1981) S. C2 41–61.

On the impossible pilot wave. *Foundations of Physics* **12** (1982) S. 989–999.

Speakable and unspeakable in quantum mechanics. Einleitende Anmerkungen beim Naples-Amalfi-Meeting, 7. Mai 1984.

Quantum field theory without observers. Vortrag beim Naples-Amalfi-Meeting, 11. Mai 1984. (Vorgängerversion von 'Beables for quantum field theory') Ausgelassen.

Beables for quantum field theory. 2. August 1984, CERN-TH. 4035/84.

Six possible worlds of quantum mechanics. *Proceedings of the Nobel Symposium 65: Possible Worlds in Arts and Sciences*. Stockholm, 11.–15. August 1986.

EPR correlations and EPW distributions. In *New Techniques and Ideas in Quantum Measurement Theory* (1986). New York Academy of Sciences.

Are there quantum jumps? In *Schrödinger. Centenary of a polymath* (1987). Cambridge University Press.

Against 'measurement'. In *62 Years of Uncertainty*: Erice, 5.–14. August 1989. Plenum Publishers.

La nouvelle cuisine. In *Between Science and Technology*, Herausgeber A. Sarlemijn und P. Kroes. Elsevier Science Publishers (1990).

Vorwort zur ersten englischen Originalauflage

Simon Capelin von Cambridge University Press schlug mir vor, ihm meine Artikel über Quantenphilosophie zu senden, und ihn daraus ein Buch machen zu lassen. Ich habe das getan. Die Artikel aus den Jahren 1964 – 1986 werden hier in der Reihenfolge präsentiert, in der sie geschrieben wurden, soweit ich das heute sagen kann. Aber natürlich ist das nicht die Reihenfolge, in der sie gelesen werden sollten.

Die Artikel 18 und 20 („‚Aussprechbares' und ‚Unaussprechliches' in der Quantenmechanik" und „Sechs mögliche Welten der Quantenmechanik") sind nichttechnische Einführungen in das Gebiet. Sie sollten für Nichtphysiker verständlich sein. Das gleiche gilt für den größten Teil von Artikel 16 („Bertlmanns Socken und das Wesen der Realität"), der sich mit dem Problem der anscheinenden Fernwirkung befasst.

Für diejenigen, die etwas über den Quantenformalismus wissen, führt Artikel 3 („Der ‚moralische' Aspekt der Quantenmechanik") in das berühmt-berüchtigte „Messungsproblem" ein. Ich danke Michael Nauenberg, der Mitautor dieses Artikels war, für die Erlaubnis, ihn hier aufzunehmen. Auf etwa demselben Niveau beginnt Artikel 17 („Über die unmögliche Führungswelle") die Diskussion der „verborgenen Variablen" und der zugehörigen „Unmöglichkeits"-Beweise.

Ausführlichere Diskussionen des „Messungsproblems" werden in Artikel 6 gegeben („Über die Reduktion des Wellenpakets im Coleman-Hepp-Modell") und in Artikel 15 („Quantenmechanik für Kosmologen").[1] Diese zeigen meine Überzeugung, dass, ungeachtet einer Vielzahl von Lösungen des Problems „in der Praxis", ein grundsätzliches Problem bleibt. Es ist das Problem des exakten Auffindens der Grenze zwischen dem, was durch wellige Quantenzustände auf der einen Seite beschrieben werden muss, und Bohrs „klassischen Größen" auf der anderen. Die Beseitigung dieser fragwürdigen Grenze ist für mich stets der Hauptanziehungspunkt des „Führungswellen"-Bildes gewesen.

Natürlich existiert das Führungswellen-Bild von de Broglie und Bohm; trotz aller unsäglichen „Unmöglichkeitsbeweise". Darüber hinaus bin ich der Meinung, dass Studenten darin eingeführt werden sollten, denn es fördert die Flexibilität und Präzision des Denkens. Insbesondere veranschaulicht es sehr deutlich Bohrs Erkenntnis, dass das Ergebnis einer „Messung" im allgemeinen nicht eine vorher vorhandene Eigenschaft des „Systems" aufdeckt, sondern ein Produkt von „System" und „Apparatur" ist. Es scheint mir, dass eine volle Würdigung dessen die meisten „Unmöglichkeitsbeweise" vorab beendet hätte, wie auch den Großteil der „Quantenlogik". Die Artikel 1 und 4, ebenso wie 17, erledigen die „Unmöglichkeitsbeweise". Konstruktivere Darstellungen von verschiedenen Aspekten des Führungswellen-Bildes sind in den Artikeln 1, 4, 11, 14, 15, 17 und 19 enthalten. Das meiste davon betrifft die nichtrelativistische Quantenmechanik; jedoch der letzte Artikel, 19 („‚Beables' für die Quantenfeldtheorie") diskutiert relativistische Erweiterungen. Obwohl die üblichen Vorhersagen für die Tests der Speziellen Relativität erhalten werden, ist es unbefriedigend, dass im Hintergrund ein bevorzugtes Koordinatensystem beteiligt ist. In diesem Zusammenhang

[1] AdÜ: Insbesondere auch in Artikel 23 („Wider die ‚Messung'"), der erst in der 2. Auflage erschien

wurde Artikel 9 („Wie lehrt man Spezielle Relativitätstheorie?") aufgenommen, obwohl er keinen bestimmten Bezug zur Quantenmechanik hat. Ich denke, er kann auf der fundamentalen Ebene, was das bevorzugte Koordinatensystem betrifft, in 19 nützlich sein. Mir scheint, viele Studenten erkennen niemals, dass dieser simple Standpunkt, ein spezielles Koordinatensystem zuzulassen, das experimentell nicht feststellbar ist, vollkommen widerspruchsfrei und unkompliziert ist.

Jedes Studium der Führungswellen-Theorie führt, wenn mehr als ein Teilchen betrachtet wird, schnell zur Frage der Fernwirkung, oder „Nichtlokalität", und den Einstein-Podolsky-Rosen-Korrelationen. Das wird kurz beleuchtet in verschiedenen der schon erwähnten Artikel, und es ist das Hauptanliegen der meisten anderen. In dieser Frage schlage ich vor, dass auch Quantenexperten mit Kap. 16 („Bertlmanns Socken und das Wesen der Realität") beginnen könnten, und das etwas technischere Material am Ende nicht überspringen. Wenn ich wieder sehe, was ich über die Lokalitätsangelegenheit geschrieben habe, bedaure ich, niemals die Version niedergeschrieben zu haben, die ich in den letzten Jahren zumeist in Vorträgen über dieses Thema benutzt habe.[2] Aber der Leser kann das leicht rekonstruieren. Sie beginnt mit der Betonung der Notwendigkeit für das Konzept der „lokalen beables" analog der Einführung zu Kap. 7. (Wenn die lokale Kausalität in irgendeiner Theorie untersucht werden soll, dann muss man entscheiden, welche der vielen vorkommenden mathematischen Größen als real und lokalisiert angenommen werden sollen.) Dann wird die einfachere Lokalitätsbedingung aus den Anmerkungen von Kap. 21 formuliert (anstelle der ausführlicheren Bedingung von Kap. 7). Mit einem Beweis, der aus dem in Kap. 7 entwickelt wird, folgt wiederum die Faktorzerlegung der Wahrscheinlichkeitsverteilung. Die Clauser-Holt-Horne-Shimony-Ungleichung wird dann wie am Ende von Kap. 16 erhalten.

Mein Standpunkt zur Everett-de Witt-Interpretation der „vielen Welten", ein ziemlich negativer, ist in Artikel 11 enthalten („Die Theorie der Messung von Everett und de Broglies Führungswelle") und in Artikel 15 („Quantenmechanik für Kosmologen"). Es gibt auch einige Anmerkungen dazu in Artikel 20.

Zwischen den Artikeln gibt es viele Überschneidungen. Aber der liebevolle Verfasser kann in jedem etwas Charakteristisches sehen. Ich konnte mich nur dazu durchringen, einige wegzulassen, die später mit leichten Modifikationen wieder benutzt wurden. Diese späteren Versionen sind eingefügt als Kapitel 15 und 19.

Für diese Reproduktion sind einige triviale Versehen korrigiert worden, und Referenzen zu Preprints sind, wo möglich, durch Referenzen zu den Publikationen ersetzt worden.

In den einzelnen Artikeln habe ich vielen Kollegen für ihre Hilfe gedankt. Hier möchte ich jedoch ganz besonders meinen wärmsten Dank an Mary Bell erneuern. Wenn ich durch diese Artikel blättere, sehe ich sie überall.

J. S. Bell, Genf im März 1987.

[2] AdÜ: Das dürfte in Kapitel 24 („La nouvelle cuisine") dargelegt sein, das erst in der 2. Auflage erschien.

Geleitwort des Übersetzers

Mehr als 24 Jahre nach der ersten englischen Auflage erscheint dieses außergewöhnliche Buch (engl. Originaltitel: „Speakable and Unspeakable in Quantum Mechanics") endlich in deutscher Übersetzung. Bei der Suche nach einem Verlag, der dieses Projekt mitträgt, gab es im Vorfeld etliche Stimmen, die der Meinung waren, dass die meisten potentiellen Interessenten doch die englische Version lesen würden. Ich bin jedoch überzeugt, dass dieser Meilenstein der Quantenphysik durchaus einen großen deutschsprachigen Leserkreis finden wird, weil er bis heute nichts von seiner Aktualität eingebüßt hat, wie auch die laufenden Neuauflagen belegen. Eine Übersetzung halte ich aus mehreren Gründen für angebracht.

Zum einen ist Bells Sprache für einen Wissenschaftler recht „blumig"; und der Physiker, der zwar regelmäßig die englische Fachliteratur liest, wird doch an vielen Stellen an seine Grenzen gebracht. Zum zweiten besteht der Leserkreis natürlich nicht nur aus reinen Fachkollegen. Bell hat es wie kein zweiter Quantenphysiker verstanden, die grundlegenden Probleme der Quantentheorie auch für Nichtfachleute verständlich, und zum Teil sehr plastisch darzustellen. Bei ihm wird jedem Leser deutlich „wo der Hase im Pfeffer liegt". Zum dritten glaube ich, dass auch Physikstudenten vom Lesen des Buches sehr profitieren können. Es werden nahezu alle Aspekte der theoretischen Quantenmechanik diskutiert, und die Darstellungsform kommt auch Lernenden sehr entgegen, weil sie didaktisch gut aufgebaut ist. Zum vierten, und letzten enthalten seine Artikel und Vorträge einen außerordentlich guten Überblick der Dispute und Kontroversen zwischen den Gründungsvätern der Quantenmechanik. Es wird sehr gut deutlich, wer welche Positionen mit welchen Argumenten vertreten hat und wie sich die heute übliche Standardform der Quantenmechanik herausgebildet hat.

Das Herausragende an Bells Arbeit ist natürlich das unbedingte Beharren darauf, dass an den elementarsten Fundamenten der Quantenmechanik etwas im Argen liegt, und der weiteren Aufmerksamkeit bedarf. Dieser Aspekt wird von den allermeisten Theoretikern gern unter den Teppich gekehrt. Bells Thesen sind deshalb (wie er selbst des öfteren betont) nicht die Mehrheitsansicht. Das sollte jeder Leser im Auge behalten, wenn er seine persönlichen Schlussfolgerungen zieht.[3]

Bells eigene Sprache fordert den Übersetzer auf vielfache Weise. Die häufige Wiederholung von Phrasen wirkt sicher im Deutschen manchmal etwas unbeholfen. Ich habe trotzdem versucht, sie soweit wie möglich beizubehalten. Auch seine Wortschöpfungen wie „Beable" (Seibare), oder „FAPP" sind im Sinne der Authentizität nicht übersetzt worden. Auch die Übersetzung seines mitunter sehr subtilen Humors war eine große Herausforderung und ich kann nur hoffen, ihr einigermaßen gerecht geworden zu sein.

---

[3] Hinweis für Interessenten: Es gibt eine aktive Arbeitsgruppe zur Bohmschen Mechanik an der Uni München
`http://www.bohmian-mechanics.de/index.html`
`http://www.mathematik.uni-muenchen.de/~bohmmech/`

An einigen Stellen sind marginale Druckfehler korrigiert, zusätzliche Querverweise, sowie vereinzelte Fußnoten[4] zur Erläuterung eingefügt, und die abgesetzten Formeln zum Teil (mit dem Ziel besserer Lesbarkeit) geringfügig homogenisiert worden; natürlich ohne jegliche inhaltlichen Änderungen. Außerdem habe ich, wo es möglich war, in den Referenzen die Kapitel dieses Buches in eckigen Klammern hinzugefügt.

Für mich persönlich war die Übersetzung des Buches ein großes Anliegen und ein ebenso großes Vergnügen. Ich wünsche allen Lesern bei der Lektüre dasselbe Vergnügen und danke dem Oldenbourg Verlag, insbesondere Frau Berber-Nerlinger, für die Unterstützung bei der Herausgabe dieses wundervollen Buches, sowie Marina Köhler für das sorgfältige Korrekturlesen.

Wolfgang Köhler, Potsdam im Januar 2012

[4] Alle Fußnoten (außer in Alain Aspects Einführung) sind als Anmerkungen des Übersetzers (AdÜ) zu verstehen.

Einführung: John Bell und die zweite Quantenrevolution

Alain Aspect

1 Die Quantenrevolutionen: von Konzepten zu Technologien

Die Entwicklung der Quantenmechanik am Anfang des zwanzigsten Jahrhunderts war ein einzigartiges intellektuelles Abenteuer, das gleichermaßen Wissenschaftler wie Philosophen zwang, die Konzepte, die sie zur Beschreibung der Welt benutzten, radikal zu ändern [1]. Nach gewaltigen Anstrengungen wurde es möglich, die Stabilität der Materie, die mechanischen und thermischen Eigenschaften von Materialien, die Wechselwirkung von Strahlung und Materie, und viele andere Eigenschaften der mikroskopischen Welt zu verstehen, die mit der klassischen Physik unverständlich gewesen waren. Diese *konzeptionelle Revolution* ermöglichte einige Dekaden später eine *technologische Revolution* an der Wurzel unserer informationsbasierten Gesellschaft. Nur mit dem quantenmechanischen Verständnis der Strukturen und Eigenschaften der Materie waren die Physiker und Ingenieure in der Lage, Transistor und Laser zu erfinden und zu entwickeln – zwei Schlüsseltechnologien, die heute sowohl den breitbandigen Informationsaustausch, wie viele andere wissenschaftliche und kommerzielle Anwendungen möglich machen.

Nach einer derartigen Anhäufung von konzeptionellen – und schließlich auch technologischen – Erfolgen, könnte man glauben, dass um 1960 alle interessanten Fragen über die Quantenmechanik gestellt und beantwortet waren. In seinem heute berühmten Artikel von 1964 [2] – einem der bemerkenswertesten Artikel in der Geschichte der Physik – machte John Bell die Physiker auf die außergewöhnlichen Eigenschaften der Verschränkung aufmerksam: Die Quantenmechanik beschreibt ein Paar von verschränkten Objekten als ein einzelnes, globales Quantensystem; und es ist unmöglich, es sich als aus zwei individuellen Objekten bestehend vorzustellen, selbst wenn die beiden Komponenten weit voneinander entfernt sind. John Bell demonstrierte, dass es keine Möglichkeit gibt, die Verschränkung im Rahmen der üblichen Vorstellungen über eine physikalische Realität zu verstehen, die in der Raumzeit lokalisiert und kausal ist. Dieses Ergebnis war das Gegenteil der Erwartungen von Einstein, der als erster, zusammen mit seinen Mitarbeitern Podolsky und Rosen, auf die starken Korrelationen zwischen verschränkten Teilchen hingewiesen hatte; und diese Korrelationen im Rahmen der Vorstellungen einer lokalen physikalischen Realität untersucht hatte. Der bemerkenswerteste Aspekt von Bells Arbeit war zweifelsohne, dass sie die Möglichkeit eröffnete, *experimentell* zu entscheiden, ob Einsteins Ideen beibehalten werden können, oder nicht. Die experimentellen Tests der *Bellschen Ungleichungen* gaben eine eindeutige Antwort: Verschränkung *kann nicht* als übliche Korrelation verstanden werden, deren Interpretation auf der Existenz von gemeinsamen Eigenschaften beruht, die aus einer gemeinsamen Präparation stammen und mit jedem individuellen Objekt auch nach der Trennung verknüpft bleiben – als Teile ihrer physikalischen Realität.[5] Wenige Dekaden nach dem Artikel von 1964 gedeiht die Physik der Verschränkung; und wenn man den Suchbegriff „Bellsche Ungleichungen" in einer Suchmaschine eingibt, findet man tausende von Artikeln, sowohl theoretische als auch experimentelle.

Beginnend mit den 1970ern ist ein anderes Konzept in der Quantenmechanik immer wichtiger geworden: Die Beschreibung von *einzelnen Objekten* – im Unterschied zur bloßen statistischen Benutzung der Quantenmechanik, um Eigenschaften großer Ensembles zu beschreiben (zum Beispiel die Fluoreszenz eines atomaren Gases). Diese Frage war, wie das EPR-Problem, ein Thema der Debatte zwischen Bohr und Einstein [3]; aber erst mit der Entwicklung der experimentellen Möglichkeiten, einzelne mikroskopische Objekte, wie Photonen, Elektronen, Ionen und Atome zu isolieren und zu beobachten, begannen die Physiker die quantenmechanische Dynamik einzelner Objekte, einschließlich der „Quantensprünge", ernstzunehmen. Die experimentelle Beobachtung von Quantensprüngen (im Fluoreszenzlicht eines einzelnen Ions) inspirierte neue theoretische Ansätze, die sogenannte „Quanten-Monte-Carlo-Wellenfunktion"-Simulation, die hauptsächlich benutzt wird, um „elementare" mikroskopische Objekte, wie Ionen, Atome und kleine Moleküle zu beschreiben. In letzter Zeit haben es der Fortschritt in der Nanofabrikation sowie experimentelle Durchbrüche den Physikern erlaubt, mesoskopische Systeme zu schaffen (z.B. elektrische und magnetische Apparate; und gasförmige Bose-Einstein-Kondensate), die die Grenze der Quantenwelt zu immer größeren Systemen verschieben, die noch als einzelne Quantenobjekte beschrieben werden müssen.

Als Zeuge dieser Periode würde ich behaupten, dass John Bell indirekt auch eine wichtige Rolle beim Auftauchen neuer theoretischer Ansätze zur Klärung der Quantenbeschreibung von individuellen Objekten gespielt hat. Bevor die Bedeutung von Bells Theorem erkannt wurde, was erst in den 1970ern der Fall war, war die allgemeine Meinung unter den Physikern, dass die „Gründungsväter" der Quantenmechanik alle konzeptionellen Fragen geklärt hatten. Bells Arbeiten über die Verschränkung zogen die Gültigkeit der Quantenmechanik als prediktives Werkzeug nicht in Zweifel. Die Experimente bewiesen, dass die Natur den Vorhersagen der Quantenmechanik zweifellos selbst in solchen seltsamen Situationen folgt. Es gab jedoch eine Lehre zu ziehen: Die

[5] Ein Beispiel üblicher Korrelationen ist die Identität der Augenfarbe von Zwillingsbrüdern, die mit ihren identischen Chromosomensätzen zusammenhängt. Die Korrelationen bei verschränkten Zwillingsphotonen haben eine andere Natur, wie wir später erklären.

„orthodoxen" Ansichten zu hinterfragen, einschließlich der berühmten „Kopenhagener Interpretation", kann zu einem verbesserten Verständnis des quantenmechanischen Formalismus führen, auch wenn dieser Formalismus unfehlbar akkurat bleibt. Ich behaupte, dass Bells Beispiel den Physikern half, sich von dem Glauben zu befreien, dass das konzeptionelle Verständnis, das in den 1940ern erreicht wurde, der Weisheit letzter Schluss ist.

Ich glaube, es ist keine Übertreibung, zu sagen, dass die Erkenntnis der Bedeutung der Verschränkung und die Klärung der Quantenbeschreibung von einzelnen Objekten die Wurzel einer *zweiten Quantenrevolution* war; und John Bell ihr Prophet. Und es ist durchaus denkbar, dass dieses zunächst rein intellektuelle Streben auch zu einer neuen *technologischen Revolution* führt. Es gibt keinen Zweifel, dass die Fortschritte bei den Quantenkonzepten zur Beschreibung einzelner Objekte sicherlich eine Schlüsselrolle bei der andauernden *Revolution der Nanotechnologie* spielen werden. Noch erstaunlicher ist, dass die Physiker bestrebt sind, Verschränkung zum *„Quantencomputing"* zu benutzen – und die meisten der Systeme, die experimentell als elementare Quantenprozessoren getestet werden, sind verschränkte Quantensysteme, wie z.B. einige wechselwirkende Ionen. Die Frage, ob diese zweite Revolution einen Einfluss auf unsere Gesellschaft haben wird oder nicht, ist noch verfrüht. Wer konnte sich aber die Allgegenwart von integierten Schaltkreisen vorstellen, als der erste Transistor erfunden wurde?

2 Die erste Quantenrevolution

Auf der Suche nach einer Erklärung für das Strahlungsspektrum schwarzer Körper, die für hohe und niedrige Frequenzen übereinstimmt, führte M. Planck im Jahr 1900 die Quantisierung des Energieaustausches zwischen Licht und Materie ein [4]. A. Einstein ging einen Schritt weiter, als er 1905 die Quantisierung des Lichts selbst vorschlug, um den fotoelektrischen Effekt zu erklären [5]. Die Eigenschaften, die er folgerte, wurden später von R. A. Millikan 1914 untersucht [6]. In derselben Periode lieferten verschiedene Beobachtungen überzeugende Beweise für die Existenz von Molekülen – die bis zum Anfang des zwanzigsten Jahrhunderts angezweifelt wurde – einschließlich Einsteins Erklärung der Brownschen Bewegung [7]. Zusammen mit vielen anderen Experimenten überzeugten diese Beobachtungen Physiker und Philosophen von der Granularität der Materie und der Quantisierung der Energie, und führten zur Entwicklung der Quantenmechanik.

Neben der Erklärung experimenteller Daten löste die Begründung der Quantenmechanik auch grundlegende Probleme. Zum Beispiel erklärte das Atommodell von N. Bohr 1913 sowohl die Absorptionsspektren der atomaren Gase als auch die Stabilität der Materie: Das Rutherford-Atom, zusammengesetzt aus sich umkreisenden Teilchen mit entgegengesetzten (d.h. sich anziehenden) Ladungen, würde ohne die Quantenmechanik Energie abstrahlen und kollabieren.

Das erste umfassende Paradigma der Quantenmechanik drehte sich um die Heisenberg- und Schrödinger-Formalismen von 1925. Letzterer war eine Wellengleichung für Materie, die eine wunderbare Dualität komplettierte: Wie das Licht, kann sich Materie entweder als Teilchen oder als Welle verhalten. Die Welle-Teilchen-Dualität war ursprünglich ein Vorschlag L. de Broglies [8] von 1924; nach wie vor unverständlich für die klassische Denkweise. Binnen zwanzig Jahren nach seiner Geburt konnte der Formalismus der Quantenmechanik sowohl chemische Bindungen, als auch elektrische und thermische Eigenschaften der Materie auf mikroskopischer Ebene erklären. Der weitere Fortschritt in der Physik wurde in verschiedenen Richtungen vorangetrieben: Hin zum unglaublich Kleinen, in der Teilchenphysik, und zum Gebiet der exotischeren Eigenschaften der Materie, wie der Supraleitfähigkeit (dem Fehlen des Widerstands in manchen Leitern bei niedrigen Temperaturen), oder der Suprafluidität (dem Fehlen der Viskosität von flüssigem Helium bei niedrigen Temperaturen). Untersuchungen zur Wechselwirkung von Licht und Materie wurden um mehrere Größenordnungen verfeinert; dank experimenteller Durchbrüche, die durch Fortschritte in der Mikrowellentechnologie möglich gemacht wurden [9]. Dieser gesamte Fortschritt fand vollständig im Rahmen der Quantenmechanik statt, die weiterentwickelt worden war, um sowohl für die elementaren Phänomene (Quantenelektrodynamik) anwendbar zu sein, als auch für die komplexeren Situationen der kondensierten Materie. Aber in den frühen 1950ern erschien die Quantenmechanik immer noch als ein Spiel, das Physiker zum Zweck der Wissenserweiterung spielten; ohne jeden Einfluss auf das tägliche Leben.

Das Zeitalter der Elektronik und Information: Anwendung der Quantenmechanik

Auch wenn es in der Öffentlichkeit nicht immer wahrgenommen wird: Die Anwendungen der Quantenphysik umgeben uns überall als Elektronik und Photonik. Die Quantenmechanik wird für die heutigen Technologien benötigt, um die Materialeigenschaften (elektrische, mechanische, optische, usw.) und das Verhalten von elementaren Bauteilen als Grundlage vieler technologischer Errungenschaften zu verstehen.

Der Transistor wurde 1948 von einer Gruppe brillanter Festkörperphysiker erfunden; nach einer grundlegenden Überlegung über die Quantennatur der elektrischen Leitung [10]. Diese Erfindung, und ihre Nachfolger, die integrierten Schaltkreise [11] hatten offenkundig gewaltige Auswirkungen. Wie die Dampfmaschine ein Jahrhundert zuvor, veränderte der Transistor unser Leben und gebar eine neue Ära – das Zeitalter der Information.

Der zweite technologische Nachkomme der Quantenmechanik ist der Laser; entwickelt in den späten 1950ern [12]. Einige seiner Anwendungen sind im täglichen Leben präsent: Barcode-Leser, CD-Leser und -Spieler, medizinische Geräte, usw. Weniger sichtbar, aber vielleicht noch wichtiger ist die Benutzung von Laserlicht in der Telekommunikation, wo es den Informationsfluss drastisch steigert: Terabits (Millionen mal Millionen Informationseinheiten) pro Sekunde können über die Ozeane mit einer einzigen optischen Faser übertragen werden. Diese Informations-Autobahnen verbinden uns mit dem gespeicherten Wissen und verteilten Computern auf der ganzen Welt. Beginnend mit den wenigen Bits pro Sekunde der ersten Telegrafen, haben wir einen weiten Weg zurückgelegt.

Auch das quantenmechanische Verständnis der Atom-Photon-Wechselwirkung hat sich weiterentwickelt, und schließlich zu Anwendungen geführt. Zum Beispiel erhielten S. Chu, C. Cohen-Tannoudji und W. D. Phillips im Jahr 1997 den Nobelpreis für die Entwicklung der Laserkühlung und das Einfangen von Atomen. Auch hier führte die Grundlagenforschung bald zu einer spektakulären Anwendung: „Kalte Atomuhren", die bereits eine Genauigkeit der Zeitmessung von 1 zu 10^{15} erlauben (eine Sekunde in 30 Millionen Jahren!). Noch mehr ist von *optischen* Uhren mit kalten Atomen oder Ionen zu erwarten. Atomuhren werden in „Globalen Positioning Systemen" (GPS) benutzt; deren Ersatz durch „kalte Atomuhren" schließlich zu einer verbesserten Genauigkeit der Positionsbestimmung führen wird. Um den Kreis zu schließen, kann die verbesserte Technologie der Uhren auf grundlegende Fragen angewandt werden – wie Tests der Allgemeinen Relativität oder die Suche nach langsam veränderlichen, fundamentalen Naturkonstanten. Die erste Quantenrevolution mit ihrem Zusammenspiel von Grundfragen und Anwendungen ist weiterhin am Wirken.

3 Verschränkung und Bells Theorem

Die Bohr-Einstein-Debatte

Die Konstruktion der Quantenmechanik erforderte verschiedene radikale – und teilweise schmerzhafte – Revisionen klassischer Konzepte. Um zum Beispiel die Welle-Teilchen-Dualität zu berücksichtigen, musste die Vorstellung der klassischen Trajektorie aufgegeben werden. Dieser Verzicht wird am besten in Heisenbergs gefeiertem Unschärfeprinzip deutlich, das die Unmöglichkeit Ort und Geschwindigkeit eines Teilchens gleichzeitig präzise zu bestimmen, quantitativ beschreibt. Man kann den Verzicht der klassischen Trajektorie auch so beschreiben, dass das Teilchen in einem Interferenzexperiment „mehreren Wegen gleichzeitig folgt".

Der Verzicht war tatsächlich so radikal, dass manche, einschließlich Einstein und de Broglie seine Unvermeidlichkeit nicht zugeben konnten, und mit Bohr nicht übereinstimmten, der den „Stein von Rosette" der Interpretation der neuen Theorie unter dem Namen „Kopenhagener Interpretation" gemeißelt hatte. Einstein zweifelte den Formalismus der Quantenmechanik und seine Vorhersagen nicht direkt an, sondern schien zu glauben, dass der von Bohr vorgeschlagene Verzicht lediglich eine Unvollständigkeit der Quantenmechanik bedeutet. Diese Position führte zu epischen Debatten mit

Bohr; insbesondere eine, die im Jahr 1935 mit der Veröffentlichung des Artikels von Einstein, Podolsky und Rosen (EPR) begann, dessen Titel die Frage stellte: „Kann die quantenmechanische Beschreibung der physikalischen Welt als vollständig betrachtet werden?“ [13]. In diesem Artikel zeigten Einstein und seine Mitautoren, dass der quantenmechanische Formalismus die Existenz von bestimmten Zwei-Teilchen-Zuständen erlaubt, für die man starke Korrelationen, sowohl von Geschwindigkeit als auch Position, vorhersagen kann; selbst dann, wenn die Teilchen weit voneinander getrennt sind, und nicht mehr wechselwirken. Sie demonstrierten, dass Messungen der Position stets Werte ergeben, die symmetrisch um den Ursprung liegen, so dass die Messung an einem Teilchen es erlaubt, den Wert der Position des anderen mit Sicherheit zu kennen. Ähnliche Messungen der Geschwindigkeiten würden stets entgegengesetzte Werte ergeben, so dass die Messung am ersten ausreicht, um mit Sicherheit die Geschwindigkeit des zweiten zu kennen. Man muss natürlich, wegen der Heisenberg-Relationen, zwischen präziser Positions-, oder Geschwindigkeitsmessung am ersten Teilchen auswählen. Aber die Messung am ersten Teilchen stört das zweite (entfernte) nicht, und darum folgerten EPR, dass das zweite Teilchen wohlbestimmte Werte von Position und Geschwindigkeit gehabt haben muss – auch bereits vor der Messung. Da der Quantenformalismus diesen Größen keine gleichzeitigen und präzisen Werte geben kann, folgerten Einstein und seine Mitautoren, dass die Quantenmechanik unvollständig sei, und die Physiker sich ihrer Vervollständigung widmen sollten.

Dieses Argument, das die Quantenmechanik selbst benutzt, um ihren provisorischen Charakter zu zeigen, hat Niels Bohr anscheinend regelrecht „umgehauen“. Seine Schriften zeigen seine tiefe Überzeugung, dass, wenn die EPR-Argumentation korrekt wäre, das nicht bloß eine Frage der Vervollständigung des Formalismus der Quantenmechanik wäre, sondern die gesamte Quantenphysik zusammenbrechen würde. Er griff sofort die EPR-Argumentation an [14], und behauptete, dass man bei einem solchen Quantenzustand nicht von individuellen Eigenschaften der einzelnen Teilchen sprechen könne, auch wenn sie weit voneinander entfernt sind. Im Gegensatz zu Bohr reagierte Schrödinger positiv auf den EPR-Artikel und prägte den Begriff „Verschränkung“ – als Charakteristikum für das Fehlen der Faktorisierbarkeit eines EPR-Zustands [15].

Tatsächlich eilte die Quantenmechanik von einem Erfolg zum nächsten, als der EPR-Artikel 1935 erschien, und so ignorierten, abgesehen von Bohr und Schrödinger, die meisten Physiker diese Debatte, die ihnen eher akademisch erschien. Es schien, dass die Einnahme der einen, oder anderen Position eine Frage des persönlichen Geschmacks (oder des erkenntnistheoretischen Standpunkts) war, aber überhaupt keine praktischen Konsequenzen bei der Benutzung der Quantenmechanik hatte. Auch Einstein selbst bestritt diese Haltung anscheinend nicht, und wir mussten dreißig Jahre auf ein deutlich vernehmbares Gegenargument zu dieser sehr verbreiteten Position warten.

Bells Theorem

Im Jahre 1964 veränderte ein kurzer, heute berühmter Artikel [2] die Lage dramatisch. In diesem Artikel nimmt Bell das EPR-Argument ernst, und vervollständigt die Quantenmechanik durch Einführung von zusätzlichen Parametern (auch „verborgene Variablen" genannt), die den beiden Teilchen bei ihrer Anfangspräparation im verschränkten Zustand gegeben werden, und von jedem Teilchen nach der Trennung weiter getragen werden. In der ursprünglichen EPR-Situation wären die verborgenen Variablen die Anfangspositionen der beiden Teilchen (als identisch angenommen), und ihre Geschwindigkeiten (als entgegengesetzt gleich angenommen). Durch das Betrachten des verschränkten Zustands zweier Spin-$\frac{1}{2}$-Teilchen (eine von Bohm eingeführte, einfachere Version der EPR-Situation [16]) zeigte Bell, dass man die Existenz der Korrelationen zwischen den Ergebnissen der Messungen leicht erklären kann, wenn man erlaubt, dass das Ergebnis der Messung an einem Teilchen nur von den zusätzlichen Parametern und der Einstellung des Apparates abhängt, der diese Messung macht. Dann genügten einige Zeilen Rechnungen, um einen Widerspruch zu den Vorhersagen der Quantenmechanik herzuleiten.

Genauer gesagt: Wenn eine derartige Theorie mit „verborgenen Variablen" auch einige der vorhergesagten Quantenkorrelationen reproduzieren kann, so kann sie die quantenmechanischen Vorhersagen nicht für *alle* möglichen Einstellungen des Messapparates nachbilden. Folglich ist es im allgemeinen nicht möglich, die Korrelationen vom EPR-Typ durch „Ergänzen" der Quantenmechanik gemäß Einsteins Vorstellungen zu verstehen. Dieses Ergebnis, bekannt als „Bellsches Theorem", überrascht uns auch heute noch, da wir gewohnt sind, alle Arten von Korrelationen mit einem ähnlichen Schema wie die verborgenen Variablen zu erklären.[6] Wenn wir zum Beispiel ein Paar von identischen Zwillingen haben, kennen wir deren Blutgruppe nicht, solange wir sie nicht getestet haben; aber wenn wir sie von einem bestimmen, wissen wir mit Sicherheit, dass der andere dieselbe hat. Wir können das leicht damit erklären, dass sie mit den gleichen spezifischen Chromosomen geboren wurden, die die Blutgruppe bestimmen, und diese immer noch tragen. Bells Artikel zeigt uns, dass wir einen gravierenden Fehler machen, wenn wir versuchen, die Korrelationen zwischen verschränkten Teilchen so zu verstehen wie die Korrelationen zwischen Zwillingen.

Eine entscheidende Hypothese in Bells Beweisführung ist die *„Lokalitätshypothese"*, die die Modelle für die zusätzlichen Parameter erfüllen müssen, um zu einem Konflikt mit der Quantenmechanik zu führen.[7] Diese sehr einleuchtende Annahme behauptet, dass es keine direkte, nichtlokale Wechselwirkung zwischen den beiden, weit voneinander entfernten Messapparaten gibt.

[6]Ein berühmtes Beispiel sind Bertlmanns Socken (Kapitel 16 in diesem Buch). Es überrascht sowohl Physiker, wie auch Nichtphysiker. Siehe: D. Mermin „Is the moon there?" *Physics Today* **38**, 11 (1985).

[7]Die Bedeutung der Lokalitätshypothese wurde schon in Bells Diskussion der „Unmöglichkeitsbeweise" von verborgenen Variablen [16] nahegelegt; und die Lokalitätsannahme wurde im ersten Artikel, der die Ungleichungen präsentierte [2], klar formuliert. Tatsächlich erscheint die Frage der Lokalität (oder Trennbarkeit) in den meisten Artikeln dieses Buches.

Mit anderen Worten: Der Konflikt tritt nur auf, wenn das Ergebnis einer Messung am ersten Teilchen nicht von der Einstellung des zweiten Messapparates abhängt. Wie von Bell in seinem Artikel von 1964 [2] hervorgehoben, wäre diese sehr natürliche Hypothese eine direkte Folge von Einsteins Ansicht, dass sich kein Einfluss schneller als Licht ausbreiten kann, wenn in einem Experimentaufbau die Einstellungen des Messapparates sehr schnell geändert werden, während die Teilchen zwischen Quelle und Messapparat fliegen [18].

Um die Unvereinbarkeit zwischen der Quantenmechanik und den lokalen Verborgene-Variablen-Theorien nachzuweisen, zeigte Bell, dass die Korrelationen, die von jedem Modell mit verborgenen Variablen vorhergesagt werden, durch Ungleichungen begrenzt werden – heute „Bellsche Ungleichungen“ genannt – die von bestimmten Quantenvorhersagen verletzt werden. Die Wahl zwischen den Positionen von Bohr und Einstein war damit nicht länger eine Frage des persönlichen Geschmacks. Tatsächlich wurde es möglich, die Frage experimentell zu klären – durch sorgfältige Auswertung von Messungen der Korrelationen zwischen verschränkten Teilchen. Erstaunlicherweise gab es im Jahr 1964 noch kein experimentelles Ergebnis, das einen solchen quantitativen Test erlaubt hätte.

Dann begannen die Experimentatoren über die Konstruktion eines Experimentes nachzudenken, um solche Zustände zu erzeugen und zu messen, für die die Quantenmechanik eine Verletzung der Bell-Ungleichungen vorhersagen würde. Im Jahr 1969 wurde dann eine Version der Ungleichungen publiziert, die gut für reale Experimente geeignet war, bei denen die Apparate gewisse Ineffizienzen haben [19]: Es wurde deutlich, dass überzeugende Experimente möglich waren, wenn die experimentellen Unzulänglichkeiten klein genug blieben. Einige Experimente wurden mit γ-Strahlenphotonen ausgeführt, die bei Positronenannihilation emittiert werden, und mit Protonen; die überzeugendsten wurden jedoch mit Photonenpaaren sichtbaren Lichts realisiert. Nach einer ersten Serie von wegbereitenden Experimenten [20], erhielt in den frühen 1980ern eine neue Generation von Experimenten [21,22] eine Reihe von eindeutigen Resultaten in Übereinstimmung mit der Quantentheorie, die Bells Ungleichungen sogar mit schnell umschaltenden Polarisatoren verletzten. Eine dritte Generation dieser Experimente, die seit Beginn der 1990er unternommen wurden, hat diese Resultate endgültig bestätigt [23–25]. Es gibt darum keinen Zweifel,[8] dass, im Gegensatz zu den Zwillingsbrüdern, zwei verschränkte Photonen *nicht* zwei verschiedene Systeme sind, die identische Kopien derselben Parameter tragen.

[8]Tatsächlich bleibt ein Schlupfloch für Verfechter der lokalen verborgene-Variablen-Theorien, wenn die Effizienz der in realen Experimenten benutzten Detektoren klein gegen eins ist, so dass viele Photonen undetektiert bleiben [20]. Wie jedoch Bell betont [in Artikel 13]: „Es ist schwer für mich zu glauben, dass die Quantenmechanik, die für die heutzutage praktikablen Aufbauten sehr gut funktioniert – trotzdem bei Verbesserungen der Zählereffizienzen... massiv versagen soll.“ Ein erstes Experiment mit einer Detektionseffizienz nahe eins [M. A. Rowe *et al.*, „Experimental violation of a Bell's Inequality with efficient detection“ *Nature* **409** (2001) 791] hat eine klare Verletzung der Bellschen Ungleichungen bestätigt. In diesem Experiment waren die Detektoren jedoch nicht raumartig getrennt. Ein Experiment, bei dem die Detektionseffizienz groß ist *und* die Lokalitätsbedingung durch relativistische Trennung und Benutzung eines variablen Messapparates erfüllt ist, steht noch aus.

Ein Paar verschränkter Photonen muss stattdessen als ein einzelnes, untrennbares System betrachtet werden, das durch eine globale Wellenfunktion beschrieben wird, die nicht in einzelne Photonenzustände faktorisiert werden kann.

Es wurde gezeigt, dass die Untrennbarkeit eines verschränkten Photonenzustandes auch dann gilt, wenn die Photonen weit entfernt sind – einschließlich einer „raumartigen" Trennung im relativistischen Sinne – das heißt, eine solche Trennung, dass kein Signal langsamer als, oder gleichschnell wie die Lichtgeschwindigkeit, diese beiden Messungen verbinden kann. Das war bereits beim Experiment von 1982 der Fall, bei dem die Photonen im Moment der Messung 12 Meter getrennt waren [21]. Außerdem war es möglich, die Einstellung der Messpolarisatoren während der 20 Nanosekunden des Fluges der Photonen zwischen Quelle und Detektor zu ändern [22], um Bells ideales Schema zu realisieren. In neueren Experimenten, bei denen neue Quellen die Injektion von verschränkten Photonen in zwei optische Glasfasern ermöglichten, wurde eine Verletzung von Bell-Ungleichungen bei Trennungen von hunderten von Metern [24], und mehr [25] beobachtet; und es war sogar möglich, die Einstellung der Polarisatoren *zufällig* während der Ausbreitung der Photonen in den Fasern zu ändern [24]. „Timingexperimente" mit variablen Polarisatoren unterstreichen, dass alles so abläuft, als ob die zwei verschränkten Photonen weiterhin in Kontakt sind, und als ob die Messung an einem Photon das andere augenblicklich beeinflusst. Das scheint dem Prinzip der relativistischen, lokalen Kausalität zu widersprechen, das besagt, dass sich keine Wechselwirkung schneller als die Lichtgeschwindigkeit ausbreiten kann.

Es sollte aber betont werden, dass das keine Verletzung der Kausalität im operationellen Sinne ist, und man diese Nichttrennbarkeit nicht benutzen kann, um Signale oder nutzbare Informationen schneller als mit Lichtgeschwindigkeit zu senden [26]. Um diese Unmöglichkeit zu veranschaulichen, genügt die Feststellung, dass es, um die EPR-Korrelationen zum Senden von Informationen auszunutzen, notwendig wäre, eine Art von „Dekodierungsschema" zu übertragen – was nur über einen klassischen Kanal erfolgen kann, der nicht mit Überlichtgeschwindigkeit kommuniziert [27]. So bedauerlich es sein mag: Die Quantenverschränkung erlaubt uns nicht, einen Überlichtgeschwindigkeits-Telegraph zu bauen, wie er in Science-Fiction-Romanen benutzt wird. Dennoch entwickeln sich, wie wir in Abschnitt 5 dieser Einleitung beschreiben werden, faszinierende Anwendungen der Verschränkung in einem neuen Gebiet – der „Quanteninformation".

4 Quantenmechanik und einzelne Objekte

Die experimentellen Beweise, die die Quantenmechanik belegen, kommen typischerweise von großen Ensembles. Zum Beispiel werden Atomspektren aus Wolken, bestehend aus Myriaden Atomen, gewonnen; Halbleiter sind massive Materialien und Laserstrahlen enthalten gewaltige Zahlen von Photonen, die mit optischen Verstärkern erzeugt werden, die eine riesige Anzahl Atome enthalten. In diesen Situationen können wir problemlos den Formalismus der Quantenmechanik anwenden, der üblicherweise probabilistische Vorhersagen liefert. Da unsere Beobachtungen auf großen Ensembles beruhen, machen wir statistische Messungen, mit denen die Quantenwahrscheinlichkeiten direkt verglichen werden können. Diese Konzepte funktionieren bestens im Dichtematrixformalismus der Quantenmechanik, der im Rahmen großer Ensembles leicht zu interpretieren ist – obwohl die Kopenhagener Schule stets behauptet hat, dass der Standardformalismus auch für individuelle Objekte anwendbar ist. Diese Frage wurde auch zwischen Einstein und Bohr tiefgründig diskutiert [3], blieb jedoch nur ein prinzipielles Problem, bis die Experimentatoren in der Lage waren, mit einzelnen mikroskopischen Objekten umzugehen.

Vom Ensemble zum einzelnen Quantensystem

Beginnend in den 1970ern entwickelten Physiker Methoden, einzelne elementare Objekte zu manipulieren und zu beobachten – wie ein einzelnes Photon [28], Elektron oder Ion. Es wurde möglich, geladene Teilchen über Stunden (oder sogar Tage oder Monate) mit elektrischen und magnetischen Feldern einzufangen, die das Teilchen in einer Vakuumkammer festhalten, fern von jeder materiellen Wand. In der folgenden Dekade erlaubten Techniken der atomgenauen Rastermikroskopie die Beobachtung und Manipulation einzelner Atome, die an einer Oberfläche deponiert sind. Diese experimentellen Fortschritte, geehrt mit mehreren Nobelpreisen [29], hatten für die Grundlagen der Physik bedeutende Folgen. Die Möglichkeit, einzelne elementare Objekte einzufangen, führte zu bemerkenswerten Verbesserungen der Kenntnis von bestimmten mikroskopischen Größen, deren Werte Tests von grundlegenden Theorien ermöglichen. Zum Beispiel liefert die Spektroskopie eines einzelnen, eingefangenen Elektrons eine Messung des „g-Faktors" bis auf dreizehn signifikante Dezimalstellen – eine Genauigkeit, die bei einer Messung des Abstandes zwischen Erde und Mond einem Fehler kleiner als der Durchmesser eines Haares entsprechen würde! Der g-Faktor des Elektrons ist eine fundamentale Größe, die auch mit der Quantenelektrodynamik berechnet werden kann, der verbesserten Quantenmechanik-Theorie, angewandt auf elementare elektrische Ladungen und Photonen. Die im wesentlichen perfekte Übereinstimmung zwischen Experiment und Theorie zeigt die unglaubliche Genauigkeit der Vorhersagen dieser Theorie. Das Einfangen von elementaren Objekten hat auch entscheidende Tests der Symmetrie zwischen Materie und Antimaterie erlaubt: Man kann mit spektakulärer Genauigkeit die Proton-Antiproton- oder Elektron-Positron-Symmetrie überprüfen [30]. Es ist auch möglich, zu prüfen, dass zwei Elektronen, oder zwei Atome desselben chemischen Elements, exakt gleiche Eigenschaften haben. In der klassischen Physik hat Ununterscheidbarkeit wenig Sinn; wo zwei Perlen, so identisch sie auch aussehen mögen, stets durch kleine Defekte oder Marken unterschieden werden können. Andererseits ist die Ununterscheidbarkeit der Kern der Quantenphysik [31].

Parallel zu den experimentellen Errungenschaften zwang die Beobachtung individueller mikroskopischer Objekte die Physiker, gründlicher über die Bedeutung der Quantenmechanik in der Anwendung auf einzelne Objekte nachzudenken. Wir wissen, dass die Quantenmechanik im allgemeinen probabilistische Vorhersagen gibt. Zum Beispiel kann man ausrechnen, dass ein Atom, das mit einem bestimmten Laserstrahl beleuchtet wird, eine bestimmte Wahrscheinlichkeit P_B hat, in einem „hellen" Zustand zu sein; und die komplementäre Wahrscheinlichkeit für einen „dunklen" Zustand ist $P_D = 1 - P_B$ [32]. Mit hell oder dunkel meinen wir, dass ein Atom, wenn es durch eine zusätzliche Lasersonde beleuchtet wird, im dunklen Zustand kein Photon abstrahlt; während es im hellen Zustand viele Fluoreszenzphotonen emittiert, die mit einem Photodetektor, oder sogar mit dem nacktem Auge, einfach zu beobachten sind. Wenn wir ein Gas mit einer Vielzahl von Atomen in dieser Lage haben, ist die probabilistische Interpretation der Quantenvorhersage einfach: Es genügt, festzustellen, dass ein Bruchteil P_B von Atomen im hellen Zustand sind (und damit nach Beleuchtung mit der Lasersonde Photonen streuen), während der Rest im dunklen Zustand bleibt (keine Photonen streut). Was würde aber passieren, wenn ein einzelnes Atom in dieselbe Situation gebracht wird? Auf diese Frage würde die „Kopenhagener Schule" antworten, dass das Atom in einer Superposition der dunklen und hellen Zustände ist. In einer derartigen Superposition ist das Atom gleichzeitig sowohl im hellen wie im dunklen Zustand, und es ist unmöglich, im voraus zu wissen, was passieren wird, wenn wir die Lasersonde einsetzen: Das Atom kann im dunklen oder im hellen Zustand gefunden werden. Natürlich würde man, würde der Kopenhagener Sprecher hinzufügen, nach der mehrfachen Wiederholung der Messung den hellen Zustand in einem Bruchteil P_B der Fälle, und den dunklen Zustand in einem Bruchteil P_D feststellen.

Diese Antwort ist allerdings unvollständig, weil sie nur etwas über gemittelte Ergebnisse wiederholter Messungen aussagt. Aber wie entwickelt sich der Zustand eines *einzelnen* Atoms mit der Zeit, wenn wir es kontinuierlich beobachten? Oder, genauer gefragt, was würden wir beobachten, wenn wir die schwache Lasersonde die ganze Zeit in Betrieb gelassen hätten? Diese Frage war in den 1930ern rein akademisch, als sich die Experimentatoren die Beobachtung einzelner, isolierter Teilchen noch nicht einmal vorstellen konnten. Der Kopenhagener Physiker hätte jedoch eine Antwort, die das Postulat der „Wellenpaket-Reduktion" benutzt. Wenn das Atom, in einer Superposition der dunklen und hellen Zustände, das erste Mal durch die Lasersonde beleuchtet wird, würde es in einen der beiden Grundzustände kollabieren – zum Beispiel in den hellen Zustand, in dem Fluoreszenzphotonen zu sehen sind. Eine weitere Entwicklung kann das Atom wieder in einen Superpositionszustand versetzen, und irgendwann zum Kollaps in den dunklen Zustand führen, und die Fluorenszenz würde plötzlich stoppen. Folglich würde man vorhersagen, dass das Atom zu zufälligen Zeitpunkten vom dunklen Zustand in den hellen Zustand umschalten würde.

Die Existenz derartiger „Quantensprünge", die eine diskontinuierliche Entwicklung des Systems andeuten, wurde von einer Reihe von Physikern – einschließlich Schrödinger – stark abgelehnt, der darin einen nützlichen Trick mit pädagogischem Wert sah; und der behauptete, dass die Quantenmechanik von Natur aus nur für große Ensembles gilt, nicht jedoch für einzelne Quantenobjekte. Der oben diskutierte, experimentelle

Fortschritt erlaubte es, die Debatte im Jahr 1986 experimentell zu klären; durch die direkte Beobachtung von Quantensprüngen in der Fluoreszenz eines einzelnen eingefangenen Ions. Bei dieser Art von Experimenten beobachtet man tatsächlich [23], dass das Ion zufällig zwischen Perioden wechselt, in denen es unsichtbar ist, und Perioden, wo es intensiv fluoresziert! Dieses Resultat war sehr eindrucksvoll, und klärte ohne jeden Zweifel, dass Quantensprünge tatsächlich existieren, und die Quantentheorie das Verhalten eines einzelnen Objektes beschreiben kann.

Quantensprung in Aktion: neue Uhren und neue theoretische Methoden

Die – experimentell erzwungene – konzeptionelle Akzeptierung von Quantensprüngen führte zu überraschenden Entwicklungen, sowohl auf theoretischem, wie auch experimentellem Gebiet. Experimentell kann man das Phänomen des Wechselns zwischen dunklen und hellen Zuständen für die bisher genauesten Messungen von Ionenspektrallinien benutzen [33]. Diese schwachen Linien sind Kandidaten für neue Atomuhren, die noch präziser sind, als die zur Zeit benutzten. Die Quantensprünge haben auch eine neue theoretische Methode angeregt, „Quanten-Monte-Carlo-Wellenfunktion“ genannt, bei der eine mögliche Vergangenheit des Systems durch zufällige Quantensprünge simuliert wird, deren Wahrscheinlichkeit durch quantenmechanische Gesetze bestimmt wird [34]. Durch Erzeugen einer großen Zahl dieser „möglichen Vergangenheiten“ kann man eine Wahrscheinlichkeitsverteilung der Ergebnisse bilden. Im Grenzwert für große Zahlen decken sich diese Verteilungen mit den Dichtematrixvorhersagen. Es gibt einige Situationen, bei denen diese Berechnungsmethode deutlich effizienter als traditionelle Methoden ist. Außerdem haben Quanten-Monte-Carlo-Methoden die Entdeckung ermöglicht, dass bestimmte Quantenprozesse ungewöhnlichen Statistiken genügen – Levy-Statistiken, denen man auch in so ungleichen Bereichen, wie Biologie und Aktienmärkten, begegnet. Die Nutzung solcher „exotischer“ statistischer Methoden liefert auch neue und effiziente Methoden für Quantenprobleme [35].

Vom Mikroskopischen zum Mesoskopischen

Wenn man festgestellt hat, dass die Quantenmechanik die Dynamik eines einzelnen Systems beschreiben kann, wird man folgerichtig zur Frage geführt, wie groß ein solches System sein kann. Zweifellos brauchen wir die Quantenmechanik nicht für makroskopische Objekte, die gut mit klassischer Physik beschrieben werden – das ist der Grund, warum Quantenmechanik in unserem normalen Umfeld so fremdartig erscheint. Natürlich brauchen wir Quantenmechanik, um die Eigenschaften des Materials zu verstehen, aus dem das makroskopische Objekt besteht; nicht jedoch für das Verhalten des Objekts als Ganzes. Aber zwischen der Skala des einzelnen Atoms, und der makroskopischen Welt findet man die mesoskopische Skala, in der das Objekt selbst durch die Quantenmechanik beschrieben werden muss, und nicht nur das Material aus dem es besteht.

Zum Beispiel zeigen nanofabrizierte Leiterringe Effekte, die nur verstanden werden können, wenn man ihre Elektronen als eine globale Wellenfunktion behandelt. Ein weiteres, berühmtes Beispiel, für das 2001 an E. Cornell, W. Ketterle und C. Wieman der Nobelpreis verliehen wurde, ist ein gasförmiges Bose-Einstein-Kondensat, das auch als einzelnes, „großes Quantenobjekt" behandelt werden muss, mit einer Anzahl von Atomen, die von wenigen tausend bis hin zu zig Millionen reicht [37], oder sogar noch mehr [38].

Auch wenn diese mesoskopischen Quantenobjekte im Moment nur Kuriositäten in Forschungslaboren sind, kann die fortschreitende Miniaturisierung der Mikroelektronik Ingenieure bald dazu zwingen, ihre Schaltkreise mit Hilfe der Gesetze der Quantenmechanik zu verstehen. In Abschnitt 5 werden wir das Beispiel eines angehenden „Quantencomputers" anführen, aber sogar gewöhnliche Transistoren werden neue Quanteneigenschaften aufweisen, wenn sie auf eine Größe von wenigen tausend Atomen verkleinert werden.

Vom Mesoskopischen zum Makroskopischen: Dekohärenz

Was trennt nun die mikroskopische und mesoskopische Quantenwelt von der makroskopischen, klassischen Welt? John Bell hat sich mit dieser Frage tiefgründig befasst, die ein Hauptgrund seines Unbehagens über die Standardinterpretation der Quantenmechanik war, bei der diese Grenze eine entscheidende Rolle spielt [39].

Eine der wichtigsten Eigenschaften der Quantenphysik ist es, dass sie die Existenz von Superpositionen von Zuständen erlaubt: Wenn ein System mehrere mögliche Zustände hat, dann kann es nicht nur in irgendeinem von diesen Zuständen sein, sondern auch in einem Hybridzustand – einer „kohärenten Superposition", die aus mehreren Grundzuständen zusammengesetzt ist; so wie wir oben den Fall des Atoms in einer Superposition eines dunklen und hellen Zustands beschrieben haben. Die Situation wird problematisch, wenn die zwei beteiligten Zustände offensichtlich nicht miteinander vereinbar sind. Betrachten wir als Beispiel ein Atom, das an einem Atomstrahlteiler ankommt. Das Atom kann entweder durchgelassen oder reflektiert werden; zwei Optionen, die zu vollkommen getrennten Bahnen führen. Das Atom kann aber auch in einer Superposition des reflektierten und durchgelassenen Zustandes herauskommen, d.h. gleichzeitig in zwei klar getrennten Raumbereichen vorhanden sein. Man kann experimentell zeigen, dass dieser Superpositionszustand existiert; indem man beide Bahnen zusammenführt, und Interferenzstreifen beobachtet – die nur erklärbar sind, wenn beide Bahnen gleichzeitig durchlaufen wurden. Ein solches Verhalten ist sowohl bei mikroskopischen Objekten (Elektronen, Photonen, Neutronen, Atomen und Molekülen, so groß wie C_{60}-Fullerene) beobachtet worden, als auch bei mesoskopischen Objekten (elektrische Ströme in Nanoschaltkreisen), niemals jedoch bei makroskopischen Objekten; obwohl es durch den Quantenformalismus nicht *a priori* verboten wird. Das Problem hat die Aufmerksamkeit vieler Physiker auf sich gezogen, beginnend mit Schrödinger, der eine amüsante (mit seinen Worten „parodistische")

Veranschaulichung davon gab, bei der es um seine berühmte Katze geht [40]. Im vorgeschlagenen Szenario hängt das Leben der Katze von einem Quantenereignis ab, das eine Superposition von Zuständen sein könnte. Warum finden wir dann die Katze nicht in einer kohärenten Superposition von tot oder lebendig?

Um die Nichtexistenz der Superpositionszustände makroskopischer Objekte zu erklären, benutzen Quantenphysiker die Quantendekohärenz [41]. Die Dekohärenz stammt von der Wechselwirkung des Quantensystems mit der „Außenwelt". In unserem Beispiel des Atoms, das gleichzeitig zwei Bahnen im Interferometer folgt, kann man zum Beispiel die Atomtrajektorie mit Laserlicht beleuchten [42] – was es erlaubt, die Position des Atoms zu sehen, und zum Vorschein bringt, welche Bahn genommen wird: Diese Messung reduziert die Superposition zur klassischen Situation, bei der das Atom nur einer der beiden Bahnen gefolgt ist, und zerstört die Interferenz. Wenn die Objekte größer und größer werden, werden sie empfindlicher gegenüber äußeren Störungen, die die kohärenten Superposition (partiell oder vollständig) zerstören können. Diese These gibt eine plausible Erklärung für das unterschiedliche Verhalten der klassischen und der Quantenwelt. Niemand weiß jedoch, ob es eine hypothetische Grenze gibt, hinter der die Dekohärenz unvermeidlich wäre, oder ob wir immer (wenigstens im Prinzip) ausreichende Maßnahmen ergreifen können, um das System gegen Störungen zu schützen, gleich wie groß es ist. Eine klare Antwort auf diese Frage hätte gewaltige Auswirkungen, sowohl konzeptionell, als auch für zukünftige Quantentechnologien.

5 Die zweite Quantenrevolution in Aktion: Quanteninformation

Die Existenz der Bell-Ungleichungen, die eine klare Grenze zwischen klassischem und Quantenverhalten ziehen, und ihre experimentelle Verletzung, sind wichtige konzeptionelle Resultate, die uns dazu zwingen, den außergewöhnlichen Charakter der Quantenverschränkung anzuerkennen. Auf eine unvorhergesehene Weise wurde jedoch herausgefunden, dass die Verschränkung völlig neue Möglichkeiten im Bereich der Informationsverarbeitung und -übertragung bietet. Ein neues Fachgebiet, allgemein als „Quanteninformation" bezeichnet, ist aufgetaucht, das versucht, radikal neue Konzepte in überraschende Anwendungen umzusetzen. Bis heute gibt es zwei Hauptkonzepte: Die bereits operationelle Quantenkryptographie [43] und das noch in der Entwicklung befindliche Quantencomputing [44,45].

Quantenkryptographie

Kryptographie ist die Wissenschaft der Kodierung und/oder Übertragung einer geheimen Nachricht, ohne dass sie von einer dritten Partei gelesen/verstanden wird. Die klassische Kryptographie betrifft hauptsächlich die sichere Übermittlung auf einem öffentlichen Kanal. Mit der Entwicklung des Gebietes wurden die Methoden immer ausgefeilter und benutzen ausgeklügelte Algorithmen; angetrieben durch gleichermaßen clevere Methoden zum „Codeknacken". Sowohl Kodierung, als auch Codeknacken haben sich durch Fortschritte der Mathematik und die fortwährende Steigerung der Computerleistungen weiterentwickelt. Wenn man diesen andauernden Fortschritt von Kodierung und Codeknacken im Auge hat, scheint klar zu sein, dass die Sicherheit einer Übertragung nur gewährleistet werden kann, wenn der Angreifer (derjenige, der den Code zu knacken versucht), weder über weiterentwickeltere Mathematik verfügt, noch über leistungsfähigere Computer, als Sender und Empfänger. Das einzige, absolut sichere Übertragungsverfahren in der klassischen Kryptographie benutzt einen Einmalschlüssel, bei dem Sender und Empfänger identische Kopien eines Kodierungsschlüssels besitzen, der nicht kürzer als die zu übertragende, geheime Nachricht ist, und der auch nur einmal benutzt wird. Hierbei ist die Verteilung der zwei Kopien des Schlüssels (vor der sicheren Kommunikation) die kritische Phase, bei der die geheimen Kanäle durch „Lauscher" abgehört werden könnten, die eventuell weiterentwickeltere Technologien benutzen als Sender und beabsichtigter Empfänger.

Im Gegensatz dazu beruht die Sicherheit einer Übertragung in der Quantenkryptographie auf den fundamentalen Gesetzen der Quantenmechanik. Hier ist es möglich, einen Lauscher festzustellen – wegen der Spuren, die er *notwendigerweise* dabei hinterlässt; weil in der Quantenmechanik alle Messungen das System in irgendeiner Weise beeinflussen. Beim Fehlen einer solchen Spur kann man sicher sein, dass die Nachricht übertragen wurde, ohne von einem Spion gelesen worden zu sein.

Ein spezieller Punkt in der Quantenkryptographie ist besonders spektakulär: Die Benutzung von EPR-Paaren zur sicheren Verteilung der zwei Kopien des Zufallsschlüssels, den zwei entfernte Partner später für eine Übertragung als Einmalschlüssel benutzen. Wie können sie sicher sein, dass niemand eine der beiden Kopien des Schlüssels während der Übertragung mitgelesen hat? Die Benutzung von verschränkten Teilchen bietet eine elegante Lösung: Die beiden Partner (Alice und Bob) machen Messungen an den zwei Teilchen eines einzelnen verschränkten Paares und erhalten zufällige, aber perfekt korrelierte Ergebnisse. Durch die Wiederholung solcher Messungen erzeugen sie zwei identische Kopien einer Zufallsfolge. Aus der Verletzung der Bellschen Ungleichungen haben wir gelernt, dass, solange die Messungen noch nicht gemacht worden sind, ihre Ergebnisse nicht vorhersehbar sind, das heißt, der Schlüssel noch nicht existiert. Und ein nicht existierender Schlüssel kann nicht von einem Lauscher gelesen werden (Eve)! Erst im Moment der Messung erscheinen die zwei identischen Schlüssel in den Apparaten der zwei Partner. Die Bellschen Ungleichungen spielen in diesem Schema eine entscheidende Rolle: Ihre Verletzung erlaubt es, sicher zu sein, dass die Teilchen, die Alice und Bob empfangen, nicht betrügerisch von Eve in einem ihr bekannten Zustand präpariert wurden, der es ihr gestatten würde, Nachrichten zwischen ihnen zu entziffern. Das Funktionieren dieses Prinzips konnte bereits in der Praxis demonstriert werden [43].

Quantencomputing [44, 45]

In den frühen 1980ern begannen verschiedene Physiker die fundamentalen Annahmen der Informationstheorie infrage zu stellen, indem sie nahelegten, dass man vollkommen neue Algorithmen für die Ausführung bestimmter Aufgaben einsetzen könnte, wenn man Quantencomputer zur Verfügung hätte. Hierfür stehen die Namen Landauer, Feynman, Deutsch und andere. Ein wichtiger Durchbruch fand im Jahr 1994 statt, als P. Shor [47] zeigte, dass ein Quantencomputer die Faktorisierung großer Zahlen in viel kürzerer Zeit als konventionelle Methoden erlaubt. Faktorisierung gehört zu einer Klasse von Problemen (Komplexitätsklasse), deren Lösungszeit (mit klassischen Computern) superpolynomiell mit der Größe des Problems wächst (das bedeutet, die benötigte Zeit wächst schneller als jede Potenz der Stellenanzahl der zu faktorisierenden Zahl). Mit einem Quantencomputer würde die Rechenzeit jedoch nur wie eine Potenz der Größe der Zahl wachsen.[9] Diese Entdeckung hatte beträchtliche konzeptionelle Auswirkungen, weil sie zeigte, dass, im Gegensatz zu bisherigen Vorstellungen, die Komplexitätsklasse nicht unabhängig von der Art der benutzten Maschine ist. Neben dieser konzeptionellen Revolution würde ein Quantencomputer zweifellos Anwendungen finden, die gegenwärtig nicht vorstellbar sind.

Verschiedene Gruppen haben begonnen, die Basiselemente eines Quantencomputers zu entwickeln: Quantenbits und Quantengatter. Ein Quantenlogikgatter führt Basisoperationen mit Quantenbits (oder „Qubits“) aus, genau wie ein elektronisches Logikgatter gewöhnliche Bits manipuliert. Im Gegensatz zu normalen Bits, die nur einen von zwei Werten annehmen können, 0 oder 1, können Quantenbits jedoch in eine Superposition von zwei Zuständen gebracht werden. Ein Quantenlogikgatter muss darum in der Lage sein, zwei Quantenbits zu kombinieren, um einen verschränkten Zustand zu erzeugen. Die Möglichkeit mit solchen verschränkten Zuständen zu arbeiten, eröffnet neue und leistungsfähigere Möglichkeiten, im Vergleich zu den klassischen Algorithmen.

Wird der Quantencomputer eines Tages existieren? Es wäre vermessen, darauf zu antworten; aber die experimentelle Forschung an Quantengattern ist außerordentlich aktiv, und hat bereits wichtige Resultate hervorgebracht. Viele Ansätze werden verfolgt, mit einer großen Bandbreite von physikalischen Realisierungen der Qubits: wie Atome, Ionen, Photonen, Kernspins, Josephson-Kontakte [48], ...

Für all diese Systeme gibt es viele Unbekannte. Quantenberechnung beruht auf der Fähigkeit, dutzende, hunderte, oder sogar tausende Quantenbits zu verschränken, und tausende Operationen auszuführen, bevor die Dekohärenz das Quantenregister stört. Dekohärenz ist das Ergebnis der Wechselwirkung mit der Außenwelt (siehe Abschnitt 4); sie bewirkt ein „Auswaschen“ der Verschränkung, und bringt zuvor verschränkte Objekte in einen Zustand, wo sie sich wie Einzelobjekte verhalten. Das Hochskalieren auf eine große Zahl von verschränkten Qubits kann sich als überwältigend schwierig herausstellen, denn allgemein beobachtet man eine dramatische Zunahme der De-

[9] Das kann einen signifikanten Unterschied bedeuten: Siehe z.B. [44], wo die Faktorisierungszeit einer 400-stelligen Zahl von der Lebensdauer des Universums auf ein paar Jahre reduziert werden kann.

kohärenz mit der Anzahl der verschränkten Teilchen. Auch hier weiß wiederum niemand, ob es eine Maximalgröße gibt, jenseits derer die Zerstörung durch Dekohärenz absolut unvermeidlich ist, oder ob es nur eine Frage der wachsenden experimentellen Schwierigkeiten ist (oder des Findens von besonderen Situationen, wo das Problem nicht so dramatisch wäre).

Eine ganze Gemeinde von Experimentatoren und Theoretikern sind an dieser Suche beteiligt. Das Verstehen und Reduzieren der Effekte der Dekohärenz kann durchaus die Schlüsselfrage sein, der sich das Quantencomputing als technologische Revolution gegenübersieht. Aber selbst beim Nichterscheinen eines effizienten Quantencomputers bleibt die Idee des Quantencomputings zweifellos ein Meilenstein der Informatik.

6 John Bells Vermächtnis: Die Hinterfragung der Quantenmechanik ist fruchtbar

Quantenmechanik war, und ist weiterhin revolutionär; hauptsächlich, weil sie die Einführung grundlegend neuer Konzepte erfordert, um die Welt besser zu beschreiben. Wir haben außerdem dargelegt, dass *konzeptionelle* Quantenrevolutionen dann wiederum *technologische* Quantenrevolutionen ermöglicht haben.

John Bell begann seine Aktivität in der Physik zu einer Zeit, als die erste Quantenrevolution so erfolgreich war, dass niemand „Zeit verschwenden" wollte, die Basiskonzepte, die in der Quantenmechanik am Werk sind, zu hinterfragen. Es dauerte eine Dekade, bis seine Fragen ernst genommen wurden. Für jemand, der die Reaktionen auf seine Arbeit über die EPR-Situation und Verschränkung in den frühen 1970ern beobachtet hat, ist es zweifellos amüsant zu sehen, dass jetzt ein Eintrag im „Physics and Astronomy Classification Scheme" den „Bell-Ungleichungen" gewidmet ist [49]. Mit seinen Fragen zur Verschränkung war John Bell in der Lage, die Einstein-Bohr-Debatte auf unerwartete Weise zu klären – indem die Möglichkeit geboten wurde, die Frage experimentell zu lösen. Ohne Zweifel löste seine Arbeit die zweite Quantenrevolution aus, die hauptsächlich auf der Erkenntnis der außergewöhnlichen Eigenschaften der Verschränkung basiert, und mit den Bemühungen der Nutzung der Verschränkung für die Quanteninformation weitergeht. Tatsächlich hat Bells Theorem dieses Gebiet nicht nur initiiert, sondern es ist auch ein wichtiges Werkzeug – das zum Beispiel benutzt wird, um zu zeigen, dass ein Quantenkryptographieschema grundsätzlich sicher ist; oder dass Quantencomputing grundsätzlich anders als klassisches Computing [50] ist.

Als Zeuge dieser Periode bin ich außerdem zutiefst überzeugt, dass John Bell indirekt eine entscheidende Rolle im Fortschritt bei der Anwendung der Quantenmechanik auf individuelle Objekte, mikroskopische und mesoskopische, gespielt hat. Das Beispiel seiner intellektuellen Freiheit, das zur Erkenntnis der Bedeutung der Verschränkung führte, war ohne Zweifel eine Ermutigung für jene, die über die Möglichkeit neuer

Ansätze nachdachten; außerhalb des so wirkungsvollen Paradigmas, das Dekaden zuvor entwickelt worden war. Sein Beispiel öffnete das Tor für neue Quantenforschungen. Die in diesem wundervollen Band gesammelten Artikel geben Zeugnis von John Bells intellektueller Freiheit, der Tiefe seiner Gedanken und auch von seinem wundervollen Sinn für Humor, der seine Vorträge zu einem einmaligen Erlebnis machte. Ich würde es nicht wagen, diese Artikel zu kommentieren; denn John Bells Vorwort zur ersten Ausgabe [51] ist eine aufschlussreiche Orientierungshilfe. Natürlich sind viele Artikel dem EPR-Problem gewidmet (d.h. Verschränkung), den [Bellschen] Ungleichungen (an keiner Stelle so bezeichnet) und ihrer Bedeutung, mit tiefgehenden Diskussionen über die Lokalitätsbedingung, und ihre Beziehung zu Relativität und der Weltsicht Einsteins. Vierzig Jahre nach Bells Arbeit ist die Bedeutung der Verschränkung allen Physikern klar, aber sie ist immer noch schwer zu „schlucken“ – und das Lesen von Bells Artikeln bleibt der beste Weg, die Schwierigkeiten dieser Frage zu ergründen. Das andere, große Anliegen Bells war die Grenze, die die Kopenhagener Interpretation zwischen der Quantenwelt und dem Messapparat aufbaut, der mit klassischen Begriffen beschrieben wird. Diese Teilung war für ihn inakzeptabel; und eine starke Motivation, alternative Nichtstandard-Beschreibungen der Welt zu betrachten (zum Beispiel Bohms verborgene-Variablen-Theorien und de Broglies Führungswellen-Modell). Beim Behandeln dieser Frage betrachtete er natürlich das „Schrödinger-Katzen-Problem“, das Messungsproblem, und die „Quantensprung-Frage“. Über die Hälfte der Artikel in diesem Buch befassen sich mit diesem Thema. Viele der grundlegenden Fragen über das Messungsproblem, einschließlich der Rolle der Dekohärenz, sind noch nicht gelöst, und das Lesen dieser Artikel ist eine Quelle von Anregung und Inspiration für die gegenwärtige Forschung.

John Bell widmete den Großteil seiner Anstrengungen konzeptionellen und theoretischen Fragen. Hätte es ihm gefallen, dass ich auch die Bedeutung der technologischen Revolutionen betone, die durch die konzeptionellen Revolutionen ermöglicht wurden; und werden? Ich kann es nicht sagen; wir wissen jedoch, dass er seine Karriere in der Beschleunigerkonstruktion begann, und dass er stets großen Respekt für technologische Errungenschaften gezeigt hat. Ich glaube, dass ihm Atomuhren auf der Basis von Quantensprüngen, genauso wie verschränkte Qubits sicher gefallen hätten.

Orsay, im Februar 2003.[10]

[10] Ich danke Joseph Thywissen und W. D. Phillips herzlich für anregende Diskussionen über diese Einführung, und ihre Bemühungen, mein Englisch zu verbessern.

Anmerkungen und Literatur

Die in dieser Einführung zitierten Referenzen dienen nur der Illustration, und sind nicht als umfassende Bibliographie gedacht.

[1] M. Jammer, *The Philosophy of Quantum Mechanics*, Wiley, (1974) S. 303. Dieses Buch ist zu früh für eine vollständige Würdigung von Bells Beitrag erschienen; es ist jedoch eine wertvolle Quelle zu historischen Details und Referenzen über die erste Quantenrevolution.

[2] J. S. Bell, „On the Einstein-Podolsky-Rosen paradox", *Physics* **1**, 195 (1964), hier nachgedruckt als Artikel 2.

[3] Siehe Kapitel 10 in Ref. 1.

[4] M. Planck, „Zur Theorie des Gesetzes der Energieverteilung im Normalspektrum", *Verhandl. Deut. Phys. Ges.* **2**, 237245 (1900).

[5] A. Einstein, „Über einen die Erzeugung und Verwandlung des Lichtes betreffenden heuristischen Gesichtspunkt", *Ann. Physik* **17**, 132 (1905); „Zur Theorie der Lichterzeugung und Lichtabsorption", *Ann. Physik* **20**, 199 (1906).

[6] R. A. Millikan, „A direct determination of '*h*'" *Phys. Rev.* **4**, 73 (1914) **6**, 55 (1915); **7**, 362 (1916).

[7] A. Einstein, „Zur Theorie der Brownschen Bewegung", *Ann. Physik* **19**, 371 (1906).

[8] L. de Broglie, *Recherches sur la théorie des quanta*, Thèse de doctorat, Paris (1924) *Annales de Physique*, 10e série, vol. III, 22–128 (1925).

[9] W. E. Lamb und R. C. Retherford, „Fine structure of the hydrogen atom by a microwave method", *Phys. Rev.* **72**, 241 (1947).

[10] J. Bardeen und W. H. Brattain, „The transistor, a semi-conductor triode", *Phys. Rev.* **74**, 230 (1948).

[11] J. S. Kilby, „Turning potential into reality: the invention of the integrated circuit". Z. I. Alferov, „The double heterostructure concept and its applications in physics, electronics and technology". Herbert Kroemer, „Quasi-electric fields and band offsets: *Teaching Electrons New Tricks": Nobel Lectures (2000), Physics 1996–2000* (World Scientific), auch unter `http://www.nobel.se/physics/laureates/2000/`

[12] Charles H. Townes, „Production of coherent radiation by atoms and molecules", Nicolay G. Basov, „Semiconductor Lasers", A. M. Prokhorov, „Quantum electronics", (1964), in *Nobel Lectures, Physics 1963–1970* (Elsevier), auch unter `http://www.nobel.se/physics/`

[13] A. Einstein, B. Podolsky und N. Rosen, „Can Quantum-Mechanical description of physical reality be considered complete?“, *Phys. Rev.* **47**, 777 (1935).

[14] N. Bohr, „Can Quantum-Mechanical description of physical reality be considered complete?“, *Phys. Rev.* **48**, 696 (1935).

[15] E. Schrödinger, „Discussion of probability relations between separated systems“, *Proc. Comb. Phil. Soc.* **31**, 555 (1935).

[16] John Bell hatte früher bewiesen, dass von Neumanns „Unmöglichkeitsbeweis“ von verborgenen Variablen falsch war: In seinem Artikel „Über das Problem der verborgenen Variablen in der Quantenmechanik“, *Rev. Mod. Phys.* **38** 447 (1966), hier abgedruckt als Artikel 1. Man beachte, dass dieser Artikel, ungeachtet des Publikationsdatums, vor dem Artikel [2] von 1964 geschrieben wurde, in dem die Ungleichungen zuerst gezeigt wurden (siehe [1] S. 303).

[17] D. Bohm, *Quantum Theory*, Prentice Hall (1951) (nachgedruckt Dover, 1989).

[18] D. Bohm und Y. Aharonov, „Discussion of experimental proofs for the paradox of Einstein, Rosen and Podolsky“, *Phys. Rev.* **108**, 1070 (1957).

[19] J. F. Clauser, M. A. Horne, A. Shimony und R. A Holt, „Proposed experiments to test local hidden-variable theories“, *Phys. Rev. Lett.* **23**, 880 (1969).

[20] Siehe Referenzen in J. F. Clauser und A. Shimony, „Bell's theorem: Experimental tests and implications“, *Rep. Prog. Phys.* 41, 1881 (1978).

[21] A. Aspect, P. Grangier und G. Roger, „Experimental realization of Einstein-Podolsky-Rosen-Bohm GedankenExperiment: a new violation of Bell's inequalities“, *Phys. Rev. Lett.* **49**, 91 (1982).

[22] A. Aspect, J. Dalibard und G. Roger, „Experimental tests of Bell's inequalities using variable analysers“, *Phys. Rev. Lett* **49**, 1804 (1982).

[23] Siehe Referenzen in verschiedenen Beiträgen zu *Quantum [Un]speakables*, herausgegeben von R. A. Bertlmann und A. Zeilinger, Springer (2002) und insbesondere in A. Aspect, „Bell's theorem: the naive view of an experimentalist“.

[24] G. Weihs, T. Jennewein, C. Simon, H. Weinfurter und A. Zeilinger, „Violation of Bell's inequality under strict Einstein locality condition“, *Phys. Rev. Lett.* **81**, 5039 (1999).

[25] W. Tittel, J. Brendel, H. Zbinden und N. Gisin, „Violation of Bell inequalities by photons more than 10 km apart“. *Phys. Rev. Lett.* **81**, 3563 (1999). P. R. Tapster, J. G. Rarity und P. C. M. Owens, „Violation of Bell's inequality over 4 km of optical fiber“, *Phys. Rev. Lett.* **73**, 1923 (1994).

[26] A. Peres und D. Terno, *„Quantum information and relativity theory“*, `arxiv:quantph/0212023` und Referenzen darin.

[27] A. Aspect, „Expériences sur les inégalités de Bell“, *J. Physique* (Paris), Colloque C2, S. C2-63 (1981). Man beachte, dass dieses einfache Argument dasselbe ist wie das, dass Quantenteleportation – ein anderer Quanteneffekt, der auf Verschränkung basiert – nicht schneller als Licht bewirkt werden kann, wie beschrieben in C. H. Bennett, G. Brassard, C. Crepeau, R. Josza, A. Peres und K. W. Wootters, „Teleporting an unknown quantum state via dual classical and Einstein-Podolsky-Rosen channels“, *Phys. Rev. Lett.* **70**, 1895 (1993).

[28] H. J. Kimble, M. Dagenais und L. Mandel, „Photon antibunching in resonance fluorescence“, *Phys. Rev. Lett.* **39**, 691 (1977). P. Grangier, G. Roger und A. Aspect. „Experimental evidence for a photon anticorrelation effect on a beam splitter: a new light on single-photon interferences“, *Europhys. Lett.* **1**, 173 (1986). Siehe auch: L. Mandel und E. Wolf, *Optical coherence and quantum optics*, Cambridge University Press (1995) und Referenzen darin.

[29] H. Dehmelt, „Experiments with an isolated subatomic particle at rest“. *Rev. Mod. Phys.* **62**, 525 (1990). W. Paul, „Electromagnetic traps for charged and neutral particles“, *Rev. Mod. Phys.* **62**, 531 (1990). G. Binnig und H. Rohrer, „Scanning tunnelling microscopy from birth to adolescence“, *Rev. Mod. Phys.* **59**, 615 (1987).

[30] G. Gabrielse, „Comparing the antiproton and proton, and opening the way to cold antihydrogen“, *Advances in Atomic, Molecular, and Optical Physics*, Vol. 45, hrsgg. von B. Bederson und H. Walther, Academic Press. N.Y. (2001) S. 1-39. H. Dehmelt. R. Mittelman, R. S., Van-Dyck Jr. und P. Schwinger. „Past electron-positron g-2 experiments yielded sharpest bound on CPT violation for point particles“, *Phys. Rev. Lett.* **83**, 4694 (1999).

[31] N. F. Ramsey, „Quantum-mechanics and precision-measurements“, *Phys. Scripta* **59**, 26 (1995).

[32] W. Nagourney, J. Sandberg und H. Dehmelt, „Shelved optical electron amplifier: observation of quantum jumps“, *Phys. Rev. Lett.* **56**, 2797 (1986). J. C. Bergquist, R. G. Hubel, W. M. Itano und D. J. Wineland, „Observation of quantum jumps in a single atom“, *Phys. Rev. Lett.* **57**, 1699 (1986).

[33] R. J. Raffac, B. C. Young, J. A. Young, W. M. Itano, D. J. Wineland und J. C. Bergquist, „Sub-dekahertz ultraviolet spectroscopy of $199Hg^{+}$“, *Phys. Rev. Lett.* **85**, 2462 (2000).

[34] J. Dalibard, Y. Castin und K. Moelmer, „Wavefunction approach to dissipative processes in quantum optics“, *Phys. Rev. Lett.* **68**, 580 (1992). P. Zoller und C. W. Gardiner, „Quantum noise in quantum optics: the stochastic Schrödinger equation“, *Lecture notes for Les Houches Summer School LXIII (1995)*, hrsgg. von E. Giacobino und S. Reynaud, Elsevier (1997) und Referenzen darin.

[35] F. Bardou, Bouchaud, A. Aspect und C. Cohen-Tannoudji, *Lévy Statistics and Laser Cooling: when rare events bring atoms to rest*, Cambridge University Press (2002).

[36] L. P. Levy, G. Dolan, J. Dunsmuir und H. Bouchiat, „Magnetization of mesoscopic copper rings: evidence for persistent currents“, *Phys. Rev. Lett.* **64**, 2074 (1990).

[37] E. A. Cornell und C. E. Wieman, „Nobel lecture: Bose-Einstein condensation in a dilute gas, the first 70 years and some recent experiments“, *Rev. Mod. Phys.* **74**, 875 (2002). W. Ketterle, „Nobel lecture: when atoms behave as waves: Bose-Einstein condensation and the atom laser“, *Rev. Mod. Phys.* **74**, 1131 (2002).

[38] D. G. Fried, T. C. Killian, L. Willmann, D. Landhuis, S. C. Moss, D. Kleppner und T. J. Cireytak, „Bose-Einstein condensation of atomic hydrogen“, *Phys. Rev. Lett.* **81**, 3811 (1998).

[39] Siehe Bells Vorwort zur ersten Ausgabe in diesem Buch. Mehr als die Hälfte der Artikel in diesem Buch befassen sich mit dieser Frage.

[40] E. Schrödinger, „Die gegenwärtige Situation in der Quantenmechanik“, *Naturwissenschaften*, **23**, 807, 823, 844 (1935).

[41] J.-M. Raimond, M. Brune und S. Haroche, „Manipulating quantum entanglement with atoms and photons in a cavity“, *Rev. Mod. Phys.* **73**, 565 (2001) und Referenzen darin.

[42] T. Pfau, S. Spalter, C. Kurtsiefer, C. R. Ekstrom und J. Mlynek, „Loss of spatial coherence by a single spontaneous emission“, *Phys. Rev. Lett.* **73**, 1223 (1994). M. S. Chapman, T. D. Hammond, A. Lenef, J. Schmiedmayer, R. A. Rubenstein, E. Smith und D. E. Pritchard, „Photon scattering from atoms in an atom interferometer: coherence lost and regained“, *Phys. Rev. Lett.* **75**, 3783 (1995).

[43] N. Gisin, G. Ribordy, W. Tittel und H. Zbinden, „Quantum cryptography“, *Rev. Mod. Phys.* **74**, 145 (2002).

[44] J. Preskill. Course Notes for Physics 219: *Quantum Computation*, `http://www.theory.caltech.edu/~preskill/ph219`

[45] M. A. Nielsen, I. Chuang-Isaac und K. Grover-Lov, „Quantum computation and quantum information“, *Am. J. Phys.* **70**, 558 (2002). M. A. Nielsen und I. Chuang-Isaac, *Quantum Computation and Quantum Information*, Cambridge University Press (2000).

[46] A. K. Ekert, „Quantum cryptography based an Bell's theorem“, *Phys. Rev. Lett.* **67**, 661 (1991). C. H. Bennett, G. Brassard und N. D. Mermin, „Quantum cryptography without Bell's theorem“, *Phys. Rev. Lett.* **68**, 557 (1992) und Referenzen darin.

[47] P. W. Shor, „Algorithms for quantum computation: discrete logarithms and factoring“, in *Proceedings of die 35th Annual Symposium an Foundations of Computer Science* (hrsgg. von S. Goldwasser) IEEE Comput. Soc. Press, Los Alamitos, C.A. (1994) S. 124–34.

[48] L. M. K. Vandersypen, M. Steffen, G. Breyta, Yannoni, M. H. Sherwood und I. L. Chuang, „Experimental realization of Shor's quantum factoring algorithm using nuclear magnetic resonance“, *Nature* **414**, 883 (2001). S. Guide, M. Riebe, G. P. T. Lancaster, C. Becher, J. Eschner. H. Haffner, F. Schmidt-Kaler, I. L. Chuang und R. Blatt, „Implementation of the Deutsch-Jozsa algorithm on an iontrap quantum computer“. *Nature* **421**, 48 (2003). A. Rauschenbeutel, G. Nogues, S. Osnaghi, P. Bertet, M. Brune, J. M. Raimond und S. Haroche, „Coherent operation of a tunable quantum phase gate in cavity QED“, *Phys. Rev. Lett.* **83**, 5166 (1999). D. Vion, A. Aassime, A. Cottet, P. Joyez, H. Pothier, C. Urbina, D. Esteve und M. H. Devoret, „Manipulating the quantum state of an electrical circuit“, *Science* **296**, 886 (2002) und Referenzen darin. C. Monroe, D. M. Meekhof. B. E. King, W. Itano und D. J. Wineland, „Demonstration of a fundamental quantum logic gate“, *Phys. Rev. Lett.* **75**, 4714 (1995).

[49] PACS Nummer 03.65.Ud.

[50] Ref. 44, Abschnitte 1.2 und 1.4.

[51] Bells Vorwort zur ersten Ausgabe dieses Buches.

1 Über das Problem der verborgenen Variablen in der Quantenmechanik

Die Arbeit wurde unterstützt durch die U.S. Atomic Energy Commission. *Stanford Linear Accelerator Center, Stanford University, Stanford, California.*

1.1 Einleitung

Die Kenntnis des quantenmechanischen Zustands eines Systems bedeutet im allgemeinen nur statistische Einschränkungen für die Ergebnisse von Messungen. Es scheint interessant, zu fragen, ob man sich dieses statistische Element (wie in der klassischen Mechanik) als Folge vorstellen soll – weil die fraglichen Zustände Mittelwerte von besser definierten Zuständen sind, für die die individuellen Ergebnisse vollständig bestimmt wären. Diese hypothetischen, „dispersionsfreien" Zustände wären dann nicht nur durch den quantenmechanischen Zustandsvektor gekennzeichnet, sondern auch durch zusätzliche „verborgene Variablen" – „verborgen" deshalb, weil, wenn Zustände mit vorgegebenen Werten dieser Variablen hergestellt werden könnten, die Quantenmechanik im Hinblick auf die Observablen unzulänglich wäre.

Ob diese Frage tatsächlich interessant ist, ist diskutiert worden [1,2]. Dieser Artikel trägt nicht zu dieser Diskussion bei. Er ist an diejenigen gerichtet, die die Frage interessant finden; und insbesondere diejenigen unter ihnen, die glauben, dass „die Frage nach der Existenz solcher verborgenen Variablen eine frühzeitige und ziemlich endgültige Antwort durch von Neumanns Beweis über die mathematische Unmöglichkeit solcher Variablen in der Quantentheorie bekam" [3]. Hier wird ein Versuch unternommen zu klären, was von Neumann und seine Nachfolger tatsächlich demonstriert haben. Er beinhaltet sowohl von Neumanns Abhandlung, als auch die neuere Version des Arguments von Jauch und Piron [3], und das strengere Resultat aus der Arbeit von Gleason [4]. Es wird ins Feld geführt, dass diese Analysen die wirkliche Frage nicht berühren. Vielmehr wird zu sehen sein, dass diese Demonstrationen von den hypothetischen dispersionsfreien Zuständen nicht nur erfordern, dass geeignete Ensembles davon alle messbaren Eigenschaften von quantenmechanischen Zuständen haben sollten, sondern außerdem bestimmte andere Eigenschaften. Diese zusätzlichen Forderungen erscheinen vernünftig, wenn die Messergebnisse in grober Weise mit den Eigenschaften isolierter Systeme identifiziert werden. Sie müssen als völlig unvernünftig angesehen werden, wenn man mit Bohr [5] erinnert an „die Unmöglichkeit einer scharfen Trennung zwischen dem Verhalten atomarer Objekte und der Wechselwirkung mit den Messinstrumenten, die dazu dienen, die Bedingungen zu definieren, unter denen die Phänomene erscheinen."

Die Erkenntnis, dass von Neumanns Beweis eine begrenzte Bedeutung hat, hat seit der Arbeit von Bohm [6] 1952 an Boden gewonnen. Sie ist jedoch bei weitem nicht allgemein verbreitet. Darüber hinaus hat der Verfasser in der Literatur keine entsprechende Analyse gefunden, was falsch gelaufen ist [7]. Wie alle Autoren von unbeauftragten Reviews glaubt er, dass er diese Situation mit solcher Klarheit und Einfachheit neu darstellen kann, dass alle früheren Diskussionen in den Schatten gestellt werden.

1.2 Annahmen und ein einfaches Beispiel

Die Autoren der zu besprechenden Demonstrationen waren darauf bedacht, so wenig wie möglich über Quantenmechanik vorauszusetzen. Das ist für manche Zwecke nützlich, aber nicht für unsere. Wir sind nur an der Möglichkeit von verborgenen Variablen in der gewöhnlichen Quantenmechanik interessiert und werden von allen üblichen Notationen reichlich Gebrauch machen. Dadurch werden die Demonstrationen wesentlich abgekürzt.

Es wird angenommen, dass ein quantenmechanisches „System" „Observablen" besitzt, die durch hermitesche Operatoren in einem komplexen linearen Vektorraum dargestellt werden. Jede „Messung" einer Observablen ergibt einen der Eigenwerte des entsprechenden Operators. Observablen mit kommutierenden Operatoren können gleichzeitig gemessen werden [8]. Ein quantenmechanischer „Zustand" wird durch einen Vektor im linearen Zustandsraum dargestellt. Für einen Zustandsvektor ψ ist der statistische Erwartungswert einer Observablen, mit dem Operator O, das normierte innere Produkt $(\psi, O\psi)/(\psi,\psi)$.

Die strittige Frage lautet, ob quantenmechanische Zustände als Ensembles von Zuständen betrachtet werden können – die weiter durch zusätzliche Variablen derart spezifiziert sind, dass gegebene Werte dieser Variablen (zusammen mit dem Zustandsvektor) die Ergebnisse individueller Messungen eindeutig festlegen. Diese hypothetischen, wohldefinierten Zustände werden „dispersionsfrei" genannt.

In der folgenden Diskussion ist es nützlich, sich als einfaches Beispiel ein System mit zweidimensionalem Zustandsvektor vorzustellen. Wir betrachten zur Verdeutlichung ein Spin-$\frac{1}{2}$-Teilchen ohne Translationsbewegung. Ein solcher quantenmechanischer Zustand wird durch einen zweikomponentigen Zustandsvektor (oder Spinor) ψ dargestellt. Die Observablen werden durch hermitesche 2×2-Matrizen dargestellt

$$\alpha + \boldsymbol{\beta} \cdot \boldsymbol{\sigma}, \tag{1}$$

worin α eine reelle Zahl ist, $\boldsymbol{\beta}$ ein reeller Vektor ist und $\boldsymbol{\sigma}$ als Komponenten die Pauli-Matrizen hat; α ist zu verstehen als Faktor mit der Einheitsmatrix. Die Messung einer solchen Observablen ergibt einen der Eigenwerte

$$\alpha \pm |\boldsymbol{\beta}|, \tag{2}$$

mit relativen Wahrscheinlichkeiten, die aus dem Erwartungswert

$$\langle \alpha + \boldsymbol{\beta} \cdot \boldsymbol{\sigma} \rangle = (\psi, [\alpha + \boldsymbol{\beta} \cdot \boldsymbol{\sigma}]\psi)$$

abgeleitet werden. Für dieses System kann ein Schema mit verborgenen Variablen folgendermaßen hinzugefügt werden: Die dispersionsfreien Zustände werden sowohl durch eine reelle Zahl λ im Intervall $-\frac{1}{2} \leq \lambda \leq \frac{1}{2}$, als auch den Spinor ψ spezifiziert. Um zu beschreiben, wie λ bestimmt, welchen Eigenwert die Messung ergibt, bemerken wir, dass ψ durch eine Drehung des Koordinatensystems in die Form gebracht werden kann

$$\psi = \begin{pmatrix} 1 \\ 0 \end{pmatrix}.$$

Es seien $\beta_x, \beta_y, \beta_z$ die Komponenten von $\boldsymbol{\beta}$ im neuen Koordinatensystem. Dann ergibt die Messung von $\alpha + \boldsymbol{\beta} \cdot \boldsymbol{\sigma}$ für den durch ψ und λ spezifizierten Zustand mit Sicherheit den Eigenwert

$$\alpha + |\boldsymbol{\beta}| \operatorname{sign}(\lambda |\boldsymbol{\beta}| + \tfrac{1}{2}|\beta_z|) \operatorname{sign} X \tag{3}$$

worin

$$X = \begin{cases} \beta_z & \text{wenn} \quad \beta_z \neq 0 \\ \beta_x & \text{wenn} \quad \beta_z = 0, \quad \text{und} \quad \beta_x \neq 0 \\ \beta_y & \text{wenn} \quad \beta_z = 0, \quad \text{und} \quad \beta_x = 0 \end{cases}$$

und

$$\operatorname{sign} X = \begin{cases} +1 & \text{wenn} \quad X \geq 0 \\ -1 & \text{wenn} \quad X < 0 \end{cases}$$

Der durch ψ spezifizierte quantenmechanische Zustand wird durch gleichmäßige Mittelung über λ erhalten. Das ergibt den Erwartungswert

$$\langle \alpha + \boldsymbol{\beta} \cdot \boldsymbol{\sigma} \rangle = \int_{-1/2}^{1/2} \mathrm{d}\lambda \{\alpha + |\boldsymbol{\beta}| \operatorname{sign}(\lambda |\boldsymbol{\beta}| + \tfrac{1}{2}|\beta_z|) \operatorname{sign} X\} = \alpha + \beta_z$$

wie erforderlich.

Es sollte betont werden, dass hier dem Parameter λ keine physikalische Bedeutung zugewiesen wird, und kein Anspruch erhoben wird, eine vollständige Neuinterpretation der Quantenmechanik zu geben. Das einzige Ziel ist es zu zeigen, dass auf dem Niveau, das von Neumann betrachtet, eine solche Neuinterpretation nicht ausgeschlossen ist. Eine vollständige Theorie würde zum Beispiel eine Darstellung des Verhaltens der verborgenen Variablen während des Messprozesses selbst erfordern. Mit oder ohne verborgene Variablen, die Analyse des Messprozesses zeigt besondere Schwierigkeiten [8], und wir werden darauf nicht mehr, als für unsere sehr begrenzten Zwecke unbedingt nötig, eingehen.

1.3 von Neumann

Betrachten wir nun den Beweis von von Neumann [9], dass dispersionsfreie Zustände, und damit verborgene Variablen, unmöglich sind. Seine grundlegende Annahme [10] ist: *Jede beliebige reelle Linearkombination von zwei beliebigen hermiteschen Operatoren stellt eine Observable dar, und die gleiche Linearkombination der Erwartungswerte ist der Erwartungswert der Kombination.* Das ist für quantenmechanische Zustände wahr; es wird von von Neumann aber auch für die hypothetischen, dispersionsfreien Zustände gefordert. Im zweidimensionalen Beispiel von Abschnitt 2 muss der Erwartungswert dann eine lineare Funktion von α und β sein. Aber für einen dispersionsfreien Zustand (der keinen statistischen Charakter hat) muss der Erwartungswert einer Observablen gleich einem seiner Eigenwerte sein. Die Eigenwerte (2) sind zweifellos nicht linear in β. Folglich sind dispersionsfreie Zustände unmöglich. Wenn der Zustandsraum jedoch mehr als zwei Dimensionen hat, können wir stets einen zweidimensionalen Unterraum betrachten; folglich ist die Demonstration völlig allgemein.

Die grundlegende Annahme kann wie folgt kritisiert werden. Auf den ersten Blick erscheint die Additivität der Erwartungswerte sehr vernünftig, und es ist vielmehr die Nichtadditivität der erlaubten Werte (Eigenwerte), die einer Erklärung bedarf. Natürlich ist die Erklärung wohlbekannt: Die Messung einer Summe von nichtkommutierenden Observablen kann nicht durch triviale Kombination der Ergebnisse von getrennten Messungen an den zwei Termen durchgeführt werden – sie erfordert ein völlig anderes Experiment. Zum Beispiel könnte die Messung von σ_x eines magnetischen Teilchens mit einem entsprechend orientierten Stern-Gerlach-Magneten durchgeführt werden. Die Messung von σ_y würde eine andere Orientierung erfordern, und von $(\sigma_x + \sigma_y)$ eine dritte und wiederum andere Orientierung. Aber diese Erklärung der Nichtadditivität der erlaubten Werte begründete auch die Nichttrivialität der Additivität der Erwartungswerte. Das Letztere ist eine ganz besondere Eigenschaft der quantenmechanischen Zustände, die *a priori* nicht zu erwarten ist. Es gibt keinen Grund, sie individuell für die hypothetischen dispersionsfreien Zustände zu fordern – deren Funktion es ist, die *messbaren* Eigenheiten der Quantenmechanik zu reproduzieren, *wenn darüber gemittelt wird.*

Im trivialen Beispiel von Abschnitt 2 haben die dispersionsfreien Zustände (spezifiziert durch λ) nur für kommutierende Operatoren additive Erwartungswerte. Dennoch ergeben sie logisch konsistente und präzise Vorhersagen für die Ergebnisse aller möglichen Messungen, die völlig äquivalent zu den quantenmechanischen Vorhersagen sind, wenn über λ gemittelt wird. Für dieses triviale Beispiel ist die Frage nach den verborgenen Variablen, wie sie von Neumann [11] zwanglos in seinem Buch gestellt hat, in der Tat zu bejahen.

Somit rechtfertigt der formale Beweis von Neumanns nicht seine zwanglose Schlussfolgerung [12]: „Es handelt sich also gar nicht, wie vielfach angenommen wird, um eine Interpretationsfrage der Quantenmechanik, vielmehr müsste dieselbe objektiv falsch sein, damit ein anderes Verhalten der Elementarprozesse als das statistische möglich wird.“ Es waren nicht die objektiv messbaren Vorhersagen der Quantenmechanik, die die verborgenen Variablen ausschlossen. Es war die willkürliche Annahme einer besonderen (und unmöglichen) Beziehung zwischen den Ergebnissen von inkompatiblen Messungen, von denen jede bei einer gegebenen Gelegenheit durchgeführt werden *könnte*, aber nur eine tatsächlich durchgeführt werden kann.

1.4 Jauch und Piron

Eine neue Version des Arguments ist von Jauch und Piron angegeben worden [3]. Wie von Neumann sind sie an verallgemeinerten Formen der Quantenmechanik interessiert und nehmen nicht den üblichen Zusammenhang der quantenmechanischen Erwartungswerte mit den Zustandsvektoren und Operatoren an. Wir nehmen das Letztere an und kürzen das Argument ab, da wir hier nur mögliche Interpretationen der gewöhnlichen Quantenmechanik behandeln.

Betrachten wir nur Observablen, die durch Projektionsoperatoren repräsentiert werden. Die Eigenwerte der Projektionsoperatoren sind 0 und 1. Ihre Erwartungswerte sind gleich den Wahrscheinlichkeiten, dass 1 anstatt 0 das Ergebnis der Messung ist. Für zwei beliebige Projektionsoperatoren a und b ist ein dritter $(a \cap b)$ definiert als die Projektion auf die Schnittmenge der entsprechenden Teilräume. Die wesentlichen Axiome von Jauch und Piron sind folgende:

(A) Erwartungswerte von *kommutierenden* Projektionsoperatoren sind additiv.

(B) Wenn für einen Zustand und zwei Projektionen a und b

$$\langle a \rangle = \langle b \rangle = 1,$$

dann gilt für diesen Zustand

$$\langle a \cap b \rangle = 1.$$

Jauch und Piron sind zu diesem letzten Axiom (4° in ihrer Numerierung) durch eine Analogie mit dem Aussagenkalkül in der gewöhnlichen Logik geführt worden. Die Projektionen sind bis zu einem gewissen Grade analog zu logischen Aussagen, mit den erlaubten Werten 1 entsprechend „Wahrheit“ und 0 für 'Unwahrheit“, und die Konstruktion $(a \cap b)$ zu (a „und“ b). In der Logik haben wir natürlich, wenn a wahr ist und b wahr ist, dann ist (a und b) wahr. Das Axiom hat die gleiche Struktur.

Nun können wir dispersionsfreie Zustände schnell ausschließen, indem wir einen zweidimensionalen Teilraum betrachten. In diesem sind die Projektionsoperatoren: Die Null, der Einheitsoperator, und solche der Form

$$\tfrac{1}{2} + \tfrac{1}{2}\hat{\alpha} \cdot \boldsymbol{\sigma},$$

wobei $\hat{\alpha}$ ein Einheitsvektor ist. In einem dispersionsfreien Zustand muss der Erwartungswert eines Operators einer seiner Eigenwerte sein, also 0 oder 1 für Projektionen.

Weil wegen (A)

$$\langle \tfrac{1}{2} + \tfrac{1}{2}\hat{\alpha} \cdot \sigma \rangle + \langle \tfrac{1}{2} - \tfrac{1}{2}\hat{\alpha} \cdot \sigma \rangle = 1,$$

haben wir für einen dispersionsfreien Zustand entweder

$$\langle \tfrac{1}{2} + \tfrac{1}{2}\hat{\alpha} \cdot \sigma \rangle = 1 \quad \text{oder} \quad \langle \tfrac{1}{2} - \tfrac{1}{2}\hat{\alpha} \cdot \sigma \rangle = 1.$$

Es seien $\hat{\alpha}$ und $\hat{\beta}$ zwei beliebige nichtkollineare Einheitsvektoren und

$$a = \tfrac{1}{2} \pm \tfrac{1}{2}\hat{\alpha} \cdot \sigma, \qquad b = \tfrac{1}{2} \pm \tfrac{1}{2}\hat{\beta} \cdot \sigma,$$

wobei die Vorzeichen so gewählt werden, dass $\langle a \rangle = \langle b \rangle = 1$. Dann erfordert (B)

$$\langle a \cap b \rangle = 1.$$

Aber wenn $\hat{\alpha}$ und $\hat{\beta}$ nichtkollinear sind, sieht man sofort, dass

$$a \cap b = 0,$$

und folglich

$$\langle a \cap b \rangle = 0.$$

Folglich kann es keine dispersionsfreien Zustände geben.

Der Einwand dazu ist derselbe wie zuvor. In (B) beschäftigen wir uns nicht mit logischen Aussagen, sondern mit Messungen, die zum Beispiel verschieden orientierte Magnete benutzen. Das Axiom gilt für quantenmechanische Zustände [13]. Aber es ist eine ganz besonderes Merkmal dieser Zustände; in keiner Weise eine Denknotwendigkeit. Nur die quantenmechanischen Mittelwerte über die dispersionsfreien Zustände müssen dieses Merkmal reproduzieren, wie im Beispiel von Abschnitt 1.2.

1.5 Gleason

Die außergewöhnliche mathematische Arbeit von Gleason [4] befasste sich nicht ausdrücklich mit dem Problem der verborgenen Variablen. Sie richtete sich darauf, die axiomatische Basis der Quantenmechanik zu reduzieren. Weil sie es jedoch anscheinend ermöglicht, von Neumanns Ergebnis ohne unzulässige Annahmen über nichtkommutierende Operatoren zu erhalten, müssen wir sie natürlich berücksichtigen. Das maßgebliche Korollar von Gleasons Arbeit ist: Wenn die Dimension des Zustandsraumes größer als zwei ist, kann die Additivitätsforderung für die Erwartungswerte von *kommutierenden Operatoren* nicht mit dispersionsfreien Zuständen erfüllt werden. Das wird nun bewiesen und dann seine Bedeutung diskutiert. Es sollte betont werden, dass Gleason, mit einer sehr ausführlichen Erörterung, weitere Ergebnisse erhielt, aber dies ist alles was hier notwendig ist.

Es genügt, Projektionsoperatoren zu betrachten. Es sei $P(\phi)$ der Projektor auf den Hilbertraum-Vektor ϕ, d.h. seine Wirkung auf einen beliebigen Vektor ψ ergibt

$$P(\phi)\psi = \frac{(\phi,\psi)}{(\phi,\phi)}\,\phi.$$

Wenn die Menge ϕ_i vollständig und orthogonal ist, gilt

$$\sum_i P(\phi_i) = 1.$$

Da die $P(\phi_i)$ kommutieren, gilt nach der Hypothese

$$\sum_i \langle P(\phi_i)\rangle = 1. \tag{4}$$

Da der Erwartungswert eines Projektors nichtnegativ ist (jede Messung ergibt einen der erlaubten Werte 0 oder 1), und da beliebige orthogonale Vektoren als Elemente einer vollständigen Menge angesehen werden können, haben wir:

(A) Wenn mit einem Vektor ϕ, $\langle P(\phi)\rangle = 1$ für einen gegebenen Zustand ist, dann gilt für diesen Zustand $\langle P(\psi)\rangle = 0$ für jedes ψ, das orthogonal zu ϕ ist.

Wenn ψ_1 und ψ_2 eine andere orthogonale Basis für den von zwei beliebigen Vektoren ϕ_1 und ϕ_2 aufgespannten Teilraum sind, dann ist mit (4)

$$\langle P(\psi_1)\rangle + \langle P(\psi_2)\rangle = 1 \;-\; \sum_{i\neq 1, i\neq 2} \langle P(\phi_i)\rangle$$

oder

$$\langle P(\psi_1)\rangle + \langle P(\psi_2)\rangle = \langle P(\phi_1)\rangle + \langle P(\phi_2)\rangle.$$

Da ψ_1 eine beliebige Kombination von ϕ_1 und ϕ_2 sein kann, haben wir

(B) Wenn für einen gegebenen Zustand

$$\langle P(\phi_1)\rangle = \langle P(\phi_2)\rangle = 0$$

für ein Paar von orthogonalen Vektoren, dann ist

$$\langle P(\alpha\phi_1 + \beta\phi_2)\rangle = 0$$

für alle α und β.

(A) und (B) werden nun wiederholt benutzt, um das Folgende nachzuweisen. Es seien ϕ und ψ beliebige Vektoren, so dass für einen gegebenen Zustand

$$\langle P(\psi)\rangle = 1, \tag{5}$$
$$\langle P(\phi)\rangle = 0. \tag{6}$$

Dann können ϕ und ψ nicht beliebig dicht liegen; vielmehr ist

$$|\phi - \psi| > \tfrac{1}{2}|\psi|. \tag{7}$$

Um das zu sehen, normieren wir ψ und schreiben ϕ in der Form

$$\phi = \psi + \varepsilon\psi',$$

wobei ψ' orthogonal zu ψ und normiert ist und ε eine reelle Zahl ist. Es sei ψ'' ein normierter Vektor, der sowohl zu ψ als auch zu ψ' orthogonal ist (an dieser Stelle benötigen wir wenigstens drei Dimensionen), also auch zu ϕ. Mit (A) und (5)

$$\langle P(\psi')\rangle = 0, \qquad \langle P(\psi'')\rangle = 0.$$

Dann mit (B) und (6)

$$\langle P(\phi + \gamma^{-1}\varepsilon\psi'')\rangle = 0,$$

wobei γ irgendeine reelle Zahl ist, und auch mit (B)

$$\langle P(-\varepsilon\psi + \gamma\varepsilon\psi'')\rangle = 0.$$

Die Vektor-Argumente in den letzten zwei Formeln sind orthogonal; damit können wir sie addieren, wieder mit Benutzung von (B):

$$\langle P(\psi + \varepsilon(\gamma + \gamma^{-1})\psi'')\rangle = 0.$$

Wenn nun ε kleiner ist als $\frac{1}{2}$, gibt es reelle γ, für die gilt

$$\varepsilon(\gamma + \gamma^{-1}) = \pm 1.$$

Folglich

$$\langle P(\psi + \psi'')\rangle = \langle P(\psi - \psi'')\rangle = 0.$$

Die Vektoren $\psi \pm \psi''$ sind orthogonal; ihre Addition und wiederum Benutzung von (B) gibt

$$\langle P(\psi)\rangle = 0.$$

Das widerspricht der Voraussetzung (5). Folglich ist

$$\varepsilon > \tfrac{1}{2},$$

wie in (7) angegeben.

Betrachten wir nun die Möglichkeit von dispersionsfreien Zuständen. Für diese Zustände hat jeder Projektor den Erwartungswert entweder 0 oder 1. Es ist klar aus (4), dass beide Werte vorkommen müssen, und weil keine anderen Werte möglich sind, muss es beliebig dichte Paare ψ, ϕ geben, mit den verschiedenen Erwartungswerten 0 beziehungsweise 1. Aber wir sahen oben, dass solche Paare *nicht* beliebig dicht sein können. Folglich gibt es keine dispersionsfreien Zustände.

Dass so viel aus solchen, anscheinend unschuldigen Voraussetzungen folgt, lässt uns an ihrer Unschuld zweifeln. Sind die auferlegten Forderungen, die für quantenmechanische Zustände erfüllt sind, auch vernünftige Forderungen für dispersionsfreie Zustände? Sie sind es in der Tat nicht. Betrachten wir die Aussage (B). Der Operator $P(\alpha\phi_1 + \beta\phi_2)$ kommutiert mit $P(\phi_1)$ und $P(\phi_2)$ nur, wenn entweder α oder β Null ist. Folglich erfordert die Messung von $P(\alpha\phi_1 + \beta\phi_2)$ im allgemeinen eine völlig andere experimentelle Anordnung. Wir können folglich (B) mit der schon benutzen Begründung verwerfen: Sie verbindet in nichttrivialer Weise die Ergebnisse von Messungen, die nicht gleichzeitig ausgeführt werden können; die dispersionsfreien Zustände brauchen diese Eigenschaft nicht zu haben – es genügt, wenn das für ihre quantenmechanischen Mittelwerte gilt. Wie geschah es, dass (B) eine Konsequenz von Annahmen war, in denen nur kommutierende Operatoren explizit erwähnt wurden? Die Gefahr lag vielmehr in den impliziten, als in den expliziten Annahmen. Es wurde stillschweigend angenommen, dass die Messung einer Observablen denselben Wert ergeben muss, unabhängig davon, was für andere Messungen gleichzeitig gemacht werden. Folglich könnte man sowohl, sagen wir $P(\phi_3)$, als auch *entweder* $P(\phi_2)$ *oder* $P(\psi_2)$ messen, wobei ϕ_2 und ψ_2 orthogonal zu ϕ_3 sind, jedoch nicht untereinander. Diese verschiedenen Möglichkeiten erfordern aber verschiedene experimentelle Anordnungen; es gibt *a priori* keinen Grund zu glauben, dass die Ergebnisse für $P(\phi_3)$ dieselben sein sollten. Das Ergebnis einer Beobachtung kann durchaus nicht nur vom Zustand des Systems abhängen (einschließlich verborgener Variablen), sondern auch von der vollständigen Einstellung des Apparates; siehe wieder das Zitat von Bohr am Ende von Abschnitt 1.

Um diese Bemerkungen zu veranschaulichen, konstruieren wir eine sehr künstliche, aber einfache Zerlegung mit verborgenen Variablen. Wenn wir alle Observablen als Funktionen von kommutierenden Projektoren ansehen, genügt es, Messungen der letzteren zu betrachten. Seien $P_1, P_2, \ldots$ die Menge der Projektoren, die mit einem gegebenen Apparat gemessen werden, und für einen gegebenen quantenmechanischen Zustand seien ihre Erwartungswerte $\lambda_1, \lambda_2 - \lambda_1, \lambda_3 - \lambda_2, \ldots$. Als verborgene Variable nehmen wir eine reelle Zahl $0 < \lambda \leq 1$; wir legen fest, dass die Messung an einem Zustand mit gegebenem λ für P_n den Wert 1 ergibt, wenn $\lambda_{n-1} < \lambda \leq \lambda_n$, ansonsten Null. Der quantenmechanische Zustand wird durch gleichförmiges Mitteln über λ erhalten. Es gibt keinen Widerspruch zu Gleasons Korollar, weil das Ergebnis für gegebenes P_n auch von der Wahl der anderen abhängt. Natürlich wäre es unsinnig, wenn das Ergebnis durch eine einfache Vertauschung der anderen Ps beeinflusst würde, deshalb legen wir fest, dass immer eine beliebige, aber festgelegte Reihenfolge genommen wird, wenn die Ps tatsächlich dieselbe Menge sind. Bei weiterem Nachdenken wird sich der anfängliche Eindruck der Künstlichkeit vertiefen. Das Beispiel genügt jedoch, um zu zeigen, dass die implizite Annahme des Unmöglichkeitsbeweises entscheidend für seine Schlussfolgerung war. Eine ernsthaftere Zerlegung mit verborgenen Variablen wird in Abschnitt 1.6 aufgegriffen [14].

1.6 Lokalität und Trennbarkeit

Bis jetzt haben wir willkürlichen Forderungen an die hypothetischen dispersionsfreien Zustände widerstanden. Ebenso wie die Reproduktion der Quantenmechanik durch Mittelwertbildung, *gibt* es jedoch weitere Eigenschaften, die in einem Schema mit verborgenen Variablen durchaus wünschenswert sind. Die verborgenen Variablen sollten sicher eine räumliche Bedeutung haben und sich, nach zu beschreibenden Gesetzen, zeitlich entwickeln. Dies sind Vorurteile, aber es ist gerade diese Möglichkeit, ein (vorzugsweise kausales) Raumzeit-Bild zwischen der Vorbereitung und der Messung von Zuständen einzufügen, was die Suche nach verborgenen Variablen für den Arglosen interessant macht [2]. Die Begriffe von Raum, Zeit und Kausalität traten in der oben betrachteten Art und Weise der Diskussion nicht in den Vordergrund. Nach Kenntnis des Verfassers ist der erfolgreichste Versuch in diese Richtung das Schema von Bohm für die elementare Wellenmechanik aus dem Jahre 1952. Zum Abschluss wird dieses hier kurz angerissen und eine sonderbare Eigenschaft davon hervorgehoben.

Betrachten wir zum Beispiel ein System von zwei Spin-$\frac{1}{2}$-Teilchen. Der quantenmechanische Zustand wird durch eine Wellenfunktion dargestellt

$$\psi_{ij}(\mathbf{r}_1, \mathbf{r}_2),$$

wobei i und j Spinindizes sind, die unterdrückt werden. Sie wird durch die Schrödinger-Gleichung bestimmt

$$\frac{\partial \psi}{\partial t} = -i\Big[-\frac{\partial^2}{\partial \mathbf{r}_1^2} - \frac{\partial^2}{\partial \mathbf{r}_2^2} + V(\mathbf{r}_1 - \mathbf{r}_2) + a\,\sigma_1 \cdot \mathbf{H}(\mathbf{r}_1) + b\,\sigma_2 \cdot \mathbf{H}(\mathbf{r}_2)\Big]\psi, \tag{8}$$

wobei V das Potential zwischen den Teilchen sei. Der Einfachheit halber haben wir neutrale Teilchen mit magnetischen Momenten genommen und ein äußeres Magnetfeld $\mathbf{H}$ zugelassen, um Magnete als Spinanalysatoren darzustellen. Die verborgenen Variablen sind dann zwei Vektoren $\mathbf{X}_1$ und $\mathbf{X}_2$, die unmittelbar die Ergebnisse der Positionsmessungen geben. Andere Messungen werden letztlich auf Positionsmessungen zurückgeführt [15]. Zum Beispiel bedeutet die Messung einer Spinkomponente, zu beobachten, ob ein Teilchen mit einer aufwärts oder abwärts gerichteten Ablenkung aus einem Stern-Gerlach-Magneten auftaucht. Die Variablen $\mathbf{X}_1$ und $\mathbf{X}_2$ sollen im Konfigurationsraum mit der Wahrscheinlichkeitsdichte verteilt sein

$$\rho(\mathbf{X}_1, \mathbf{X}_2) = \sum_{ij} |\psi_{ij}(\mathbf{X}_1, \mathbf{X}_2)|^2,$$

entsprechend dem quantenmechanischen Zustand. In Übereinstimmung damit sollen $\mathbf{X}_1$ und $\mathbf{X}_2$ zeitlich variieren gemäß

$$\begin{aligned}\frac{\mathrm{d}\mathbf{X}_1}{\mathrm{d}t} &= \rho(\mathbf{X}_1, \mathbf{X}_2)^{-1}\,\mathrm{Im}\sum_{ij}\psi_{ij}^*(\mathbf{X}_1, \mathbf{X}_2)\frac{\partial \psi_{ij}(\mathbf{X}_1, \mathbf{X}_2)}{\partial \mathbf{X}_1},\\ \frac{\mathrm{d}\mathbf{X}_2}{\mathrm{d}t} &= \rho(\mathbf{X}_1, \mathbf{X}_2)^{-1}\,\mathrm{Im}\sum_{ij}\psi_{ij}^*(\mathbf{X}_1, \mathbf{X}_2)\frac{\partial \psi_{ij}(\mathbf{X}_1, \mathbf{X}_2)}{\partial \mathbf{X}_2}.\end{aligned} \tag{9}$$

Die sonderbare Eigenschaft ist, dass die Trajektoriengleichungen (9) für die verborgenen Variablen im allgemeinen einen stark nichtlokalen Charakter haben. Wenn die Wellenfunktion in Faktoren zerlegbar ist, bevor die Analysatorfelder zum Tragen kommen (die Teilchen sind weit entfernt)

$$\psi_{ij}(\mathbf{X}_1,\mathbf{X}_2)=\phi_i(\mathbf{X}_1)\chi_j(\mathbf{X}_2),$$

dann bleibt die Zerlegbarkeit erhalten. Die Gleichungen (9) reduzieren sich dann auf

$$\frac{\mathrm{d}\mathbf{X}_1}{\mathrm{d}t}=\left[\sum_i \phi_i^*(\mathbf{X}_1)\phi_i(\mathbf{X}_1)\right]^{-1}\operatorname{Im}\sum_i \phi_i^*(\mathbf{X}_1)\frac{\partial\phi_i(\mathbf{X}_1)}{\partial\mathbf{X}_1},$$

$$\frac{\mathrm{d}\mathbf{X}_2}{\mathrm{d}t}=\left[\sum_j \chi_j^*(\mathbf{X}_2)\chi_j(\mathbf{X}_2)\right]^{-1}\operatorname{Im}\sum_j \chi_j^*(\mathbf{X}_2)\frac{\partial\chi_j(\mathbf{X}_2)}{\partial\mathbf{X}_2}.$$

Die Schrödinger-Gleichung (8) zerfällt auch und die Trajektorien von $\mathbf{X}_1$ und $\mathbf{X}_2$ sind einzeln bestimmt durch Gleichungen, die $\mathbf{H}(\mathbf{X}_1)$ beziehungsweise $\mathbf{H}(\mathbf{X}_2)$ enthalten. Im allgemeinen ist die Wellenfunktion jedoch nicht zerlegbar. Die Trajektorie von 1 hängt dann in komplizierter Weise von der Trajektorie und Wellenfunktion von 2 ab, und damit davon, wie die Analysatorfelder auf 2 wirken – wie weit entfernt diese auch vom Teilchen 1 sein mögen. Damit existiert in dieser Theorie ein expliziter kausaler Mechanismus, durch den die Einstellung eines Teils des Apparates das Ergebnis beeinflusst, das an einem entfernten Teil gewonnen wird. In der Tat ist das Einstein-Podolsky-Rosen-Paradoxon in einer Weise gelöst, die Einstein am wenigsten gefallen hätte (Ref. 2, S. 85).

Allgemeiner wird die Darstellung der verborgenen Variablen eines gegebenen Systems völlig anders, wenn wir daran erinnern, dass es zweifellos in der Vergangenheit mit zahlreichen anderen Systemen interagiert hat, und die Gesamt-Wellenfunktion sicherlich nicht zerlegbar sein wird. Der gleiche Effekt kompliziert die Theorie der Messung mit Hilfe der verborgenen Variablen, wenn man den Anteil des „Apparates“ in das System mit aufnehmen möchte.

Bohm war sich natürlich dieser Eigenschaften seines Schemas vollkommen bewusst [6,16–18], und hat ihnen viel Aufmerksamkeit gewidmet. Es muss jedoch betont werden, dass es nach gegenwärtigem Wissen des Verfassers keinen *Beweis* gibt, dass *jede* Darstellung verborgener Variablen der Quantenmechanik diese außergewöhnlichen Eigenschaft haben *muss* [19]. Es wäre demnach vielleicht [1] interessant, einige weitere „Unmöglichkeitsbeweise“ zu verfolgen, indem man die oben beanstandeten, willkürlichen Axiome durch eine Bedingung der Lokalität, oder der Trennbarkeit von entfernten Systemen ersetzt.

Danksagungen

Die ersten Ideen für diesen Artikel wurden im Jahr 1952 entwickelt. Ich danke Dr. F. Mandl herzlich für intensive Diskussionen in dieser Zeit. Ich bin vielen anderen seitdem zum Dank verpflichtet, zuletzt ganz besonders Professor J. M. Jauch.

Anmerkungen und Literatur

[1] Die folgenden Arbeiten enthalten Diskussionen und Referenzen zu dem Problem der verborgenen Variablen: L. de Broglie, *Physicien et Penseur*. Albin Michel, Paris (1953); W. Heisenberg, in *Niels Bohr and the Development of Physics*, W. Pauli, Hrsg. McGraw-Hill Book Co., Inc., New York, and Pergamon Press, Ltd., London (1955); *Observation and Interpretation*, S. Körner, Hrsg. Academic Press Inc., New York, and Butterworths Scientific Publ., Ltd., London (1957); N. R. Hansen, *The Concept of the Positron*. Cambridge University Press, Cambridge, England (1963).
Siehe auch die verschiedenen, später zitierten Arbeiten von D. Bohm, und Bell und Nauenberg [8]. Für den Standpunkt, dass die Möglichkeit der verborgenen Variablen von geringem Interesse ist, siehe insbesondere die Beiträge von Rosenfeld zu der ersten und dritten dieser Referenzen, von Pauli zur ersten, den Artikel von Heisenberg und viele Passagen in Hansen.

[2] A. Einstein, *Philosopher Scientist*, P. A. Schilp, Ed. Library of Living Philosophers, Evanston, III. (1949). Einsteins „Autobiographical Notes" und „Reply to Critics" lassen darauf schließen, dass das Problem der verborgenen Variablen von einigem Interesse ist.

[3] J. M. Jauch and C. Piron, *Helv. Phys. Acta* **36**, 827 (1963).

[4] A. M. Gleason, *J. Math. & Mech.* **6**, 885 (1957). Ich bin Professor Jauch sehr zu Dank verpflichtet, weil er meine Aufmerksamkeit auf diese Arbeit gelenkt hat.

[5] N. Bohr in Ref. 2.

[6] D. Bohm, *Phys. Rev.* **85**, 166, 180 (1952).

[7] Insbesondere der Analyse von Bohm scheint es an Klarheit zu mangeln, oder aber Genauigkeit. Er betont sehr nachdrücklich die Rolle des experimentellen Aufbaus. Es scheint jedoch impliziert (Ref. 6, S. 187), dass die Umgehung des Theorems die Verknüpfung der *verborgenen* Variablen sowohl mit dem Apparat als auch mit dem beobachteten System *erfordert*. Das Schema in Abschnitt 2 ist ein Gegenbeispiel dazu. Darüber hinaus wird in Abschnitt 3 zu sehen sein, dass, wenn von Neumanns essentielle Additivitäts-Annahme erfüllt wäre, verborgene Variablen, gleich wo angeordnet, nutzlos wären. Bohms weitere Anmerkungen in Ref. 16 (S. 95) und Ref. 17 (S. 358) sind auch nicht überzeugend. Andere Kritiken des Theorems sind zitiert, und einige von ihnen entkräftet, von Albertson (J. Albertson, *Am. J. Phys.* **29**, 478 (1961)).

[8] Neuere Artikel über den Messprozess in der Quantenmechanik mit weiteren Referenzen sind: E. P. Wigner, *Am. J. Phys.* **31**, 6 (1963); A. Shimony, *Am. J. Phys.* **31**, 755 (1963); J. M. Jauch, *Helv. Phys. Acta* **37**, 293 (1964); B. d'Espagnat, *Conceptions de la physique contemporaine*. Hermann & Cie., Paris (1965);

J. S. Bell and M. Nauenberg, in *Preludes in Theoretical Physics, In Honor of V. Weisskopf.* North-Holland Publishing Company, Amsterdam (1966). [Kapitel 3 in diesem Buch]

[9] J. von Neumann, *Mathematische Grundlagen der Quantenmechanik.* Julius Springer-Verlag, Berlin (1932)[1] (Englische Übers.: Princeton University Press, Princeton, N.J., 1955). Das Problem wird gestellt im Vorwort und auf S. 109. Der formale Beweis belegt im wesentlichen die Seiten 157–170 und es folgen mehrere Seiten Kommentar. Eine in sich abgeschlossene Darstellung des Beweises ist von J. Albertson gegeben worden (siehe Ref. 7).

[10] Das ist in von Neumanns **B'** (S. 165), **1** und **11** (S. 167) enthalten.

[11] Referenz 9, S. 109 ff

[12] Referenz 9, S. 171

[13] Im zweidimensionalen Fall ist $\langle a \rangle = \langle b \rangle = 1$ (für einen quantenmechanischen Zustand) nur möglich, wenn die zwei Projektoren identisch sind ($\hat{\alpha} = \hat{\beta}$). Dann ist $a \cap b = a = b$ und $\langle a \cap b \rangle = \langle a \rangle = \langle b \rangle = 1$.

[14] Das einfachste Beispiel, um die Diskussion von Abschnitt 5 zu veranschaulichen, wäre dann ein Teilchen mit Spin 1 und einer ausreichenden Vielfalt von Wechselwirkungen des Spins mit dem äußeren Feld, die eine räumliche Trennung beliebiger, vollständiger Mengen von Spinzuständen erlauben.

[15] Es gibt offensichtlich genügend Messungen von Interesse, die in dieser Weise gemacht werden können. Wir werden nicht betrachten, ob es andere gibt.

[16] D. Bohm, *Causality and Chance in Modern Physics.* D. Van Nostrand Co., Inc., Princeton, N.J. (1957).

[17] D. Bohm, in *Quantum Theory*, D. R. Bates, Ed. Academic Press Inc., New York (1962).

[18] D. Bohm and Y. Aharonov, *Phys. Rev.* **108**, 1070 (1957).

[19] Nach der Fertigstellung dieses Artikels wurde ein solcher Beweis gefunden (J. S. Bell *Physics* **1**, 195 (1965)). [Kapitel 2 in diesem Buch]

[1] Das Buch ist online verfügbar unter:
`http://gdz.sub.uni-goettingen.de/dms/load/img/?IDDOC=263758`

2 Über das Einstein-Podolsky-Rosen-Paradoxon

Die Arbeit wurde zum Teil unterstützt durch die U.S. Atomic Energy Commission. Department of Physics, University of Wisconsin, Madison, Wisconsin.

2.1 Einleitung

Das Paradoxon von Einstein, Podolsky und Rosen [1] wurde als Argument dafür entwickelt, dass die Quantenmechanik keine vollständige Theorie sein könne, sondern durch zusätzliche Variablen ergänzt werden sollte. Diese zusätzlichen Variablen sollten die Kausalität und Lokalität in der Theorie wiederherstellen [2]. In diesem Beitrag wird diese Vorstellung mathematisch formuliert und gezeigt, dass sie unvereinbar mit den statistischen Vorhersagen der Quantenmechanik ist. Es ist die Forderung nach der Lokalität – genauer gesagt, dass das Ergebnis einer Messung an einem System unbeeinflusst ist von Operationen an einem entferntem System, mit dem es in der Vergangenheit interagiert hat – die die grundlegende Schwierigkeit hervorruft. Es hat Versuche gegeben [3], zu beweisen, dass auch ohne diese Trennbarkeits- oder Lokalitätsforderung keine Interpretation der Quantenmechanik mittels „verborgener Variablen" möglich ist. Diese Versuche sind an anderer Stelle [4] untersucht, und als mangelhaft befunden worden. Darüber hinaus ist eine Interpretation der Quantenmechanik mit verborgenen Variablen explizit entwickelt worden [5]. Diese spezielle Interpretation hat in der Tat eine stark nichtlokale Struktur. Gemäß dem hier zu beweisenden Ergebnis ist das charakteristisch für jede derartige Theorie, die die Vorhersagen der Quantenmechanik exakt wiedergibt.

2.2 Formulierung

Wie im Beispiel, das von Bohm und Aharonov [6] vorgeschlagen wurde, ist das EPR-Argument das Folgende. Wir betrachten ein Paar von Spin-$\frac{1}{2}$-Teilchen, das auf irgendeine Weise im Singulett-Spinzustand erzeugt wurde; und beide Teilchen sich frei in entgegengesetzte Richtungen bewegen. An ausgewählten Komponenten der Spins $\boldsymbol{\sigma}_1$ und $\boldsymbol{\sigma}_2$ können Messungen gemacht werden, z.B. mit Stern-Gerlach-Magneten. Wenn die Messung der Komponente $\boldsymbol{\sigma}_1 \cdot \mathbf{a}$ (worin $\mathbf{a}$ ein Einheitsvektor ist), den Wert $+1$ ergibt, dann muss, gemäß der Quantenmechanik, die Messung von $\boldsymbol{\sigma}_2 \cdot \mathbf{a}$ den Wert -1

ergeben und umgekehrt. Jetzt stellen wir die Hypothese [2] auf (sie erscheint wenigstens als betrachtenswert): Wenn die zwei Messungen an weit voneinander entfernten Orten gemacht werden, beeinflusst die Orientierung eines Magneten nicht das Ergebnis, das am anderen erhalten wird. Da wir im voraus das Ergebnis jeder ausgewählten Komponente σ_2 vorhersagen können, indem wir vorher dieselbe Komponente von σ_1 messen, folgt, dass das Ergebnis jeder dieser Messungen vorher festgelegt sein muss. Da aber die initiale quantenmechanische Wellenfunktion das Ergebnis individueller Messungen nicht festlegt, ergibt sich aus dieser vorherigen Festlegung die Möglichkeit einer vollständigeren Beschreibung des Zustandes.

Diese vollständigere Beschreibung soll mit Hilfe von Parametern λ erfolgen. Es ist für das Folgende unwichtig, ob λ eine einzelne Variable oder eine Menge, oder sogar eine Menge von Funktionen bezeichnet; und ob die Variablen diskret oder kontinuierlich sind. Wir benutzen hier jedoch eine Schreibweise für λ wie für einen einzelnen, kontinuierlichen Parameter. Das Ergebnis A der Messung von $\sigma_1 \cdot \mathbf{a}$ ist dann bestimmt durch $\mathbf{a}$ und λ, und das Ergebnis B der Messung von $\sigma_2 \cdot \mathbf{b}$ im selben Fall durch $\mathbf{b}$ und λ; und es gilt

$$A(\mathbf{a}, \lambda) = \pm 1, \quad B(\mathbf{b}, \lambda) = \pm 1. \tag{1}$$

Die entscheidende Voraussetzung [2] ist, dass weder das Ergebnis B für Teilchen 2 von der Einstellung $\mathbf{a}$ (des Magnets für Teilchen 1) abhängt, noch A von $\mathbf{b}$.

Wenn $\rho(\lambda)$ die Wahrscheinlichkeitsverteilung von λ ist, dann ist der Erwartungswert des Produktes der zwei Komponenten $\sigma_1 \cdot \mathbf{a}$ und $\sigma_2 \cdot \mathbf{b}$

$$P(\mathbf{a}, \mathbf{b}) = \int \mathrm{d}\lambda \rho(\lambda) A(\mathbf{a}, \lambda) B(\mathbf{b}, \lambda). \tag{2}$$

Das sollte gleich dem quantenmechanischen Erwartungswert sein, der für den Singulett-Zustand ist

$$\langle \sigma_1 \cdot \mathbf{a}\, \sigma_2 \cdot \mathbf{b} \rangle = -\mathbf{a} \cdot \mathbf{b}. \tag{3}$$

Es wird jedoch gezeigt, dass das nicht möglich ist.

Mancher könnte eine Formulierung vorziehen, bei der die verborgenen Variablen in zwei Mengen geteilt werden, wobei A von einer Menge und B von der anderen abhängig ist. Diese Möglichkeit ist im obigen enthalten, da λ für eine beliebige Zahl von Variablen steht, und die Abhängigkeiten von A und B von diesen λ nicht eingeschränkt sind. In einer vollständigen physikalischen Theorie (von der Art, die sich Einstein vorgestellt hat) würden die verborgenen Variablen dynamische Bedeutung haben und Bewegungsgleichungen genügen; unser λ kann man sich dann als Anfangswerte dieser Variablen zu einem passenden Zeitpunkt vorstellen.

2.3 Veranschaulichung

Der Beweis des Hauptergebnisses ist recht einfach. Bevor wir ihn jedoch führen, soll eine Reihe von Veranschaulichungen helfen, ihn ins rechte Licht zu rücken.

Erstens: Es gibt kein Problem, die Spinmessung eines einzelnen Teilchens mit verborgenen Variablen darzustellen. Angenommen, wir haben ein Spin-$\frac{1}{2}$-Teilchen in einem reinen Spinzustand mit einer Polarisation, die durch den Einheitsvektor $\mathbf{p}$ bezeichnet werde. Die verborgene Variable sei (zum Beispiel) ein Einheitsvektor $\boldsymbol{\lambda}$ mit gleichförmiger Wahrscheinlichkeitsverteilung auf der Halbkugel $\boldsymbol{\lambda} \cdot \mathbf{p} > 0$. Das Ergebnis der Messung einer Komponente $\boldsymbol{\sigma} \cdot \mathbf{a}$ sei dargestellt als

$$\operatorname{sign} \boldsymbol{\lambda} \cdot \mathbf{a}', \tag{4}$$

wobei $\mathbf{a}'$ ein Einheitsvektor ist, der von $\mathbf{a}$ und $\mathbf{p}$ in einer zu bestimmenden Weise abhängt und die „sign"-Funktion $+1$ oder -1 ergibt, je nach Vorzeichen ihres Arguments. Dabei bleibt für $\boldsymbol{\lambda} \cdot \mathbf{a}' = 0$ das Ergebnis unbestimmt; aber weil die Wahrscheinlichkeit dafür Null ist, brauchen wir das nicht zu berücksichtigen. Die Mittelung über λ ergibt den Erwartungswert

$$\langle \boldsymbol{\sigma} \cdot \mathbf{a} \rangle = 1 - \frac{2\theta'}{\pi}, \tag{5}$$

wobei θ' der Winkel zwischen $\mathbf{a}'$ und $\mathbf{p}$ ist. Wir nehmen nun an, dass $\mathbf{a}'$ aus $\mathbf{a}$ durch eine Drehung in Richtung $\mathbf{p}$ erhalten wird, bis

$$1 - \frac{2\theta'}{\pi} = \cos\theta \tag{6}$$

erfüllt ist; wobei θ der Winkel zwischen $\mathbf{a}$ und $\mathbf{p}$ ist. Dann haben wir das gewünschte Ergebnis

$$\langle \boldsymbol{\sigma} \cdot \mathbf{a} \rangle = \cos\theta. \tag{7}$$

In diesem einfachen Fall gibt es folglich kein Problem mit der Sichtweise, dass das Ergebnis jeder Messung durch den Wert einer Zusatzvariablen bestimmt ist, und dass die statistischen Eigenschaften der Quantenmechanik erscheinen, weil der Wert dieser Variablen in den einzelnen Fällen unbekannt ist.

Zweitens: Es gibt kein Problem, mittels (2) die einzigen Eigenschaften von (3) zu reproduzieren, die gemeinhin in Diskussionen dieses Problems benutzt werden:

$$\left.\begin{aligned} P(\mathbf{a},\mathbf{a}) &= -P(\mathbf{a},-\mathbf{a}) = -1 \\ \text{und} \quad P(\mathbf{a},\mathbf{b}) &= 0, \text{ wenn } \mathbf{a}\cdot\mathbf{b} = 0. \end{aligned}\right\} \tag{8}$$

Zum Beispiel sei nun λ der Einheitsvektor $\boldsymbol{\lambda}$ mit gleichförmiger Verteilung über alle Richtungen und wir nehmen

$$\left.\begin{aligned} A(\mathbf{a},\boldsymbol{\lambda}) &= \operatorname{sign} \mathbf{a}\cdot\boldsymbol{\lambda}\ , \\ B(\mathbf{b},\boldsymbol{\lambda}) &= -\operatorname{sign} \mathbf{b}\cdot\boldsymbol{\lambda}\ . \end{aligned}\right\} \tag{9}$$

Das ergibt

$$P(\mathbf{a},\mathbf{b}) = -1 + \frac{2\theta}{\pi}, \tag{10}$$

wobei θ der Winkel zwischen **a** und **b** ist und (10) die Eigenschaften (8) hat. Zum Vergleich betrachte man das Ergebnis einer modifizierten Theorie [6], in der der reine Singulett-Zustand im Laufe der Zeit durch eine isotrope Mischung aus Produkt-Zuständen ersetzt wird; das ergibt die Korrelationsfunktion

$$-\frac{1}{3}\mathbf{a}\cdot\mathbf{b}. \tag{11}$$

Es ist wahrscheinlich weniger einfach, (10) experimentell von (3) zu unterscheiden, als (11) von (3).

Anders als (3) ist die Funktion (10) nicht stationär am Minimum -1 (bei $\theta = 0$). Es wird zu sehen sein, dass das charakteristisch für Funktionen vom Typ (2) ist.

Drittens und Letztens: Es gibt kein Problem, die quantenmechanischen Korrelationen (3) zu reproduzieren, wenn die Ergebnisse A und B in (2) beide jeweils von **a** und **b** abhängen dürfen. Zum Beispiel ersetzt man **a** in (9) durch $\mathbf{a}'$, das aus **a** durch Drehung in Richtung **b** erhalten wird, bis

$$1-\frac{2\theta'}{\pi}=\cos\theta$$

erfüllt ist; wobei θ' der Winkel zwischen $\mathbf{a}'$ und **b** ist. Jedoch würden dann (für gegebene Werte der verborgenen Variablen), die Ergebnisse der Messungen mit einem Magneten von der Einstellung des entfernten Magnets abhängen – was wir eigentlich verhindern wollten.

2.4 Widerspruch

Das Hauptergebnis wird nun bewiesen. Weil ρ eine normierte Wahrscheinlichkeitsverteilung ist, gilt

$$\int \mathrm{d}\lambda\,\rho(\lambda) = 1, \tag{12}$$

und wegen der Eigenschaften (1) kann P in (2) nicht kleiner als -1 sein. Es kann -1 für $\mathbf{a} = \mathbf{b}$ nur annehmen, wenn

$$A(\mathbf{a},\lambda) = -B(\mathbf{a},\lambda), \tag{13}$$

außer einer Menge von Punkten λ mit Wahrscheinlichkeit Null. Wenn wir das annehmen, kann (2) umgeformt werden zu

$$P(\mathbf{a},\mathbf{b}) = -\int \mathrm{d}\lambda\,\rho(\lambda)A(\mathbf{a},\lambda)A(\mathbf{b},\lambda). \tag{14}$$

Es folgt mit einem anderen Einheitsvektor **c**

$$\begin{aligned} P(\mathbf{a},\mathbf{b}) - P(\mathbf{a},\mathbf{c}) &= -\int \mathrm{d}\lambda\,\rho(\lambda)[A(\mathbf{a},\lambda)A(\mathbf{b},\lambda) - A(\mathbf{a},\lambda)A(\mathbf{c},\lambda)] \\ &= \int \mathrm{d}\lambda\,\rho(\lambda)A(\mathbf{a},\lambda)A(\mathbf{b},\lambda)[A(\mathbf{b},\lambda)A(\mathbf{c},\lambda) - 1] \end{aligned}$$

mit Hilfe von (1), woraus folgt

$$|P(\mathbf{a},\mathbf{b}) - P(\mathbf{a},\mathbf{c})| \leq \int \mathrm{d}\lambda \rho(\lambda)[1 - A(\mathbf{b},\lambda)A(\mathbf{c},\lambda)].$$

Der zweite Term rechts ist $P(\mathbf{b},\mathbf{c})$, also gilt

$$1 + P(\mathbf{b},\mathbf{c}) \geq |P(\mathbf{a},\mathbf{b}) - P(\mathbf{a},\mathbf{c})|. \tag{15}$$

Wenn P nicht konstant ist, hat die rechte Seite für kleine $|\mathbf{b}-\mathbf{c}|$ allgemein die Größenordnung $|\mathbf{b}-\mathbf{c}|$. Folglich kann $P(\mathbf{b},\mathbf{c})$ beim Minimum (-1 bei $\mathbf{b}=\mathbf{c}$) nicht stationär sein, und kann nicht gleich dem quantenmechanischen Wert (3) sein.

Die quantenmechanische Korrelation (3) kann auch nicht beliebig genau durch die Form (2) approximiert werden. Der formale Beweis kann wie im Folgenden dargelegt werden. Wir wollen uns nicht um das Versagen der Approximation an isolierten Punkten kümmern, und betrachten deshalb anstelle von (2) und (3) die Funktionen

$$\bar{P}(\mathbf{a},\mathbf{b}) \quad \text{und} \quad -\overline{\mathbf{a}\cdot\mathbf{b}},$$

wobei der Überstrich die unabhängige Mittelung von $P(\mathbf{a}',\mathbf{b}')$ und $-\mathbf{a}'\cdot\mathbf{b}'$ über Vektoren $\mathbf{a}'$ und $\mathbf{b}'$ innerhalb kleiner Winkel von $\mathbf{a}$ und $\mathbf{b}$ ausdrückt. Angenommen, für alle $\mathbf{a}$ und $\mathbf{b}$ sei die Differenz durch ε begrenzt:

$$|\bar{P}(\mathbf{a},\mathbf{b}) + \overline{\mathbf{a}\cdot\mathbf{b}}| \leq \varepsilon. \tag{16}$$

Dann werden wir zeigen, dass ε nicht beliebig klein gemacht werden kann.

Angenommen, dass für alle $\mathbf{a}$ und $\mathbf{b}$ gilt

$$|\overline{\mathbf{a}\cdot\mathbf{b}} - \mathbf{a}\cdot\mathbf{b}| \leq \delta. \tag{17}$$

Dann ist mit (16)

$$|\bar{P}(\mathbf{a},\mathbf{b}) + \mathbf{a}\cdot\mathbf{b}| \leq \varepsilon + \delta. \tag{18}$$

Aus (2)

$$\bar{P}(\mathbf{a},\mathbf{b}) = \int \mathrm{d}\lambda \rho(\lambda)\bar{A}(\mathbf{a},\lambda)\bar{B}(\mathbf{b},\lambda), \tag{19}$$

wobei

$$|\bar{A}(\mathbf{a},\lambda)| \leq 1 \quad \text{und} \quad |\bar{B}(\mathbf{b},\lambda)| \leq 1. \tag{20}$$

Aus (18) und (19), mit $\mathbf{a}=\mathbf{b}$,

$$\int \mathrm{d}\lambda \rho(\lambda)[\bar{A}(\mathbf{b},\lambda)\bar{B}(\mathbf{b},\lambda) + 1] \leq \varepsilon + \delta. \tag{21}$$

Aus (19)

$$\begin{aligned}
\bar{P}(\mathbf{a},\mathbf{b}) - \bar{P}(\mathbf{a},\mathbf{c}) &= \int \mathrm{d}\lambda \rho(\lambda)[\bar{A}(\mathbf{a},\lambda)\bar{B}(\mathbf{b},\lambda) - \bar{A}(\mathbf{a},\lambda)\bar{B}(\mathbf{c},\lambda)] \\
&= \int \mathrm{d}\lambda \rho(\lambda)\bar{A}(\mathbf{a},\lambda)\bar{B}(\mathbf{b},\lambda)[1 + \bar{A}(\mathbf{a},\lambda)\bar{B}(\mathbf{c},\lambda)] \\
&- \int \mathrm{d}\lambda \rho(\lambda)\bar{A}(\mathbf{a},\lambda)\bar{B}(\mathbf{c},\lambda)[1 + \bar{A}(\mathbf{a},\lambda)\bar{B}(\mathbf{b},\lambda)].
\end{aligned}$$

Benutzung von (20) gibt dann

$$|\bar{P}(\mathbf{a},\mathbf{b}) - \bar{P}(\mathbf{a},\mathbf{c})| \leq \int \mathrm{d}\lambda \rho(\lambda)[1 + \bar{A}(\mathbf{b},\lambda)\bar{B}(\mathbf{c},\lambda)] + \int \mathrm{d}\lambda \rho(\lambda)[1 + \bar{A}(\mathbf{b},\lambda)\bar{B}(\mathbf{b},\lambda)].$$

Dann mit Benutzung von (19) und (20)

$$|\bar{P}(\mathbf{a},\mathbf{b}) - \bar{P}(\mathbf{a},\mathbf{c})| \leq 1 + \bar{P}(\mathbf{b},\mathbf{c}) + \varepsilon + \delta.$$

Schließlich mit (18)

$$|\mathbf{a}\cdot\mathbf{c} - \mathbf{a}\cdot\mathbf{b}| - 2(\varepsilon + \delta) \leq 1 - \mathbf{b}\cdot\mathbf{c} + 2(\varepsilon + \delta),$$

oder

$$4(\varepsilon + \delta) \geq |\mathbf{a}\cdot\mathbf{c} - \mathbf{a}\cdot\mathbf{b}| + \mathbf{b}\cdot\mathbf{c} - 1. \tag{22}$$

Nehmen wir zum Beispiel $\mathbf{a}\cdot\mathbf{c} = 0$, $\mathbf{a}\cdot\mathbf{b} = \mathbf{b}\cdot\mathbf{c} = 1/\sqrt{2}$. Dann ist

$$4(\varepsilon + \delta) \geq \sqrt{2} - 1.$$

Damit kann ε für ein endliches, kleines δ nicht beliebig klein werden. Folglich kann der quantenmechanische Erwartungswert nicht – weder exakt noch beliebig nahe – in der Form (2) dargestellt werden.

2.5 Verallgemeinerung

Das oben betrachtete Beispiel hat den Vorzug, dass es wenig Phantasie erfordert, sich die tatsächlich vorgenommenen Messungen vorzustellen.

Wenn man annimmt [7], dass jeder hermitesche Operator mit einer vollständigen Menge von Eigenvektoren eine „Observable" ist, kann das Ergebnis – in einer formaleren Art und Weise – leicht für andere Systeme erweitert werden. Wenn die Dimension der Zustandsräume der zwei Systeme größer als zwei ist, können wir stets zweidimensionale Unterräume betrachten, und in ihrem direkten Produkt Operatoren σ_1 und σ_2 definieren, die formal analog zu den oben benutzten sind, und die für Zustände außerhalb dieser Produkt-Unterräume Null sind. Dann sind für wenigstens einen quantenmechanischen Zustand (den „Singulett"-Zustand in den kombinierten Unterräumen) die statistischen Vorhersagen der Quantenmechanik unvereinbar mit Lokalität und vorheriger Festlegung.

2.6 Schlussfolgerung

In einer Theorie, in der zur Quantenmechanik Parameter hinzugefügt werden, um die Ergebnisse von Einzelmessungen festzulegen, ohne die statistischen Vorhersagen zu ändern, muss ein Mechanismus vorhanden sein, durch den die Einstellung eines Messapparates die Ablesungen des anderen Instrumentes beeinflussen kann, wie weit entfernt es auch ist. Überdies muss sich das beteiligte Signal ohne Verzögerung ausbreiten, so dass eine solche Theorie nicht lorentz-invariant sein kann.

Die Situation ist natürlich anders, wenn die quantenmechanischen Vorhersagen von begrenzter Gültigkeit sind. Vorstellbar ist, dass sie nur für Experimente gelten, bei denen die Einstellungen der Instrumente eine ausreichende Zeit vorher getätigt werden; so dass mittels Austausch von Signalen, die sich langsamer als, oder mit Lichtgeschwindigkeit ausbreiten, eine gegenseitige Verbindung erreicht wird. In diesem Zusammenhang sind Experimente vom Typ, den Bohm und Aharonov [6] vorgeschlagen haben, bei denen die Einstellungen während des Fluges der Teilchen geändert werden, entscheidend.

Danksagung

Ich bin Dr. M. Bander und Dr. J. K. Perring für sehr nützliche Diskussionen über dieses Problem zu Dank verpflichtet. Der erste Entwurf des Artikels entstand während eines Aufenthalts an der Brandeis Universität; ich danke den Kollegen dort und an der Universität von Wisconsin für ihr Interesse und ihre Gastfreundschaft.

Anmerkungen und Literatur

[1] A. Einstein, N. Rosen and B. Podolsky, *Phys. Rev.* **47**, 777 (1935); siehe auch N. Bohr, *Phys. Rev.* **48**, 696 (1935), W. H. Furry, *Phys. Rev.* **49**, 393 and 476 (1936) und D. R. Inglis, *Rev. Mod. Phys.* **33**, 1(1961).

[2] „An einer Annahme sollten wir, meiner Meinung nach, unbedingt festhalten: Die tatsächliche Situation des Systems S_2 ist unabhängig davon, was mit dem System S_1 passiert, das räumlich von dem ersteren getrennt ist.“ A. Einstein in *Albert Einstein, Philosopher Scientist,* Herausgegeben von P. A. Schilp, S. 85, Library of Living Philosophers, Evanston, Illinois (1949).

[3] J. von Neumann, *Mathematische Grundlagen der Quantenmechanik.* Julius Springer-Verlag, Berlin (1932)[1] . Englische Übersetzung: Princeton University Press (1955); J. M. Jauch und C. Piron, *Helv. Phys. Acta* **36**, 827 (1963).

[4] J. S. Bell, *Rev. Mod. Phys.* **38**, 447 (1966).

[5] D. Bohm, *Phys. Rev.* **85**, 166 and 180 (1952).

[6] D. Bohm and Y. Aharonov, *Phys. Rev.* **108**, 1070 (1957).

[7] P. A. M. Dirac, *The Principles of Quantum Mechanics* (3rd Ed.) S. 37. The Clarendon Press, Oxford (1947).

[1] Das Buch ist online verfügbar unter:
http://gdz.sub.uni-goettingen.de/dms/load/img/?IDDOC=263758

3 Der „moralische“ Aspekt der Quantenmechanik

Mit M. Nauenberg, Stanford University.

Der Begriff der „Moral“ scheint von Wigner in die Quantentheorie eingeführt worden zu sein, wie Goldberger und Watson berichten [1]. Die Frage, um die es geht, ist die berühmte „Reduktion des Wellenpakets“. Es gibt im Grunde keine technischen Argumente für diesen Prozess, und die tatsächlich benutzten Argumente können durchaus „moralisch“ genannt werden. Dies ist eine populärwissenschaftliche Darstellung des Themas. Sehr praktisch orientierte Leser, die nicht an logischen Problemen interessiert sind, sollten sie nicht lesen. Wir freuen uns, diesen Artikel Professor Weisskopf zu widmen, dessen intensives Interesse für die neuesten Entwicklungen der Details nicht die Bedenken über die Grundlagen geschmälert hat.

Angenommen, an einem quantenmechanischen System wird irgendeine Größe F gemessen und ein Ergebnis f erhalten. Wir gehen davon aus, dass eine sofortige Wiederholung der Messung dasselbe Ergebnis liefern muss. Dann muss das System nach der ersten Messung in einem Eigenzustand von F mit dem Eigenwert f sein. Im allgemeinen wird die Messung „unvollständig“ sein; d.h. es gibt mehr als einen Eigenzustand mit dem beobachteten Eigenwert, so dass letzterer nicht genügt, um den Zustand nach der Messung vollständig zu bestimmen. Die betreffende Menge von Eigenzuständen sei mit ϕ_{fg} bezeichnet. Der Zusatzindex g kann als Eigenwert einer zweiten Observablen G betrachtet werden, die mit F kommutiert und deshalb gleichzeitig gemessen werden kann. Wenn f für F beobachtet wurde, sind die relativen Wahrscheinlichkeiten, die verschiedenen Werte g bei einer gleichzeitigen Messung von G zu beobachten, durch die Quadrate des Betrages der inneren Produkte

$$(\phi_{fg}, \psi)$$

gegeben, wobei ψ der Anfangszustand des Systems ist. Wir machen jetzt die plausible Annahme, dass die relativen Wahrscheinlichkeiten dieselben wären, wenn G nicht gleichzeitig mit F gemessen würde, sondern unmittelbar danach. Dann wissen wir etwas mehr über den Zustand, der sich aus der Messung von F ergibt. Ein Zustand mit den gewünschten Eigenschaften ist offensichtlich

$$N \sum_g \phi_{fg}(\phi_{fg}, \psi),$$

wobei N ein Normierungsfaktor ist. Es ist leicht zu zeigen, dass das der einzige Zustand ist [2], für den die Wahrscheinlichkeit, einen gegebenen Wert zu erhalten, für jede mit F kommutierende Größe dieselbe ist; gleichgültig, ob die Messung zur gleichen Zeit oder unmittelbar danach gemacht wird. Demzufolge erhalten wir als allgemeine Formulierung für die „Reduktion des Wellenpakets", die auf eine Messung folgt [3]: Expandiere den Anfangszustand in Eigenzustände der beobachteten Größe, streiche die Beiträge von Eigenzuständen, die nicht den beobachteten Eigenwert haben, und normiere den Rest. Das bewahrt die ursprüngliche Phase und die Intensitätsrelationen zwischen den betreffenden Eigenzuständen. Deshalb bedeutet das die minimale Deformierung des Ursprungszustandes – im Einklang mit der Forderung, dass eine unmittelbare Wiederholung der Messung dasselbe Ergebnis liefert. Das alles ist sehr ethisch, und wir werden deshalb diese, soeben definierte, spezielle Reduktion als den „moralischen Prozess" bezeichnen.

Nun ist Ethik nicht universell zu beobachten; und man kann sich leicht einen Messprozess vorstellen, für den obige Beschreibung völlig ungeeignet wäre. Nehmen wir zum Beispiel an, dass der Impuls eines Neutrons durch Beobachtung eines Rückstoßprotons gemessen wird. Der Impuls des Neutrons wird in dem Prozess geändert und bei einem Frontalzusammenstoß sogar auf Null reduziert. Der resultierende Zustand des Neutrons ist keineswegs eine Kombination (der Spin sorgt hierbei für die Entartung) von Zuständen mit dem beobachteten Impuls. Wie soll man dann erkennen, ob eine gegebene Messung moralisch ist [4] oder nicht? Offensichtlich muss man die Physik des Prozesses untersuchen. Anstatt ein realistisches Beispiel nachzuzeichnen, folgen wir von Neumann [3] und betrachten ein einfaches Modell.

Angenommen, das zu beobachtende System (I) hat die Koordinaten R. Angenommen, dass das Messinstrument (II) eine einzige relevante Koordinate Q hat: eine Zeigerposition. Angenommen, dass die Messung durch ein sofortiges Einschalten einer Wechselwirkung zwischen I und II

$$\delta(t)F\left(R,\frac{1}{i}\frac{\partial}{\partial R}\right)\frac{1}{i}\frac{\partial}{\partial Q}$$

bewirkt wird, wobei t die Zeit ist. Das betrachtete System direkt auf eine Zeigerstellung wirken zu lassen, ohne Vermittlung von Schaltkreisen, ist natürlich eine grobe Vereinfachung. Wenn I vor der Messung im Zustand $\psi(R)$ ist, und die Zeigerstellung Null, dann ist der Anfangszustand von I + II

$$\psi(R)\delta(Q).$$

Der Zustand von I + II sofort nach $t = 0$ kann durch Lösen der Schrödinger-Gleichung erhalten werden. Aufgrund seines Impuls-Charakters ist dabei nur der Wechselwirkungsterm im Hamilton-Operator von Bedeutung. Der resultierende Zustand ist [5]:

$$\sum_{f,g}\phi_{fg}(R)(\phi_{fg},\psi)\delta(Q-f),$$

worin f wieder ein Eigenwert von F ist, ϕ_{fg} eine entsprechende Eigenfunktion und g ein Zusatzindex zum Numerieren dieser Eigenfunktionen. Wenn nun ein Beobachter den Instrumentenzeiger abliest, einen bestimmten Wert f feststellt – *und wenn diese Ablesung moralisch ist*, dann reduziert sich der Zustand zu

$$N\sum_g \phi_{fg}(R)(\phi_{fg},\psi)\delta(Q-f).$$

Der Teil, der sich auf System I allein bezieht,

$$N\sum_g \phi_{fg}(R)(\phi_{fg},\psi),$$

ist exakt das Ergebnis der direkten Anwendung des moralischen Prozesses auf I, nach dem Messen der Größe F. Damit haben wir hierbei ein dynamisches Modell einer moralischen Messung von F. Sie beruht auf dem genauen Wesen der Wechselwirkung zwischen dem System und dem Messinstrument. Es wäre genauso einfach, eine Wechselwirkung zu finden, für die eine moralische Messung der Zeigerstellung auf eine „unmoralische" Messung von F hinauslaufen würde.

Wenn also die Moral der Messungen makroskopischer Zeigerstellungen gewährleistet ist, gibt es in der Praxis keine wirkliche Unklarheit bei der Anwendung der Quantenmechanik. Man muss nur die Struktur des beteiligten Systems, einschließlich der Instrumente, gut genug verstehen und die Konsequenzen herausarbeiten. In dieser Hinsicht ist die Situation in der Quantenmechanik nichts Besonderes. Darüber hinaus können wir leicht den moralischen Charakter der Beobachtung makroskopischer Zeiger akzeptieren, weil wir aus alltäglicher Erfahrung überzeugt sind, dass sich ihr Zustand kaum ändert, wenn sie betrachtet werden; und der moralische Prozess in offensichtlichem Sinne minimal ist. Demzufolge scheint die Grundlage der praktischen Quantenmechanik gesichert zu sein. Das ist ebenso der Fall in Anbetracht ihres großartigen Erfolges; und des Fakts, dass kein echter Konkurrent in Sicht ist. Man darf jedoch nicht annehmen, dass die Wirkung einer solchen makroskopischen Beobachtung auf die Wellenfunktion trivialer Natur ist – und am allerwenigsten, dass es eine rein subjektive Änderung des repräsentativen Ensembles ist, die das gewachsene Wissen berücksichtigt. Um dieses grundlegende Argument zu erläutern, nehmen wir an, dass die Messwechselwirkung zu den Zeitpunkten τ und 2τ wieder eingeschaltet wird:

$$\delta(t-\tau)F\frac{1}{i}\frac{\partial}{\partial Q}, \quad \delta(t-2\tau)F\frac{1}{i}\frac{\partial}{\partial Q}.$$

Während des Intervalls τ soll sich jeder Eigenzustand ϕ_f (der Zusatzindex g ist hier unwesentlich) in eine Kombination entwickeln:

$$\phi_f \to \sum_{f'} \phi_{f'}\alpha_{f',f}.$$

Für das Instrument II sei der Einfachheit halber angenommen, dass Q eine Konstante der Bewegung zwischen den Wechselwirkungen ist. Die Lösung der Schrödinger-Gleichung für I + II ergibt vom Anfangszustand (gerade vor $t = 0$):

$$\psi\delta(Q)$$

den Endzustand

$$\sum_{f,f',f''} \phi_{f''}\alpha_{f'',f'}\alpha_{f',f}(\phi_f,\psi)\delta(Q-f-f'-f'')$$

gerade nach $t = 2\tau$. Die Wahrscheinlichkeiten dafür, dann bestimmte, mögliche Werte Q für die Zeigerposition zu beobachten, sind gegeben durch

$$\sum_{f''}\left|\sum_{f}\alpha_{f'',Q-f-f''}\alpha_{Q-f-f'',f}(\phi_f,\psi)\right|^2.$$

Das setzt nun voraus, dass die dazwischenliegende Evolution von I + II vollständig durch die Schrödinger-Gleichung bestimmt wird, und deshalb, *dass die Zeigerposition nach der letzten Wechselwirkung nicht betrachtet wird.* Wenn die Zeigerposition gleich nach *jeder* Wechselwirkung beobachtet wird, kommt der moralische Prozess gleich nach $t = 0$ und $t = \tau$ ins Spiel. Wenn über alle Ergebnisse dieser Zwischenbeobachtungen gemittelt wird, erhält man das Endergebnis einfach, indem man aus dem letzten Ausdruck die Interferenzterme zwischen verschiedenen Werten von f und f' eliminiert; und er wird zu

$$\sum_{f''}\sum_{f}|\alpha_{f'',Q-f-f''}\alpha_{Q-f-f'',f}(\phi_f,\psi)|^2.$$

Folglich ist Beobachtung – selbst wenn über alle möglichen Ergebnisse gemittelt wird – eine dynamische Interferenz mit dem System, die die Statistik von nachfolgenden Messungen verändern kann.

Obwohl wir die *praktische* Angemessenheit der makroskopischen Ethik nicht in Zweifel ziehen wollen, ist es klar, dass die Theorie bestenfalls als phänomenologisches Provisorium beschrieben werden kann; wenn wir sie nicht weiter analysieren. Die bereits betonte Tatsache, dass Beobachtung eine dynamische Interferenz impliziert; die Überzeugung, dass Instrumente im Grunde nichts anderes als große Anordnungen von Atomen sind; und sie mit dem Rest der Welt größtenteils durch wohlbekannte elektromagnetische Wechselwirkung interagieren – dies alles zusammengenommen scheint ein ausgesprochen unangenehmer Ausgangspunkt zu sein, die Analyse durch Axiome zu ersetzen. Die einzige Möglichkeit einer weiteren Analyse, die die Quantenmechanik erlaubt, ist es, noch mehr von der Welt in das quantenmechanische System einzubauen: I + II + III + usw. Insbesondere aus der Sicht des Theoretikers ist eine solche Entwicklung sehr sachdienlich. Man kann sagen, dass für ihn das Experiment mit dem gedruckten Vorschlag beginnt und mit der Herausgabe des Reports endet. Für ihn sind das Labor, die Experimentatoren, die Administration und das Redaktionspersonal des

Physical Review alle nur Teil der Instrumentation. Die Integration von (vermutlich) bewussten Experimentatoren und Editoren in die Apparatur wirft eine sehr faszinierende Frage auf. Denn sie kennen die Ergebnisse, bevor der Theoretiker den Report liest; und die Frage ist, ob ihr Wissen unvereinbar mit der oben beschriebenen Art von Interferenzphänomenen ist. Wenn die Interferenz zerstört wird, dann ist die Schrödinger-Gleichung für Systeme, die Bewusstsein beinhalten, falsch. Wenn die Interferenz nicht zerstört wird, erweist sich die quantenmechanische Beschreibung zwar nicht als falsch, aber zweifellos als unvollständig [8]. Wir haben hier etwas Analoges zum Zwei-Spalt-Interferenzexperiment, wo das „*Teilchen*“ in jedem Einzelfall nur durch einen Spalt gegangen ist (und das weiß!) – und es dennoch Interferenzterme gibt, die von der Welle abhängen, die durch beide Spalte gegangen ist. Deshalb haben wir *sowohl* Wellen *als auch* Teilchentrajektorien, wie in der de Broglie-Bohmschen „Führungswellen“- bzw. „verborgene Parameter“-Interpretation der Quantenmechanik [7]. Leider scheint es hoffnungslos unmöglich, diese Frage in der Praxis zu überprüfen; es ist schwer genug, Interferenzphänomene mit einfachen Dingen wie Elektronen, Photonen oder α-Teilchen zu realisieren. Zum Beispiel strahlen Experimentatoren (und sogar unbelebte Instrumente) Wärme ab; und diese Kopplung an ihre Umgebung unterdrückt Interferenz genauso wirksam, wie wenn der Theoretiker die *Physical Review* liest. Trotzdem gibt es da die prinzipielle Frage. Nun, auch wenn wir den Status des Experimentators geregelt haben, sind wir noch nicht am Ende des Weges. Denn das Lesen des *Physical Review* ist kaum ein einfacherer Akt als das Ablesen eines Zeigers oder eines Computerausdrucks; dieser Akt scheint auch eher Analyse als Axiomatik zu erfordern, und darum möchten wir den Theoretiker ebenfalls in der Schrödinger-Gleichung haben. Auch er strahlt Wärme ab, und so weiter, und wir möchten schließlich das ganze Universum im quantenmechanischen System haben. An diesem Punkt sind wir endgültig verloren. Man kann sich leicht einen Zustandsvektor für das ganze Universum vorstellen, der die ganze Zeit ruhig seiner linearen Entwicklung nachgeht und irgendwie alle möglichen Welten enthält. Aber die üblichen interpretativen Axiome der Quantenmechanik kommen nur ins Spiel, wenn das System mit etwas anderem interagiert – es „beobachtet“ wird. Für das Universum gibt es nichts „anderes“ und die Quantenmechanik in ihrer traditionellen Form hat einfach nichts zu sagen. Es gibt keinen Weg (und macht tatsächlich auch keinen Sinn) aus der Welle der Wahrscheinlichkeiten einen einzelnen, roten Faden der Geschichte auszuwählen.

Diese Überlegungen führen unserer Meinung nach unausweichlich zur Schlussfolgerung, dass die Quantenmechanik – im besten Fall – unvollständig ist [8]. Wir hoffen auf eine Theorie, die sich sinnvoll auf Ereignisse in einem System beziehen kann, ohne die „Beobachtung“ durch ein anderes System zu benötigen. Die kritischen Testfälle, die für diese Schlussfolgerung nötig sind, sind Systeme, die Bewusstsein enthalten, und das Universum als ganzes. Die Autoren teilen mit den meisten Physikern eine gewisse Verlegenheit, wenn das Bewusstsein in die Physik hineingezogen wird; und das normale Gefühl, dass die Betrachtung des Universums als ganzes zumindest unbescheiden, wenn nicht gar blasphemisch ist. Dies sind jedoch nur logische Testfälle. Uns scheint es wahrscheinlich, dass sich die Physik wieder eine objektivere Beschreibung der Natur angeeignet haben wird; lange bevor sie beginnt, das Bewusstsein zu verstehen – und das Universum als ganzes wird bei dieser Entwicklung kaum eine zentrale Rolle spielen. Es bleibt eine logische Möglichkeit, dass der Akt des Bewusstwerdens letztlich für die Reduktion des Wellenpaketes verantwortlich ist [9]. Es ist auch möglich, dass etwas wie die quantenmechanische Zustandsfunktion weiterhin eine Rolle spielt; ergänzt durch Variablen, die den wirklichen (im Unterschied zum möglichen) Verlauf der Ereignisse beschreiben („verborgene Variablen“) – obwohl sich dieser Ansatz anscheinend ernsten Schwierigkeiten gegenüber sieht, getrennte Systeme auf vernünftige Weise zu beschreiben [7]. Viel wahrscheinlicher ist es, dass der neue Weg, die Dinge zu betrachten, einen einfallsreichen Sprung erfordert, der uns in Erstaunen versetzen wird. Wie es aussieht, wird die quantenmechanische Beschreibung in jedem Fall abgelöst werden. Darin gleicht sie allen Theorien, die von Menschen gemacht wurden. Aber ihr endgültiges Schicksal ist in einem ungewöhnlichen Ausmaß in ihrer inneren Struktur offenkundig. Sie trägt in sich selbst den Keim zu ihrer eigenen Zerstörung.

Anmerkungen und Literatur

[1] M. L. Goldberger und K. M. Watson, *Phys. Rev.* **134**, B919 (1964).

[2] Um formal zu zeigen, dass es keinen anderen Zustand gibt, genügt es, als zweite Observable den Projektionsoperator auf eine beliebige Kombination von Zuständen ϕ_{fg} mit dem gegebenen f zu betrachten. Die Menge der Erwartungswerte aller dieser Projektionen legt den Zustand fest.

[3] J. von Neumann, *Mathematische Grundlagen der Quantenmechanik*. Julius Springer-Verlag, Berlin (1932)[1] Kapitel 6. (Engl. Übers. Princeton Univ. Press, 1955). Die Vorschrift für eine unvollständige Messung ist implizit in den meisten Abhandlungen über Quantenmesstheorie enthalten, zum Beispiel in der von von Neumann. Sie wird nicht häufig explizit angegeben. Siehe aber F. Mandl, *Quantum Mechanics*, 2. Ausgabe. Butterworth, London, S. 69 (1957) und die Referenzen zu A. Messiah und E. P. Wigner zitiert von Goldberger und Watson in Ref. [1].

[4] Moralische und unmoralische Messungen werden von W. Pauli „Messungen erster bzw. zweiter Art“ genannt in *Handbuch der Physik*, Vol. V/1, S. 72. Springer-Verlag, Berlin (1957)

[5] Das kann erhalten werden, wenn man beachtet, dass der Zustand

$$\chi = \phi_{fg}\delta(Q - \alpha(t)f)$$

erfüllt

$$\frac{\partial \chi}{\partial t} = -\frac{\mathrm{d}\alpha}{\mathrm{d}t} f \frac{\partial \chi}{\partial Q} = -i \frac{\mathrm{d}\alpha}{\mathrm{d}t} F \frac{1}{i} \frac{\partial \chi}{\partial Q}.$$

[1] Das Buch ist online verfügbar unter:
`http://gdz.sub.uni-goettingen.de/dms/load/img/?IDDOC=263758`

Wir benötigen also $d\alpha/dt = \delta(t)$, bzw. dass α während der Wechselwirkung von Null auf Eins wächst. Im Text ist eine Kombination von solchen Lösungen angegeben, die dem vorgeschriebenen Anfangszustand entspricht.

[6] Hier wird als selbstverständlich vorausgesetzt, dass die bewusste Erfahrung aus einer eindeutigen Folge von Ereignissen besteht (bzw. das ist) – und nicht vollständig durch einen quantenmechanischen Zustand, der irgendwie alle möglichen Folgen enthält, beschrieben werden kann. Gelegentlich wird diese Sichtweise angezweifelt. Die Autoren räumen deshalb ein, dass es *einige* Leute geben kann, deren Geistesverfassung am besten durch kohärente oder inkohärente quantenmechanische Superpositionen beschrieben wird.

[7] Für Referenzen zu dieser Methode und der Analyse einiger Einwände dazu, siehe J. S. Bell, *Rev. Mod. Phys.*, Okt. 1965. [Kapitel 1 in diesem Buch]
Für einen ernsthafteren Einwand siehe J. S. Bell *Physics* **1**, 195 (1965). [Kapitel 2 in diesem Buch]

[8] Diese Minderheitsansicht ist so alt wie die Quantenmechanik selbst, darum kann das Erscheinen einer neuen Theorie lange auf sich warten lassen. Für eine neuere Äußerung der Ansicht, dass es hier kein echtes Problem, sondern nur ein „Pseudoproblem“ gibt, siehe J. M. Jauch, *Helv. Phys. Acta* **37**, 293 (1964). Die Literaturangaben in diesem Artikel und von Ref. [7] erlauben eine Suche in der umfangreichen Literatur. Wir betonen, dass unsere Sicht nicht nur lediglich von einer Minderheit geteilt wird, sondern auch das gegenwärtige Interesse an diesen Fragen gering ist. Der typische Physiker glaubt, dass sie seit langem beantwortet sind – und dass er vollständig verstehen wird, genau wie, wenn er irgendwann zwanzig Minuten Zeit findet, darüber nachzudenken.

[9] Siehe zum Beispiel: F. London und E. Bauer, *Théorie de l'observation en méchanique quantique*. Herman, Paris (1939) S. 41, oder aus jüngerer Zeit E. P. Wigner in *The Scientist Speculates*. R. Good, Hrsg., Heinemann, London (1962).

4 Einführung in die Frage der verborgenen Variablen

4.1 Motivation

Theoretische Physiker leben in einer klassischen Welt und schauen hinaus in die quantenmechanische Welt. Letztere beschreiben wir nur subjektiv, mit Ausdrücken von Prozeduren und Ergebnissen aus unserem klassischen Bereich. Diese subjektive Beschreibung wird mit Hilfe der quantenmechanischen Zustandsfunktionen ψ bewirkt, die die klassische Konditionierung von quantenmechanischen Systemen charakterisieren und Vorhersagen über nachfolgende Ereignisse auf der klassischen Ebene erlauben. Die klassische Welt wird natürlich ganz direkt beschrieben – „wie sie ist". Wir könnten zum Beispiel die momentanen Positionen $\Lambda_1, \Lambda_2 \ldots$ von Körpern angeben – wie etwa Schalter, die experimentelle Bedingungen definieren und Zeiger, oder Ausdrucke, die Ergebnisse definieren. In der gegenwärtigen Theorie ist die vollständigste Beschreibung des Zustands der Welt als Ganzes, oder eines Teils davon, der sich bis in unseren klassischen Bereich erstreckt, von der Form

$$(\Lambda_1, \Lambda_2 \ldots, \psi), \tag{1}$$

sowohl mit klassischen Variablen, als auch einer oder mehreren quantenmechanischen Wellenfunktionen.

Heute weiß niemand, wo genau die Grenze zwischen dem klassischen und dem Quantenbereich liegt. Die meisten glauben, dass die experimentellen Schalterstellungen und Zeigerablesungen auf dieser Seite sind. Manche denken aber, dass die Grenze näher ist, andere denken sie weiter weg; und viele ziehen es vor, darüber *nicht* nachzudenken. In der Tat ist die Angelegenheit in der Praxis ziemlich unwichtig. Das ist wegen des immensen Größenunterschieds so – zwischen den Dingen, für die die quantenmechanische Beschreibung erforderlich ist und denjenigen, die normalerweise für menschliche Wesen zugänglich sind. Trotzdem ist die Verschiebbarkeit der Grenze nur angenähert gültig: Derartige Demonstrationen erfordern, dass Zahlen vernachlässigt werden müssen, die zwar klein, aber nicht Null sind – sie können für unendlich große Systeme gegen Null tendieren; sind jedoch für reale, endliche Systeme nur sehr klein. Eine Theorie, die in dieser Weise auf Argumente von offensichtlich approximativem Charakter begründet ist – wie gut die Approximation auch immer sei – ist sicher provisorischer Natur.

Es scheint legitim, zu spekulieren, wie sich die Theorie entwickeln könnte. Aber natürlich ist niemand gezwungen, sich an dieser Spekulation zu beteiligen.

Möglicherweise finden wir heraus, wo genau die Grenze liegt. Für mich ist es aber naheliegender, dass wir finden: Es gibt keine Grenze. Ich kann mir schwer einen verständlichen Diskurs über eine Welt ohne klassischen Teil vorstellen: Es gibt keine Grundlage gegebener Ereignisse (wenn es auch nur mentale Ereignisse in einem einzigen Bewusstsein sind), die miteinander in Beziehung gesetzt werden können. Andererseits ist es leicht vorstellbar, dass der klassische Bereich auf das Ganze ausgedehnt wird. Die Wellenfunktionen würden sich als eine provisorische, unvollständige Beschreibung des quantenmechanischen Teils herausstellen, von dem eine objektive Darstellung möglich würde. Diese Möglichkeit einer homogenen Beschreibung der Welt ist für mich die Hauptmotivation des Studiums der Möglichkeit von sogenannten „verborgenen Variablen".

Eine zweite Motivation ist mit dem statistischen Charakter der quantenmechanischen Vorhersagen verbunden. Wenn schon der Verdacht besteht, dass die Wellenfunktions-Beschreibung unvollständig ist, kann vermutet werden, dass scheinbar zufällige, statistische Fluktuationen durch zusätzliche „verborgene" Variablen bestimmt sind – „verborgen", weil wir ihre Existenz in dieser Phase nur vermuten können, und wir sie sicherlich nicht steuern können. In ähnlicher Weise könnte zum Beispiel die Beschreibung der Brownschen Bewegung zunächst rein statistisch entwickelt worden sein; die Statistik später durch die Hypothese der molekularen Zusammensetzung von Flüssigkeiten verständlich werden; diese Hypothese dann den Weg zu vorher nicht vorstellbaren experimentellen Möglichkeiten weisen; deren Durchführung die Hypothese dann endgültig überzeugend macht. Für mich ist die Möglichkeit des Determinismus weniger attraktiv als die Möglichkeit eine Welt, anstelle zweier zu haben. Aber durch diese Forderung wird das Programm viel klarer definiert und einfacher in den Griff zu bekommen.

Eine dritte Motivation ist der seltsame Charakter von einigen quantenmechanischen Vorhersagen, die förmlich nach einer Interpretation mit verborgenen Variablen zu schreien scheinen. Das ist das berühmte Argument von Einstein, Podolsky und Rosen [1]. Betrachten wir das von Bohm vorgeschlagene Beispiel [2], mit einem Paar von Spin-$\frac{1}{2}$-Teilchen, die in einem Singulett-Zustand erzeugt wurden und dann frei in entgegengesetzte Richtungen fliegen. An ausgewählten Komponenten der Spins beider Teilchen σ_1 und σ_2 können Messungen gemacht werden, zum Beispiel mit Stern-Gerlach-Magneten. Wenn die Messung von $\sigma_1 \cdot \mathbf{a}$ den Wert $+1$ ergibt (wobei $\mathbf{a}$ irgendein Einheitsvektor ist), dann muss gemäß der Quantenmechanik die Messung von $\sigma_2 \cdot \mathbf{a}$ den Wert -1 ergeben, *und umgekehrt*. Folglich können wir im voraus das Ergebnis der Messung jeder Komponente von σ_2 wissen, durch vorheriges Messen der entsprechenden Komponente von σ_1, an einem möglicherweise sehr weit entfernten Ort. Das lässt sehr stark vermuten, dass die Resultate dieser Messungen, in beliebigen Richtungen, vorher bestimmt sind – durch Variable, über die wir keine Kontrolle haben, die jedoch durch die erste Messung weit genug aufgedeckt werden, um das Ergebnis der zweiten

Messung vorherzusagen. Damit gibt es keine Versuchung, die Ausführung einer Messung als kausalen Einfluss auf das Ergebnis der anderen, entfernten Messung anzusehen. Die Beschreibung der Situation könnte eindeutig „lokal“ sein. Diese Vorstellung scheint zumindest eine Untersuchung zu verdienen.

Tatsächlich werden wir jedoch finden, dass keine lokal deterministische Theorie mit verborgenen Variablen alle experimentellen Fakten der Quantenmechanik reproduzieren kann. Das eröffnet die Möglichkeit, die Frage experimentell zu entscheiden – indem man versucht, die idealisierten Situationen, in denen die lokalen verborgenen Variablen und die Quantenmechanik nicht übereinstimmen können, so gut wie möglich zu approximieren. Bevor wir jedoch dazu kommen, müssen wir dafür den Boden bereiten; durch einige Anmerkungen zu verschiedenen mathematischen Untersuchungen, die über die Möglichkeit von verborgenen Variablen gemacht wurden, ohne jeden Bezug zur Lokalität.

4.2 Das Fehlen von dispersionsfreien Zuständen in verschiedenen, aus der Quantenmechanik abgeleiteten Formalismen

Betrachten wir zunächst die übliche Heisenbergsche Unschärferelation. Sie besagt, dass für quantenmechanische Zustände die Vorhersage für wenigstens ein Teil aus einem Paar von konjugierten Variablen statistisch unscharf sein muss. Folglich kann kein quantenmechanischer Zustand für alle Observablen „dispersionsfrei“ sein. Daraus folgt: Wenn eine Darstellung mit verborgenen Variablen möglich ist, in der alle Beobachtungen vollständig bestimmt sind, muss jeder quantenmechanische Zustand einem Ensemble von Komponentenzuständen entsprechen, die alle verschiedene Werte der verborgenen Variablen haben. Nur diese Komponentenzustände sind dispersionsfrei. Damit ist ein Weg das verborgene-Variablen-Problem zu formulieren, die Suche nach einem Formalismus, der solche dispersionsfreien Zustände erlaubt.

Ein frühes, und sehr berühmtes Beispiel einer solchen Untersuchung stammt von von Neumann [3]. Er bemerkte, dass in der Quantenmechanik eine Observable, deren Operator eine Linearkombination der Operatoren anderer Observablen ist

$$A = \beta B + \gamma C$$

als Erwartungswert die entsprechende Linearkombination der Erwartungswerte hat:

$$\langle A \rangle = \beta \, \langle B \rangle + \gamma \, \langle C \rangle \tag{2}$$

Er fasste auch allgemeinere Schemata ins Auge, bei denen diese besondere Eigenschaft erhalten blieb. Für die hypothetischen dispersionsfreien Zustände gibt es jedoch keinen Unterschied zwischen Erwartungswerten und Eigenwerten – denn jeder dieser

Zustände muss bei jeder Messung mit Sicherheit ein bestimmtes der möglichen Ergebnisse hervorbringen. Aber Eigenwerte sind nicht additiv. Betrachten wir zum Beispiel die Komponenten des Spins von einem Teilchen mit Spin $\frac{1}{2}$. Der Operator für die Komponente in der mittleren Richtung zwischen der x- und y-Achse ist

$$(\sigma_x + \sigma_y)/\sqrt{2},$$

dessen Eigenwerte zweifellos nicht die Linearkombinationen

$$(\pm 1 \pm 1)/\sqrt{2}$$

der Eigenwerte von σ_x und σ_y sind. Folglich schließt die Forderung von additiven Erwartungswerten die Möglichkeit dispersionsfreier Zustände aus. Von Neumann folgerte, dass eine Interpretation der Quantenmechanik mit verborgenen Variablen nicht möglich ist [3]: „Es handelt sich also gar nicht, wie vielfach angenommen wird, um eine Interpretationsfrage der Quantenmechanik, vielmehr müsste dieselbe objektiv falsch sein, damit ein anderes Verhalten der Elementarprozesse als das statistische möglich wird."

Es scheint deshalb, dass von Neumann die Additivität (2) vielmehr als ein offensichtliches Axiom, anstatt als ein mögliches Postulat angesehen hat. Aber betrachten wir, was es für eine reale physikalische Situation bedeutet. Messungen der drei Größen

$$\sigma_x, \quad \sigma_y, \quad (\sigma_x + \sigma_y)/\sqrt{2},$$

erfordern drei verschiedene Orientierungen des Stern-Gerlach-Magneten und können nicht gleichzeitig ausgeführt werden. Gerade das macht die Nichtadditivität der Eigenwerte verständlich: Es sind Werte, die in bestimmten Fällen beobachtet werden. Es kann keinesfalls die Rede davon sein, einfach verschiedene Komponenten eines vorher vorhandenen Vektors zu messen, vielmehr handelt es sich um die Beobachtung der verschiedenen Resultate von verschiedenen physikalischen Prozeduren. Dass sich die statistischen Mittelwerte dann als additiv herausstellen, ist wirklich eine bemerkenswerte Eigenschaft der quantenmechanischen Zustände, die *a priori* nicht zu erwarten ist. Es ist keineswegs eine „Denknotwendigkeit" und es gibt *a priori* keinen Grund, die Möglichkeit von Zuständen, für die sie nicht zutrifft, auszuschließen. Es kann eingewandt werden, dass, obwohl die Additivität der Erwartungswerte keine Denknotwendigkeit ist, sie doch experimentell *wahr ist*. Ja – aber wir untersuchen nun genau die Hypothese, dass die Zustände, die die Natur uns zeigt, in Wirklichkeit Mischungen von Komponentenzuständen sind, die wir (bis heute) nicht einzeln herstellen können. Die Komponentenzustände müssen nur solche Eigenschaften besitzen, dass aus ihnen gebildete Ensembles die statistischen Eigenschaften der beobachteten Zustände haben.

In der Folge wurde gezeigt, dass in diversen anderen mathematischen Schemata, die aus der Quantenmechanik abgeleitet wurden, dispersionsfreie Zustände nicht möglich sind [4]. Dass in diesen Schemata eine Art von Unschärferelation gültig bleibt, ist natürlich nützlich und interessant für diejenigen, die mit diesen Schemata arbeiten. Für die Fragen, die wir betrachten, wird die Wichtigkeit dieser Ergebnisse jedoch mitunter überschätzt. Die Postulate haben oft eine große innere Attraktivität für diejenigen, die sich der Quantenmechanik in einer abstrakten Art und Weise nähern. Übersetzt in Annahmen über das Verhalten von realen physikalischen Geräten, können sie jedoch keinesfalls als von trivialer oder unausweichlicher Natur angesehen werden [4].

Wenn andererseits die verborgenen Variablen, oder die dispersionsfreien Zustände, keinerlei Einschränkungen unterworfen werden, ist es trivial, dass solche Schemata gefunden werden können, die alle möglichen experimentellen Ergebnisse erklären. Ad-hoc-Schemata dieser Art werden jeden Tag konstruiert, wenn Experimentalphysiker – um den Entwurf ihrer Geräte zu optimieren – die erwarteten Ergebnisse durch deterministische Computerprogramme simulieren, die eine Tabelle mit Zufallszahlen benutzen. Aus dieser Sicht sind solche Schemata nicht sehr interessant. Was Einstein sicherlich wollte, war eine umfassende Erklärung von physikalischen Prozessen, die sich kontinuierlich und lokal im gewöhnlichen Raum und in der Zeit entwickeln. Im Folgenden wollen wir einen sehr instruktiven Versuch in dieser Richtung beschreiben.

4.3 Ein einfaches Beispiel

Betrachten wir das einfache verborgene-Variablen-Bild der elementaren Wellenmechanik, das ursprünglich von de Broglie entwickelt [5] und später von Bohm vervollständigt wurde [6]. Nehmen wir den Fall eines einzelnen Teilchens mit Spin $\frac{1}{2}$, das sich in einem Magnetfeld $\mathbf{H}$ bewegt. Die Schrödinger-Gleichung lautet

$$i\frac{\partial}{\partial t}\psi(\mathbf{r},t) = \left[\frac{1}{2m}\left(\frac{1}{i}\frac{\partial}{\partial \mathbf{r}}\right)^2 + \mu\,\boldsymbol{\sigma}\cdot\mathbf{H}\right]\psi(\mathbf{r},t), \qquad (3)$$

worin die Wellenfunktion ψ ein zweikomponentiger Pauli-Spinor ist. Wir statten dieses quantenmechanische Bild mit einer zusätzlichen (verborgenen) Variablen $\boldsymbol{\lambda}$ aus; einem einzelnen Dreikomponenten-Vektor, der sich als Zeitfunktion gemäß dem Gesetz entwickelt

$$\frac{\mathrm{d}\boldsymbol{\lambda}}{\mathrm{d}t} = \frac{\mathbf{j}_\psi(\boldsymbol{\lambda},t)}{\rho_\psi(\boldsymbol{\lambda},t)}, \qquad (4)$$

worin $\mathbf{j}_\psi$ und ρ_ψ Wahrscheinlichkeitsströme und -dichten sind, die in üblicher Weise berechnet werden:

$$\begin{aligned}\mathbf{j}_\psi(\mathbf{r},t) &= \tfrac{1}{2}\mathrm{Im}\,\psi^*(\mathbf{r},t)\frac{\partial}{\partial \mathbf{r}}\psi(\mathbf{r},t),\\ \rho_\psi(\mathbf{r},t) &= \psi^*(\mathbf{r},t)\psi(\mathbf{r},t),\end{aligned}$$

mit impliziter Summation über die unterdrückten Spinorindizes. Es wird angenommen, dass der durch die Wellenfunktion ψ spezifizierte quantenmechanische Zustand einem Ensemble von Zuständen $(\boldsymbol{\lambda},\psi)$ entspricht, in dem die $\boldsymbol{\lambda}$ mit der Wahrscheinlichkeitsdichte $\rho(\boldsymbol{\lambda},t)$ vorkommen, so dass gilt

$$\rho(\boldsymbol{\lambda},t) = \rho_\psi(\boldsymbol{\lambda},t).$$

Es ist leicht zu sehen, dass, wenn die Verteilung ρ von λ zu einem Zeitpunkt gleich ρ_ψ ist, mit Hilfe der Bewegungsgleichungen (3) und (4) folgt, dass dies auch für spätere Zeiten gilt. Die grundlegende interpretative Regel ist einfach, dass $\lambda(t)$ die reale Position des Teilchens zur Zeit t ist, und dass die Beobachtung der Position diesen Wert ergeben wird. Folglich wird die quantenmechanische Statistik der Positionsmessungen, die Wahrscheinlichkeitsdichte ρ_ψ, unmittelbar wiedergegeben. Viele andere Messungen reduzieren sich jedoch auf Positionsmessungen. Um zum Beispiel „die Spinkomponente σ_x zu messen", wird das Teilchen durch einen Stern-Gerlach-Magneten geschickt und wir schauen, ob es nach oben oder unten abgelenkt wird; d.h. wir beobachten eine Position zu einer späteren Zeit. Damit werden die Quantenstatistiken von Spinmessungen ebenso reproduziert, und so weiter.

Dieses Schema kann, im Rahmen der nichtrelativistischen Wellenmechanik, ohne weiteres für Mehrteilchensysteme verallgemeinert werden. Die Wellenfunktion ist dann im $3n$-dimensionalen Konfigurationsraum:

$$\psi(\mathbf{r}_1, \mathbf{r}_2, \ldots, t)$$

und die Schrödinger-Gleichung kann Wechselwirkungen zwischen diesen Teilchen enthalten. Die verborgenen Variablen sind n Vektoren

$$\lambda_1,\ \lambda_2,\ \ldots,$$

die sich bewegen gemäß

$$\begin{aligned}
\frac{\mathrm{d}\lambda_m}{\mathrm{d}t} &= \frac{\mathbf{j}_{m\psi}(\lambda_1, \lambda_2, \ldots, t)}{\rho_\psi(\lambda_1, \lambda_2, \ldots, t)}, \\
\rho_\psi(\lambda_1, \lambda_2, \ldots, t) &= |\psi(\lambda_1, \lambda_2, \ldots, t)|^2, \\
\mathbf{j}_{m\psi}(\lambda_1, \lambda_2, \ldots, t) &= \tfrac{1}{2}\mathrm{Im}\ \psi^* \frac{\partial}{\partial \mathbf{r}_m} \psi|_{r=\lambda}.
\end{aligned}$$

Das Ensemble, das dem quantenmechanischen Zustand entspricht, hat wiederum am Anfang die λ im $3n$-dimensionalen Raum mit der Wahrscheinlichkeitsdichte $|\psi|^2$ verteilt; und aufgrund der Bewegungsgleichungen bleibt das so. Folglich können die Quantenstatistiken von Positionsmessungen – und damit von jeder Prozedur, die als Positionsmessung endet (sei es nur die Beobachtung eines Zeigerstandes) – reproduziert werden. Was mit den verborgenen Variablen während und nach einer Messung passiert, ist eine heikle Angelegenheit. Man beachte nur, dass eine Voraussetzung für die Beschreibung dessen, was mit den verborgenen Variablen passiert, eine Beschreibung dessen wäre, was mit der Wellenfunktion passiert. Gerade an diesem Punkt kommt die notorisch vage „Reduktion des Wellenpakets" dazwischen, zu einer unklar definierten Zeit – und wir stoßen auf die Mehrdeutigkeiten der üblichen Theorie, die wir im Moment nur neu interpretieren wollen, anstatt sie zu ersetzen. Natürlich wäre es sehr interessant, hinter diesen Punkt zu gehen. Aber wir wollen diesen Versuch hier nicht unternehmen, weil wir eine sehr bemerkenswerte Schwierigkeit sehen werden – auf der Ebene, bis zu der das Schema bereits entwickelt ist. Bevor wir dazu kommen, ist es nützlich, auf eine Reihe von instruktiven Eigenschaften des Schemas hinzuweisen. Eine solche Eigenschaft ist folgende. Wir haben hier ein Bild, in dem, obwohl die Welle zwei Komponenten hat, das Teilchen nur die Position λ hat. Das Teilchen „rotiert" nicht, obwohl die mit dem Spin zusammenhängenden, experimentellen Phänomene reproduziert werden. Demzufolge muss das Bild, das aus der Darstellung mit verborgenen Variablen resultiert, nicht dem traditionellen, klassischen Bild ähneln, das der Forscher vielleicht insgeheim im Hinterkopf behalten hat. Das Elektron muss sich nicht als kleine, rotierende, gelbe Kugel herausstellen.

Eine zweite Art und Weise, in der das Schema instruktiv ist, ist das explizite Bild von der sehr wesentlichen Rolle des Apparates. Zum Beispiel hängt das Ergebnis einer „Spinmessung" in sehr komplizierter Art und Weise von der Anfangsposition λ des Teilchens und der Stärke und Geometrie des Magnetfeldes ab. Damit erzählt uns das Ergebnis der Messung nicht etwas über eine Eigenschaft, die das System zuvor besessen hat, sondern über etwas, das durch die Kombination von System und Apparat entstanden ist. Natürlich haben wir die entscheidende Rolle der vollständigen physikalischen Konfiguration vor langer Zeit gelernt, insbesondere von Bohr. Wenn sie vergessen wird, ist es einfacher, zu erwarten, dass die Beobachtungsergebnisse irgendwelche algebraischen Relationen erfüllen sollen; und zu glauben, dass diese Relationen sogar für die hypothetischen dispersionsfreien Zustände erhalten bleiben sollten, aus denen die quantenmechanischen Zustände zusammengesetzt sein können. Das Modell veranschaulicht, wie die für statistische Ensembles (die quantenmechanische Zustände darstellen) gültigen algebraischen Relationen in einer ziemlich komplizierten Weise aufgestellt werden können. Damit könnte das Nachdenken über dieses einfache Modell eine erhellende Wirkung auf mathematische Forscher haben.

Zuletzt ist dieses einfache Schema in der folgenden Art und Weise instruktiv. Selbst wenn die berüchtigte Grenze zwischen klassischer und Quanten-Welt nicht verschwinden sollte, aber besser definiert würde, wenn die Theorie sich weiterentwickelt – es scheint mir, dass einige klassische Variablen grundlegend bleiben würden (sie können „makroskopische" Objekte beschreiben, oder sie können letztendlich beschränkt sein auf meine Sinnesdaten). Außerdem scheint mir, dass die gegenwärtige „Quantentheorie der Messung", in der das Quantum und die klassischen Ebenen nur sporadisch, während stark idealisierter „Messungen" wechselwirken, ersetzt werden sollten – durch eine Wechselwirkung mit kontinuierlichem (wenn auch variablem) Charakter. Die Gleichungen (3) und (4) des einfachen Schemas bilden eine Art Prototyp einer „Master-Gleichung" der Welt, in der klassische Variablen kontinuierlich durch einen quantenmechanischen Zustand beeinflusst werden.

4.4 Eine Schwierigkeit

Die Schwierigkeit ist folgende. Wenn man (4) betrachtet, erkennt man, dass das Verhalten einer gegebenen Variablen λ_1 nicht nur durch die Bedingungen in der unmittelbaren Umgebung (im gewöhnlichen dreidimensionalen Raum) bestimmt ist, sondern auch durch das, was an den anderen Positionen $\lambda_2, \lambda_3, \ldots$ passiert. Das heißt, obwohl das Gleichungssystem in einem offensichtlichen Sinn „lokal" im $3n$-dimensionalen Raum ist, ist es überhaupt nicht lokal im gewöhnlichen dreidimensionalen Raum. Angewandt auf die Einstein-Podolsky-Rosen-Situation, erkennen wir, dass dieses Schema einen expliziten, kausalen Mechanismus liefert, durch den Operationen an einem der beiden Messapparate die Antwort des entfernten Apparates beeinflussen kann. Das ist völlig entgegengesetzt zur Lösung, die sich EPR erhofft hatten – die sich vorstellten, dass das erste Instrument nur dazu dienen kann, den Charakter der Information aufzudecken, die im Raum bereits gespeichert ist und ungestört zur anderen Apparatur übertragen wird.

Es entsteht die Frage: Können wir nicht ein anderes Schema mit verborgenen Variablen, mit dem gewünschten lokalen Charakter, finden? Man kann zeigen, dass das nicht möglich ist [7-9]. Die Demonstration ist darüber hinaus keineswegs beschränkt auf den Kontext der nichtrelativistischen Wellenmechanik, sondern hängt nur von der Existenz von getrennten Systemen ab, die bezüglich solcher Größen, wie z.B. Spin, stark korreliert sind.

Wir betrachten als Beispiel wieder das System aus zwei Spin-$\frac{1}{2}$-Teilchen. Angenommen, sie sind so präpariert, dass sie sich in verschiedenen Richtungen auf zwei Messgeräte zu bewegen; und dass diese Geräte die Spinkomponenten entlang der Richtungen $\hat{a}$ beziehungsweise $\hat{b}$ messen. Die hypothetische, vollständige Beschreibung des Anfangszustandes, für den gegebenen quantenmechanischen Zustand, sei durch die verborgenen Variablen λ, mit der Verteilungsfunktion $\rho(\lambda)$, gegeben. Das Ergebnis A $(= \pm 1)$ der ersten Messung kann offensichtlich von λ und der Einstellung des ersten Instruments $\hat{a}$ abhängen. Gleichermaßen kann B von λ und $\hat{b}$ abhängen. Unsere Vorstellung von Lokalität verlangt jedoch, *dass weder A von $\hat{b}$, noch B von $\hat{a}$ abhängt.* Dann stellen wir die Frage, ob der Mittelwert $P(\hat{a}, \hat{b})$ des Produktes AB, d.h.

$$P(\hat{a}, \hat{b}) = \int d\lambda \rho(\lambda) A(\hat{a}, \lambda) B(\hat{b}, \lambda) \tag{5}$$

gleich der quantenmechanischen Vorhersage sein kann.

Tatsächlich können (und sollten) wir etwas allgemeiner sein. Die Instrumente selbst könnten verborgene Variablen enthalten [10], die die Ergebnisse beeinflussen können. Wenn wir zuerst über diese Instrumentvariablen mitteln, erhalten wir die Darstellung

$$P(\hat{a}, \hat{b}) = \int d\lambda \rho(\lambda) \bar{A}(\hat{a}, \lambda) \bar{B}(\hat{b}, \lambda), \tag{6}$$

worin die Mittelwerte $\bar{A}$ und $\bar{B}$ unabhängig von $\hat{b}$ bzw. $\hat{a}$ sind, wenn *die entsprechenden Verteilungen der Instrumentvariablen unabhängig von $\hat{b}$ bzw. $\hat{a}$ sind* (obwohl sie natürlich von $\hat{a}$ bzw. $\hat{b}$ abhängen können). Anstelle von

$$A = \pm 1, \quad B = \pm 1, \tag{7}$$

haben wir nun

$$|\bar{A}| \leq 1, \quad |\bar{B}| \leq 1, \tag{8}$$

was ausreicht, eine interessante Einschränkung für P abzuleiten.

In der Praxis wird es Fälle geben, in denen eines, oder beide Instrumente weder $+1$ noch -1 anzeigen. Dann könnte man [11] bei den Definitionen von P, $\bar{A}$ und $\bar{B}$ als Werte für A und/oder B Null einsetzen; (8) bleibt wahr und die folgende Argumentation bleibt gültig.

Es seien $\hat{a}'$ und $\hat{b}'$ alternative Instrumenteinstellungen. Dann ist

$$\begin{aligned}
P(\hat{a},\hat{b}) - P(\hat{a},\hat{b}') &= \int \mathrm{d}\lambda \rho(\lambda)[\bar{A}(\hat{a},\lambda)\bar{B}(\hat{b},\lambda) - \bar{A}(\hat{a},\lambda)\bar{B}(\hat{b}',\lambda)] \\
&= \int \mathrm{d}\lambda \rho(\lambda)[\bar{A}(\hat{a},\lambda)\bar{B}(\hat{b},\lambda)(1 \pm \bar{A}(\hat{a}',\lambda)\bar{B}(\hat{b}',\lambda))] \\
&\quad - \int \mathrm{d}\lambda \rho(\lambda)[\bar{A}(\hat{a},\lambda)\bar{B}(\hat{b}',\lambda)(1 \pm \bar{A}(\hat{a}',\lambda)\bar{B}(\hat{b},\lambda))].
\end{aligned}$$

Dann mit (8)

$$\begin{aligned}
|P(\hat{a},\hat{b}) - P(\hat{a},\hat{b}')| &\leq \int \mathrm{d}\lambda \rho(\lambda)(1 \pm \bar{A}(\hat{a}',\lambda)\bar{B}(\hat{b}',\lambda)) \\
&\quad + \int \mathrm{d}\lambda \rho(\lambda)(1 \pm \bar{A}(\hat{a}',\lambda)\bar{B}(\hat{b},\lambda)),
\end{aligned}$$

oder

$$|P(\hat{a},\hat{b}) - P(\hat{a},\hat{b}')| \leq 2 \pm (P(\hat{a}',\hat{b}') + P(\hat{a}',\hat{b})),$$

oder symmetrischer

$$|P(\hat{a},\hat{b}) - P(\hat{a},\hat{b}')| + |P(\hat{a}',\hat{b}') + P(\hat{a}',\hat{b})| \leq 2 \tag{9}$$

Mit $\hat{a}' = \hat{b}'$ und angenommen, dass

$$P(\hat{b}',\hat{b}') = -1, \tag{10}$$

ergibt Gleichung (9)

$$|P(\hat{a},\hat{b}) - P(\hat{a},\hat{b}')| \leq 1 + P(\hat{b}',\hat{b}). \tag{11}$$

Das ist die ursprüngliche Form des Ergebnisses [7]. Man beachte, dass das Gleichheitszeichen in (8) gelten muss, damit (10) erfüllt ist; *d.h.* für diesen Fall kann die Möglichkeit, dass die Ergebnisse von verborgenen Variablen in den Instrumenten abhängen, von vornherein ausgeschlossen werden [12].

Die allgemeinere Relation (9) (im wesentlichen) wurde zuerst von Clauser, Holt, Horne und Shimony [8] für die eingeschränkte Darstellung (5) angegeben.

Nehmen wir nun an, dass das System im Singulett-Zustand der zwei Spins war. Dann ist das quantenmechanische $P(a,b)$ durch den Erwartungswert dieses Zustandes gegeben

$$\langle \sigma_1 \cdot \hat{a}, \sigma_2 \cdot \hat{b} \rangle = -\hat{a} \cdot \hat{b}. \tag{12}$$

Diese Funktion hat die Eigenschaft (10), erfüllt aber (11) überhaupt nicht. Mit $P(\hat{a},\hat{b}) = -\hat{a} \cdot \hat{b}$ ergibt sich zum Beispiel, dass für einen kleinen Winkel zwischen $\hat{b}$ und $\hat{b}'$ die linke Seite von (11) allgemein linear von diesem Winkel abhängt, während die rechte Seite nur quadratisch darin ist. Damit kann das quantenmechanische Ergebnis von einer Theorie mit verborgenen Variablen, die im hier beschriebenen Sinne lokal ist, nicht reproduziert werden.

Dieses Ergebnis eröffnet die Möglichkeit, die hier betrachteten Fragen experimentell zu testen. Natürlich ist die oben vorgestellte Situation stark idealisiert. Es wird angenommen, dass das System anfangs in einem bekannten Spinzustand ist; es bekannt ist, dass sich die Teilchen auf die Instrumente zu bewegen; und dass sie dort mit absoluter Effizienz gemessen werden. Es ist die Frage, ob unvermeidliche Abweichungen von dieser Idealsituation in der Praxis hinreichend klein gehalten werden können, so dass die quantenmechanische Vorhersage immer noch die Ungleichung (9) verletzt.

In diesem Zusammenhang können andere Systeme, zum Beispiel das zwei-Photonen-System [8], oder das zwei-Kaon-System [13], vielversprechender als das System mit zwei Spin-$\frac{1}{2}$-Teilchen sein. Eine sehr ernstzunehmende Studie über den Fall der Photonen wird von Shimony auf diesem Meeting vorgetragen. Das von ihm beschriebene Experiment, das jetzt in Gang gekommen ist, ist nicht nahe genug am Ideal, um schlüssig für einen völlig überzeugten Befürworter der verborgenen Variablen zu sein. Für die meisten wäre jedoch eine Bestätigung der quantenmechanischen Vorhersagen, wie sie nach dem allgemeinen Erfolg der Quantenmechanik nur zu erwarten ist [14], eine ernsthafte Entmutigung.

Anmerkungen und Literatur

[1] A. Einstein, B. Podolsky and N. Rosen: *Phys. Rev.*, **47**, 777 (1935).

[2] D. Bohm: *Quantum Theory* (Englewood Cliffe, N.J., 1951).

[3] J. von Neumann, *Mathematische Grundlagen der Quantenmechanik*. Julius

Springer-Verlag, Berlin (1932)[1] (das Zitat ist von S. 171); Englische Übersetzung (Princeton, 1955).

[4] Zur Analyse einiger dieser Schemata siehe: J. S. Bell: *Rev. Mod. Phys.*, **38**, 447 (1966). [Kapitel 1 in diesem Buch] Dieser betrachtet insbesondere das Ergebnis von J. M. Jauch und C. Piron, *Helv. Phys. Acta,* **36**, 827 (1963) und die stärkere Form von von Neumanns Ergebnis, die sich (wie von Jauch festgestellt) aus der Arbeit von A. M. Gleason, *J. Math. and Mech.*, **6**, 885 (1957) ergibt. Dieses Korollar von Gleasons Arbeit wurde später dargelegt von S. Kochen und E. P. Specker, *J. Math. and Mech.*, **17**, 59 (1967). Andere Unmöglichkeitsbeweise sind von S. P. Gudder, *Rev. Mod. Phys.*, **40**, 229 (1968) und von B. Misra, *Nuovo Cimento*, **47,** 843 (1967); beide Autoren merken die begrenzte Natur ihrer Ergebnisse an. Zur Frage der Unmöglichkeitsbeweise, siehe auch D. Bohm und J. Bub, *Rev. Mod. Phys.*, **38**, 453 (1966); 40, 232 (1968); J. M. Jauch und C. Piron, *Rev. Mod. Phys.*, **40**, 228 (1968) und J. E. Turner, *J. Math. Phys.*, **9**, 1411 (1968).

[5] L. de Broglie gibt eine dokumentierte Darstellung der anfänglichen Entwicklung in L. de Broglie: *Physicien et Penseur*, S. 465, Paris (1953).

[6] D. Bohm: *Phys. Rev.*, **85**, 166, 180 (1952). Zu den Schemata mit verborgenen Variablen siehe auch den Review von H. Friestadt. *Suppl. Nuovo Cimento*, **5**, 1 (1967) und spätere Arbeiten von D. Bohm und J. Bub, *Rev. Mod. Phys.*, **38**, 470 (1966) und S. P. Gudder *J. Math. Phys.*, **11**, 431 (1970).

[7] J. S. Bell: *Physics*, **1**, 195 (1964). [Kapitel 2 in diesem Buch]

[8] J. F. Clauser, M. A. Horne, A. Shimony und R. A. Holt: *Phys. Rev. Lett.*, **26**, 880 (1969).

[9] E. P. Wigner: *Am. J. Phys.*, **38**, 1005 (1970).

[10] Wir tun hier so, als ob die Instrumente in deterministischer Weise geantwortet haben, wenn alle Variablen, verborgen oder nicht verborgen, gegeben sind. Es ist klar, dass (6) ebenso im Fall des *Indeterminismus* mit einem bestimmten lokalen Charakter geeignet ist.

[11] Das ist ein Vorschlag von J. A. Crawford.

[12] Das war, was den Idealfall (12) angeht, die Prozedur in Ref. [7]. In dieser Referenz beginnt die nachfolgende Diskussion des nichtidealen Falls wieder bei der eingeschränkten Darstellung (5). Das war völlig willkürlich. Aber die Begründung in diesem Kapitel, die hier wieder benutzt wird, gilt auch mit dem allgemeineren (6). In diesem Zusammenhang bin ich J. A. Crawford für eine anregende Diskussion zu Dank verpflichtet

[1] Das Buch ist online verfügbar unter:
http://gdz.sub.uni-goettingen.de/dms/load/img/?IDDOC=263758

[13] T. B. Day: *Phys. Rev.*, **121**, 1204 (1961); D. R. Inglis: *Rev. Mod. Phys.*, **33**, 1, (1961). Man beachte, dass die Zeiten des spontanen Zerfalls der zwei Kaonen nicht als analog zu den Einstellungen *a* und *b* der Stern-Gerlach-Magnete betrachtet werden können, da sie nicht dem Zugriff des Experimentators unterliegen. Die Dicke eines Paares von massiven Platten, die in den Fluglinien plaziert sind, wäre maßgeblicher. Prof. B. d'Espagnat sagte mir, dass der schnelle Zerfall des kurzlebigen Kaons ein Haupthindernis beim Entwurf eines aussagekräftigen Experimentes ist.

[14] Das Heliumatom (im wesentlichen ein Paar von Spin-$\frac{1}{2}$-Teilchen) ist ein Beispiel, für das die Quantenmechanik bemerkenswert erfolgreich ist. Siehe zum Beispiel: H. A. Bethe und E. E. Salpeter: *Handbuch der Physik*, Vol. 35, S. 88, Berlin (1957).

5 Subjekt und Objekt

Die Subjekt-Objekt-Unterscheidung ist in der Tat die wahre Wurzel des Unbehagens, das viele immer noch im Zusammenhang mit der Quantenmechanik empfinden. *Zum Teil* wird die Unterscheidung durch die Postulate der Theorie diktiert, aber genau *wo* oder *wann* sie zu machen ist, wird nicht vorgeschrieben. In der klassischen Abhandlung von Dirac [1] lernen wir die fundamentalen Thesen:

> ...jedes Ergebnis einer Messung einer reellen dynamischen Variablen ist einer ihrer Eigenwerte...
>
> ...wenn die Messung der Observablen ξ für das System im Zustand $|x\rangle$ sehr oft wiederholt wird, dann wird der Mittelwert aller Ergebnisse $\langle x|\xi|x\rangle$ sein...
>
> ...eine Messung bewirkt immer, dass das System in einen Eigenzustand der dynamischen Variablen springt, die gemessen wird ...

Also handelt die Theorie im Grunde von Ergebnissen von „Messungen" und setzt deshalb zusätzlich zum „System" (oder Objekt) einen „Messenden" (oder Subjekt) voraus. Muss denn dieses Subjekt eine Person einschließen? Oder gab es eine solche Subjekt-Objekt-Unterscheidung bereits vor dem Erscheinen des Lebens im Universum? Waren dann solche natürlichen Prozesse, die damals stattfanden, oder jetzt an entfernten Orten stattfinden, als „Messungen" zu identifizieren, und Sprüngen unterworfen, anstelle der Schrödinger-Gleichung? Ist „Messung" etwas, was auf einmal stattfindet? Sind die Sprünge augenblicklich? Und so weiter.

Die Pioniere der Quantenmechanik waren sich dieser Fragen durchaus bewusst, warteten aber völlig zu recht nicht auf einmütige Antworten, bevor sie die Theorie entwickelten. Die Ergebnisse rechtfertigten sie dabei vollkommen. Die Unschärfe der Postulate wirkte sich in keiner Weise auf die wunderbare Genauigkeit der Berechnungen aus. Immer wenn nötig, kann ein wenig mehr von der Welt in das Objekt aufgenommen werden. Im Extremfall kann die Subjekt-Objekt-Unterscheidung irgendwo auf die „makroskopische" Ebene gelegt werden, wo die praktische Eignung von klassischen Begriffen die genaue Lage quantitativ unwichtig macht. Aber obwohl die Quantenmechanik die klassischen Eigenschaften der makroskopischen Welt als sehr (sehr) gute Näherungen darstellen kann, kann sie nicht mehr als das [2]. Die Schlange kann sich nicht komplett selbst vom Schwanz her schlucken. Der lästige Fakt bleibt: Die Theorie ist nur *angenähert* unzweideutig, nur *angenähert* selbstkonsistent.

Es wäre töricht zu erwarten, dass die nächste grundlegende Entwicklung in der theoretischen Physik eine präzise und endgültige Theorie liefert. Aber es ist interessant, über die Möglichkeit zu spekulieren, dass eine zukünftige Theorie nicht *an sich* uneindeutig und angenähert sein wird. Eine solche Theorie könnte nicht grundlegend von „Messungen" handeln, weil das wieder die Unvollständigkeit des Systems und nichtanalysierte Eingriffe von außen implizieren würde. Vielmehr sollte es wieder möglich werden, von einem System zu sagen, nicht dass dies oder jenes *beobachtet* werden kann so zu sein, sondern dass dies oder jenes so *sei*. Die Theorie würde nicht von „*Observ*ablen" („*Beobacht*baren") handeln, sondern von „*be*ables" [AdÜ: Etwa übersetzbar als: „*Sei*bare", wörtlich: „was sein kann"]. Diese „beables" müssen natürlich nicht z.B. denen der klassischen Elektronentheorie gleichen; aber zumindest sollten sie auf der makroskopischen Ebene ein Bild der alltäglichen, klassischen Welt liefern [4], denn „es ist entscheidend zu erkennen, dass, wie weit die Phänomene den Bereich der klassischen physikalischen Erklärung auch immer übersteigen, die Darstellung aller Ergebnisse in klassischen Begriffen erfolgen muss." [5]

Mit „klassischen Begriffen" meint Bohr natürlich nicht einzelne Theorien des 19. Jahrhunderts, sondern er bezieht sich einfach auf die Umgangssprache für alltägliche Dinge, wie Laborprozeduren, bei denen Objekten objektive Eigenschaften – *beables* (*Seibare*) – zugeordnet werden. Die Vorstellung, dass Quantenmechanik primär von „Observablen" handelt, ist nur haltbar, wenn solche „beables" als selbstverständlich betrachtet werden. Observablen sind aus „beables" *gemacht*. Wir stellen die Frage im Hinblick darauf, ob die „beables" mit größerer Präzision, als es üblich ist, in die Theorie eingebaut werden können.

Viele müssen über folgendes nachgedacht haben. Könnte man nicht einfach *einige* der „Observablen" in den Status von „beables" befördern? Die beables würden dann durch lineare Operatoren im Zustandsraum dargestellt [6]. Die Werte, die sie *sein* dürften, wären die Eigenwerte dieser Operatoren. Für den allgemeinen Zustand würde die Wahrscheinlichkeit eines beable, ein bestimmter Wert zu *sein*, genauso berechnet, wie zuvor die Wahrscheinlichkeit, diesen Wert zu *beobachten*. Die These über den Sprung des Zustands als Folge einer Messung könnte dann ersetzt werden durch: Wenn einem beable ein bestimmter Wert zugeordnet wird, reduziert sich der Zustand zu einem zugehörigen Eigenzustand. Das Hauptziel dieses Manuskripts ist es, einige Bemerkungen zu diesem Programm niederzulegen. Vielleicht habe ich sie nur deshalb noch nirgendwo niedergelegt gesehen, weil sie völlig trivial sind.

Der Zustandsvektor (oder die Dichtematrix) soll im Folgenden immer der des Heisenberg-Bilds sein: Die ganze Zeitabhängigkeit steckt in den Operatoren und der Zustand bezieht sich nicht auf einen einzelnen Zeitpunkt, sondern auf die ganze Vergangenheit. Das erlaubt es uns, wenn wir wollen, das untersuchte „System" einfach als einen begrenzten Raumzeit-Bereich zu definieren. Das erscheint mir als ein weniger in sich zweideutiger und unrealistischer Weg als jeder andere, den ich mir vorstellen kann, um einen Teil der Welt vom Rest abzutrennen. Man könnte natürlich versuchen, sich die Welt als Ganzes vorzustellen; weniger einschüchternd ist es jedoch, nur an einen Teil zu denken. In der Herangehensweise [8], die als „Theorie der lokalen Observablen“ bekannt ist, kann ein Heisenberg-Zustand (rein oder gemischt) tatsächlich zu jedem begrenzten Bereich der Raumzeit zugeordnet werden. Er gibt, grob gesagt, den Erwartungswert aller Funktionen der Heisenberg-Feldoperatoren mit Raumzeit-Argumenten in diesem Bereich. Wenn etwas wie eine lorentz-invariante kausale Verbindung zwischen den Feldoperatoren postuliert wird, kann der relevante Bereich erweitert werden, so dass er alle Punkte einschließt, deren Zukunfts- und Vergangenheits-Lichtkegel ganz durch den Originalbereich verlaufen; wie in Abb. 5.1. Immer dann, wenn einem „lokalen beable“ ein bestimmter Wert zugeordnet wird, reduziert sich der Heisenberg-Zustand des erweiterten Bereiches auf seine Projektion in den Teilraum mit dem gegebenen Eigenwert. Gleichgültig, wo das betrachtete beable in der Raumzeit lokalisiert ist; es kann nicht die Rede von irgendeiner bestimmten Raumzeit-Lokalisierung der zugehörigen Zustandsreduktion sein, die inhaltsgleich mit der gesamten Vergangenheit des untersuchten Systems ist.

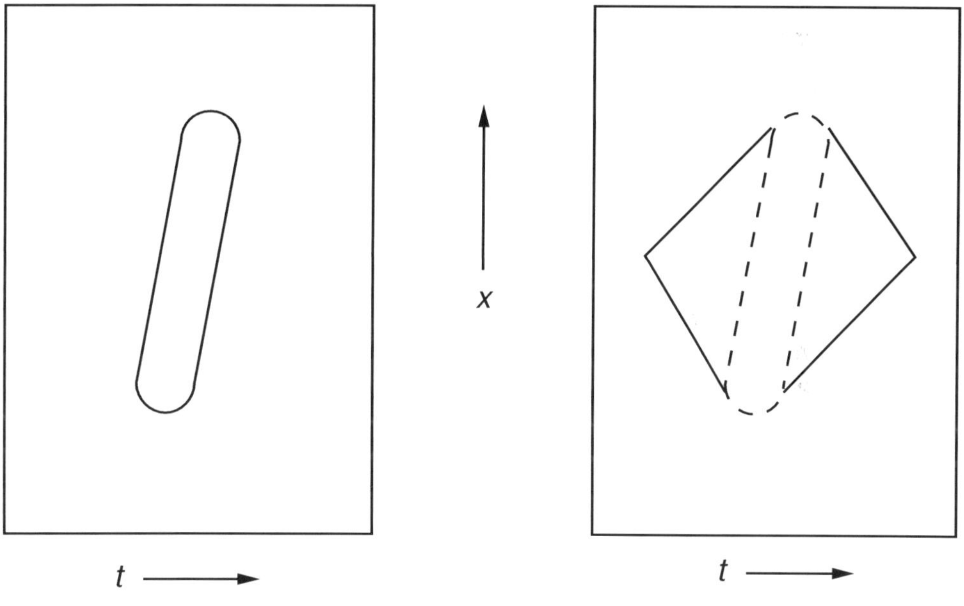

Abb. 5.1: *Raumzeit-Bereiche*

Während die „Messung“ eine dynamische Einwirkung war, von irgendwo außerhalb, mit dynamischen Konsequenzen, ist es klar, dass die „Zuordnung“ als rein konzeptionelle Einwirkung angesehen werden muss. Sie wird eher durch etwa einen Theoretiker als durch einen Experimentator gemacht; er ist von der Aktion in Raum und Zeit weit entfernt, und lenkt einfach seine Aufmerksamkeit von einem ganzen statistischen Ensemble auf ein Teil-Ensemble. Es folgt, dass das Zuordnen eines bestimmten Wertes zu einem beable nicht die bestimmten Werte ändern kann, die anderen beables bereits zugeordnet sind. Es folgt, dass nur solche Zustände erlaubt werden können, die gleichzeitig Eigenzustände aller beables sind; oder Superpositionen solcher Zustände. Außerdem brauchen wir nur inkohärente Superpositionen zu betrachten, denn die beables, die keine Übergänge zwischen verschiedenen Eigenzuständen auslösen können, sind unempfindlich gegenüber jeder Kohärenz. Die beables müssen auch keine vollständige Menge sein, und eine Liste ihrer Eigenwerte muss einen Zustand nicht vollständig charakterisieren. Das Umgekehrte trifft jedoch zu: Wenn ein bestimmter Teilzustand der inkohärenten Superposition festgelegt ist, werden für alle beables eindeutige Werte festgelegt. Demzufolge ist die Theorie vom deterministischen verborgene-Variable-Typ; wobei der Heisenberg-Zustand die Rolle der verborgenen Variable spielt. Wenn dieser Zustand, der sich ursprünglich nur auf den begrenzten Bereich in der Abbildung beziehen kann, festgelegt wird, sind alle beables in dem erweiterten Bereich festgesetzt.

Ich vermute, dass eine stärkere Schlussfolgerung möglich wäre: Dass man in interessanten quantenmechanischen Systemen keine interessanten Kandidaten für beables finden kann. Aber meine eigenen diesbezüglichen Hinweise erscheinen mir unnötig kompliziert; und ich will nicht versuchen, sie hier darzulegen. Die vorläufige Schlussfolgerung ist in gewisser Hinsicht erstaunlicher. In den grundlegenden Thesen von Dirac, gab es tatsächlich ein anderes Element, neben der vagen Subjektivität, das einen Theoretiker des 19. Jahrhunderts stören könnte. Das ist der *statistisch-indeterministische* Charakter der grundlegenden Vorstellungen. Im Gefolge dessen, was ein minimales Programm zur Wiederherstellung der Objektivität schien, wurden wir gezwungen, auch den Determinismus wiederherzustellen.

Anmerkungen und Literatur

[1] P. A. M. Dirac, *The Principles of Quantum Mechanics.*

[2] In dieser Beziehung gibt es viele maßgebliche Untersuchungen, die Überlegungen anstellen, die grob mit den Worten „Ergodizität" und „Irreversibilität" charakterisiert werden können. Sie versuchen zu zeigen, dass der Effekt der Wellenpaket-Reduktion, der mit einer makroskopischen Beobachtung verbunden ist, makroskopisch vernachlässigbar ist. (Es kann sogar gezeigt werden, dass der Effekt in einem hypothetischen Grenzfall exakt Null ist: Z.B. K. Hepp [3] benutzt eine unendliche Zeit.) Die Bedeutung dieser Untersuchungen betrifft natürlich die Frage der ausreichenden Unzweideutigkeit der Theorie für praktische Zwecke, und in keiner Weise die hier betrachtete, prinzipielle Fragestellung.

[3] K. Hepp, *Helv. Phys. Acta* **45**, 237 (1972).

[4] Eine extremere Position wäre, dass sich beables nur auf mentale Ereignisse beziehen.

[5] N. Bohr.

[6] Solche beables wären den „klassischen Observablen“ von Jauch und Piron verwandt (Siehe zum Beispiel die Beiträge dieser Autoren in *Foundations of Quantum Mechanics*, Proceedings of the International School of Physics 'Enrico Fermi', Course IL, Academic Press, New York, 1971; auch H. Primas [7]). Die „klassischen Observablen“ dieser Autoren (*loc. cit.* und private Mitteilungen) sollen sich jedoch nur auf den „Apparat“ beziehen, während er nicht mit dem „Quantensystem“ wechselwirkt; und vielleicht auch nur angenähert „klassisch“ sein. Hier wollen wir jede willkürliche Teilung der Welt in „System“ und „Apparat“ vermeiden, und auch jede willkürliche Begrenzung der Reichweite und Dauer von Wechselwirkungen, und betrachten die prinzipielle Frage und nicht die von praktischen Näherungen.

[7] H. Primas, *Advanced Quantum Chemistry of Large Molecules*, Vol. 1: 'Concepts and Kinematics of Quantum Mechanics of Large Molecular Systems', Academic Press, New York (1973), und Preprint (Juli 1972).

[8] Siehe zum Beispiel: R. Haag, in *Lectures on Elementary Particles and Quantum Field Theory*, 1970 Brandeis Lectures, Editors S. Deser, M. Grisaru und H. Pendleton, M.I.T. Press (1970). In dieser Theorie muss das Gesamtsystem nicht endlich sein. Die Vorstellung, dass das Messproblem in solchem Kontext wesentlich anders sein könnte, wurde verschiedentlich zum Ausdruck gebracht [3,7,9].

[9] Siehe zum Beispiel die Einleitung von d'Espagnats *Conceptual Foundations of Quantum Mechanics*, Benjamin, New York (1971).

6 Über die Reduktion des Wellenpakets im Coleman-Hepp-Modell

6.1 Einleitung

In einem sehr eleganten und strengen Artikel [1] hat K. Hepp die Quantenmesstheorie diskutiert. Er benutzt die C^*-Algebra-Beschreibung von unendlichen Quantensystemen. An dieser Stelle versuchen wir, eine allgemeiner verständliche Darstellung einiger seiner Gedankengänge zu geben. Ein solcher Versuch scheint der Mühe wert zu sein, denn viele Leser, die mit der C^*-Algebra-Methode nicht vertraut und vielleicht sogar etwas eingeschüchtert davon sind, werden durch folgenden Satz aus Hepps Zusammenfassung neugierig gemacht:

> In verschiedenen explizit lösbaren Modellen führt die Messung zu makroskopisch unterschiedlichen „Zeigerpositionen" und einer entscheidenden „Reduktion des Wellenpakets" in Bezug auf alle lokalen Observablen.

Das könnte nach einer sauberen Lösung des berühmt-berüchtigten Messproblems aussehen [2]. Das ist jedoch weder der Fall, noch von Hepp so gemeint. Hier wollen wir eines seiner Modelle [4] herausgreifen und mit Lehrbuchmitteln analysieren. Es wird darauf bestanden, dass die „entscheidende Reduktion" nicht in physikalischer Zeit stattfindet, sondern nur als unerreichbarer mathematischer Grenzwert. Es wird argumentiert, dass diese Unterscheidung wesentlich ist.

Zunächst benutzen wir das Schrödinger-Bild; mit dem Ziel der Erweiterung für relativistische Systeme wird später jedoch dargestellt, dass die Überlegungen im Heisenberg-Bild besonders klar werden.

6.2 Modell

Das Modell ist folgendes. Der „Apparat" ist ein semi-unendliches, lineares Feld von Spin-$\frac{1}{2}$-Teilchen an den festen Positionen $x = 1, 2, \ldots$. Das „System" ist ein bewegtes Spin-$\frac{1}{2}$-Teilchen, mit der Ortskoordinate x und den Spinoperatoren $\sigma_0 (\equiv \sigma_0^1, \sigma_0^2, \sigma_0^3)$;

wobei die dritte Komponente σ_0^3 „gemessen“ werden soll. Das kombinierte System wird durch eine Wellenfunktion beschrieben, wobei alle σ_n die Werte ± 1 annehmen:

$$\psi(t,x,\sigma_0,\sigma_1,\sigma_2,\ldots),$$

in einer Darstellung, in der alle σ_n^3 diagonal sind:

$$\sigma_n^3\psi(t,x,\sigma_0,\sigma_1,\sigma_2,\ldots) = \sigma_n\psi(t,x,\sigma_0,\sigma_1,\sigma_2,\ldots). \tag{1}$$

Als Hamilton-Operator nehmen wir an

$$H = \frac{1}{i}\frac{\partial}{\partial x} + \sum_{n=1}^{\infty} V(x-n)\sigma_n^1(\frac{1}{2} - \frac{1}{2}\sigma_0^3). \tag{2}$$

Es ist zu beachten, dass die „kinetische Energie“ hier linear, statt quadratisch, vom Teilchenimpuls $p = \frac{1}{i}\frac{\partial}{\partial x}$ abhängt. Das hat den Vorzug, dass freie Teilchen-Wellenpakete nicht zerfließen – sie bewegen sich einfach, ohne ihre Form zu verändern mit der Geschwindigkeit Eins in positive x-Richtung. Die Wechselwirkung V soll einen „kompakten Träger“ aufweisen; d.h. außerhalb eines Bereiches r Null sein:

$$V(x) = 0, \quad \text{für } |x| > r. \tag{3}$$

Aus Gründen, die später klar werden, wird gesetzt:

$$\int_{-\infty}^{\infty} \mathrm{d}x V(x) = \frac{\pi}{2}. \tag{4}$$

Die Schrödinger-Gleichung

$$\frac{\partial\psi}{\partial t} = -iH\psi$$

wird direkt gelöst mit

$$\psi(t,x,\sigma_0,\ldots) = \prod_{n=1}^{\infty} \exp[-iF(x-n)\sigma_n^1(\frac{1}{2} - \frac{1}{2}\sigma_0^3)]\phi(x-t,\sigma_0,\ldots), \tag{5}$$

wobei ϕ beliebig ist und

$$F(x) = \int_{-\infty}^{x} \mathrm{d}y V(y). \tag{6}$$

Man beachte

$$F(x) = \begin{cases} 0 & \text{für} \quad x < -r \\ \pi/2 & \text{für} \quad x > +r. \end{cases} \tag{7}$$

Insbesondere betrachten wir Zustände, bei denen anfangs alle Gitterspins „up“ eingestellt sind und der bewegte Spin entweder „up“ oder „down“ ist:

$$\begin{aligned} \psi_+(t,x,\ldots) &= \chi(x-t)\psi_+(\sigma_0)\prod_{n=1}^{\infty}\psi_+(\sigma_n) \\ \psi_-(t,x,\ldots) &= \chi(x-t)\psi_-(\sigma_0)\prod_{n=1}^{\infty}\psi'_+(\sigma_n,x-n), \end{aligned} \tag{8}$$

wobei

$$\begin{aligned} \psi_{\pm}(\sigma) &= \delta_{\sigma\mp 1} \\ \psi'_{+}(\sigma_n, x-n) &= \exp[-iF(x-n)\sigma_n^1]\psi_{+}(\sigma_n). \end{aligned} \tag{9}$$

Man beachte, dass gemäß (7) gilt

$$\psi'_{+}(\sigma_n, x-n) = \begin{cases} \psi_{+}(\sigma_n) & \text{für} \quad x-n < -r \\ -i\psi_{-}(\sigma_n) & \text{für} \quad x-n > +r. \end{cases} \tag{10}$$

Wir wollen annehmen, dass das Wellenpaket χ einen kompakten Träger hat:

$$\chi(x) = 0 \quad \text{für} \quad |x| > w. \tag{11}$$

Dann können wir in (8) mit (10) benutzen

$$\psi'_{+}(\sigma_n, x-n) = \begin{cases} \psi_{+}(\sigma_n) & \text{für} \quad n > t+r+w \\ -i\psi_{-}(\sigma_n) & \text{für} \quad n < t-r-w. \end{cases} \tag{12}$$

Folglich kann (8) so interpretiert werden: Wenn der Spin des Systems (Teilchens) „up“ ist, geschieht nichts mit den Spins des Apparates; wenn jedoch der Systemspin „down“ ist, wird jeder Apparatspin der Reihe nach von „up“ nach „down“ umgeklappt.

Hepps „makroskopische Zeigerposition“ kann hier durch Betrachtung des Grenzwertes $M \to \infty$ von

$$C_M = \frac{1}{M}\sum_{n=1}^{M} \sigma_n^3 \tag{13}$$

definiert werden. Offensichtlich ist

$$\lim_{M\to\infty}\left(\lim_{t\to\infty}(\psi_{\pm}, C_M\psi_{\pm})\right) = \pm 1. \tag{14}$$

Damit haben wir seine „makroskopisch unterschiedlichen Zeigerpositionen“. Aus dem Fakt, dass die zwei Zustände hier unterschiedliche Werte haben (dafür, was Hepp eine „klassische Observable“ nennt, die unendlich viele der Basisoperatoren σ beinhaltet), schließt Hepp, dass

$$\lim_{t\to\infty}(\psi_{\pm}, Q\psi_{\mp}) = 0, \tag{15}$$

für jede „lokale Observable“ Q gilt, d.h. eine aus einer *endlichen* Zahl von σ gebildete. Im allgemeinen ist das einleuchtend, weil eine solche Differenz bedeutet, grob gesagt, dass die zwei Zustände an unendlich vielen Gitterpunkten signifikant verschieden sind – und darum bei jeder Operation, die lediglich endlich viele Gitterpunkte beinhaltet, orthogonal bleiben. In diesem speziellen Fall erkennen wir aus (12) direkt, wenn z.B. ein spezielles Q nur $(\sigma_0, \sigma_1, \ldots \sigma_N)$ beinhaltet, dass

$$(\psi_{\pm}, Q\psi_{\mp}) = 0 \quad \text{für} \quad t > 1+N+r+w \tag{16}$$

gilt, was (15) mit einschließt.

Das Ergebnis (15) ist die „entscheidende Reduktion des Wellenpakets". Wenn sich die „lokalen Observablen" Q (insbesondere im Unterschied zu den „klassischen Observablen") vorgestellt werden als solche, die im Prinzip tatsächlich beobachtet werden können – dann bedeutet das Verschwinden ihrer Matrixelemente zwischen den zwei Zuständen, dass kohärente Superpositionen von ψ_- und ψ_+ nicht von inkohärenten Mischungen davon unterscheidbar sind. Diese Eliminierung der Kohärenz ist der Stein der Weisen der Quantenmesstheorie. Denn die Festlegung einer inkohärenten Mischung auf eine ihrer Komponenten kann als rein mentaler Akt angesehen werden: Die unschuldige Auswahl eines einzelnen Teilensembles aus einem ganzen statistischen Ensemble zur weiteren Untersuchung.

Wir bestehen jedoch darauf, dass $t = \infty$ niemals eintritt, so dass die Wellenpaket-Reduktion niemals stattfindet. Der mathematische Grenzwert $t \to \infty$ ist nur insoweit von physikalischem Interesse, als er nahelegt, was für große t wahr (oder nahezu wahr) sein könnte. Das Ergebnis (15) (und schärfer in diesem speziellen Fall (16)), zeigt, dass jede *unveränderliche* Observable Q irgendwann ein sehr mangelhaftes Maß (in diesem Fall Null) der weiterbestehenden Kohärenz liefert. Nichts verbietet jedoch die Benutzung von anderen Observablen, wenn die Zeit fortschreitet. Wir betrachten zum Beispiel den unitären Operator

$$z = \sigma_0^1 \prod_{n=1}^{N(t-r-w)} \sigma_n^2, \tag{17}$$

wobei $N(t)$ die größte ganze Zahl sei, die kleiner als t ist. Die wachsende Reihe von Faktoren dient hier dazu, die umgeklappten Spins zurückzudrehen, so dass

$$(\psi_+, z\psi_-) = \int \mathrm{d}x |\chi(x-t)|^2 \prod_{N(t-r-w)}^{N(t+r+w)} (\psi_+(\sigma_n), \psi'_+(\sigma_n, x-n)) \tag{18}$$

eine zeitlich periodische Funktion wird. Trivial ist

$$(\psi_+, z\psi_+) = (\psi_-, z\psi_-) = 0. \tag{19}$$

Damit haben wir mit den hermiteschen Operatoren z eine Folge von lokalen Observablen, deren Matrixelemente

$$(\psi_\mp, z\psi_\pm) \tag{20}$$

nicht gegen Null konvergieren. Solange nichts die prinzipielle Betrachtung solcher, beliebig komplizierter Observablen verbietet, kann man nicht von der Reduktion des Wellenpakets sprechen. Genauso wie man für jede gegebene Observable einen Zeitpunkt finden kann, zu dem die unerwünschte Interferenz so klein ist, wie man möchte – man kann für jeden gegebenen Zeitpunkt eine Observable finden, für die sie so groß ist, wie man sie nicht möchte.

6.3 Heisenberg-Bild

Untersuchen wir nun das Heisenberg-Bild, in dem die Zustände zeitunabhängig sind und die Operatoren variieren. Die allgemeinen Heisenbergschen Bewegungsgleichungen lauten

$$\dot{Q}(t) = [Q(t), -iH]$$

und hier im speziellen

$$\begin{aligned}
\dot{x}(t) &= 1 \\
\dot{\boldsymbol{\sigma}}_0(t) &= -\left(\sum_{n=1}^{\infty} V(x(t)-n)\sigma_n^1(t)\right)\hat{\mathbf{k}} \times \boldsymbol{\sigma}_0(t) \\
\dot{\boldsymbol{\sigma}}_n(t) &= +\left(\sum_{n=1}^{\infty} V(x(t)-n)\right)(1-\sigma_0^3(t))\hat{\mathbf{i}} \times \boldsymbol{\sigma}_n(t),
\end{aligned}$$

wobei $\hat{\mathbf{i}}$ bzw. $\hat{\mathbf{k}}$ Einheitsvektoren in Richtung der Koordinaten 1 bzw. 3 sind. Jetzt könnten wir diese Gleichungen, ausgehend von Anfangswerten, vorwärts in der Zeit lösen; und dann das oben Gesagte wiederholen. Wir möchten jedoch vielmehr anmerken, dass die Gleichungen *rückwärts* in der Zeit gelöst werden können, um die Operatoren zu irgendeiner Anfangszeit durch ihre Werte zu irgendeiner späteren Zeit auszudrücken. Wir finden zum Beispiel

$$\sigma_0^1(0) = \sigma_0^1(t)\cos\theta(t) - \sigma_0^2(t)\sin\theta(t), \tag{21}$$

wobei

$$\theta(t) = \sum_{n=1}^{\infty} [F(x(t)-n) - F(x(t)-t-n)]\sigma_n^1(t). \tag{22}$$

Zwischen Zuständen, die die Schrödinger-Gleichung erfüllen, sind die Matrixelemente von σ_0^1 zum Zeitpunkt Null gleich den entsprechenden Matrixelementen der Kombination von Observablen auf der rechten Seite von (21) zum Zeitpunkt t. Folglich dient diese Kombination demselben Zweck wie die von Gl. (17), nämlich einer weiterbestehenden Kohärenz ein konstantes Maß zuzuordnen – in diesem Fall zu jeder beliebigen Kohärenz, die am Anfang mit σ_0^1 gemessen werden kann. Natürlich ist es nicht dieselbe Konstruktion wie (17); und zwar benutzt sie sowohl $x(t)$ als auch $\sigma_n(t)$ explizit als Observable. Aber warum nicht?

Wir bemerken nebenbei, dass es im Heisenberg-Bild keine Schwierigkeiten bereitet, gemischte anstatt reine Zustände zu betrachten. Gleich welche Kohärenz sich zum Zeitpunkt 0 im Erwartungswert eines Operators $Q(0)$ zeigt – sie wird weiterbestehen und sich zu späteren Zeitpunkten im Erwartungswert der entsprechenden Kombination von $Q(t)$ zeigen. In diesem Bild hängt die Beständigkeit der Kohärenz direkt mit dem deterministischen Charakter der Heisenbergschen Bewegungsgleichungen zusammen.

Das funktioniert rückwärts in der Zeit genauso wie vorwärts; und es erfordert, dass ein gegebenes $Q(0)$ eine Kombination aus der Menge $Q(t)$ zu irgendeinem gegebenen t ist.

Wie dargestellt, ist die Summation in (22) unendlich. Für jedes beliebige Wellenpaket $\chi(t)$ mit kompaktem Träger kann sie jedoch ohne Fehler bei einem hinreichend großen n (das mit der Zeit wächst) terminiert werden. Das ist eine Folge von Gl. (7), die verlangt, dass F für große negative Argumente verschwindet. Folglich bleibt der Nachweis der Kohärenz, grob gesagt, zu jeder endlichen Zeit in einem endlichen Gebiet. Das wird für nichtrelativistische Modelle im allgemeinen nicht zutreffen. Es ist mit der Benutzung von Wechselwirkungen und Wellenpaketen mit kompaktem Träger, und mit der Existenz einer (ausdrücklich universellen) Grenzgeschwindigkeit verbunden, die hier als Eins angenommen wurde.

In *relativistischen* Theorien haben wir auch eine Grenzgeschwindigkeit, die des Lichts – zumindest, wenn wir eine flache, unquantisierte Raumzeit im Auge haben; und die pathologischen Fälle von Velo und Zwanziger [7] vermeiden können. Die lokalen Observablen in einer Anfangs-Raumzeit-Region sind dann vermutlich durch diejenigen bestimmt, die in einer Region später enthalten sind, die durch Ausdehnung der räumlichen Grenzen der Ursprungsregion mit Lichtgeschwindigkeit erhalten wird. Vermutlich kann man die exakte Formulierung dieses Gedankens in der „primitive Kausalität“ von Haag finden [8]. Insofern sie anwendbar ist, sehen wir wiederum, dass jede Kohärenz, die mit der Anfangsregion verbunden ist, weiterbestehen muss; und anschließend in einer größeren, jedoch endlichen Region feststellbar sein muss, wenn man die geeignete Kombination von Observablen in dieser Region verwendet.

6.4 Schlussfolgerung

Es gibt offensichtlich keinen Raum für Uneinigkeit über simple Mathematik. Es kann aber Uneinigkeit über ihre physikalische Bedeutung geben. Hepp betrachtet offensichtlich den Grenzwert $t \to \infty$ als sehr wichtig, während er „jedoch nicht den ergodischen Mittelwert als fundamentale Lösung des Problems der Wellenpaket-Reduktion akzeptiert“. Nach meiner Ansicht liefert keiner dieser Ansätze eine fundamentale Lösung, aber beide sind relativ wertvoll – indem sie erkennen lassen, wie extrem schwer der Unterschied zwischen dem Reduzieren des Wellenpakets an zwei verschiedenen Zeitpunkten *in der Praxis* zu erkennen ist. Darüber hinaus lassen beide das aus dem gleichen Grund erkennen – dass die Beobachtung von beliebig komplizierten Observablen, obwohl im Prinzip nicht ausgeschlossen, in der Praxis nicht möglich ist. Es bleibt wahr, dass die Wellenpaket-Reduktion, wann auch immer sie ausgeführt wird, nicht mit der Schrödinger-Gleichung vereinbar ist. Und doch – zu irgendeiner, nicht genau spezifizierten Zeit, soll eine solche Reduktion stattfinden [9]: „...eine Messung bewirkt immer, dass das System in einen Eigenzustand der dynamischen Variablen springt, die gemessen wird...“

Der anhaltende Disput über Quantenmesstheorie findet nicht zwischen Leuten statt, die über Ergebnisse simpler mathematischer Manipulationen uneins sind. Noch gibt es ihn zwischen Leuten mit verschiedenen Vorstellungen über die tatsächliche Praktikabilität der Messung beliebig komplizierter Observablen. Er findet zwischen Leuten statt, die mit unterschiedlichem Grad von Interesse oder Gleichgültigkeit die folgende Tatsache betrachten: Solange die Wellenpaket-Reduktion ein entscheidender Bestandteil ist, und solange wir nicht genau wissen, wann und wie sie die Schrödinger-Gleichung ablöst, haben wir keine exakte und unzweideutige Formulierung unserer fundamentalsten physikalischen Theorie.

Danksagungen

Ich danke B. d'Espagnat, V. Glaser, K. Hepp und H. Ruegg für wertvolle Diskussionen.

Anmerkungen und Literatur

[1] K. Hepp, *Helv. Phys. Acta* **45**, 237 (1972).

[2] Für eine allgemeine Untersuchung siehe zum Beispiel d'Espagnat [3].

[3] B. d'Espagnat, *Conceptual Foundations of Quantum Mechanics*, Benjamin, Addison-Wesley, Reading, Mass. (1971).

[4] Man beachte, dass Hepp verschiedene andere Modell betrachtet; und hier nicht vorgestellte Argumente vorbringt, insbesondere die Möglichkeit von „katastrophalen" zeitlichen Entwicklungen.

[5] Die Verwendung des Heisenberg-Bildes wurde, aus verschiedenen Gründen, von B. S. DeWitt vorgeschlagen [6].

[6] B. S. DeWitt, in *Foundations of Quantum Mechanics, Proceedings of International School of Physics Enrico Fermi*, Course 49, herausgegeben von B. d'Espagnat. Academic Press, N.Y. (1971).

[7] G. Velo and D. Zwanziger, *Phys. Rev.* **188**, 2218 (1969).

[8] R. Haag, in *Lectures on Elementary Particles and Quantum Field Theory*, 1970 Brandeis Lectures, herausgegeben von S. Deser, M. Grisaru und H. Pendleton. M.I.T. Press, (1970).

[9] P. A. M. Dirac, *Quantum Mechanics*.

7 Die Theorie der lokalen „beables“

Einleitung: Die Theorie der lokalen „beables“

Das ist ein anmaßender Name für eine Theorie, die anderweitig kaum existiert, aber doch existieren sollte. Der Name ist bewusst aus „der Algebra der lokalen Observablen“ abgeleitet. Die Terminologie „*be*-able“[1] gegenüber „*Observ*-able“ ist nicht dazu gedacht, diejenigen mit Metaphysik einzuschüchtern, die sich der Realphysik widmen. Sie ist vielmehr gewählt, um einige Vorstellungen explizit klar zu machen, die in der gewöhnlichen Quantentheorie bereits implizit enthalten sind; und mit ihre Basis bilden. Denn, mit den Worten von Bohr [1] „...es ist entscheidend zu erkennen, dass, wie weit die Phänomene den Bereich der klassischen physikalischen Erklärung auch übersteigen, die Darstellung aller Ergebnisse in klassischen Begriffen erfolgen muss.“ Es ist das Anliegen der Theorie der lokalen beables, diese „klassischen Begriffe“ in die Gleichungen einzubringen, und sie nicht vollständig in das Gespräch darüber zu verbannen.

Das Konzept der „Observablen“ eignet sich für sehr präzise *Mathematik*, wenn sie mit einem „selbstadjungierten Operator“ identifiziert wird. Aber physikalisch ist es ein ziemlich verschwommenes Konzept. Es ist nicht einfach, die Prozesse genau zu identifizieren, denen der Status „Beobachtung“ gegeben wird, und welche in ein Übergangsstadium zwischen zwei Beobachtungen verbannt werden müssen. Deshalb kann man hoffen, dass etwas Gewinn an Genauigkeit durch die Konzentration auf „beables“ möglich ist, die mit „klassischen Begriffen“ beschrieben werden können, weil sie dazugehören. Die beables müssen die Stellung von Schaltern und Knöpfen an Experimentapparaturen, die Ströme in Spulen, und die Anzeigen von Instrumenten einschließen. „Observablen“ müssen in irgendeiner Weise aus beables *gemacht* sein. Die Theorie der lokalen „beables“ sollte die Algebra der lokalen Observablen beinhalten, und ihr eine genaue physikalische Bedeutung geben.

Das Wort „beable“ wird hier auch benutzt, um einen anderen Unterschied auszudrücken, der bereits in der klassischen Theorie zwischen „physikalischen“ und „unphysikalischen“ Größen bekannt ist. In der Maxwellschen Theorie des Elektromagnetismus sind die Felder **E** und **H** „physikalisch“ (wir sagen: „beables“), die Potentiale **A** und Φ sind jedoch „unphysikalisch“. Wegen der Eichinvarianz kann dieselbe physikalische Situation mit ganz anderen Potentialen beschrieben werden. Es spielt keine

[1] etwa übersetzbar als **„beable“** = **„Seibare“** („Observable“ = „ Beobachtbare“), siehe auch Kap. 5

Rolle, dass sich das skalare Potential in der Coulomb-Eichung mit unendlicher Geschwindigkeit ausbreitet. Es soll nicht wirklich *existieren*. Es ist lediglich mathematisch zweckmäßig.

Eine der augenscheinlichen Nichtlokalitäten der Quantenmechanik ist der augenblickliche – überall im Raum stattfindende – „Kollaps der Wellenfunktion“ bei der „Messung“. Aber das stört uns nicht weiter, wenn wir der Wellenfunktion nicht den beable-Status zugestehen. Wir können sie einfach als zweckmäßigen, aber nicht notwendigen, mathematischen Apparat betrachten, um Beziehungen zwischen experimentellen Prozeduren und experimentellen Ergebnissen zu formulieren, d.h. zwischen einer Menge von beables und einer anderen. Dann ist ihr merkwürdiges Verhalten genauso hinnehmbar wie das seltsame Verhalten des skalaren Potentials der Maxwell-Theorie in der Coulomb-Eichung.

Wir wollen uns insbesondere mit *lokalen* beables beschäftigen; solche, die (anders als zum Beispiel die Gesamtenergie) einem begrenzten Raumzeit-Gebiet zugeordnet werden können. Zum Beispiel sind in der Maxwell-Theorie die beables, die in einem gegebenen Gebiet lokal sind, gerade die Felder **E** und **H** in diesem Gebiet, und alle daraus gebildeten Funktionale. Ausgehend von diesen lokalen beables können wir hoffen, irgendeinen Begriff der lokalen Kausalität formulieren zu können. Natürlich kann es sein, dass wir gezwungen werden, Theorien zu entwickeln, in denen es keine lokalen beables im eigentlichen Sinn *gibt*. Diese Möglichkeit wird hier nicht betrachtet.

7.1 Lokaler Determinismus

In der Maxwell-Theorie sind die Felder in jedem Raumzeit-Gebiet 1 durch die Felder zu einem Zeitpunkt t in jedem Gebiet V bestimmt, das den Vergangenheits-Lichtkegel von 1 vollständig abschließt (Abb. 7.1). Weil das Gebiet begrenzt ist (lokalisiert), sagen wir, dass die Theorie *lokalen Determinismus* aufweist. Wir möchten einen Begriff der *lokalen Kausalität* in Theorien bilden, die nicht deterministisch sind; in denen die Beziehungen, die die Theorie für die beables vorgibt, schwächer sind.

7.2 Lokale Kausalität

Betrachten wir eine Theorie, in der die Zuweisung von Werten zu irgendwelchen beables Λ nicht notwendigerweise einen bestimmten Wert bedeutet, sondern eine Wahrscheinlichkeitsverteilung für ein anderes beable A. Das Symbol

$$\{A|\Lambda\}$$

soll die Wahrscheinlichkeit für einen bestimmten Wert von A ausdrücken, wenn bestimmte Werte von Λ gegeben sind. A sei in einem Raumzeit-Gebiet 1 lokalisiert.

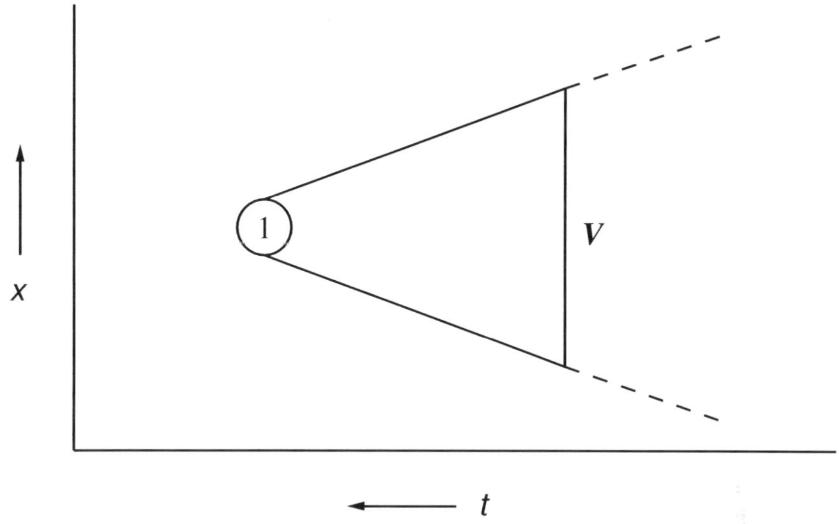

Abb. 7.1: *Vergangenheits-Lichtkegel*

B sei eine zweite beable, die in einem zweiten Gebiet 2 lokalisiert ist, das raumartig von 1 getrennt sei (Abb. 7.2).

Meine intuitive Vorstellung von lokaler Kausalität ist nun, dass Ereignisse in 2 nicht „Ursachen" von Ereignissen in 1 sein sollten, und umgekehrt. Das bedeutet jedoch nicht, dass die beiden Ereignismengen unkorrreliert sein sollen, denn sie können gemeinsame Ursachen in den Überlappungsbereichen ihrer Vergangenheits-Lichtkegel haben. Es ist damit vollkommen verständlich, dass Λ sinnvoll durch Informationen aus dem Gebiet 2 ergänzt werden kann, wenn es in (1) keine vollständige Liste von Ereignissen in diesem Überlappungsbereich enthält. Im allgemeinen kann man deshalb erwarten, dass

$$\{A|\Lambda, B\} \neq \{A|\Lambda\} \tag{1}$$

In dem speziellen Fall, dass Λ bereits die *vollständige* Spezifikation der beables in der Überlappung der zwei Lichtkegel enthält, ist jedoch zu erwarten, dass die ergänzenden Informationen aus dem Gebiet 2 redundant sind. Mit einer kleinen Änderung der Schreibweise formulieren wir deshalb die lokale Kausalität folgendermaßen.

N bezeichne die Spezifikation *aller* beables (irgendeiner Theorie), die zur Überlappung der Vergangenheits-Lichtkegel von raumartig getrennten Gebieten 1 und 2 gehören. Λ sei die Spezifikation von irgendwelchen beables im Rest des Vergangenheits-Lichtkegels von 1 und B von irgendwelchen beables im Gebiet 2. In einer *lokal kausalen Theorie* gilt

$$\{A|\Lambda, N, B\} = \{A|\Lambda, N\} \tag{2}$$

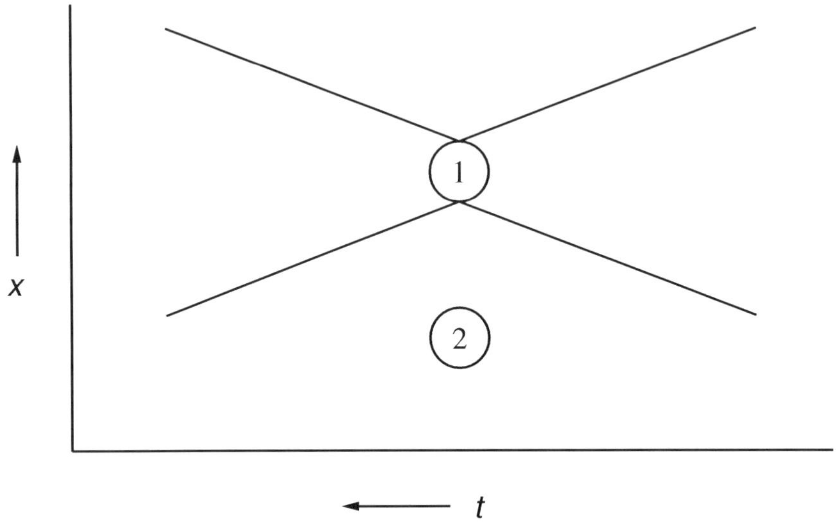

Abb. 7.2: Raumartig getrennte Bereiche

immer dann, wenn beide Wahrscheinlichkeiten durch die Theorie bestimmt sind.

7.3 Quantenmechanik ist nicht lokal kausal

Die gewöhnliche Quantenmechanik, und sogar die relativistische Quantenfeldtheorie, ist nicht lokal kausal im Sinne von (2). Nehmen wir zum Beispiel einen radioaktiven Kern, der ein einzelnes α-Teilchen emittieren kann, und umgeben ist von α-Teilchenzählern in großer Entfernung. Solange nicht festgelegt ist, dass irgendein *anderer* Zähler registriert, gibt es für einen bestimmten Zähler eine Wahrscheinlichkeit, dass *er* registriert. Wenn es jedoch festgelegt ist, dass irgendein anderer Zähler registriert – auch in einem Raumzeit-Gebiet außerhalb des betreffenden Vergangenheits-Lichtkegels – ist die Wahrscheinlichkeit, dass der gegebene Zähler registriert, Null. Gleichung (2) gilt einfach nicht. Könnte es sein, dass wir hier eine unvollständige Spezifikation der beables N haben? Nicht, solange wir bei der Liste von beables bleiben, die die gewöhnliche Quantenmechanik kennt – die Stellungen von Schaltern und Knöpfen und Strömen, die gebraucht werden, um den instabilen Kern vorzubereiten. Denn diese werden – insoweit sie relevant für Vorhersagen von Zählerregistrierungen sind, und insoweit solche Vorhersagen in der Quantenmechanik möglich sind – vollständig in der Wellenfunktion zusammengefasst.

Aber könnte es nicht sein, dass die Quantenmechanik ein Fragment einer vollständigeren Theorie ist, in der es andere Arten gibt, die gegebenen beables zu benutzen, oder in der es zusätzliche beables gibt – bis jetzt „verborgene“ beables? Und könnte es nicht sein, dass diese vollständigere Theorie lokale Kausalität besitzt? Die quantenmechanischen Vorhersagen würden dann nicht für die gegebenen Werte aller beables gelten, sondern für irgendwelche Wahrscheinlichkeitsverteilungen über ihnen, in denen die beables, die in der Quantenmechanik als relevant betrachtet werden, festgehalten werden. Wir werden diese Frage untersuchen und sie negativ beantworten.

7.4 Lokalitätsungleichung [2-25]

Wir betrachten ein Paar von beables A und B, die zu den raumartig getrennten Gebieten 1 bzw. 2 gehören und die per Definition die Eigenschaft haben sollen

$$|A| \leq 1 \qquad |B| \leq 1 \tag{3}$$

Wir betrachten die Situation, in der die beables Λ, M, N festgelegt sind, wobei N die *vollständige* Spezifikation der beables in der Überlappung der Lichtkegel ist und Λ bzw. M zu den Resten der zwei Lichtkegel gehören (Abb. 7.3).

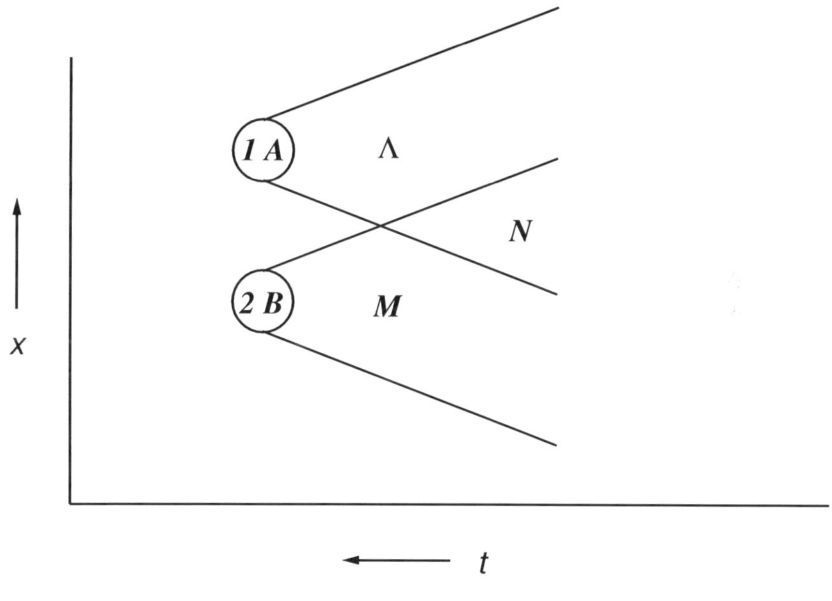

Abb. 7.3: *Überlappung der Vergangenheits-Lichtkegel*

Betrachten wir die zweidimensionale Verteilungsfunktion

$$\{A, B|\Lambda, M, N\} \tag{4}$$

Nach einer Standardregel der Statistik ist das gleich

$$\{A|\Lambda, M, N, B\}\{B|\Lambda, M, N\} \tag{5}$$

was wegen (2) dasselbe ist wie

$$\{A|\Lambda,N\}\{B|M,N\} \tag{6}$$

Das besagt einfach, dass Korrelationen zwischen A und B nur aus gemeinsamen Ursachen N entstehen können.

Betrachten wir nun den Erwartungswert des Produktes AB

$$p(\Lambda,M,N) = \sum_{A,B} AB\,\{A|\Lambda,N\}\{B|M,N\} \tag{7}$$

(wobei die Summe, wenn notwendig, auch Integration beinhaltet)

$$= \bar{A}(\Lambda,N)\bar{B}(M,N) \tag{8}$$

wobei $\bar{A}$ und $\bar{B}$ Funktionen der angegebenen Argumente sind und

$$|\bar{A}| \leq 1 \qquad |\bar{B}| \leq 1 \tag{9}$$

für alle Werte der Argumente gilt. Es seien Λ' und M' alternative Spezifikationen (von denselben Gebieten) zu Λ und M.

$$\begin{aligned} p(\Lambda,M,N) \pm p(\Lambda,M',N) &= \bar{A}(\Lambda,N)[\bar{B}(M,N) \pm \bar{B}(M',N)] \\ p(\Lambda',M,N) \pm p(\Lambda',M',N) &= \bar{A}(\Lambda',N)[\bar{B}(M,N) \pm \bar{B}(M',N)] \end{aligned} \tag{10}$$

woraus mittels (9) folgt

$$\begin{aligned} |p(\Lambda,M,N) \pm p(\Lambda,M',N)| &\leq |\bar{B}(M,N) \pm \bar{B}(M',N)| \\ |p(\Lambda',M,N) \pm p(\Lambda',M',N)| &\leq |\bar{B}(M,N) \pm \bar{B}(M',N)| \end{aligned} \tag{11}$$

so dass schließlich folgt, wiederum mit (9)

$$|p(\Lambda,M,N) \pm p(\Lambda,M',N)| + |p(\Lambda',M,N) \mp p(\Lambda',M',N)| \leq 2 \tag{12}$$

Nehmen wir nun an, dass die Spezifikationen Λ, M, N jeweils aus zwei Teilen bestehen

$$\begin{aligned} \Lambda &\equiv (a,\lambda) \\ M &\equiv (b,\mu) \\ N &\equiv (c,\nu) \end{aligned}$$

wobei wir insbesondere an der Abhängigkeit von a,b,c interessiert sind, während über λ,μ,ν gemittelt wird; mit irgendwelchen Wahrscheinlichkeitsverteilungen, die auch von a,b,c abhängig sein können. Für den Vergleich mit der Quantenmechanik stellen wir uns a,b,c als Variablen vor, die den experimentellen Aufbau repräsentieren, während λ,μ,ν in dieser Hinsicht entweder verborgen oder irrelevant sind. Wir definieren

$$P(a,b,c) = \overline{p((a,\lambda),(b,\mu),(c,\nu))} \tag{13}$$

wobei der Überstrich die gerade beschriebene Mittelung über (λ, μ, ν) darstellt. Wenn wir nun wiederum die Lokalitätshypothese (3) anwenden, müssen die Verteilungen von λ und ν unabhängig von b, μ sein – denn letztere sind außerhalb der relevanten Vergangenheits-Lichtkegel. Also

$$|P(a,b,c) \pm P(a,b',c)| \leq \overline{p((a,\lambda),(b,\mu),(c,\nu)) \pm p((a,\lambda),(b',\mu'),(c,\nu))} \quad (14)$$

– weil der Betrag des Mittelwertes kleiner ist als der Mittelwert des Betrages. In gleicher Weise ist

$$|P(a',b,c) \mp P(a',b',c)| \leq \overline{p((a',\lambda'),(b,\mu),(c,\nu)) \mp p((a',\lambda'),(b',\mu'),(c,\nu))} \quad (15)$$

Schließlich folgt dann aus (14), (15) und (12)

$$|P(a,b,c) \mp P(a,b',c)| + |P(a',b,c) \pm P(a',b',c)| \leq 2 \quad (16)$$

7.5 Quantenmechanik

Die Quantenmechanik erlaubt jedoch bestimmte Korrelationen, die die Lokalitätsungleichung *nicht erfüllen.*

Nehmen wir zum Beispiel an, dass ein neutrales Pion durch einen Versuchsapparat in einem kleinen Raumzeit-Gebiet 3 erzeugt wird. Es zerfällt nach kurzer Zeit in ein Photonenpaar. Nehmen wir an, wir haben Photonenzähler in den Raumzeit-Gebieten 1 und 2 so angeordnet, dass, wenn ein Photon auf 1 trifft, das zweite auf 2 trifft (oder fast immer trifft). Wenn das π^0 in Ruhe ist, müssen die Zähler in entgegengesetzten Richtungen gleich weit entfernt sein, und ihre Reaktionszeiten entsprechend verzögert. Natürlich werden beide Photonen die Zähler oft verfehlen. Schließlich nehmen wir an, dass beide Zähler hinter Filtern liegen, die nur Photonen mit einer bestimmten linearen Polarisation durchlassen, z.B. mit den Winkeln θ bzw. ϕ zu irgendeiner Ebene, in der die Verbindungsachse beider Zähler liegt.

Wir wollen die Wahrscheinlichkeit der verschiedenen möglichen Zählerreaktionen gemäß der Quantenmechanik berechnen. Wenn $|\theta\rangle$ ein Photon bezeichnet, das linear in einem Winkel θ polarisiert ist, dann ist für Photonen, die zu den Zählern fliegen, der kombinierte Spinzustand

$$|s\rangle = \frac{1}{\sqrt{2}}|0\rangle|\frac{\pi}{2}\rangle - \frac{1}{\sqrt{2}}|\frac{\pi}{2}\rangle|0\rangle \quad (17)$$

wobei sich das erste, beziehungsweise zweite Ket in jedem Summand auf die Photonen beziehen, die zu den Gebieten 1 bzw. 2 fliegen. Diese Formel folgt unter Berücksichtigung der Parität und des Drehimpulses. Die Wahrscheinlichkeit, dass derartige

Photonen die Filter passieren, ist dann proportional zu

$$\tfrac{1}{2}\left|\langle\theta|0\rangle\langle\phi|\frac{\pi}{2}\rangle-\langle\theta|\frac{\pi}{2}\rangle\langle\phi|0\rangle\right|^2=\tfrac{1}{2}|\cos\theta\sin\phi-\sin\theta\cos\phi|^2=\tfrac{1}{2}|\sin(\theta-\phi)|^2 \tag{18}$$

Der entsprechende Faktor dafür, dass Photon 1 passiert und Photon 2 nicht, ist

$$\tfrac{1}{2}\left|\langle\theta|0\rangle\langle\phi+\frac{\pi}{2}|\frac{\pi}{2}\rangle-\langle\theta|\frac{\pi}{2}\rangle\langle\phi+\frac{\pi}{2}|0\rangle\right|^2=\tfrac{1}{2}|\cos(\theta-\phi)|^2 \tag{19}$$

und so weiter. Die Wahrscheinlichkeiten für die verschiedenen möglichen Zählerkonfigurationen sind dann

$$\begin{aligned}\rho(\text{yes,yes}) &= \frac{x\Omega}{4\pi}\frac{1}{2}|\sin(\theta-\phi)|^2\\ \rho(\text{yes,no}) &= \frac{x\Omega}{4\pi}\frac{1}{2}|\cos(\theta-\phi)|^2\\ \rho(\text{no,yes}) &= \frac{x\Omega}{4\pi}\frac{1}{2}|\cos(\theta-\phi)|^2\\ \rho(\text{no,no}) &= \frac{x\Omega}{4\pi}\frac{1}{2}|\sin(\theta-\phi)|^2+x(1-\frac{\Omega}{4\pi})+(1-x)\end{aligned} \tag{20}$$

wobei x die Wahrscheinlichkeit ist, dass die π^0-Erzeugung tatsächlich funktioniert, Ω der (kleine) Raumwinkel, der von jedem Zähler gegenüber dem Erzeugungspunkt überdeckt wird; und wobei Zeitfehler, Ortsfehler oder ineffiziente Zähler nicht berücksichtigt sind.

Wir wollen nun $A=\pm 1$ für die Anzeigen „yes/no“ bei 1 und $B=\pm 1$ für „yes/no“ bei 2 zählen. Dann ist der quantenmechanische Mittelwert des Produktes

$$\begin{aligned}P(\theta,\phi) &= \rho(\text{yes, yes})+\rho(\text{no, no})-\rho(\text{yes, no})-\rho(\text{no, yes})\\ &= 1-\frac{x\Omega}{4\pi}(1+\cos 2(\theta-\phi))\end{aligned} \tag{21}$$

so dass

$$\begin{aligned}&|P(\theta,\phi)-P(\theta,\phi')|+|P(\theta',\phi)+P(\theta',\phi')|-2 \qquad (22)\\ &=\frac{x\Omega}{4\pi}\{|\cos 2(\theta-\phi)-\cos 2(\theta-\phi')|+|\cos 2(\theta'-\phi)+\cos 2(\theta'-\phi')|-2\}\end{aligned}$$

Die rechte Seite dieses Ausdrucks ist manchmal positiv. Nehmen wir speziell

$$\phi=0,\quad 2\theta=\frac{\pi}{4},\quad -2\phi'=\frac{\pi}{2},\quad 2\theta'=\frac{3\pi}{4} \tag{23}$$

dann ist der Faktor in den geschweiften Klammern

$$\{\ \}=|\frac{1}{\sqrt{2}}+\frac{1}{\sqrt{2}}|+|-\frac{1}{\sqrt{2}}-\frac{1}{\sqrt{2}}|-2=+2(\sqrt{2}-1) \tag{24}$$

Wenn die Quantenmechanik jedoch in eine lokal kausale Theorie einbettbar wäre, würde (16) gelten mit $a \to \theta$, $b \to \phi$ (die implizite Spezifikation des Erzeugungsmechanismus c sei in (22) festgehalten). Dann müsste die rechte Seite von (22) *negativ* sein. Folglich ist die Quantenmechanik *nicht* in eine lokal kausale Theorie, so wie sie oben formuliert wurde, einbettbar.

7.6 Experimente

Diese Überlegungen haben eine Reihe von Experimenten angeregt. Die Genauigkeit der Quantenmechanik im atomaren Bereich macht es schwer zu glauben, dass sie in diesem Bereich in einer bisher unbekannten Weise ernsthaft falsch sein könnte. Der Grundzustand des Heliumatoms ist zum Beispiel gerade von der problematischen Art einer korrelierten Wellenfunktion, und seine Energie ergibt sich mit sehr großer Genauigkeit richtig. Aber vielleicht ist es sinnvoll zu überprüfen, ob diese sonderbaren Korrelationen über makroskopische Entfernungen erhalten bleiben.

Die bisher ausgeführten Experimente kommen dem Idealfall, bei dem die Einstellungen der Instrumente erst während des Fluges der Teilchen festgelegt werden, in keiner Weise nahe. Wenn sie im voraus entschieden werden, in Raumzeit-Gebieten, die in die Überlappung der Vergangenheits-Lichtkegel hineinragen, dann folgt (16) nicht aus (12). Denn in (12) wurde vorausgesetzt, dass die vollständige Spezifikation n der Überlappung für alle verglichenen Fälle dieselbe ist. Deshalb kann man sich eine Theorie vorstellen, die in unserem Sinne lokal kausal ist, die aber trotzdem für statische Instrumente mit der Quantenmechanik übereinstimmt. Sie müsste aber einen sehr raffinierten Mechanismus enthalten, mittels dem das an einem Instrument registrierte Ergebnis, nach einer geeigneten Zeitverzögerung, von der Anzeige eines beliebig weit entfernten Instrumentes abhängt. Deshalb sind statische Experimente durchaus auch interessant.

Praktische Experimente sind auch in anderen Beziehungen weit vom Ideal entfernt. Geometrische und andere Ineffizienzen führen dazu, dass die Zähler mit überwältigender Wahrscheinlichkeit „(no,no)“ anzeigen; „(yes,yes)“ sehr selten, und „(yes,no)“ bzw. „(no,yes)“ mit Wahrscheinlichkeiten, die nur schwach von der Einstellung der Instrumente abhängen. Dann folgt aus (21)

$$P = 1 - \varepsilon^2$$

wobei ε^2 nur schwach von den Variablen abhängt, so dass (16) trivial erfüllt ist. Im allgemeinen machen die Autoren einige mehr oder weniger *ad hoc* Extrapolationen, um die Ergebnisse des praktischen Experiments mit denen des idealen zu verbinden. In diesem Sinne muss ein – vollkommen unautorisiertes – „Bellsches Limit“, das manchmal zusammen mit den experimentellen Punkten geplottet wird, verstanden werden.

Solche Experimente sind trotzdem von sehr großem Interesse. Wenn die Quantenmechanik irgendwo versagt, ohne dass eine ungeheuerliche Verschwörung am Werke ist, sollte sich das an irgendeiner Stelle vor dem idealen Gedankenexperiment erkennen lassen.

Einige dieser Experimente [26] zeigen eine beeindruckende Übereinstimmung mit der Quantenmechanik, und schließen Abweichungen aus, die so groß sind, wie sie die Lokalitätsungleichung nahelegt. Ein anderes Experiment, das den in [26] zitierten sehr ähnlich ist, soll mit ihr übereinstimmen und zugleich im dramatischen Widerspruch zur Quantenmechanik stehen! Und ein weiteres Experiment widerspricht den Quantenvorhersagen signifikant. Natürlich ist ein derartiger Widerspruch, wenn er sich bestätigt, von außerordentlicher Bedeutung – und das unabhängig von der Art von Überlegungen, die wir hier angestellt haben.

7.7 Botschaften

Angenommen, wir sind letztlich gezwungen, diese langreichweitigen Korrelationen zu akzeptieren; und die starke Nichtlokalität der Natur im Sinne dieser Analyse. Können *wir* dann Signale schneller als das Licht senden? Um das zu beantworten, brauchen wir zumindest eine schematische Theorie dessen, was *wir* tun können – ein Theoriefragment von den menschlichen Wesen. Nehmen wir an, wir können Variablen von der Art der obigen a und b steuern, nicht jedoch solche von der Art A und B. Ich weiß nicht genau, was „von der Art" hier bedeutet; aber nehmen wir an, dass die beables irgendwie in zwei Klassen zerfallen: „steuerbare" und „unsteuerbare". Die letzteren sind zum *Senden* von Signalen nicht benutzbar, können jedoch zum *Empfang* benutzt werden. Angenommen, dass A eine quantenmechanische „Observable" entspricht, ein Operator $\mathscr{A}$. Wenn dann

$$\frac{\delta \mathscr{A}}{\delta b} \neq 0$$

gilt, dann könnten wir zwischen den entsprechenden Raumzeit-Gebieten Signale senden – indem wir eine Änderung von b benutzen, um eine Änderung im Erwartungswert von $\mathscr{A}$, oder einer Funktion von $\mathscr{A}$ zu bewirken.

Nehmen wir als nächstes an, mit der Änderung von b ist eine Änderung des quantenmechanischen Hamilton-Operators $\mathscr{H}$ verbunden (zum Beispiel durch Änderung eines äußeren Feldes), so dass

$$\delta \int \mathrm{d}t \mathscr{H} = \mathscr{B}\, \delta b$$

wobei $\mathscr{B}$ wiederum eine „Observable" (d.h. ein Operator) ist, der im Gebiet 2 von b lokalisiert ist. Dann ist es eine Übung in der Quantenmechanik zu zeigen: Wenn in einem gegebenen Referenzsystem das Gebiet (2) vollständig zeitlich später liegt als (1), dann gilt

$$\frac{\delta \mathscr{A}}{\delta b} = 0$$

während dann, wenn das Umgekehrte zutrifft, gilt

$$\frac{\delta\mathscr{A}}{\delta b} = [\mathscr{A}, -\frac{1}{\hbar}\mathscr{B}]$$

was in der Quantenfeldtheorie (für raumartige Trennung) wiederum Null ist, aufgrund der üblichen lokalen Kommutativitätsbedingung.

Wenn folglich die Quantenfeldtheorie in dieser Weise in die „Theorie der beables" eingebettet ist, sind Signale mit Überlichtgeschwindigkeit nicht möglich. In diesem, *menschlichen* Sinne, *ist* die relativistische Quantenmechanik lokal kausal.

7.8 Vorbehalte und Danksagungen

Die Annahmen, die zu (16) geführt haben, können natürlich infrage gestellt werden. Die Gleichung (22) mag *Ihre* Vorstellung von lokaler Kausalität nicht zum Ausdruck bringen. Sie mögen glauben, dass nur die „menschliche" Version aus dem letzten Abschnitt vernünftig ist; und sehen vielleicht irgendeinen Weg, sie präziser zu machen.

Die Raumzeit-Struktur ist hier als vorgegeben angenommen worden. Wie sieht es dann mit der Gravitation aus?

Es wurde angenommen, dass die Einstellungen der Instrumente in gewissem Sinne freie Variablen sind – zum Beispiel nach Lust und Laune der Experimentatoren – oder jedenfalls nicht in der Überlappung der Vergangenheits-Lichtkegel festgelegt sind. Ohne eine derartige Freiheit wüsste ich in der Tat nicht, wie man *irgendeinen* Begriff von lokaler Kausalität formulieren sollte; auch nicht einen bescheidenen menschlichen.

Dieser Artikel ist ein Versuch, den Begriff der Lokalität relativ explizit und allgemein zu formulieren, analog zu Gedanken, die in vorausgegangenen Publikationen [2,4,10,19] nur angedeutet wurden. Was die Literatur zum Thema betrifft, bin ich insbesondere überzeugt, dass ich vom Artikel von Clauser, Horne, Holt und Shimony [3] profitiert habe, in dem der Prototyp von (16) angegeben wurde; und von dem von Clauser und Horne [16]. Der letzte Artikel enthält sowohl eine allgemeine Analyse der Thematik als auch eine wertvolle Diskussion, wie die Ungleichung in der Praxis am besten anzuwenden sei; besonders dankbar bin ich für den Hinweis, dass in Zwei-Teilchen-Zerfällen (verglichen mit Drei-) die grundlegenden geometrischen Ineffizienzen nur in relativ unbedenklicher Weise in (22) eingehen. Ich habe auch von vielen Diskussionen mit Professor B. d'Espagnat über das gesamte Thema profitiert.

Literatur

[1] N. Bohr, in *Albert Einstein*, Hrsg. Schilpp, Tudor (1).

[2] J. S. Bell, *Physics* **1**, 195 (1965). [Kapitel 2 im vorliegenden Buch]

[3] J. F. Clauser, R. A. Holt, M. A. Horne und A. Shimony, *Phys. Rev. Letters* **23**, 880 (1969).

[4] J. S. Bell, in *Proceedings of the International School of Physics Enrico Fermi*, Course IL, Varenna 1970, Academic Press (1971). [Kapitel 4 im vorliegenden Buch]

[5] R. Friedberg (1969, unveröffentlicht) angegeben von M. Jammer [17].

[6] E. P. Wigner, *Am. J. Phys.* **38**, 1005 (1970).

[7] B. d'Espagnat, *Conceptual Foundations of Quantum Mechanics*, Benjamin (1971).

[8] K. Popper, in *Perspectives in Quantum Theory*, Hrsg. W. Yourgrau und A. Van der Merwe, M.I.T. Press (1971).

[9] H. P. Stapp, *Phys. Rev.* **D3**. 1303 (1971).

[10] J. S. Bell, *Science* **177**, 880 (1972).

[11] P. M. Pearle, *Phys. Rev.* **D2**, 1418 (1970).

[12] J. H. McGuire und E. S. Fry, *Phys. Rev.* **D7**, 555 (1972).

[13] S. Freedman und E. P. Wigner, *Foundations of Physics* **3**, 457 (1973).

[14] F. J. Belinfante, *A Survey of Hidden Variable Theories*, Pergamon (1973).

[15] V. Capasso, D. Fortunato und F. Selleri, *Int. J. Theor. Phys.* **7**, 319 (1973).

[16] J. F. Clauser und M. A. Horne, *Phys. Rev.* **D10**, 526 (1974).

[17] M. Jammer, *The Philosophy of Quantum Mechanics*, Wiley (1974). Siehe insbesondere die Referenzen zu T. D. Lee (S. 308) und R. Friedberg (S. 244ff, 309ff, 324ff).

[18] D. Gutkowski und G. Masotto, *Nuovo Cimento* **22B**, 1921 (1974).

[19] J. S. Bell, in *The Physicist's Conception of Nature*, Hrsg. J. Mehra und D. Reidel (1973). [Kapitel 5 im vorliegenden Buch]

[20] B. d'Espagnat, *Phys. Rev.* **D11**, 1424 (1975).

[21] G. Corleo, D. Gutkowski, G. Masotto, und M. V. Valdes, *Nuovo Cimento*, **B25**, 413–24 (1975).

[22] H. P. Stapp, *Nuovo Cimento*, **B29**, 270–6 (1975).

[23] D. Bohm und B. Hiley, *Foundations of Physics*, **5**, 93–109 (1975).

[24] A. Baracca, S. Bergia und M. Restignoli *Conference on Few Body Problems, Quebec, Aug. 1974*, 68-9. Quebec, Laval University Press (1975).

[25] A. Baracca, D. J. Bohm, R. J. Hiley und A. E. G. Stuart, *Nuovo Cimento*, **28B**, 453–66 (1975).

[26] Eine kurze Besprechung der Experimente ist in [10] zu finden

8 Lokalität in der Quantenmechanik: Antwort an Kritiker

Der Editor bat mich, auf einen Artikel von G. Lochak [1] zu antworten, in dem eines meiner Theoreme über verborgene Variablen widerlegt worden sei. Wenn ich richtig verstehe, findet Lochak, dass ich die Wirkung der Messeinrichtung auf diese Variablen irgendwie nicht zugelassen habe. Ich will versuchen zu erklären, warum ich anderer Meinung bin. Ich werde die Gelegenheit nutzen, eine andere Widerlegung [2] von L. de la Peña, A. M. Cetto und T. A. Brody zu kommentieren, und eine weitere [3] von L. de Broglie. Noch eine weitere Widerlegung desselben Theorems, von J. Bub [4], ist bereits von S. Freedman und E. P. Wigner [5] widerlegt worden.

Erinnern wir an einen typischen Kontext, für den das Theorem relevant ist. Ein „Paar aus Spin-$\frac{1}{2}$-Teilchen" wird im Raumzeit-Gebiet 3 erzeugt und aktiviert in den Raumzeit-Gebieten 1 und 2 Zählersysteme, denen Stern-Gerlach-Magnete vorgelagert sind. Im System in 1 registriert einer von zwei Zählern („up" oder „down") jedesmal, wenn das Experiment ausgeführt wird; entsprechend kennzeichnen wir das Ergebnis mit A (= +1 oder −1). In gleicher Weise registriert im System in 2 jedesmal, wenn das Experiment ausgeführt wird, einer von zwei Zählern und ergibt B (= +1 oder −1). Wir interessieren uns für die Korrelationen zwischen den Zählungen in 1 und 2 und definieren eine Korrelationsfunktion

$$\overline{AB},$$

die der Mittelwert des Produktes von A und B über viele Wiederholungen des Experimentes ist.

Es wäre sicherlich besser, eine rein operationelle, technologische, makroskopische Beschreibung der benutzten Einrichtung zu geben. Diese würde jede Benutzung von Begriffen wie „Teilchen" und „Spin" vermeiden, und damit auch vermeiden, dass sich eventuell jemand genötigt sieht, sich ein persönliches, mikroskopisches Bild des Ablaufs zu machen. Aber eine solche, rein technologische Beschreibung wäre sehr umständlich. Darum bitte ich zu akzeptieren, dass die Worte „Teilchen" und „Spin" hier nur als Teil einer üblichen Kurzschrift benutzt werden um uns ohne langatmige, explizite Beschreibung auf die benutzte *Art* von experimenteller Einrichtung zu berufen; und ohne jede Art von Festlegung auf irgendein Bild dessen, was die Zähler wirklich dazu bringt zu zählen.

Wir nehmen an, dass die Beschreibung der Einrichtung zwei Einheitsvektoren $\hat{\mathbf{a}}$ und $\hat{\mathbf{b}}$ beinhaltet (z.B. die Richtungen von bestimmten Magnetfeldern bei 1 und 2). Dann gibt es gemäß der gewöhnlichen Quantenmechanik Situationen, für die

$$\overline{AB} = -\hat{\mathbf{a}} \cdot \hat{\mathbf{b}} \tag{1}$$

mit guter Genauigkeit gilt.

Tatsächlich ist es diese letzte Behauptung, die de Broglie anzweifelt. Obwohl sein Artikel „Sur la réfutation du théorème de Bell" heißt, befasst er sich in Wirklichkeit nicht mit irgendeinem meiner Argumente. Er ist der Meinung, dass die Korrelationsfunktion (1) für makroskopische Trennungen einfach nicht vorkommen kann, weder in der Natur noch in der gewöhnlichen Quantenmechanik: „Nous échappons complètement à cette objection puisque, pour nous, les mesures du spin sur des électrons éloignés ne sont pas corrélées". Was die gewöhnliche Quantenmechanik angeht, ist de Broglie hier anderer Meinung als die meisten Studenten auf diesem Gebiet; und ich kann seine Begründungen dabei nicht nachvollziehen. Was die Natur angeht, scheint er auch anderer Meinung zu sein als die Experimente [6].

Nun untersuchen wir die Hypothese, dass der Endzustand des Systems, insbesondere A und B, durch die Gleichungen einer Theorie vollständig bestimmt sei, wenn die Anfangsbedingungen vollständig vorgegeben wären. Darum fügen wir den Parametern wie $\hat{\mathbf{a}}$ und $\hat{\mathbf{b}}$, die von der experimentellen Einstellung abhängig sind, eine Liste von hypothetischen, „verborgenen" Parametern λ hinzu. Wir können diese λ als *Anfangs*-Werte von entsprechenden dynamischen Variablen annehmen (z.B. direkt nach dem Auslösen der Quelle). Was mit diesen Variablen danach passiert, ist uns gleich – außer, insofern sie in die Messergebnisse A und B einfließen. Aber, insofern sie in die Messergebnisse A und B einfließen, *erlauben wir uneingeschränkt die Wirkung der Messeinrichtung, indem wir zulassen, dass A und B nicht nur von den Anfangswerten der verborgenen Parameter abhängen, sondern auch von den Parametern* $\hat{\mathbf{a}}$ *und* $\hat{\mathbf{b}}$, *die die Messgeräte beschreiben:*

$$A(\hat{\mathbf{a}}, \hat{\mathbf{b}}, \lambda) \quad , \quad B(\hat{\mathbf{a}}, \hat{\mathbf{b}}, \lambda). \tag{2}$$

Es gibt keine Notwendigkeit, die genaue Beschaffenheit dieser Abhängigkeit von $\hat{\mathbf{a}}$ und $\hat{\mathbf{b}}$ zu untersuchen; oder wie sie zustande kommt – *ob durch die Wirkung der Messeinrichtung auf die verborgenen Variablen*, von denen die λ die *Anfangs*-Werte sind, oder auf eine andere Weise.

Kann man Funktionen (2) und Wahrscheinlichkeitsverteilungen $\rho(\lambda)$ finden, die die Korrelationen (1) reproduzieren? Ja, viele – aber nun fügen wir die Hypothese der *Lokalität* hinzu: Die Einstellung $\hat{\mathbf{b}}$ eines Instrumentes hat keine Auswirkung darauf, was in einer entfernten Region für A passiert, und in gleicher Weise hat $\hat{\mathbf{a}}$ keine Auswirkung auf B:

$$A(\hat{\mathbf{a}}, \lambda) \quad , \quad B(\hat{\mathbf{b}}, \lambda). \tag{3}$$

Mit diesen *lokalen* Formen ist es *nicht* möglich, Funktionen A und B und eine Wahrscheinlichkeitsverteilung ρ zu finden, die die Korrelation (1) ergeben. Das ist das Theorem. Der Beweis wird hier nicht wiederholt.

Lochak illustriert die Art, in der der Output eines einzelnen Instruments A in der Theorie der verborgenen Variablen von de Broglie von seiner Einstellung $\hat{\mathbf{a}}$ abhängt, so wie es in (3) berücksichtigt ist. Ich denke, das ist sehr aufschlussreich. Für den vorliegenden Zweck ist jedoch der Fall von *zwei* Instrumenten und *zwei* Teilchen aufschlussreicher. *Dann stellt sich heraus, dass in der de Broglie-Theorie die Abhängigkeit nicht von der lokalen Form (3), sondern von der nichtlokalen Form (2) ist.* Ich habe dieses Argument bei verschiedenen Gelegenheiten vorgebracht; in zwei oder drei der von Lochak zitierten Artikeln und an anderer Stelle [7]. Es mag sein, dass Lochak eine andere Erweiterung von de Broglies Theorie zum „Mehr-als-ein-Teilchen-System" im Sinn hat, als die unkomplizierte Verallgemeinerung von 3 auf $3N$ Dimensionen, die ich betrachtet habe. Aber wenn seine Erweiterung lokal ist, wird sie nicht mit der Quantenmechanik übereinstimmen – und wenn sie mit der Quantenmechanik übereinstimmt, ist sie nicht lokal. Das ist es, was das Theorem besagt.

Der Einwand von de la Peña, Cetto und Brody beruht auf einer Fehlinterpretation des Theorembeweises. Im Verlauf dessen wird Bezug genommen auf

$$A(\hat{\mathbf{a}}',\lambda) \quad , \quad B(\hat{\mathbf{b}}',\lambda),$$

wie auch auf

$$A(\hat{\mathbf{a}},\lambda) \quad , \quad B(\hat{\mathbf{b}},\lambda).$$

Diese Autoren schreiben „da A, A', B, B' eindeutig alle für dasselbe λ ausgewertet werden, müssen sie sich auf vier Messungen an demselben Elektron-Positron-Paar beziehen. Wir können zum Beispiel annehmen, dass A' nach A erhalten wird und B' nach B." Aber keineswegs. Wir betrachten überhaupt keine Abfolgen von Messungen an einem gegebenen Teilchen, oder von Paaren von Messungen an einem gegebenen Teilchenpaar. Wir betrachten Experimente, bei denen für jedes Paar der „Spin" jedes Teilchens nur einmal gemessen wird. Die Größen

$$A(\hat{\mathbf{a}}',\lambda) \quad , \quad B(\hat{\mathbf{b}}',\lambda)$$

sind genau dieselben Funktionen

$$A(\hat{\mathbf{a}},\lambda) \quad , \quad B(\hat{\mathbf{b}},\lambda)$$

mit verschiedenen Argumenten.

Literatur

[1] G. Lochak, *Fundamenta Scientiae* (Université de Strasbourg, 1975), No 38, nachgedruckt in *Epistemological Letters*, p. 41, September 1975.

[2] L. de la Peña, A. M. Cetto und T. A. Brody, *Nuovo Cimento Letters* **5**, 177 (1972).

[3] L. de Broglie, *CR Acad. Sci. Paris* **278**, B721 (1974).

[4] J. Bub, *Found. Phys.* **3**, 29 (1973).

[5] S. Freedman und E. Wigner, *Found. Phys.* **3**, 457 (1973).

[6] S. J. Freedman und J. F. Clauser, *Phys. Rev. Lett.* **28**, 938 (1972). Ein kurze Darstellung wird gegeben in M. Paty, *Epistemological Letters*, p. 31, September 1975.

[7] J. S. Bell, *On the Hypothesis that the Schrödinger Equation is Exact*, CERN Preprint TH. 1424 (1971). [in überarbeiteter Form als Kapitel 15 in diesem Buch]

9 Wie soll man spezielle Relativität lehren?

Ich habe lange darüber nachgedacht: Wenn ich die Gelegenheit hätte, dieses Thema zu lehren, würde ich die Kontinuität zu früheren Ideen hervorheben. Gewöhnlich wird die Diskontinuität betont: Der radikale Bruch mit den primitiveren Vorstellungen von Raum und Zeit. Oftmals ist das Ergebnis, dass das Vertrauen des Studenten in absolut vernünftige und nützliche Konzepte vollständig zerstört wird [1].

Wer das bezweifelt, sollte einmal das Experiment versuchen, seine Studenten mit der folgenden Situation zu konfrontieren [2]. Drei kleine Raumschiffe A, B und C fliegen frei in einem Raumgebiet, weit entfernt von anderer Materie und ohne Relativbewegung zueinander, wobei B und C von A den gleichen Abstand haben (Abb. 9.1).[1]

Abb. 9.1: *Drei Raumschiffe*

Beim Empfang eines Signals von A werden die Triebwerke von B und C gezündet und sie beschleunigen behutsam.

Die Raumschiffe B und C seien identisch und ihre Beschleunigungs-Programme ebenso. Dann haben sie (von einem Beobachter in A aus betrachtet) in jedem Moment die gleiche Geschwindigkeit und behalten untereinander einen festen Abstand. Wir nehmen an, dass am Anfang ein dünner Faden zwischen B und C gespannt ist (Abb. 9.3). Wenn er anfangs gerade lang genug ist für die benötigte Distanz, wird er – wenn die Raumschiffe schneller werden – zu kurz werden, weil er der Lorentzkontraktion unterliegt; und muss schließlich reißen. Er reißt dann, wenn (bei einer hinreichend

[1] Siehe auch `http://de.wikipedia.org/wiki/Bellsches_Raumschiffparadoxon`

Abb. 9.2: Zwei Raumschiffe

Abb. 9.3: Zwei Raumschiffe mit Faden

großen Geschwindigkeit) die künstliche Behinderung der natürlichen Kontraktion eine zu große Spannung aufbaut.

Ist das wirklich so? Dieses alte Problem kam einmal bei einer Diskussion in der CERN-Kantine auf. Ein angesehener Experimentalphysiker war nicht bereit zu akzeptieren, dass der Faden reißen würde. Er betrachtete meine Behauptung, dass er das natürlich tun würde, als meine persönliche Fehlinterpretation der speziellen Relativität. Wir beschlossen, die „Abteilung Theorie“ des CERN zur Schlichtung anzurufen und machten eine (nicht sehr systematische) Meinungsumfrage dazu. Sie ergab einen klaren Konsens, dass der Faden **nicht** reißen würde!

Natürlich kommen viele von denjenigen, die zunächst die falsche Antwort geben, bei weiterem Nachdenken zur richtigen Antwort. Im Allgemeinen ist es hilfreich für sie, zu untersuchen, wie es für die Beobachter B oder C aussieht. Sie erkennen zum Beispiel, dass B sieht, dass C weiter und weiter zurückbleibt und dann ein gegebenes Stück Faden die Distanz nicht länger überbrücken kann. Erst nachdem das ausgearbeitet ist (und vielleicht mit einem Rest von Unbehagen) akzeptieren sie die Schlussfolgerung, die völlig trivial aus der Sichtweise von A ist, wenn man die Lorentzkontraktion einbezieht. Mein Eindruck ist, dass diejenigen mit einer klassischeren Ausbildung, die etwas wissen von den Gedankengängen Larmors, Lorentz’ und Poincarés, und auch von denen Einsteins, stärkere und zuverlässigere Instinkte haben. Ich werde hier versuchen, eine vereinfachte Version des Larmor-Lorentz-Poincaré-Ansatzes zu skizzieren, die einige Studenten nützlich finden könnten.

Etwas Vertrautheit mit den Maxwell-Gleichungen wird vorausgesetzt, so dass den Berechnungen des Feldes einer bewegten Punktladung gefolgt werden kann (oder zumindest das Ergebnis ohne Verwunderung akzeptiert wird). Für eine Ladung Ze, die sich mit konstanter Geschwindigkeit V entlang der z-Achse bewegt, sind die nichtverschwindenden Feldkomponenten:

$$
\begin{aligned}
E_x &= \frac{Zex}{\sqrt{(x^2+y^2+z'^2)^3}\sqrt{1-V^2/c^2}} \\
E_y &= \frac{Zey}{\sqrt{(x^2+y^2+z'^2)^3}\sqrt{1-V^2/c^2}} \\
E_z &= \frac{Zez'}{\sqrt{(x^2+y^2+z'^2)^3}} \\
B_x &= -(V/c)E_y \qquad\qquad B_y = +(V/c)E_x
\end{aligned}
\tag{1}
$$

wobei

$$
z' = \frac{z - z_N(t)}{\sqrt{1-V^2/c^2}} \tag{2}
$$

und $z_N(t)$ die Position der Ladung zur Zeit t ist. Für eine Ladung in Ruhe ($V = 0$) ist das einfach das vertraute Coulomb-Feld – kugelsymmetrisch um die Quelle. Aber wenn sich die Quelle sehr schnell bewegt, so dass V^2/c^2 nicht sehr klein ist, ist das Feld nicht mehr kugelsymmetrisch. Das Magnetfeld ist senkrecht zur Bewegungsrichtung und die Feldlinien des elektrischen Feldes sind, grob gesagt, gestaucht in der Bewegungsrichtung (Abb. 9.4).

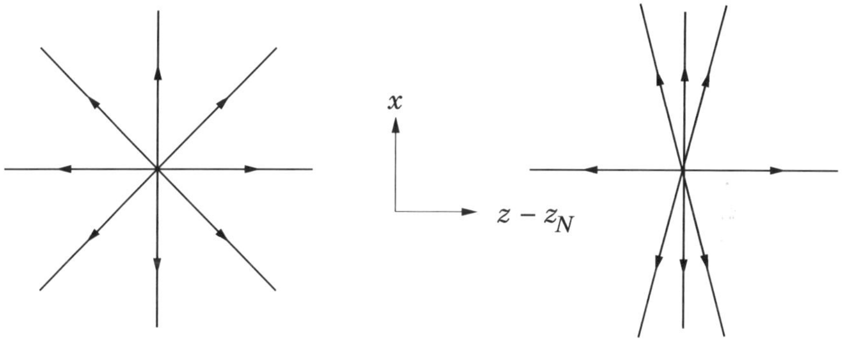

Abb. 9.4: *Elektrisches Feld: links ruhende Quelle, rechts: Quelle bewegt sich in z-Richtung*

Insoweit mikroskopische elektromagnetische Kräfte für die Struktur der Materie bedeutsam sind, wird diese systematische Verzerrung des Feldes von schnellen Teilchen das innere Gleichgewicht von schnell bewegtem Material verändern. Darum ist zu erwarten, dass ein Körper in schneller Bewegung seine Form ändern wird. Eine derartige Formänderung – die Lorentz-Fitzgerald-Kontraktion – wurde tatsächlich im Jahr 1889 von G. F. Fitzgerald aus empirischen Gründen postuliert, um die Ergebnisse von bestimmten optischen Experimenten zu erklären.

Das einfachste Stück Materie, das wir in diesem Zusammenhang betrachten können, ist ein einzelnes Atom. Im klassischen Modell eines solchen Atoms umkreisen eine Anzahl von Elektronen einen Kern. Der Einfachheit halber nehmen wir nur ein Elektron und ignorieren den Effekt, den das Feld des Elektrons auf den relativ schweren Kern hat. Das dynamische Problem ist dann die Bewegung des Elektrons im Feld des Kerns. Wir beginnen mit einem Kern in Ruhe und, der Einfachheit halber, einem Elektron auf einer Kreisbahn (Abb. 9.5).

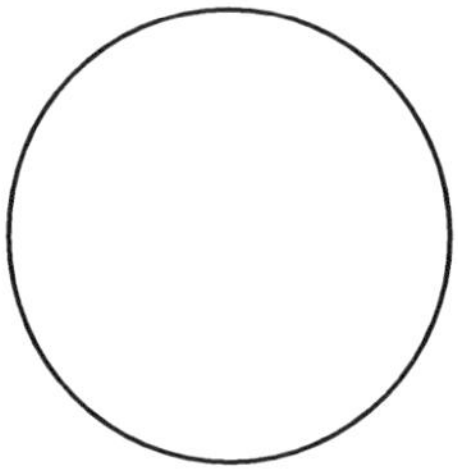

Abb. 9.5: *Kreisförmiger Orbit*

Was passiert mit diesem Orbit, wenn der Kern in Bewegung gesetzt wird [4]?

Wenn der Kern sehr behutsam beschleunigt wird, ist sein Feld nur wenig von (1) verschieden. Die exakte Formel ist darüber hinaus bekannt [5].

In diesem Feld müssen wir die Bewegungsgleichung für das Elektron lösen:

$$\frac{\mathrm{d}\mathbf{p}}{\mathrm{d}t} = -e(\mathbf{E} + \frac{1}{c}\dot{\mathbf{r}}_e \times \mathbf{B}), \tag{3}$$

wobei $\mathbf{r}_e$ die Position des Elektrons ist und die Felder in (3) an dieser Position bestimmt werden. Bei kleiner Geschwindigkeit besteht zwischen Impuls und Geschwindigkeit die Beziehung

$$\dot{\mathbf{r}}_e = \frac{\mathbf{p}}{m}. \tag{4}$$

Aber diese Formel erweist sich bei hohen Geschwindigkeiten als unzureichend. Sie würde bedeuten, dass ein Elektron, das lange genug einem gegebenen elektrischen Feld ausgesetzt ist, eine beliebig hohe Geschwindigkeit erreichen könnte. Experimentell findet man jedoch, dass die Lichtgeschwindigkeit ein Grenzwert ist. Die experimentellen Fakten werden mit einer modifizierten Formel, die von Lorentz vorgeschlagen wurde, wiedergegeben

$$\dot{\mathbf{r}}_e = \frac{\mathbf{p}}{\sqrt{m^2 + \mathbf{p}^2/c^2}}. \tag{5}$$

Diese benutzen wir zusammen mit (3).

Man kann einen Computer zur Integration dieser Gleichungen programmieren. Er soll die Verschiebung

$$\mathbf{r}_e(t) - \mathbf{r}_N(t)$$

des Elektrons vom Kern als Zeitfunktion ausdrucken. Es sei angenommen, dass sich der Kern entlang der z-Achse bewegt und die Elektronenbahn in der xz-Ebene liegt. Wenn dann die Beschleunigung des Kerns allmählich genug ist [6], verformt sich der anfangs kreisförmige Orbit langsam in eine Ellipse, wie in Abb. 9.6.

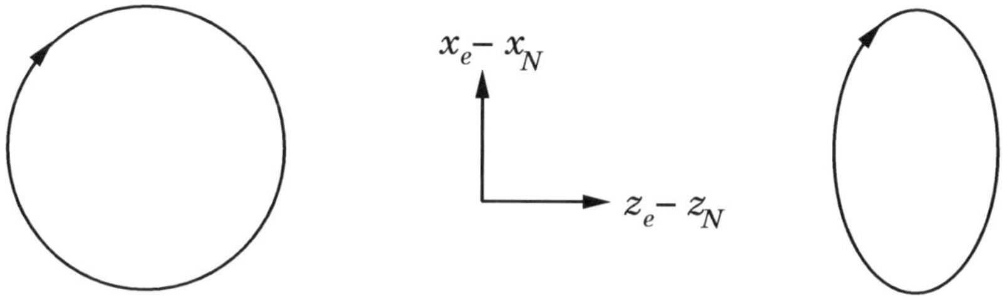

Abb. 9.6: *Orbits im Atom: links in Ruhe, rechts mit Bewegung in z-Richtung*

Das heißt, der Orbit behält seine ursprüngliche Ausdehnung senkrecht zur Bewegungsrichtung des Gesamtsystems, aber er kontrahiert in der Bewegungsrichtung. Der Kontraktionsfaktor beträgt

$$\sqrt{1-V^2/c^2} \tag{6}$$

des ursprünglichen Wertes – die Lorentzkontraktion – wobei V die Geschwindigkeit des Kerns während des Umlaufs ist. Außerdem übersteigt die Orbitperiode die ursprüngliche Periode um einen Faktor

$$\frac{1}{\sqrt{1-V^2/c^2}} \tag{7}$$

– die Zeitdilatation von J. Larmor (1900).

Wenn T die Periode in Ruhe ist, dann ist die Gesamtzahl der Umläufe mit einer Bewegung mit $V(t)$ innerhalb der Zeit t

$$\frac{1}{T}\int_0^t \mathrm{d}\tau \sqrt{1-V(\tau)^2/c^2} \tag{8}$$

– was kleiner ist als für ein gleichartiges System in Ruhe; sogar dann, wenn das bewegte System sowohl am Anfang wie auch am Ende in Ruhe ist, und am Anfang und Ende die gleiche Position hat. Dieses einfache Rechenergebnis ist der Ursprung des „Zwillingsparadoxons“ (Le Voyageur de Langevin, en français).

Diese Ergebnisse legen nahe, das bewegte System mit Hilfe neuer Variablen zu beschreiben, die die Fitzgerald- und Larmor-Effekte beinhalten:

$$z' = \frac{z - z_N(t)}{\sqrt{1-V(t)^2/c^2}}$$

$$x' = x, \qquad y' = y$$
$$t' = \int_0^t d\tau \sqrt{1 - V(\tau)^2/c^2} - z'V(t)/c^2 \tag{9}$$

Der Grund für den letzten Term in der Definition von t' ist nicht unmittelbar offensichtlich, aber er erklärt sich bei einer genaueren Untersuchung des Orbits. Wenn man diesen Term mit einbezieht, ist der Orbit

$$z'_e(t'), \quad x'_e(t') \tag{10}$$

nicht nur kreisförmig, mit der Periode T, sondern er wird auch mit konstanter Winkelgeschwindigkeit umlaufen. Das heißt, *die Beschreibung des Orbits des bewegten Atoms mittels der gestrichenen Variablen ist identisch zur Beschreibung des Orbits des ruhenden Atoms mittels der Originalvariablen.*

Was das elektromagnetische Feld betrifft, haben wir uns in der Schreibweise von Gl. (1) bereits die Variable z' zunutze gemacht. Wenn man diesen Weg weiter verfolgt, kann man einführen

$$\begin{aligned} E'_x &= \frac{E_x - (V/c)B_y}{\sqrt{1-V^2/c^2}} & B'_x &= \frac{B_x + (V/c)E_y}{\sqrt{1-V^2/c^2}} \\ E'_y &= \frac{E_y + (V/c)B_x}{\sqrt{1-V^2/c^2}} & B'_y &= \frac{B_y - (V/c)E_x}{\sqrt{1-V^2/c^2}} \\ E'_z &= E_z & B'_z &= B_z. \end{aligned} \tag{11}$$

Dann ist es einfach, zu überprüfen, dass *der Ausdruck für die Felder der gleichförmig bewegten Ladung mittels der gestrichenen Variablen identisch zum Ausdruck für die Felder der ruhenden Ladung mittels der Originalvariablen ist.*

Wir sprachen von einem *behutsam* beschleunigten Atom. Dabei bleibt die Geschwindigkeit V während vieler Umläufe des Elektrons im Wesentlichen konstant. Während jedes solchen Intervalls kann man (durch geeignete Wahl des Ursprungs von z und t) erreichen, dass

$$\int_0^t d\tau \sqrt{1 - V(\tau)^2/c^2} = t\sqrt{1 - V^2/c^2} \tag{12}$$

$$z_N(t) = Vt \tag{13}$$

Dann kann (9) umgeformt werden in

$$\begin{aligned} z' &= \frac{z - Vt}{\sqrt{1-V^2/c^2}} \\ x' &= x, \qquad y' = y \\ t' &= \frac{t - Vz/c^2}{\sqrt{1-V^2/c^2}} \end{aligned} \tag{14}$$

Das ist die Standardform einer sogenannten *Lorentztransformation*. Dass es die Benutzung solcher Variablen ermöglicht, das bewegte Atom mit den Funktionen zu beschreiben, die für das stationäre Atom zutreffen, ist eine Veranschaulichung des folgenden, exakten mathematischen Sachverhalts. Wenn die Maxwell-Gleichungen

$$\frac{1}{c}\frac{\partial E_x}{\partial t} = \frac{\partial B_z}{\partial y} - \frac{\partial B_y}{\partial z}, \quad \text{etc.} \tag{15}$$

und die Lorentzgleichungen

$$\begin{aligned} \frac{\mathrm{d}\mathbf{p}}{\mathrm{d}t} &= -e(\mathbf{E} + \frac{1}{c}\dot{\mathbf{r}}_e \times \mathbf{B}) \\ \frac{\mathrm{d}\mathbf{r}_e}{\mathrm{d}t} &= \frac{\mathbf{p}}{\sqrt{m^2 + \mathbf{p}^2/c^2}} \end{aligned} \tag{16}$$

mit Hilfe der neuen Variablen (11) und (14) ausgedrückt werden, *haben sie exakt dieselbe Form wie zuvor:*

$$\begin{aligned} \frac{1}{c}\frac{\partial E'_x}{\partial t'} &= \frac{\partial B'_z}{\partial y'} - \frac{\partial B'_y}{\partial z'}, \quad \text{etc.} \\ \frac{\mathrm{d}\mathbf{p}'}{\mathrm{d}t'} &= -e(\mathbf{E}' + \frac{1}{c}\dot{\mathbf{r}}'_e \times \mathbf{B}') \\ \frac{\mathrm{d}\mathbf{r}'_e}{\mathrm{d}t'} &= \frac{\mathbf{p}'}{\sqrt{m^2 + \mathbf{p}'^2/c^2}} \end{aligned} \tag{17}$$

(wobei die letzte Gleichung als Definition von $\mathbf{p}'$ angenommen werden kann). Man sagt, die Gleichungen sind *lorentz-invariant*. Aus jeder Lösung der Originalgleichungen, die verschiedene mathematische Funktionen beinhalten (z.B. das Coulomb-Feld und der kreisförmige Orbit im stationären Atom), kann man neue Lösungen konstruieren, indem man Striche an alle Variablen anbringt und diese Striche dann mit Hilfe von (11) und (14) eliminiert (was z.B. das gestauchte Feld und den elliptischen Orbit des bewegten Atoms ergibt). Darüber hinaus sind diese Überlegungen, durch einfache Erweiterung, nicht nur für einzelne Elektronen in einem einzelnen elektromagnetischen Feld anwendbar, sondern für eine beliebige Zahl von geladenen Teilchen, von denen jedes mit den Feldern aller anderen wechselwirkt. Das erlaubt die Ausweitung einiger oben beschriebener Ergebnisse für das einfache Atom zu sehr komplizierten Systemen. Wenn irgendein Zustand des komplizierten Systems gegeben ist, dann gibt es einen entsprechenden „gestrichenen" Zustand, der in Gesamtbewegung in Bezug zum Original ist, und die Lorentzkontraktion und Larmor-Dilatation zeigt. Nehmen wir zum Beispiel an, dass sich im Originalzustand alle Teilchen immer in einem Bereich befinden, der begrenzt ist durch

$$z = \pm\frac{L}{2}.$$

Dann hat der entsprechende gestrichene Zustand die Grenzen

$$z' = \pm \frac{L}{2}$$

oder aus (14)

$$z = Vt \pm \frac{L}{2}\sqrt{1 - V^2/c^2}$$

d.h. sie bewegen sich mit der Geschwindigkeit V und sind näher beieinander um den Lorentzfaktor.

Nehmen wir weiter an, dass im Originalzustand etwas am Ort $x = x_1, y = y_1, z = z_1$ zur Zeit t_1 passiert (z.B. ein Elektron hindurchfliegt) und dann wieder am selben Ort zur Zeit t_2. Dann finden die entsprechenden Ereignisse im gestrichenen Zustand bei

$$x' = x_1 \quad y' = y_1 \quad z' = z_1 \quad t' = t_1, t_2$$

statt; oder (durch Lösung von (14)) bei

$$\begin{aligned} x = x_1 \ &, \ y = y_1 \\ z = \frac{z_1 + Vt_1}{\sqrt{1 - V^2/c^2}} \ &, \ \frac{z_1 + Vt_2}{\sqrt{1 - V^2/c^2}} \\ t = \frac{t_1 + Vz_1/c^2}{\sqrt{1 - V^2/c^2}} \ &, \ \frac{t_2 + Vz_1/c^2}{\sqrt{1 - V^2/c^2}} \end{aligned}$$

Die Orte des Stattfindens bewegen sich mit der Geschwindigkeit V und das Zeitintervall zwischen beiden Ereignissen vergrößert sich um den Larmor-Faktor.

Können wir dann schlussfolgern, dass ein beliebiges System, wenn es in Bewegung gesetzt wird, genau die Lorentz- und Larmor-Effekte zeigen wird? Nicht ganz. Es gibt zwei Einschränkungen zu machen.

Die erste ist folgende: Die Maxwell-Lorentz-Theorie liefert ein sehr ungeeignetes Modell von realer Materie; insbesondere fester Materie. Es ist in einem klassischen Modell nicht möglich, die empirische Stabilität solcher Materie nachzubilden. Die Probleme verschärfen sich, wenn Strahlungsreaktionen einbezogen werden. Bewegte Ladungen strahlen, im allgemeinen, Energie und Impuls ab; aufgrund dessen gibt es Zusatzterme in der Bewegungsgleichung. Sogar im einfachen Wasserstoffatom beschreibt das Elektron dann eine Spirale in Richtung des Protons, anstatt in einem stabilen Orbit zu bleiben. Unter anderem diese Probleme führten zum Ersatz der klassischen durch die Quantentheorie. Außerdem sind, auch in der Quantentheorie, die elektromagnetischen Wechselwirkungen nicht die einzigen. Zum Beispiel werden Atomkerne anscheinend zusammengehalten durch völlig andere, „starke“ Wechselwirkungen. Wir brauchen auf diese Details nicht einzugehen, wenn wir mit Lorentz annehmen, dass die *vollständige Theorie* lorentz-invariant ist, im dem Sinne, dass die Gleichungen beim Variablenwechsel (14) ungeändert bleiben; ergänzt durch eine Verallgemeinerung von (11) für alle Größen in der Theorie. Dann gibt es wieder für jeden Zustand einen entsprechenden gestrichenen Zustand, der die Lorentz- und Larmor-Effekte zeigt.

Die zweite Einschränkung ist folgende. Die Lorentzinvarianz zeigt nur, dass es für jeden Zustand eines Systems in Ruhe einen entsprechenden gestrichenen Zustand dieses Systems in Bewegung gibt. Sie sagt uns aber nicht, ob das System, wenn es irgendwie in Bewegung gesetzt wurde, tatsächlich in den „gestrichenenen“ Zustand des Originalsystems übergeht, oder in den „gestrichenenen“ irgendeines *anderen* Zustands des Systems in Ruhe. Tatsächlich wird es im allgemeinen Letzteres tun. Ein System, das mit Gewalt in Bewegung gesetzt wird, kann gequetscht, oder zerbrochen, oder erhitzt oder verbrannt werden. Für das einfache, klassische Atom können ähnliche Dinge passieren, wenn der Kern, anstatt langsam, *ruckartig* bewegt wurde. Das Elektron könnte ganz zurückbleiben. Außerdem hängt es vom betreffenden Orbit ab, ob eine gegebene Beschleunigung ausreichend behutsam ist, oder nicht. Ein Elektron in einem kleinen, hochfrequenten, eng gebundenen Orbit, kann einem Kern dicht nachfolgen, dem ein Elektron in einem entfernteren Orbit – oder in einem anderen Atom – überhaupt nicht folgen würde. Folglich können wir die Lorentzkontraktion etc. nur für kohärente dynamische Systeme annehmen, deren Konfiguration im wesentlichen durch innere Kräfte bestimmt ist, und die nur wenig durch sanfte, äußere Kräfte gestört werden, die das System als ganzes beschleunigen. Das wollen wir tun.

Dann wird, zum Beispiel für das Raketenproblem aus der Einführung, das Material der Raketen und des Fadens lorentz-kontrahieren. Ein ausreichend fester Faden würde die Raketen zusammenziehen und Lorentzkontraktion auf das kombinierte System ausüben. Aber wenn die Raketen zu massiv sind, um durch den schwachen Faden merklich beschleunigt zu werden, muss Letzterer reißen, wenn die Geschwindigkeit groß genug wird.

Bisher haben wir bewegte *Objekte* diskutiert, aber noch keine bewegten *Subjekte*. Die Frage nach den bewegten Beobachtern ist nicht rein akademisch. Ganz abgesehen von Menschen in Raketen, scheint es vernünftig, die Erde selbst als bewegt zu betrachten; im Umlauf um die Sonne – wenigstens für den größten Teil des Jahres [7]. Der wichtige Punkt, der zu bewegten Beobachtern bei Lorentzinvarianz zu sagen ist, ist: *Die gestrichenen Variablen, die oben einfach aus mathematischer Bequemlichkeit eingeführt wurden, sind genau diejenigen, die eine Beobachterin benutzen würde, die sich mit konstanter Geschwindigkeit bewegt, und die sich selbst vorstellt, in Ruhe zu sein.* Darüber hinaus würde eine solche Beobachterin feststellen, dass die Gesetze der Physik mit diesen Größen genau diejenigen sind, die sie in Ruhe gelernt hat (wenn man sie korrekt gelehrt hat).

Als Ursprung der Raumkoordinaten wird eine solche Beobachterin natürlich einen Punkt nehmen, der in Bezug zu ihr ruht. Das erklärt den Term Vt in der Beziehung

$$z' = \frac{z - Vt}{\sqrt{1 - V^2/c^2}}.$$

Der Faktor $\sqrt{1-V^2/c^2}$ wird durch die Lorentzkontraktion ihrer Metermaße hervorgerufen. Aber wird sie nicht *sehen*, dass ihre Metermaße verkürzt sind, wenn sie in z-Richtung ausgelegt werden – und auch wieder ausdehnen, wenn sie in x-Richtung gedreht werden? Nein, weil auch die Netzhaut ihrer Augen kontrahiert, so dass dieselben Zellen das Bild des Metermaßes empfangen, als wenn sowohl Maß als auch Beobachterin in Ruhe wären. In gleicher Weise wird sie nicht bemerken, dass ihre Uhren langsamer gehen, weil sie selbst langsamer denken wird. Außerdem wird sie nicht wissen – weil sie sich in Ruhe wähnt – dass Licht, das sie einholt oder das ihr entgegenkommt, verschiedene relative Geschwindigkeiten $c \pm V$ hat. Das wird sie irreführen, wenn sie Uhren an verschiedenen Orten synchronisiert, so dass sie glauben muss, dass

$$t' = \frac{t - Vz/c^2}{\sqrt{1-V^2/c^2}}$$

die richtige Zeit ist; denn mit dieser Wahl *scheint* das Licht wieder mit der Geschwindigkeit c in alle Richtungen zu strahlen. Das kann direkt geprüft werden; und es ist auch eine Folge der gestrichenen Maxwell-Gleichungen. Um das elektrische Feld zu messen, benutzt sie eine ruhende (in Bezug auf ihre Geräte) Testladung und damit misst sie in Wirklichkeit eine Kombination von **E** und **B**. Um sowohl **E** als auch **B** zu definieren, die benötigt werden, um die bekannten Effekte auf bewegte, geladene Teilchen zu beschreiben, wird sie vielmehr zu $\mathbf{E}'$ und $\mathbf{B}'$ geführt. Dann kann sie prüfen, dass alle Gesetze der Physik so sind, wie sie sich erinnert; und gleichzeitig ihr gutes Verständnis der Definitionen und Prozeduren, die sie sich zu eigen gemacht hat, bestätigen. Wenn etwas falsch herauskommt, wird sie feststellen, dass ihr Apparat fehlerhaft ist (vielleicht während einer Beschleunigung beschädigt) und ihn reparieren.

Unsere bewegte Beobachterin O' – sich selbst in Ruhe wähnend – wird sich vorstellen, dass es der stationäre Beobachter O ist, der sich bewegt. Und es ist genauso einfach, seine Variablen durch ihre auszudrücken, wie umgekehrt

$$\left.\begin{aligned} x' &= x \qquad y' = y \\ z' &= \frac{z - Vt}{\sqrt{1-V^2/c^2}} \\ t' &= \frac{t - Vz/c^2}{\sqrt{1-V^2/c^2}} \end{aligned}\right\} \Leftrightarrow \left\{\begin{aligned} x &= x' \qquad y = y' \\ z &= \frac{z' + Vt'}{\sqrt{1-V^2/c^2}} \\ t &= \frac{t' + Vz'/c^2}{\sqrt{1-V^2/c^2}} \end{aligned}\right.$$

Nur das Vorzeichen von V ändert sich. Sie wird sagen, dass *seine* Metermaße sich verkürzt haben, dass *seine* Uhren nachgehen und dass *er* seine Uhren an verschiedenen Orten nicht richtig synchronisiert hat. Sie wird seine Benutzung von falschen Variablen für diese Fitzgerald-Larmor-Lorentz-Poincaré-Effekte in *seiner* Ausrüstung verantwortlich machen. Ihre Sicht ist folgerichtig und in völliger Übereinstimmung mit den beobachtbaren Tatsachen. Es gibt für ihn keinen Weg, sie davon zu überzeugen, dass sie unrecht hat.

Damit endet die Einführung zu dem, was heute „Spezielle Relativitätstheorie" genannt wird. Sie entstand aus dem Versagen, durch Experimente (in den Laboratorien auf der Erde) irgendeine Änderung der augenscheinlichen Gesetze der Physik festzustellen, die durch die langsam veränderliche Orbitalgeschwindigkeit der Erde hervorgerufen werden. Von besonderer Wichtigkeit war dabei das Michelson-Morley-Experiment, bei dem versucht wurde, irgendwelche Differenzen in der scheinbaren Lichtgeschwindigkeit in verschiedenen Richtungen zu finden.

Wir haben uns hier sehr stark an Methodik von H. A. Lorentz angelehnt. Man nimmt physikalische Gesetze hinsichtlich bestimmter Variablen (t, x, y, z) an, und untersucht, wie die Dinge für Beobachter aussehen, die sich (mit ihrer Ausrüstung) hinsichtlich dieser Variablen bewegen. Man findet, dass, wenn die physikalischen Gesetze lorentzinvariant sind, solche bewegten Beobachter nicht in der Lage sind, ihre Bewegung festzustellen. Als Ergebnis ist es nicht möglich, experimentell festzustellen, welches von zwei gleichförmig bewegten Systemen, wirklich in Ruhe ist (wenn überhaupt), und welches in Bewegung. All das gilt für *gleichförmige* Bewegung: Beschleunigte Beobachter werden in der „speziellen" Theorie nicht betrachtet.

Die Methodik von Einstein weicht von der Lorentzschen in zwei Hauptpunkten ab. Es gibt einen Unterschied in der Philosophie und einen Unterschied im Stil.

Der Unterschied in der Philosophie ist folgender. Da es experimentell unmöglich ist zu sagen, welches von zwei gleichförmig bewegten Systemen *wirklich* in Ruhe ist, erklärt Einstein, dass die Begriffe „wirklich ruhend" und „wirklich bewegt" keine Bedeutung haben. Für ihn ist lediglich die *relative* Bewegung von zwei (oder mehr) gleichförmig bewegten Objekten real. Lorentz dagegen bevorzugte die Sichtweise, dass es tatsächlich den Zustand der *wirklichen* Ruhe gibt, definiert durch den „Äther", obwohl uns die Gesetze der Physik konspirativ daran hindern, ihn experimentell aufzuspüren. Die Fakten der Physik zwingen uns nicht, eine Philosophie anstelle der anderen zu akzeptieren. Wir brauchen auch nicht Lorentz' Philosophie zu akzeptieren, um seine Pädagogik verwenden zu können. Ihr besonderer Vorteil besteht in der Lektion, dass die Gesetze der Physik in jedem *einzelnen* Bezugssystem alle physikalischen Phänomene erklären, einschließlich Beobachtungen von bewegten Beobachtern. Und oftmals ist es einfacher, in einem einzigen Bezugssystem zu arbeiten, anstatt jedem bewegten Objekt hinterher zu hasten.

Der Unterschied im Stil ist, dass Einstein, anstatt aus der Erfahrung von bewegten Beobachtern von bekannten und vermuteten Gesetzen der Physik zu schlussfolgern, von der *Hypothese* ausgeht, dass die Gesetze für alle gleichförmig bewegten Beobachter gleich aussehen. Das erlaubt eine sehr knappe und elegante Formulierung der Theorie; so wie es oft der Fall ist, wenn eine große Annahme viele kleinere beinhaltet. Hier wird nicht beabsichtigt, irgendeinen Vorbehalt zu äußern, welcher Art auch immer, über die Stärke und Genauigkeit von Einsteins Methodik. Aber meiner Meinung nach sollte etwas gesagt werden, um die Studenten den Weg nehmen zu lassen, der von Fitzgerald, Larmor, Lorentz und Poincaré bereitet wurde [8]. Der längere Weg macht manchmal mit dem Land besser vertraut.

In Zusammenhang mit diesem Artikel bedanke ich mich wärmstens für die Ratschläge von M. Bell, F. Farley, S. Kolbig, H. Wind, A. Zichichi and H. Øveras. Ich danke besonders H. D. Deas für die Diskussion dieser Ideen in einem frühen Stadium.

Anmerkungen und Literatur

[1] Die Anmerkungen sind beim ersten Lesen zu ignorieren.

[2] E. Dewan & M. Beran, *Am. J. Phys.* **29**, 517, 1959. A. A. Evett & R. K. Wangsness, *Am. J. Phys.* **28**, 566, 1960. E. M. Dewan, *Am. J. Phys.* **31**, 383, 1963. A. A. Evett, *Am. J. Phys.* **40**, 1170, 1972.

[3] Starke Beschleunigung könnte den Faden nur wegen der eigenen Trägheit reißen lassen, auch wenn die Geschwindigkeiten noch klein sind. Dieser Effekt interessiert hier nicht. Bei vorsichtiger Beschleunigung tritt der Riss ein, wenn eine bestimmte *Geschwindigkeit* erreicht ist; in Abhängigkeit von der Dehnbarkeit des Fadens.

[4] Diese Methode der Beschleunigung, auf den Kern eine Kraft einwirken zu lassen, ohne direkte Auswirkung auf das Elektron, ist nicht sehr realistisch. Wie jedoch später erklärt wird, folgt aus der Lorentzinvarianz und Stabilitätsüberlegungen, dass jede ausreichend vorsichtige Beschleunigung dieselbe Lorentzkontraktion und Larmor-Dilatation erzeugt. Der Student ist aufgefordert, dieser Darlegung auch für allgemeinere Fälle (nicht kreisförmiges Orbit und Beschleunigungsrichtung nicht in der Orbitfläche) eine Bedeutung zu geben.

[5] Für eine Quelle mit der Ladung Ze sind die Felder [9], in cgs-Einheiten:

$$\begin{aligned}\mathbf{E} &= \frac{Ze}{s^3}\left\{\left(\mathbf{r}-r\frac{[\mathbf{v}]}{c}\right)\left(1-\frac{[\mathbf{v}]^2}{c^2}\right)+\left(\left(\mathbf{r}-r\frac{[\mathbf{v}]}{c}\right)\times\frac{[\mathbf{A}]}{c^2}\right)\right\} \qquad (18)\\ \mathbf{B} &= \mathbf{r}\times\mathbf{E}/r,\end{aligned}$$

wobei

$$\mathbf{r} = \mathbf{r}_e - [\mathbf{r}_N], \qquad s = r - \mathbf{r}\cdot[\mathbf{v}]/c.$$

Das sind die Felder an der Position $\mathbf{r}_e$ zur Zeit t von einer Quelle, die zur *retardierten Zeit*

$$t - r/c \qquad (19)$$

die Position, Geschwindigkeit und Beschleunigung

$$[\mathbf{r}_N], \quad [\mathbf{v}], \quad [\mathbf{A}]$$

hatte. Wegen des Auftauchens von r in der retardierten Zeit (19), die selbst benötigt wird, um $\mathbf{r}$ zu berechnen, sind diese Gleichungen weniger explizit, als man wünschen könnte. Wenn man aber mit einer Situation beginnt, bei der die

Quelle für einige Zeit in Ruhe war, ist r am Anfang gerade der augenblickliche Abstand von der Quelle. Man kann ihn danach weiter bestimmen durch Integration der Differentialgleichung

$$\frac{dr}{dt} = \frac{\mathbf{r}}{s} \cdot (\dot{\mathbf{r}}_e - [\mathbf{v}]) \tag{20}$$

was folgt aus

$$\mathbf{r}^2 = (\mathbf{r}_e - [\mathbf{r}_N]) \cdot (\mathbf{r}_e - [\mathbf{r}_N])$$

nach Differentiation nach der Zeit, unter Beachtung von

$$\frac{d}{dt}[\mathbf{r}_N] = [\mathbf{v}]\left(1 - \frac{dr}{cdt}\right).$$

Im speziellen Fall gleichförmiger Bewegung $\mathbf{A} = 0$ können die retardierten Größen durch die unretardierten ausgedrückt werden:

$$\begin{aligned}
[\mathbf{A}] &= \mathbf{A} = 0 \\
[\mathbf{v}] &= \mathbf{v} = \text{constant} \\
[\mathbf{r}_N] &= \mathbf{r}_N - \mathbf{v}r/c \\
r &= \frac{\mathbf{v} \cdot (\mathbf{r}_e - \mathbf{r}_N)/c + \sqrt{(\mathbf{v} \cdot (\mathbf{r}_e - \mathbf{r}_N)/c)^2 + (\mathbf{r}_e - \mathbf{r}_N)^2(1 - v^2/c^2)}}{(1 - v^2/c^2)}
\end{aligned} \tag{21}$$

worin der letzte Ausdruck die Lösung ist von

$$r^2 = (\mathbf{r}_e - \mathbf{r}_N + r\mathbf{v}/c)^2.$$

Mit diesen Ausdrücken reduziert sich (18) auf (1).

[6] Um das für das Wasserstoffatom ($Z = 1$) zu überprüfen; mit einem realistischen Orbitradius, z.B. dem Bohr-Radius

$$h(mcZ\alpha)^{-1}\sqrt{1 - (Z\alpha)^2},$$

worin $\alpha \approx 1/137$ die Feinstruktur-Konstante ist, kann eine lange Rechenzeit erfordern. Die Beschleunigung muss sehr behutsam sein, weil die internen Kräfte schwach sind, und weil der Orbit nahe bei einer „ganzzahligen Resonanzinstabilität" (in der Sprache der Teilchenbeschleuniger-Theorie) liegt. Wenn man einen größeren Wert von Z nimmt, z.B. $Z \approx 70$, sind viel größere Beschleunigungen möglich und die Rechenzeiten sind moderat. Die Idee, in einem solchen System die Lorentz- und Larmor-Effekte durch einfache Integration der Bewegungsgleichungen zu erhalten, kam mir vielleicht durch eine Bemerkung von J. Larmor [10].

[7] Es ist denkbar, dass die Bewegung der Erde relativ zur Sonne und die Bewegung der Sonne selbst, relativ zu irgendeinem angenommenen Inertialsystem, zusammengenommen bewirken, dass die Erde selbst zeitweise in Ruhe ist.[2] Aber diese Situation würde nicht bestehen bleiben, weil die Erde weiter um die die Sonne kreist, während die Bewegung der Sonne als relativ gleichförmig angenommen wird. Nebenbei gesagt, beträgt die Orbitalgeschwindigkeit der Erde etwa 3×10^6 cm/s (= 30 km/s). Die Geschwindigkeit der Erdoberfläche relativ zum Mittelpunkt, hervorgerufen durch die Tagesrotation, beträgt etwa ein Hundertstel davon.[3]

[8] Das einzige moderne Lehrbuch, das mir bekannt ist, und das im wesentlichen diesen Weg nimmt, scheint zu sein von L. Janossy: *Theory of Relativity Based on Physical Reality*, Académiaia Kiado, Budapest (1971).

[9] Diese Felder folgen aus den retardierten Potentialen von Punktquellen von Lienard (1898) und Wiechert (1900). Siehe zum Beispiel W. K. H. Panofsky und M. Phillips: *Classical Electricity and Magnetism*. Addison-Wesley (1964), Gln. 20-13, 20-15. Leider wird in modernen Lehrbüchern dieses Material gewöhnlich nach den Kapiteln über Relativität dargestellt, was für unsere Zwecke nicht passt. Der beiläufige Bezug auf die Relativität, der dann vorkommen kann, kann jedoch ignoriert werden; die vorliegende Aufgabe ist einfach das Niederschreiben bestimmter Lösungen der Maxwell-Gleichungen.

[10] J. Larmor, *Aether and Matter*. Cambridge (1900), S. 179. Larmor benutzt das Beispiel, um eine sehr allgemeine Korrespondenz zwischen stationären und bewegten Systemen zu illustrieren, die auf dem basiert, was heute Lorentzinvarianz der Maxwell-Gleichungen genannt wird und die Larmor bis zur zweiten Ordnung in v/c aufstellt. Man beachte, dass er keine separaten Gleichungen für die Bewegung der Quellen aufschreibt wie unsere (3) und (5). Er scheint ein Modell im Sinn zu haben, in dem die Bewegung von Singularitäten irgendwie durch die Feldgleichungen diktiert werden, in Analogie zur Bewegung der Wirbellinien in der Hydrodynamik. Larmor fasst seine allgemeinen Schlussfolgerungen auf S. 176 zusammen:

„Wir kommen zum Ergebnis, korrekt bis zur zweiten Ordnung: Wenn sich die internen Kräfte eines materiellen Systems ganz aus der elektrodynamischen Wirkung zwischen den Elektronen-Systemen ergeben, die die Atome bilden, dann ist der Effekt, einem festen materiellen System eine gleichförmige Translationsbewegung zu verleihen, eine gleichförmige Kontraktion des Systems in der Richtung der Bewegung, von der Größe $\varepsilon^{-1/2}$ bzw. $1 - \frac{1}{2}v^2/C^2$. Die Elektronen werden die entsprechenden Positionen in diesem kontrahierten System einnehmen,

[2] AdÜ: Die Sonne bewegt sich mit 627 ± 22 km/s relativ zum Bezugssystem der „kosmischen Mikrowellen-Hintergrundstrahlung“ (CBR) [engl. Wikipedia].

[3] AdÜ: Die maximale Oberflächengeschwindigkeit (am Äquator) beträgt $v_T = \frac{U}{T} \approx \frac{40\,000\,km}{86\,400\,s} \approx 0.5\frac{km}{s} = 5 \times 10^4 \frac{cm}{s}$, und an den Polen gilt $v_T = 0$.

aber die ätherischen Verschiebungen im Raum um sie herum sind nicht entsprechend: Wenn (f,g,h) und (a,b,c) diejenigen vom bewegten System sind, dann sind die elektrischen und magnetischen Verschiebungen an den entsprechenden Punkten des festen Systems die Werte, die die Vektoren

$$\varepsilon^{1/2}\left(\varepsilon^{-1/2}f, g-\frac{v}{4\pi C^2}c, h+\frac{v}{4\pi C^2}b\right)$$

und

$$\varepsilon^{1/2}(\varepsilon^{-1/2}a, b+4\pi vh, c-4\pi vg)$$

zu einer Zeit, Konst. $+vx/C^2$, vor dem betrachteten Moment hatten, an dem die Zeitskala im Verhältnis $\varepsilon^{1/2}$ vergrößert wird.“

Das spezielle Beispiel ist beschrieben auf S. 179:

„Als einfache Illustration der allgemeinen molekularen Theorie betrachten wir die Gruppe, die aus einem Elektronenpaar mit unterschiedlichen Vorzeichen gebildet wird, die in einer Ruheposition stationäre Orbits umeinander beschreiben. (Die Orbitalgeschwindigkeiten seien in dieser Illustration so klein, dass Strahlung keine Rolle spielt.) Wir können wegen der Korrelation behaupten, dass, wenn sich das Paar durch den Äther mit der Geschwindigkeit v in einer Richtung bewegt, die in der Orbitebene liegt, diese Orbits relativ zur Translationsbewegung entlang der Richtung von v zur Elliptizität $1-\frac{1}{2}v^2/C^2$ abgeflacht werden. Zudem gibt es eine Verzögerung der Phase erster Ordnung in jeder Orbitalbewegung, wenn das Elektron vorn in der Mittelposition ist, kombiniert mit einer Beschleunigung dahinter, so dass sich die Periode im Ganzen nur im Verhältnis zweiter Ordnung $1+\frac{1}{2}v^2/C^2$ ändert. Die Spezifizierung der Orbitänderung, die durch die Translationsbewegung erzeugt wird, für den allgemeinen Fall, wenn die Bewegungsrichtung gegen die Orbitebene geneigt ist, kann ähnlich erfolgen; Sie kann auch für ein ideales Molekül, das aus beliebig komplexen Elektronen-Orbitsystemen aufgebaut ist, erweitert werden.“

Ich denke, es kann pädagogisch nützlich sein, mit dem Beispiel zu beginnen, und die Gleichungen auf irgendeine umständliche Weise zu integrieren, zum Beispiel durch numerische Rechnungen. Die allgemeine Argumentation, die wie gehabt eine Änderung der Variablen beinhaltet, kann (fürchte ich) ein vorzeitiges Philosophieren über Raum und Zeit auslösen. Man beachte, dass W. Rindler, *Am. J. Phys.* **38** (1970), 1111, Larmor nicht ausreichend deutlich über Zeitdilatation findet: „Anscheinend hat *niemand* vor Einstein im Jahr 1905 den leisesten Verdacht geäußert, dass bewegte Uhren langsamer gehen könnten“.

10 Einstein-Podolsky-Rosen-Experimente

Ich bin eingeladen worden, über „Grundlagen der Quantenmechanik“ zu sprechen – und das zu einem unfreiwilligen Publikum von Teilchenphysikern! Wie kann ich darauf hoffen, diese seriösen Zuhörer mit Philosophie zu fesseln? Ich versuche das, indem ich mich auf ein Gebiet konzentriere, auf dem in letzter Zeit einige couragierte Experimentatoren die Philosophie experimentell auf die Probe stellen.

Das besagte Gebiet ist das von Einstein, Podolsky und Rosen [1]. Nehmen wir zum Beispiel an [2,3], dass Protonen mit einer Energie von einigen MeV auf ein Wasserstoff-Target treffen. Gelegentlich wird eines an einem Target-Proton gestreut, das dabei ebenfalls weggestoßen wird. Angenommen, wir benutzen Zählerteleskope T_1 und T_2 (Abb. 10.1), die registrieren, wenn geeignete Protonen auf die entfernten Zähler C_1 und C_2 zu fliegen. Bei einer idealen Anordnung bedeutet eine Registrierung der beiden Teleskope, dass auch beide Zähler, nach den entsprechenden Zeitverzögerungen, anzeigen. Weiter sei angenommen, dass vor C_1 und C_2 Filter liegen, die nur

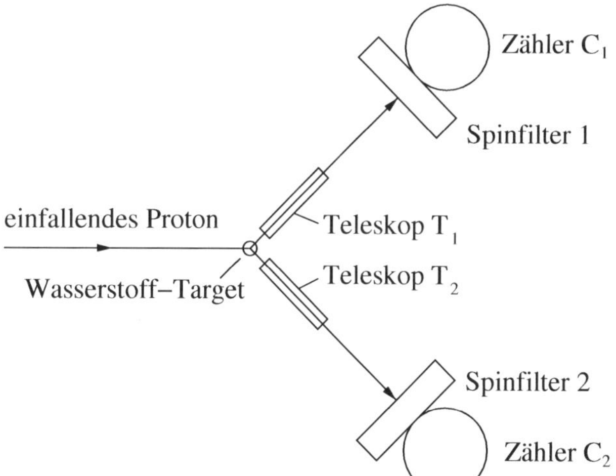

Abb. 10.1: *Gedankenexperiment zur Proton-Proton-Streuung*

Teilchen einer gegebenen Polarisation durchlassen, z.B. mit der Spinprojektion $+\frac{1}{2}$ entlang der z-Achse. Dann kann einer von den Zählern C_1 und C_2, oder beide aussetzen. Tatsächlich wird für Protonen mit geeigneter Energie einer (und nur einer) dieser Zähler bei fast jeder geeigneten Gelegenheit registrieren – d.h. den Gelegenheiten, die durch die Teleskope [4] T_1 und T_2 als geeignet bestätigt sind. Das ist der Fall, weil die Proton-Proton-Streuung in einem großen Winkel und bei kleinen Energien, wie einigen MeV, hauptsächlich als S-Welle stattfindet. Aber die Antisymmetrie der End-Wellenfunktion erfordert den antisymmetrischen Singulett-Spinzustand. Wenn in diesem Zustand ein Spin „up" festgestellt wird, wird der andere „down" festgestellt. Das folgt aus der Formel für den Quantenerwartungswert

$$\langle \text{singlet}|\sigma_z(1)\sigma_z(2)|\text{singlet}\rangle = -1,$$

wobei $\frac{1}{2}\sigma_z(1)$ und $\frac{1}{2}\sigma_z(2)$ die Spinoperatoren für die z-Komponente beider Teilchen sind.

Nun sei angenommen, dass die Abstände der Quelle zu den Zählern so sind, dass das Proton, das zu C_1 fliegt, dort ankommt, bevor das andere Proton bei C_2 ankommt. Jemand, der den Zähler C_1 beobachtet, weiß vorher nicht, ob er anzeigen wird oder nicht. Aber sobald er zur Kenntnis genommen hat, was mit C_1 zu der entsprechenden Zeit passiert, weiß er unmittelbar, was mit C_2 passieren wird – wie weit entfernt C_2 auch sein mag.

Einige finden diese Situation paradox [5]. Sie können zum Beispiel zu der Meinung gekommen sein, dass die Quantenmechanik fundamental indeterministisch ist. Insbesondere können sie zu der Meinung gekommen sein, dass das Ergebnis einer Spinmessung an einem unpolarisierten Teilchen (und hier ist jedes Teilchen, für sich betrachtet, unpolarisiert) vollkommen unbestimmt ist, bis sie stattgefunden hat. Und dennoch haben wir hier eine Situation, wo das Ergebnis einer solchen Messung mit absoluter Sicherheit vorher bekannt ist. Wurde es erst in dem Moment festgelegt, als das entfernte Teilchen das entfernte Filter passierte? Aber wie kann etwas, das weitweg passiert, die Situation hier ändern? Ist es nicht vernünftiger anzunehmen, dass das Ergebnis in irgendeiner Weise die ganze Zeit vorher bestimmt war?

Ich will drei Wege anreißen, mit dieser Situation umzugehen, die jeweils durch eine der drei folgenden Fragen charakterisiert werden:

> Warum sich Sorgen machen?
> Ist das alles denn nicht genauso wie in der klassischen Physik?
> Ist es denn wirklich wahr?

Warum sich Sorgen machen?

Man kann argumentieren, dass der Versuch, hinter die formalen Vorhersagen der Quantentheorie zu blicken, uns nur selbst in Schwierigkeiten bringt. War es nicht genau diese Lehre, die gezogen werden musste, bevor die Quantenmechanik aufgebaut werden konnte: Dass es sinnlos ist, zu versuchen, hinter die beobachteten Phänomene zu blicken? Außerdem lehrt uns dieses spezielle Beispiel wieder, dass wir die experimentelle Anordnung als Ganzes betrachten müssen. Wir dürfen nicht versuchen, sie in separaten Teilen zu analysieren; mit separat lokalisierten Anteilen der Unbestimmtheit. Wenn man dem Impuls widersteht, zu analysieren und zu lokalisieren, kann man mentales Unbehagen vermeiden.

Das ist, soweit ich es verstehe, die orthodoxe Sicht, wie sie von Bohr [6] in seiner Antwort auf Einstein, Podolsky und Rosen formuliert wurde. Viele sind damit völlig zufrieden.

Ist das alles denn nicht genauso wie in der klassischen Physik?

In der klassischen Physik existieren ähnliche Korrelationen tatsächlich; und überraschen niemanden. Angenommen, ich nehme eine Münze aus meiner Tasche und zerteile sie – ohne sie anzusehen – in der Mitte; in der Weise, dass Kopf und Zahl getrennt werden. Weiter angenommen, dass die zwei verschiedenen Teile von zwei verschiedenen Leuten eingesteckt werden (wiederum, ohne dass jemand sie ansieht), die auf verschiedene Reisen gehen. Der erste, der nachschaut und Kopf oder Zahl sieht, weiß unmittelbar, was der andere anschließend sehen wird. Gibt es bei den quantenmechanischen Korrelationen irgendeinen Unterschied dazu? In der Tat, laut Einstein [7], gibt es keinen, wenn ich ihn richtig verstanden habe. Im Beispiel mit der Münze waren Kopf und Zahl stets Kopf und Zahl; auch dann, als sie verborgen waren. Die Person, die zuerst nachschaute, war einfach die erste, die es erfährt. Aber freilich war seit dem Aushändigen der Teile (und sogar zuvor, in einer vollständig deterministischen, klassischen Theorie) alles festgelegt. Weil sie die Anzeigen der „verborgenen Variablen", Kopf oder Zahl (bzw. „up" oder „down"), vor der Beobachtung nicht explizit enthält, macht die Quantenmechanik aus einer ganz einfachen Situation ein Mysterium. Zum Beispiel für Einstein [8]:

> Der statistische Charakter der gegenwärtigen Theorie würde dann eine notwendige Folge der Unvollständigkeit der Beschreibung der Systeme in der Quantenmechanik sein und es gäbe keinen Grund weiterhin für die Annahme, dass eine zukünftige Physik auf Statistik basiert sein muss ....

Dass der anscheinende Indeterminismus der Quantenphänomene deterministisch simuliert werden kann, weiß jeder Experimentator sehr gut. Wenn man ein Experiment entwirft, ist es heutzutage völlig üblich, ein Monte-Carlo-Computerprogramm zu entwickeln, das das erwartete Verhalten simuliert. Der Ablauf im digitalen Computer ist völlig deterministisch – sogar die sogenannten „Zufallszahlen" sind im voraus bestimmt. Jedes derartige Programm ist gewissermaßen eine *ad hoc* deterministische Theorie für einen bestimmten Aufbau, die dieselben statistischen Vorhersagen macht wie die Quantenmechanik.

Wir wollen diesen Weg für den obigen Fall der Zählerkorrelationen etwas weiter verfolgen. Es sei A eine Variable, die die Werte ± 1 annimmt, je nachdem, ob der Zähler 1 registriert oder nicht. $B = \pm 1$ sei eine entsprechende Variable, die die Reaktion von Zähler 2 beschreibt. A und B seien durch Variablen $\lambda, \mu, \nu, \ldots$ bestimmt, von denen einige Zufallszahlen sein können:

$$A(\lambda, \mu, \nu, \ldots)$$
$$B(\lambda, \mu, \nu, \ldots).$$

Es gibt eine unendliche Zahl von Möglichkeiten, solche Variablen und Funktionen so zu wählen, dass $B = -1$ immer für $A = +1$ erfüllt ist (und umgekehrt). Die quantenmechanischen Korrelationen werden dann reproduziert.

Betrachten wir nun jedoch eine Variation des Experimentes. Anstatt, dass beide Filter Spins in z-Richtung durchlassen, seien sie gedreht, so dass sie Spins durchlassen, die in irgendeine andere Richtung zeigen. Das Filter am ersten Zähler lasse Spins durch, die in Richtung irgendeines Einheitsvektors **a** zeigen, und das Filter am zweiten Zähler lasse Spins in Richtung irgendeines Einheitsvektors **b** durch. Für gegebene Werte der verborgenen Variablen $\lambda, \mu, \nu, \ldots$ kann die Antwort A des ersten Zählers problemlos von der Orientierung seines eigenen Filters **a** abhängig sein. Aber man würde nicht erwarten, dass A von der Orientierung des entfernten zweiten Filters **b** abhängt. Und man könnte erwarten, dass die Antwort des zweiten Zählers B von der lokalen Einstellung **b** abhängt, nicht jedoch von der Einstellung **a** des entfernten Instruments:

$$A(\mathbf{a}, \lambda, \mu, \nu, \ldots)$$
$$B(\mathbf{b}, \lambda, \mu, \nu, \ldots).$$

Die Korrelationsfunktion $P(\mathbf{a}, \mathbf{b})$ sei definiert als Mittelwert des Produktes AB:

$$P(\mathbf{a}, \mathbf{b}) = \overline{A(\mathbf{a}, \lambda, \mu, \nu, \ldots) B(\mathbf{b}, \lambda, \mu, \nu, \ldots)}, \tag{1}$$

wobei der Überstrich die Mittelung über irgendwelche Verteilungen der Variablen $\lambda, \mu, \nu, \ldots$ bezeichnet.

Für diese allgemeinere Situation ist die quantenmechanische Vorhersage

$$P(\mathbf{a}, \mathbf{b}) = \langle \text{singlet} | \mathbf{a} \cdot \sigma(1) \mathbf{b} \cdot \sigma(2) | \text{singlet} \rangle = -\cos\theta, \tag{2}$$

wobei θ der Winkel zwischen **a** und **b** ist. Können wir, mit Hilfe irgendeines raffinierten Systems von Variablen $\lambda, \mu, \nu, \ldots$ und Funktionen A, B, dafür sorgen, dass der Mittelwert (1) den Wert (2) annimmt? Die Antwort lautet: „Nein".

Zum Beispiel angenommen, wir sorgen dafür, dass für $\mathbf{a} = \mathbf{b}$ (d.h. $\theta = 0$) der Ausdruck (1) gleich (2) ist:

$$P(\mathbf{a}, \mathbf{b}) = -1 \quad \text{für} \quad \mathbf{a} = \mathbf{b}.$$

Dann müssen A und B überall im Raum der $\lambda, \mu, \nu, \ldots$ verschiedene Vorzeichen haben. Überlegen wir nun, was passiert, wenn **a** in einen neuen Wert $\mathbf{a}'$ geändert wird.

B (was nach der Hypothese unabhängig von $\mathbf{a}$ ist) ändert sich für gegebene $\lambda, \mu, \nu, \ldots$ nicht. Aber A wird das Vorzeichen an bestimmten Punkten ändern, und diese Punkte werden $AB = +1$ anstatt $AB = -1$ zum Mittelwert (1) beitragen. Dann ist

$$P(\mathbf{a}', \mathbf{a}) - P(\mathbf{a}, \mathbf{a}) = 2\rho,$$

wobei ρ die Gesamtwahrscheinlichkeit der Punktmenge $\lambda, \mu, \nu, \ldots$ ist, an denen A das Vorzeichen wechselt. Nun hängt diese Punktmenge,an denen A das Vorzeichen wechselt, wenn $\mathbf{a}$ in $\mathbf{a}'$ geändert wird, in keiner Weise von $\mathbf{b}$ ab. Aus (1) und $B = +1$ folgt, dass

$$|P(\mathbf{a}', \mathbf{b}) - P(\mathbf{a}, \mathbf{b})| \leq 2\rho.$$

Darum ist von allen Werten $\mathbf{b}$, $\mathbf{b} = \mathbf{a}$ derjenige, für den P sich am schnellsten mit $\mathbf{a}$ ändert. Anders als bei der Quantenkorrelation (2), die für $\theta = 0$ stationär in θ ist, muss die Korrelation mit verborgenen Variablen dort eine *Spitze* haben (Abb. 10.2).

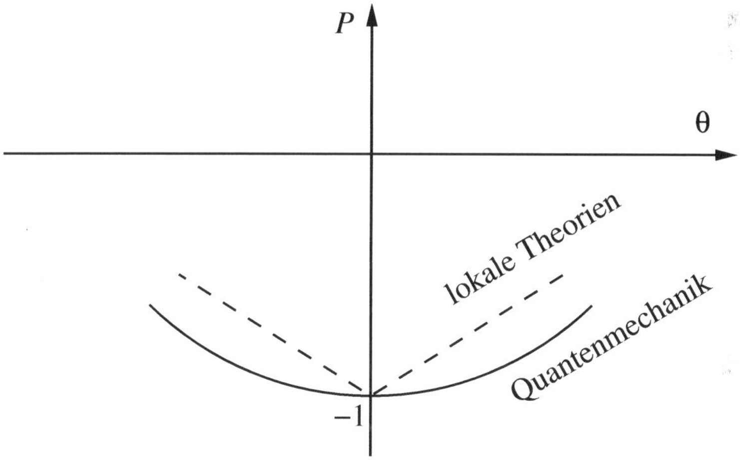

Abb. 10.2: *Verhalten der Korrelation P in der Umgebung von $\theta = 0$, $P = -1$*

Natürlich kann man das quantenmechanische Ergebnis mit einer allgemeineren Darstellung mit verborgenen Variablen erhalten, bei der A sowohl von $\mathbf{b}$ als auch $\mathbf{a}$ abhängt, oder B sowohl von $\mathbf{a}$ als auch $\mathbf{b}$:

$$A(\mathbf{a}, \mathbf{b}, \lambda, \mu, \nu, \ldots)$$
$$B(\mathbf{a}, \mathbf{b}, \lambda, \mu, \nu, \ldots).$$

Aber damit würde das Verhalten eines Zählers davon abhängig, was an einem entfernten Ort getan wird. Das wäre seltsam genug, wenn $\mathbf{a}$ und $\mathbf{b}$ konstant sind; aber nehmen wir nun an, dass diese Einstellungen zeitabhängig sind. Dann sind gemäß der Quantenmechanik die maßgeblichen Werte von $\mathbf{a}$ und $\mathbf{b}$ diejenigen, die erhalten werden, wenn die Teilchen die entsprechenden Filter passieren. Angenommen, wir sorgen zum Beispiel dafür, dass die beiden Passagen gleichzeitig erfolgen. Dann würde A (bzw. B) *augenblicklich* von der Einstellung am entfernten Instrument **b** (bzw. **a**) abhängen müssen. Die kausale Abhängigkeit müsste sich schneller als das Licht ausbreiten.

Also ist das alles überhaupt nicht genauso wie in der klassischen Physik. Einstein argumentierte, dass die EPR-Korrelationen nur erklärt werden können, wenn man die quantenmechanische Darstellung in einer klassischen Art und Weise vervollständigt. Aber die eingehende Untersuchung zeigt, dass jede klassische Darstellung dieser Korrelationen gerade eine solche „spukhafte Fernwirkung“ [9] enthalten muss, an die Einstein nicht glauben konnte:

> An einer Annahme sollten wir, meiner Meinung nach, unbedingt festhalten: Die tatsächliche Situation des Systems S_2 ist unabhängig davon, was mit dem System S_1 passiert, das räumlich von dem ersteren getrennt ist [10].

Wenn die Natur sich bei diesen Korrelationen an die Quantenmechanik hält, dann ist Einsteins Vorstellung von der Welt unhaltbar.

Ist es denn wirklich wahr?

Hält sich die Natur in dieser Angelegenheit nun an die Quantenmechanik? Man könnte argumentieren, dass der sehr allgemeine und sehr bemerkenswerte Erfolg der Quantenmechanik es sinnlos macht, spezielle Experimente zu diesen Korrelationen zu machen. Wir werden – nach vielen Mühen – nur herausfinden, dass die Quantenmechanik wieder recht hat. Man kann aber auch argumentieren, dass der große Erfolg der Quantenmechanik, insoweit sie sich von der klassischen Mechanik unterscheidet, im mikroskopischen Bereich liegt. Andererseits haben wir es hier mit besonderen Quantenphänomenen im makroskopischen Bereich zu tun.

Die gegenwärtige Entwicklung, diese Fragen experimentell zu testen, begann mit dem Schlüsselartikel von Clauser, Holt, Horne und Shimony [11]. Aus der grundlegenden Darstellung (1) bewiesen sie, dass gilt

$$|P(\mathbf{a},\mathbf{b}) - P(\mathbf{a},\mathbf{b}')| + |P(\mathbf{a}',\mathbf{b}) + P(\mathbf{a}',\mathbf{b}')| \leq 2. \tag{3}$$

Darin ist P die bereits definierte Zählerkorrelation, **a** und $\mathbf{a}'$ sind alternative Einstellungen des ersten Polarisators, und **b** und $\mathbf{b}'$ alternative Einstellungen des zweiten. Es ist leicht zu sehen, dass das quantenmechanische P (2) (für geschickt gewählte $\mathbf{a}, \mathbf{a}', \mathbf{b}, \mathbf{b}'$) den Ausdruck (3) um einen Faktor verletzt, der die Größe $\sqrt{2}$ erreichen kann. In der Form dieser sehr praktischen „Lokalitätsungleichung“ sind die verschiedenen Experimente interpretiert worden.

Leider ist es zur Zeit noch nicht möglich, die Bedingungen eines idealen, entscheidenden Experiments zu erreichen. Reale Zähler, reale Polarisatoren und reale geometrische Anordnungen sind zusammengenommen so ineffizient, dass die quantenmechanischen Korrelationen stark abgeschwächt werden. Die Zähler sagen selten „yes, yes“, meist „no, no“ und sagen „yes, no“ mit einer Häufigkeit, die nur schwach von den Polarisatoreinstellungen abhängt. Unter diesen Bedingungen ist

$$P(\mathbf{a},\mathbf{b}) = 1 - (\delta(\mathbf{a},\mathbf{b}))^2,$$

wobei δ klein ist und nur schwach von den Argumenten $\mathbf{a},\mathbf{b}$ abhängt. Die Ungleichung (3) ist dann trivial erfüllt. Somit kann man nur sagen, dass die verschiedenen Experimente die Ungleichung „testen“, wenn man die verschiedenen Ineffizienzen in üblicher Weise zulässt und von realen Ergebnissen zu idealen Ergebnissen *extrapoliert*. Die Ergebnisse sind trotzdem von großem Interesse. Ein sich kompensierendes Fehlschlagen der konventionellen Quantenmechanik der Spinkorrelationen und der konventionellen Phänomenologie der Instrumente wäre vorstellbar, womit die Experimente bedeutungslos würden. Aber das wäre eine kaum vorstellbare Verschwörung.

Nur eines von diesen Experimenten betrifft die pp-Streuung mit kleiner Energie vom obigen Gedankenexperiment. Es ist das von Lamehi-Rachti und Mittig at Saclay [12]. Protonen mit 14 MeV Laborenergie werden in einem Laborwinkel von 45° gestreut und die Spinkorrelation von Streu- und Rückstoßproton gemessen. Sie haben nicht die idealen „yes-no“ Polarisationsfilter wie beim Gedankenexperiment. An deren Stelle analysieren sie die Polarisation durch eine zweite Streuung an Kohlenstoff. Sie haben auch keine Teleskope T_1 und T_2, die anzeigen, wann tatsächlich geeignete Teilchen auf die Zähler zu fliegen. Das vergrößert zusätzlich die Extrapolation vom realen zum idealen Experiment. Trotzdem: Wenn es eine Tendenz gäbe, dass sich der Singulett-Spinzustand mit der makroskopischen Trennung der Teilchen irgendwie auflöst, sollte sie sich in einem solchen Experiment zeigen – abgesehen vom Fall der Verschwörung. Die vorläufigen Ergebnisse zeigen keinen solchen Effekt. Sie stimmen mit der Quantenmechanik überein, und widersprechen (im Sinne einer zuverlässigen Extrapolation) der Lokalitätsungleichung.

Alle anderen Experimente sind mit Photonenpaaren anstelle von Spin-$\frac{1}{2}$-Teilchen gemacht worden. In der Theorie ersetzen die zwei linearen Polarisationszustände jedes Photons die zwei Spinzustände jedes Spin-$\frac{1}{2}$-Teilchens. Geeignet korrelierte Photonenpaare entstehen bei der Annihilation von langsamen Positronen mit Elektronen. Wiederum gibt es keine sehr effizienten Polarisationsfilter. Die Experimentatoren müssen auf Compton-Streuung der Photonen zurückgreifen; gemäß der Quantenmechanik werden die Polarisationskorrelationen dann in Winkelkorrelationen umgewandelt. Solche Experimente sind in Columbia [13] (Kasday, Ullman und Wu) und in Catania [14] (Faraci, Gutkowski, Notarrigo und Pennisi) gemacht worden. Das Columbia-Ergebnis ist in Übereinstimmung mit der Quantenmechanik und (im extrapolierten Sinn) in signifikantem Widerspruch zu der Ungleichung.

Das Umgekehrte gilt für das Catania-Experiment. Die Gründe für diese Diskrepanz zwischen den beiden Experimenten sind nicht bekannt, soweit ich weiß.

Für optische Photonen *gibt es* (im Gegensatz zu den hochenergetischen Photonen aus der Positronenannihilation) effiziente Polarisationsfilter – nämlich doppelbrechende Kristalle und „Plattenstapel". Darüber hinaus können geeignet korrelierte Photonenpaare in bestimmten Atomkaskaden erzeugt werden. Betrachten wir zum Beispiel eine Zwei-Photonen-Kaskade, bei der der Anfangs- und Endzustand des Atoms den Drehimpuls Null haben. Wenn die zwei Photonen in entgegengesetzter Richtung emittiert werden, müssen ihre Helizitäten so korreliert sein, dass der Gesamtdrehimpuls um ihre gemeinsame Bewegungsrichtung Null ist. Es gibt eine entsprechende Korrelation von linearen Polarisationszuständen. Leider erscheinen die Photonen nicht immer in entgegengesetzter Richtung, denn das zurückbleibende Atom kann einen Impuls aufnehmen. Sehr oft bedeutet deshalb ein „no" des Zählers keine Aussage über die Polarisation, sondern nur, dass kein Photon in diese Richtung geflogen ist. Dieses Problem könnte im Prinzip mit geeigneten Teleskopen gelöst werden, mit denen die uninteressanten Fälle ausgeschaltet werden können. In der Praxis ist das bisher nicht möglich gewesen. Die Bedeutung der Aussage „no" eines Zählers wird in diesen Experimenten durch die sehr geringen Effizienzen der Photonenzähler weiter verringert. Deshalb kann ein System, das die Lokalitätsungleichung verletzt, leider nicht tatsächlich realisiert werden. Solche Experimente testen jedoch, ob die Quantenpolarisations-Korrelationen über makroskopische Distanzen bestehen bleiben. Experimente an einer Kalziumkaskade sind von Clauser und Freedman [15], an einer Quecksilberkaskade von Holt und Pipkin [16] und von Clauser [17], sowie von Fry [18] an einer anderen Quecksilberkaskade gemacht worden. Drei dieser vier Experimente bestätigen die Quantenmechanik sehr schön und widersprechen (im Sinne einer Extrapolation) der Lokalitätsungleichung. Aber für Holt und Pipkin gilt das Umgekehrte. Es ist nicht klar, warum dieses Experiment dem sehr ähnlichen von Clauser widerspricht.

Diese Experimente testen jedoch in keiner Weise, was als erstaunlichste Eigenschaft der Quantenkorrelation angesehen wird. Das ist ihre Abhängigkeit von den augenblicklichen Einstellungen der Polarisationsfilter, direkt während der Passage der Teilchen. Deshalb ist es von sehr großem Interesse, dass jetzt ein Atomkaskaden-Experiment in Vorbereitung ist, bei dem *die Einstellungen der Polarisatoren während des Fluges der Photonen geändert werden*. Clauser [19] hat vorgeschlagen, dass das mit Hilfe von etwas Ähnlichem wie Kerr-Zellen gemacht werden könnte. Aber laut Aspect [20] erhitzen sich solche Zellen zu schnell und haben eine zu geringe Durchlässigkeit, um in der Praxis einsetzbar zu sein. Seine Idee ist, jede Filter-Zähler-Kombination durch ein Paar solcher Kombinationen mit verschieden orientierten Filtern zu ersetzen. Er denkt, dass er, mittels eines schnellen Schalterapparates, das einfallende Photon auf das eine oder das andere Filter umlenken kann. Er glaubt, dass ein derartiges Umschalten durch Erzeugung von stehenden Ultraschallwellen herbeigeführt werden kann, an denen das Photon eine Bragg-Reflektion erfährt. Wenn dieses Experiment das erwartete Ergebnis bringt, wird das die Bestätigung dessen sein, was nach meiner Ansicht – im Lichte der

Lokalitätsanalyse [21] – eine der außergewöhnlichsten Vorhersagen der Quantentheorie ist.

Ich denke, dass künftige Generationen denen dankbar sein sollten, die diese Probleme aus dem Reich der Gedankenexperimente in das der realen Experimente bringen. Darüber hinaus sind einige der realen Experimente von großer Eleganz. Etwas über sie zu hören (nicht in schematischer Form von einem Theoretiker, sondern in realer Form von ihren Autoren) ist – mit einem Ausdruck von Professor Gilberto Bernardini – eine spirituelle Erfahrung.

Anhang: Einstein und die verborgenen Variablen

Ich hatte lange Zeit gedacht, dass es völlig üblich und unkontrovers ist, Einstein als Befürworter der verborgenen Variablen zu betrachten, und zwar [22] als „den tiefsinnigsten Verfechter der verborgenen Variablen". Und so habe ich mich bei verschiedenen Gelegenheiten auf Einsteins Autorität berufen, um ein Interesse an dieser Frage zu legitimieren. Aber weil ich das tat, bin ich von Max Jammer in seinem sehr wertvollen Buch [5] *Die Philosophie der Quantenmechanik* beschuldigt worden, die Öffentlichkeit irrezuführen:

> Eine Ursache dafür, Einstein fälschlicherweise als Befürworter der verborgenen Variablen aufzulisten, war sicherlich J. S. Bells vielgelesener Artikel „Über das Einstein-Podolsky-Rosen Paradoxon", *Physics* **1**, 195-200 (1964)[1], der mit dem Satz beginnt: „Das Paradoxon ... wurde als Argument dafür entwickelt, dass die Quantenmechanik ... durch zusätzliche Variablen ergänzt werden sollte."... Einsteins Bemerkungen in seiner „Antwort auf Kritiken" (Ref. 4-9, S. 672), die Bell zur Unterstützung seiner These zitiert, sind zweifellos kein Eingeständnis der Überzeugung von der Notwendigkeit verborgener Variablen.

Die Bemerkung Einsteins, die ich zitiert hatte, war folgende:

> An einer Annahme sollten wir, meiner Meinung nach, unbedingt festhalten: Die tatsächliche Situation des Systems S_2 ist unabhängig davon, was mit dem System S_1 passiert, das räumlich von dem ersteren getrennt ist.

Die Absicht dieses Zitierens war, an Einsteins tiefes Bekenntnis zu Realismus und Lokalität zu erinnern – die Axiome des EPR-Artikels. Und das Zitat war nicht von S. 672 aus Einsteins „Antwort auf Kritiken", sondern von S. 85 seiner „Autobiographischen Notizen" im gleichen Band [23]. Wenn ich auf S. 672 nachlese, finde ich folgendes:

> Wenn man den Erfolg der Bemühungen, eine vollständige physikalische Beschreibung zu schaffen, annimmt, wird die statistische Quantentheorie (im Rahmen der

[1] Kapitel 2 in diesem Buch

> zukünftigen Physik) eine annähernd analoge Position einnehmen, wie die statistische Mechanik im Rahmen der klassischen Mechanik. Ich bin ziemlich fest davon überzeugt, dass sich die theoretische Physik in dieser Weise entwickeln wird; aber der Weg wird lang und kompliziert sein.

Das scheint mir ein ziemlich klares Bekenntnis zu dem zu sein, was üblicherweise unter verborgenen Variablen verstanden wird [24].

Andere, ähnlich deutliche Aussagen, sind leicht zu finden [25]:

> Ich bin tatsächlich ziemlich sicher davon überzeugt, dass der grundlegend statistische Charakter der gegenwärtigen Quantentheorie nur daher rührt, dass sie mit einer unvollständigen Beschreibung physikalischer Systeme operiert.

Darüber hinaus: Der Einstein-Podolsky-Rosen-Artikel *hatte* den Titel „Kann die quantenmechanische Beschreibung der physikalischen Realität als vollständig angesehen werden?" Und er endete mit:

> Obwohl wir hiermit gezeigt haben, dass die Wellenfunktion keine vollständige Beschreibung der physikalischen Realität liefert, lassen wir die Frage offen, ob eine solche Beschreibung existiert, oder nicht. Wir glauben jedoch, dass eine solche Theorie möglich ist.

Es scheint mir darum außer Frage zu stehen, dass es wenigstens einen Einstein gibt, den vom EPR-Artikel und aus dem Schilpp-Buch, der sich vollkommen der Ansicht verschrieben hat, dass die Quantenmechanik unvollständig ist und ergänzt werden sollte – was das Programm der verborgenen Variablen ist. Max Jammer scheint diesen Einstein nicht gefunden zu haben, sondern behauptet, einen anderen gefunden zu haben. Als Beweis zitiert er Phrasen aus privaten Briefen, eine mündliche Überlieferung und Einsteins wohlbekanntes Bekenntnis zur klassischen Feldtheorie.

Allerdings schließt der Glaube an die klassische Feldtheorie, an „stetige Funktionen im vierdimensionalen (Kontinuum) als Grundlage der Theorie" [26] keinesfalls den Glauben an „verborgene" Variablen aus. Die Feldtheorie kann vielmehr als spezielles Konzept solcher Variablen angesehen werden.

Die mündliche Überlieferung besagte, dass Einstein erwartete, dass die Quantenmechanik letztlich durch Experimente widerlegt würde. Aber wenn er wegen einer solchen Erwartung aus der Liste der Befürworter gestrichen werden sollte, bezweifle ich, dass darauf überhaupt jemand übrig bleibt. Wenn eine solche Liste zusammengestellt würde, würde sie (denke ich) aus Leuten bestehen, die sich damit befassen, die experimentell bestätigten Aspekte der Quantenmechanik zu reproduzieren – die aber darauf erpicht sind, in ihren Untersuchungen einen Hinweis darauf zu finden, wo ein kritisches Experiment zu suchen wäre. Tatsächlich würden wenige die endgültige Rechtfertigung der Quantenmechanik (auf der statistischen Ebene) so stabil erwarten wie Einstein selbst bei einer Gelegenheit [27]: „Die formalen Beziehungen, die in der Theorie angegeben sind – d.h. ihr ganzer mathematischer Formalismus – wird wahrscheinlich, in der Form von logischen Folgerungen, in jeder brauchbaren zukünftigen Theorie enthalten sein.“

Die Zitate aus privaten Briefen betreffen negative Reaktionen Einsteins auf die sehr speziellen verborgenen Variablen von Bohm von 1952. Dieses Schema reproduziert die ganze nichtrelativistische Quantenmechanik vollständig; und ziemlich trivial. Es hatte einen großen Nutzen, indem es bestimmte Eigenschaften der Theorie beleuchtete, und indem es verschiedene „Beweise“ für die Unmöglichkeit einer Interpretation mit verborgenen Variablen ins rechte Licht rückte. Aber Bohm selbst glaubte nicht daran, dass es in irgendeiner Weise endgültig ist. Jammer hätte seinen Zitaten das folgende hinzufügen können, aus einem Brief von Einstein an Born [6]:

> Hast Du gesehen, dass der Bohm (wie übrigens vor 25 Jahren schon de Broglie) glaubt, dass er die Quantentheorie deterministisch umdeuten kann? Der Weg scheint mir zu billig.

Wozu Born kommentiert:

> Obwohl diese ganz in der Linie seiner eigenen Gedanken lag…

Born zählte also Einstein auch zu den Befürwortern der verborgenen Variablen. Ich denke, er hatte recht.

Anmerkungen und Literatur

[1] A. Einstein, B. Podolsky and N. Rosen, *Phys. Rev.* **47**, 777 (1935).

[2] D. Bohm, *Quantum Theory*, Englewood Cliffe, N.J. (1951).

[3] A. Peres und P. Singer, *Nuovo Cimento* **15**, 907 (1960); R. Fox, Lettere al Nuovo Cimento 2, 656 (1971).

[4] Es wird angenommen, dass die Teleskope den Protonenspin nicht beeinflussen.

[5] M. Jammer, *The Philosophy of Quantum Mechanics*, Wiley, N.Y. (1974). Kapitel 6 und 7 geben eine umfassende Darstellung über die Geschichte (und Vorgeschichte) des EPR-Paradoxons.

[6] N. Bohr, Diskussionen mit Einstein, in Ref. 23.

[7] Anhang.

[8] A. Einstein, in Ref. 23, S. 87.

[9] A. Einstein, in Ref. 28, S. 158.

[10] A. Einstein, in Ref. 23, S. 85.

[11] J. F. Clauser, R. A. Holt, M. A. Horne und A. Shimony, *Phys. Rev. Lett.* **23**, 880 (1969).

[12] M. Lamehi-Rachti und W. Mittig, *Phys. Rev.* **D14**, 2543 (1976).

[13] L. R. Kasday, J. D. Ullman und C. S. Wu, *Nuovo Cimento* **25B**, 633 (1975).

[14] G. Faraci, D. Gutkowski, S. Notarrigo und A. R. Pennisi, *Lettere al Nuovo Cimento* **9**, 607 (1974).

[15] J. F. Clauser und S. J. Freedman, *Phys. Rev. Lett.* **28**, 938 (1972).

[16] F. M. Pipkin, *Adv. Atomic and Mol. Phys.* **14**, 281 (1978).

[17] J. F. Clauser, *Phys. Rev. Lett.* **36**, 1223 (1976).

[18] E. S. Fry and R. C. Thompson, *Phys. Rev. Lett.* **37**, 465 (1976).

[19] Wie von A. Shimony berichtet, Ref. 22.

[20] A. Aspect, *Phys. Lett.* **A54**, 117 (1975), *Phys. Rev.* **D14**, 1944 (1976).

[21] Der Einfachheit halber befassen wir uns in diesem Artikel mit den Konsequenzen des Determinismus, der von der Lokalität nur im Fall ideal perfekter Korrelationen gefordert wird. Aber (3) gilt in einer viel größeren Klasse von Theorien, die lokal aber nichtdeterministisch sind. Siehe zum Beispiel (und Referenzen darin): J. F. Clauser und M. A. Horne, *Phys. Rev.* **D10**, 526 (1974); B. D'Espagnat, *Phys. Rev.* **D11**, 1424 (1975); and *Conceptual Foundations of Quantum Mechanics*, Benjamin, new edition (1976); J. S. Bell, *The Theory of Local Beables*, CERN, TH 2053 (1975), in GIFT (1975) Proceedings and Epistemological Letters March 1976. [Kapitel 7 in diesem Buch.]

[22] A. Shimony, in *Foundations of Quantum Mechanics*, B. d'Espagnat, Hrsg. Academic Press, N.Y., London (1971), S. 192, zitiert mit Missbilligung von M. Jammer in [5].

[23] P. A. Schilpp, Hrsg., Albert Einstein, *Philosopher-Scientist*, Tudor, N.Y. (1949).

[24] Die übliche Terminologie, *verborgene* Variablen, ist sehr unglücklich gewählt. Pragmatisch veranlagte Leute können mit Recht fragen: *Warum sich um verborgene Größen kümmern, die keinen Effekt auf irgendetwas haben?* Selbstverständlich wird jedesmal, wenn eine Szintillation auf dem Schirm erscheint, jedesmal wenn eine Beobachtung „dieses" anstatt „jenes" ergibt, der Wert einer *verborgenen* Variablen aufgedeckt. Vielleicht wäre *unkontrollierte* Variable besser, denn diese Variablen können vorläufig, wie angenommen wird, von uns nicht manipuliert werden.

[25] Ref. 23, S. 666. Siehe auch Einsteins einleitende Anmerkungen in Louis de Broglie, *Physicien et Penseur*, Albin Michel, Paris (1953), S. 5, und die Briefe 81, 84, 86, 88, 97, 99, 103, 106, 108, 110, 115 und 116, in Ref. 28.

[26] Ref. 23, S. 675.

[27] Ref. 23, S. 667.

[28] M. Born, Hrsg., *The Born-Einstein Letters*, S. 192, Macmillan, London (1971).[2]

[2]Deutsche Ausgabe: *Einstein-Born-Briefwechsel 1916 - 1955*, S. 307, Nymphenburger Verlag, München (2005).

11 Die Theorie der Messung von Everett und de Broglies Führungswelle

Im Jahr 1957 publizierte H. Everett einen Artikel, in dem er eine anscheinend grundsätzlich neue Interpretation der Quantenmechanik darlegte [1]. In letzter Zeit hat sein Ansatz wachsende Aufmerksamkeit gefunden [2]. Everett nahm weder auf die 30 Jahre zurückliegenden Ideen von de Broglie Bezug, noch auf die zwischenzeitlichen Verfeinerungen dieser Ideen von Bohm [4]. Dennoch wird hier erörtert werden, dass die Eliminierung von willkürlichen und unwichtigen Elementen aus Everetts Theorie zu den Konzepten von de Broglie zurückführt, und ein neues Licht auf sie wirft [5].

Everett wurde durch die Idee einer Quantentheorie der Gravitation und Kosmologie motiviert. In einer umfassenden Quantenkosmologie – einer Quantenmechanik der ganzen Welt – kann die Wellenfunktion der Welt nicht in üblicher Weise interpretiert werden. Denn die übliche Interpretation spricht nur von der Statistik von Messergebnissen für einen Beobachter, der von außerhalb in das Quantensystem eingreift. Wenn das System die ganze Welt ist, gibt es nichts außerhalb. Diese Situation beinhaltet für die traditionelle (oder „Kopenhagener") Philosophie keine besondere Schwierigkeit; denn diese behauptet, dass das klassische Konzept der makroskopischen Welt logisch vor dem Quantenkonzept der mikroskopischen steht. Die mikroskopische Welt wird durch Wellenfunktionen beschrieben, die durch experimentelle Anordnungen bestimmt sind, und die Auswirkungen auf makroskopische Phänomene in diesen Anordnungen haben. Diese makroskopischen Phänomene werden in vollkommen klassischer Weise beschrieben (eher in der Sprache der „*be*-ablen" [6] als der „Observablen", so dass nicht die Frage nach einer endlosen Kette von Beobachtern, die Beobachter beobachten, die Beobachter ... auftaucht). Es gibt natürlich keine scharf definierte Grenze zwischen dem, was als makroskopisch, und dem was als mikroskopisch zu behandeln ist; und dies bringt eine grundsätzliche Vagheit in die fundamentale physikalische Theorie ein. Wegen der immensen Größenunterschiede – zwischen der atomaren Ebene, wo Quantenkonzepte entscheidend sind, und der makroskopischen Ebene, wo klassische Konzepte adäquat sind – ist diese Vagheit jedoch in jeder bisher vorstellbaren Situation quantitativ unbedeutend. Darum ist das vollkommen annehmbar für viele. Es ist deshalb nicht überraschend, dass ein konsequenter Traditionalist wie L. Rosenfeld so weit gegangen ist, vorzuschlagen [7], dass eine Quantentheorie der Gravitation überflüssig sein könnte. Die einzigen Gravitationsphänomene, die wir tatsächlich *kennen*, sind von makroskopischer Größenordnung, und erfordern sehr viele Atome. Deshalb *brauchen* wir das Konzept der Gravitation nur auf dieser klassischen Ebene, deren separater logischer Status in der traditionellen Sicht ohnehin fundamental ist. Trotzdem denke ich, dass die meisten Physiker der Gegenwart eine rein klassische Theorie der Gravitation als vorläufig ansehen würden; und der Ansicht sind, dass jede wirklich adäquate Theorie auch (im Prinzip) auf der mikroskopischen Ebene anwendbar sein muss; auch wenn ihre Auswirkungen vernachlässigbar klein sind [8]. Vielen derselben Physiker der Gegenwart ist andererseits die vage Teilung der Welt – in einen klassisch-makroskopischen und einen quanten-mikroskopischen Teil – die der gegenwärtigen (d.h. traditionellen) Quantentheorie innewohnt, vollkommen gleichgültig. Diese Mischung aus Interesse auf der einen Seite, und Gleichgültigkeit auf der anderen, ist nach meiner Meinung weniger akzeptabel als die klare und systematische Gleichgültigkeit von Rosenfeld.

Everett waren weder die Probleme der Gravitation noch der Quantentheorie gleichgültig. Als Vorbereitung auf eine Synthese beider strebte er danach, den Begriff der Wellenfunktion der Welt zu interpretieren. Diese Welt enthält zweifellos Instrumente, die mikroskopische und andere Phänomene feststellen und makroskopisch aufzeichnen können. Es sei A der Aufzeichnungsteil (oder „Speicher“) eines solchen Gerätes (oder einer Sammlung solcher Geräte) und B der Rest der Welt. Die Koordinaten von A bzw. B seien mit a bzw. b bezeichnet. $\phi_n(a)$ sei eine vollständige Menge von Zuständen für A. Dann kann man die Wellenfunktion der Welt $\psi(a,b,t)$ zu einer Zeit t nach den ϕ_n entwickeln:

$$\psi(a,b,t) = \sum_n \phi_n(a)\chi_n(b,t) \qquad (E)$$

Wir sprechen von der Norm von χ_n

$$\int \mathrm{d}b|\chi_n(b,t)|^2$$

als dem „Gewicht“ von ϕ_n in der Entwicklung. Zum Beispiel könnte A eine fotografische Platte sein, die den Durchgang eines ionisierenden Teilchens als ein Muster von geschwärzten Flecken aufzeichnen kann. Die verschiedenen Muster von Schwärzungen entsprechen verschiedenen Zuständen ϕ_n. Dann kann man, analog dem Vorgehen von Mott und Heisenberg vor langer Zeit, zeigen [9], dass nur die Zustände ϕ_n ein nenneswertes Gewicht haben, bei denen die geschwärzten Flecken im wesentlichen eine lineare Folge bilden, und bei denen die Schwärzung von benachbarten Platten (oder verschiedener Teile derselben Platte) miteinander vereinbar sind, und so weiter. In gleicher Weise erlaubt Everett es, dass A ein komplizierterer Speicher ist, wie z.B. ein Computer (oder sogar ein menschliches Wesen), oder eine Sammlung von solchen Speichern; und zeigt, dass nur solche Zustände ϕ_n ein nenneswertes Gewicht haben, für die die Speicher übereinstimmend eine mehr oder weniger stimmige Geschichte enthalten; von der Art, die wir aus Erfahrung kennen. All das ist weder neu, noch kontrovers. Die Neuartigkeit liegt in der Betonung von Speicherinhalten, als dem grundlegenden Stoff der Physik und in der Interpretation, die Everett der Entwicklung (E) im weiteren auferlegt.

Wenn sich ein Vertreter der traditionellen Sicht gestatten würde, eine Wellenfunktion der Welt in Erwägung zu ziehen, würde er wahrscheinlich folgendes sagen: Sobald eine makroskopische Aufzeichnung erfolgt ist, haben wir es mit einem Fakt anstatt einer Möglichkeit zu tun; und die Wellenfunktion muss angepasst werden, um das zu berücksichtigen. Darum wird die Wellenfunktion von Zeit zu Zeit „reduziert“:

$$\psi \to N \sum\nolimits^* \phi_n(a)\chi_n(b,t), \qquad (E')$$

wobei N ein Normierungsfaktor ist, und die eingeschränkte Summe $\sum^*$ sich über eine Gruppe von Zuständen ϕ_n erstreckt, die „makroskopisch ununterscheidbar“ sind. Die vollständige Zustandsmenge wird in viele derartige Gruppen zerlegt, und die Reduktion zu einer speziellen Gruppe erfolgt mit einer Wahrscheinlichkeit, die proportional zu ihrem Gesamtgewicht ist:

$$\sum\nolimits^* \int \mathrm{d}b|\chi_n|^2.$$

Er ist nicht in der Lage zu sagen, wann genau oder wie oft diese Reduktion gemacht werden sollte; könnte aber an Beispielen demonstrieren, dass die Zweideutigkeit in der Praxis quantitativ bedeutungslos ist. Everett beseitigt diese unscharf definierte Aufhebung der Schrödinger-Gleichung durch folgenden kühnen Vorschlag: Es ist nur eine Illusion, dass die Welt eine bestimmte Entscheidung zwischen den vielen makroskopischen Möglichkeiten in der Expansion trifft – sie werden *alle* realisiert, und es findet keine Reduktion der Wellenfunktion statt. Er scheint sich die Welt als Vielfalt von „Zweig“-Welten vorzustellen; eine für jeden Term $\phi_n\chi_n$ in der Entwicklung. Jeder Beobachter hat Vertreter in vielen Zweigen, aber der Vertreter in jedem bestimmten Zweig ist sich nur des entsprechenden, bestimmten Gedächtniszustands ϕ_n bewusst. Darum wird er sich an eine mehr oder weniger stetige Folge von vergangenen „Ereignissen“ erinnern – so als ob er in einer mehr oder weniger gut definierten, einzelnen Zweigwelt lebte – und keine Kenntnis von den anderen Zweigen haben. Tatsächlich geht Everett noch weiter, und versucht, jeden bestimmten Zweig der Gegenwart mit einem bestimmten Zweig zu jeder Zeit in der Vergangenheit in einer baumartigen Struktur zu verknüpfen; in der Weise, dass jeder Vertreter eines Beobachters tatsächlich in der bestimmten Vergangenheit gelebt hat, an die er sich erinnert. Nach meiner Meinung ist dieser Versuch erfolglos [9]; und in jedem Falle widerspricht er dem Geist von Everetts Betonung der Gedächtnisinhalte als dem wichtigen Ding. Wir haben keinen Zugriff auf die Vergangenheit, sondern nur auf gegenwärtige Erinnerungen. Eine gegenwärtige Erinnerung eines korrekt ausgeführten Experimentes sollte mit einer gegenwärtigen Erinnerung eines erhaltenen, korrekten Ergebnisses verknüpft sein. Wenn die physikalische Theorie solche Korrelationen in gegenwärtigen Gedächtnissen erklären kann, hat sie genug getan – zumindest im Sinne von Everett.

Wir widerstehen dem Impuls, Everetts viele Universen als Science Fiction abzutun, und werfen ein paar Fragen dazu auf.

Die erste beruht auf folgender Beobachtung: Es gibt unendlich viele Entwicklungen vom Typ (E), die unendlich vielen vollständigen Mengen ϕ_n entsprechen. Gibt es eine zusätzliche Multiplizität von Universen, die den unendlich vielen Arten der Entwicklungen entspricht, genauso wie diejenige, die den unendlich vielen Termen in jeder Entwicklung entspricht? Ich denke (bin mir aber nicht sicher), dass die Antwort „nein" ist, und dass Everett seine Interpretation auf eine bestimmte Entwicklung beschränkt. Um zu sehen, warum, nehmen wir für einen Moment an, dass A einfach ein Instrument mit zwei Stellungen 1 und 2 ist, die den Zuständen ϕ_1 und ϕ_2 entsprechen. Anstatt in ϕ_1 und ϕ_2 zu entwickeln, könnten wir (was mathematisch möglich ist) entwickeln in

$$\phi_{\pm} = (\phi_1 \pm \phi_2)/\sqrt{2}, \quad \text{oder} \quad \phi'_{\pm} = (\phi_1 \pm i\phi_2)/\sqrt{2}.$$

Für jeden dieser Zustände hat die Stellung des Instruments keinen festgelegten Wert, und ich denke, dass Everett keine derartigen Zweige in seinen Universen haben möchte. Um seine Präferenz zu formalisieren, führen wir einen Operator der Instrumentablesung R ein:

$$R\phi_n = n\phi_n$$

und Operatoren P und Q, die analog zu $\phi_{\pm}$ und $\phi'_{\pm}$ gehören. Dann können wir sagen, dass Everetts Konstruktion auf einer Entwicklung basiert, in der die Instrumentablesung R, anstelle von Operatoren wie Q oder P, diagonalisiert ist. Diese Präferenz wird nicht durch die mathematische Struktur der Wellenfunktion vorgeschrieben. Sie wird einfach nur hinzugefügt (stillschweigend von Everett, wenn ich ihn richtig verstehe), damit sein Modell die menschliche Erfahrung wiedergibt. Die Existenz einer derartigen bevorzugten Menge von Variablen ist eines der Elemente der engen Beziehung zwischen Everetts Theorie und der von de Broglie – in der die Teilchenpositionen eine besondere Rolle spielen.

Die zweite Frage erwächst aus der ersten: Wenn die Instrumentablesungen eine derartig fundamentale Rolle haben, sollte man uns dann nicht genauer erklären, was genau eine Instrumentablesung ist; oder auch ein Instrument, oder eine Speichereinheit in einem Gedächtnis, usw.? In der Tat folgt Everett einer alten Konvention der abstrakten Quantenmesstheorie, wenn er die Welt in A und B teilt: Dass die Welt sauber in solche Teile zerfällt – Instrumente und Systeme. Meiner Meinung nach ist das eine unglückselige Konvention. Die reale Welt besteht aus Elektronen, Protonen usw., und im Ergebnis sind die Grenzen von Objekten der Natur unscharf; und manche Teilchen auf der Grenze können nur unsicher entweder dem Objekt oder der Umgebung zugeordnet werden. Ich denke, dass eine fundamentale physikalische Theorie so formuliert werden sollte, dass derartige, künstliche Teilungen offenkundig unwichtig sind. Meiner Meinung nach hat Everett keine solche Formulierung gegeben – wohl aber de Broglie.

Damit kommen wir schließlich zu de Broglie. Er hat sich vor langer Zeit der grundlegenden Dualität der Quantentheorie gestellt. Für ein einzelnes Teilchen erstreckt sich die mathematische Welle über den Raum – aber die Erfahrung ist partikulär, wie eine Szintillation auf einem Bildschirm. Für ein komplexes System erstreckt sich ψ über den ganzen Konfigurationsraum, und über alle n in Entwicklungen wie (E) – aber die Erfahrung hat einen definitiven Charakter, wie die reduzierte Entwicklung (E'). De Broglie machte einen einfachen und natürlichen Vorschlag: Die Wellenfunktion ist keine vollständige Beschreibung der Realität, sondern sie muss durch andere Variablen ergänzt werden. Für ein einzelnes Teilchen fügt er der Wellenfunktion $\psi(\mathbf{x},t)$ eine Teilchenkoordinate $\mathbf{x}(t)$ hinzu die momentane Position des lokalisierten Teilchens in der ausgedehnten Welle. Sie ändert sich mit der Zeit gemäß:

$$\dot{\mathbf{x}} = \frac{\operatorname{Im} \psi^*(\mathbf{x},t)\frac{\partial}{\partial \mathbf{x}}\psi(\mathbf{x},t)}{|\psi(\mathbf{x},t)|^2}. \qquad (G)$$

In einem Ensemble gleichartiger Situationen ist $\mathbf{x}$ mit dem Gewicht $|\psi(\mathbf{x},t)|^2 d\mathbf{x}$ verteilt; und aus (G) folgt, dass das für alle Zeiten t gilt, wenn es für irgendein t erfüllt ist. Um ein Modell der Welt zu bilden - einer einfachen Welt, die nur aus vielen nichtrelativistischen Teilchen besteht – brauchen wir bloß diese Vorschrift von 3 auf $3N$ Dimensionen zu erweitern, wobei N die Gesamtzahl der Teilchen ist. In dieser Welt gehorcht die „Viel-Teilchen-Wellenfunktion" exakt einer „Viel-Teilchen-Schrödinger-Gleichung". Es gibt keine „Reduktion der Wellenfunktion", und alle Terme in Entwicklungen wie (E) bleiben unendlich lange erhalten. Trotzdem hat die Welt in jedem Moment eine eindeutige Konfiguration $(\mathbf{x}_1, \mathbf{x}_2, \mathbf{x}_3, \ldots)$, die sich gemäß der $3N$-dimensionalen Version von (G) ändert. Dieses Modell ähnelt Everetts darin, dass es eine Wellenfunktion der Welt und eine exakte Schrödinger-Gleichung benutzt; und dieser Wellenfunktion eine zusätzliche Struktur überlagert, die eine bevorzugte Menge von Variablen beinhaltet. Die Hauptunterschiede scheinen mir folgende zu sein.

(1) Während Everetts spezielle Variablen vage definierte, anthropozentrische Instrumentablesungen sind, beziehen sich de Broglies auf eine angenommene mikroskopische Struktur der Welt. Die für menschliche Wesen interessanten, makroskopischen Eigenschaften, wie Instrumentablesungen, können durch entsprechend grobkörniges Mitteln erhalten werden, aber die damit verbundenen Zweideutigkeiten sind kein Teil der grundlegenden Formulierung.

(2) Während Everett annimmt, dass *alle* Konfigurationen seiner speziellen Variablen zu jeder Zeit realisiert sind – jede in einem geeigneten Zweiguniversum – hat die Welt von de Broglie eine *einzelne* Konfiguration. Ich persönlich kann nicht erkennen, dass irgend etwas Nutzbringendes durch die angenommene Existenz von anderen Zweigen erreicht wird, von denen ich keine Kenntnis habe. Aber soll derjenige, der diese Annahme inspirierend findet, sie machen – er kann sie zweifellos genauso gut in Form der $\mathbf{x}$ machen, wie in Form der R.

(3) Während Everett keinen Versuch (oder nur einen halbherzigen) unternimmt, aufeinanderfolgende Konfigurationen der Welt zu stetigen Trajektorien zu verbinden, tut

de Broglie genau das auf eine vollkommen deterministische Weise (G). Nun sind die Trajektorien von de Broglie – so unschuldig (G) im Konfigurationsraum auch aussieht – wirklich sehr eigenartig, was die Lokalität im gewöhnlichen dreidimensionalen Raum betrifft [9]. Aber wir lernen von Everett, dass wir diese Trajektorien einfach weglassen können, wenn wir sie nicht mögen. Wir könnten genauso gut die Konfiguration $(\mathbf{x}_1, \mathbf{x}_2, \mathbf{x}_3, \ldots)$ zufällig (mit dem Gewicht $|\psi|^2$) von einem Moment zum nächsten umverteilen. Denn wir haben keinen Zugriff auf die Vergangenheit, sondern nur auf Erinnerungen; und diese Erinnerungen sind einfach Teil der momentanen Konfiguration der Welt.

Ergibt diese letzte Synthese, das Weglassen von de Broglies Trajektorien und Everetts anderen Zweigen, eine befriedigende Formulierung der fundamentalen physikalischen Theorie? Oder vielleicht eher eine Variation davon, die auf einer relativistischen Feldtheorie basiert? Sie ist logisch schlüssig, und erfordert keine Ergänzung der mathematischen Gleichungen durch vage Rezepte. Aber ich mag sie nicht. Gefühlsmäßig würde ich lieber die Vergangenheit der Welt (und meine eigene) ernster nehmen wollen, als es diese Theorie erlauben würde. Aus professionellerer Sicht gesehen, bin ich unsicher, ob es möglich ist, die Relativität auf sinnvolle Weise einzubinden. Ohne Zweifel wäre es möglich, eine Erinnerung an ein Ergebnis Null beim Michelson-Morley-Experiment zu gewährleisten und so weiter. Aber könnte die grundlegende Realität anders als der Zustand der Welt sein, oder zumindest als ein Gedächtnis, das zu einem Zeitpunkt ausgedehnt im Raum ist – und wäre damit ein bevorzugtes Lorentz-System definiert? Der Versuch, das auszuarbeiten, wäre nur ein Versuch, meine Verwirrung zu teilen.

Anmerkungen und Literatur

[1] Everett, H., *Revs. Modern Phys.* **29**, 454 (1957); siehe auch: Wheeler, J. A., *Revs. Modern Phys.* **29**, 463 (1957).

[2] Siehe zum Beispiel: DeWitt, B. S. und andere in *Physics Today* **23** (1970), No. 9, 30 und **24**, No. 4, 36 (1971) und die Referenzen darin. Ideen wie die von Everett sind auch dargelegt von Cooper, L. N. und van Vechten, D., *American J. Phys.* **37**, 1212 (1969) und von L. N. Cooper in seinem Beitrag zum *Trieste symposium in honour of P. A. M. Dirac*, September 1972.

[3] Für eine systematische Darstellung siehe: de Broglie, L., *Tentative d'Interpretation Causale et Non-linéaire de la Mécanique Ondulatoire,* Gauthier-Villars, Paris, (1956).

[4] Bohm, D., *Phys. Rev.* **85**, 166, 180, (1952).

[5] Diese These wurde bereits präsentiert in meinem Beitrag zum internationalen Kolloquium *On issues in contemporary physics and philosophy of science*, Penn. State University, September 1971, CERN TH. 1424. [In überarbeiteter Form als Kapitel 15 in diesem Buch.] Auf diesen Artikel beziehen wir uns für mehr Details

verschiedener Argumente; aber die Gelegenheit wird hier auch genutzt, einige Punkte, die dort nur erwähnt sind, zu ergänzen.

[6] Bell, J. S., Beitrag zum *Trieste Symposium in honour of P. A. M. Dirac*, CERN TH. 1582, September 1972 [10]. [Kapitel 5 in diesem Buch]

[7] Rosenfeld, L., *Nuclear Phys.* **40**, 353 (1963). G. F. Chew hat vorgeschlagen, dass die *elektromagnetische* Wechselwirkung getrennt betrachtet werden muss (obwohl sie natürlich nicht unquantisiert bleibt) wegen ihrer makroskopischen Rolle bei der Beobachtung. (*High Energy Physics,* Les Houches, 1965, hrsg. von C. de Witt und M. Jacob. Gordon und Breach (1965)).

[8] Es ist hierfür unwesentlich, dass Gravitation im Mikroskopischen tatsächlich nicht quantitativ unbedeutend sein könnte; siehe zum Beispiel den Beitrag von A. Salami zum *Trieste symposium in honour of P. A. M. Dirac*, September 1972 [10].

[9] Zu Details siehe den Artikel in Anm. [5].

[10] *The Physicist's Conception of Nature,* Hrsg. von J. Mehra, Dordrecht, Reidel (1973).

12 Freie Variablen und lokale Kausalität

Es ist behauptet worden [1], dass die Quantenmechanik nicht lokal kausal ist und nicht in eine lokal kausale Theorie eingebettet werden kann. Diese Schlussfolgerung beruht darauf, dass bestimmte experimentelle Parameter, typischerweise die Orientierung von Polarisationsfiltern, als freie Variablen behandelt werden. Grob gesagt wird angenommen, dass der Experimentator völlig frei in seiner Auswahl zwischen den verschiedenen Möglichkeiten ist, die seine Anlage anbietet. Es könnte aber sein, dass diese anscheinende Freiheit illusorisch ist. Vielleicht sind sowohl experimentelle Parameter als auch Ergebnisse Konsequenzen (oder teilweise Konsequenzen) eines gemeinsamen, verborgenen Mechanismus. Dann könnte die anscheinende Nichtlokalität vorgetäuscht sein.

Diese Möglichkeit ist der Ausgangspunkt eines Artikels von Clauser, Horne und Shimony [2] (CHS im folgenden), der insbesondere wegen einer sorgfältigen mathematischen Formulierung der Annahme wertvoll ist, die eine derartige Verschwörung ausschließt. In diesem Zusammenhang kritisieren sie meine eigene „Theorie der lokalen beables“ (B im folgenden) scharf. Ein großer Teil ihrer Kritik ist absolut berechtigt. In B gibt es Sprünge [3] in der Beweisführung; und die fragliche Annahme wurde nicht an der geeigneten Stelle genannt, sondern erst später und unzureichend. Ich stimme jedoch CHS nicht darin zu, dass diese Annahme (wenn sie sorgfältig formuliert ist) unvernünftig sei.

Ich werde diese Anmerkungen um die drei Phrasen ordnen, in denen ich die Hypothese in B, Abschnitt 8 (verspätet) formuliert habe.

> 1 *„Es wurde angenommen, dass die Einstellungen der Instrumente in gewissem Sinne freie Variablen sind … “*

Für mich bedeutet das, dass die Werte dieser Variablen nur Auswirkungen in ihren Zukunfts-Lichtkegeln haben. Sie sind in keiner Beziehung eine Aufzeichnung von dem, was zuvor passiert ist; und geben keine Informationen darüber. Insbesondere haben sie keine Auswirkungen auf die verborgenen Variablen ν in der Überlappung der Vergangenheits-Lichtkegel:

$$\{\nu|a,b,c\} = \{\nu|a',b,c\} = \{\nu|a,b',c\} = \{\nu|a',b',c\} \tag{1}$$

Das ist das, wie von CHS erklärt, was in der mathematischen Analyse benutzt wurde. Das Klammersymbol gibt die Wahrscheinlichkeit bestimmter Werte ν für gegebene, bestimmte Werte a, b, c an; wobei c die nicht-verborgenen Variablen in der Überlappung der Vergangenheits-Lichtkegel auflistet, und a bzw. b die nicht-verborgenen Variablen in den Resten dieser Lichtkegel. Die Listen a und a' sollen sich in der Einstellung des ersten Instruments unterscheiden, und b und b' sollen sich in der Einstellung des zweiten Instruments unterscheiden .

Man beachte, dass CHS anstelle von (1) schreiben, indem sie die Symbole wahrscheinlich etwas anders interpretieren

$$\{\nu|a,b,c\} = \{\nu|c\}$$

In meiner Notation, wo a und b sehr umfangreiche Listen von Variablen sind, die die Situation außerhalb der Überlappung beschreiben, wäre das viel restriktiver als (1) – und überhaupt nicht vernünftig.

2 *„... zum Beispiel nach Lust und Laune der Experimentatoren ...“*

Darin wollte ich die Hypothese in Erwägung ziehen, dass die Experimentatoren einen freien Willen haben. Aber laut CHS wäre es für mich nicht zulässig, die Annahme von freien Variablen „durch das Verlassen auf eine Metaphysik, die nicht bewiesen wurde; und die durchaus falsch sein kann“ zu rechtfertigen. Was für eine Blamage, als Metaphysiker ertappt zu werden! Mir scheint jedoch, dass ich in dieser Frage nur meinem Beruf als theoretischer Physiker nachgehe.

Ich würde hier auf der Unterscheidung zwischen der Analyse verschiedener physikalischer Theorien einerseits, und dem Philosophieren über die reale, physikalische Welt andererseits, bestehen. In dieser Frage der Kausalität ist es ein großer Nachteil, dass uns die reale Welt nur einmal gegeben ist. Wir können nicht wissen, was passiert wäre, wenn irgendetwas anders gewesen wäre. Wir können ein Experiment nicht wiederholen, bei dem nur eine Variable geändert ist – die Zeiger der Uhr werden sich bewegt haben und die Monde des Jupiters. In dieser Beziehung sind physikalische Theorien leichter zugänglich. Wir können die Konsequenzen der Änderung freier Elemente einer Theorie *berechnen*, seien es auch nur die Anfangsbedingungen, und so die kausale Struktur der Theorie untersuchen. Ich bestehe darauf, dass B in erster Linie eine Analyse bestimmter Arten von physikalischen Theorien ist.

Eine beachtliche Klasse von Theorien – darunter die zeitgenössische Quantentheorie, so wie sie praktiziert wird – haben „freie“, „externe“ Variablen; zusätzlich zu den internen und durch die Theorie bedingten. Diese Variablen sind typischerweise externe Felder oder Quellen. Sie werden benutzt, um experimentelle Bedingungen zu repräsentieren. Sie ergeben auch einen Ansatzpunkt für „Experimentatoren mit freiem Willen“, wenn der Bezug zu solchen hypothetischen, metaphysischen Größen gestattet ist. Ich neige dazu, Theorien dieser Art besondere Aufmerksamkeit zu widmen, die, wie mir scheint, am nächsten mit unserer alltäglichen Betrachtungsweise der Welt verwandt sind.

Natürlich gibt es hier eine berühmt-berüchtigte Unklarheit darüber, was genau, und wo die freien Elemente sind. Die Felder eines Stern-Gerlach-Magneten könnten als extern behandelt werden. Oder diese Felder und Magnete könnten in das quantenmechanische System einbezogen werden; mit externen Agenten, die nur auf externe Knöpfe und Schalter einwirken. Oder die externen Agenten könnten sich im Gehirn des Experimentators befinden. Im letzteren Fall ist die Einstellung des Instrumentes selbst keine freie Variable. Sie ist nur mehr oder weniger stark korreliert mit einer solchen, abhängig davon, wie genau der Experimentator seine Absicht ausführt. Wenn er seine Hand auf den Knopf legt, könnte sie zittern; und sie könnte auf eine Art und Weise zittern, die durch die Variablen v beeinflusst wird. Man sollte sich jedoch daran erinnern, dass der Widerspruch zwischen der Lokalität und der Quantenmechanik groß ist – bis zu einem Faktor $\sqrt{2}$ in einem bestimmten Sinne. Darum kann ein gewisses Handzittern ohne wesentliche Änderung in der Schlussfolgerung toleriert werden. Eine Quantifizierung dessen würde eine sorgfältige „Epsilonik" erfordern.

3 „*... oder zumindest nicht in der Überlappung der Vergangenheits-Lichtkegel festgelegt sind...*"

Hier muss ich auf der Stelle einräumen, dass die Hypothese völlig unzulänglich wird, wenn sie in dieser Weise abgeschwächt wird. Das Theorem folgt nicht mehr. Ich habe mich geirrt.

An dieser Stelle hatte ich die Möglichkeit im Sinn, die Freiheit der Anfangsbedingungen in gewöhnlichen physikalischen Theorien auszunutzen. Ich bin jetzt in Verlegenheit gebracht – nicht nur durch die Unzulänglichkeit dieser speziellen Phrase in der Hypothese, sondern auch durch die Notwendigkeit, mich in einer solchen Studie der Erschaffung der Welt zu widmen [4].

Anstatt dessen möchte ich die Hypothese in einer anderen und praktischeren Art und Weise abschwächen.

4 „*... oder zumindest praktisch frei für den vorliegenden Zweck.*"

Angenommen, die Instrumente sind nach Lust und Laune eingestellt – aber nicht von Experimentalphysikern, sondern mechanischen Zufallsgeneratoren. In der Tat scheint es weniger unpraktisch, sich Experimente von dieser Art vorzustellen [5], mit raumartiger Trennung zwischen den Ausgaben von zwei dieser Geräte, als zu hoffen, eine derartige Situation mit menschlichen Operatoren zu realisieren. Könnte die Ausgabe solcher mechanischen Geräte vernünftigerweise als hinreichend frei für den vorliegenden Zweck angesehen werden? Ich denke, ja.

Betrachten wir den Extremfall eines „Zufallsgenerators" – der tatsächlich vollkommen deterministisch ist – und der Einfachheit halber vollkommen isoliert. In einem derartigen Gerät bestimmt der vollständige Endzustand vollkommen den vollständigen

Anfangszustand – nichts wird vergessen. Und dennoch ist ein solches Gerät für viele Zwecke genau eine „Vergessensmaschine“. Eine bestimmte Ausgabe ist das Ergebnis der Kombination so vieler Faktoren – einer derartig umfangreichen und komplizierten, dynamischen Kette, dass sie außerordentlich sensitiv auf winzige Änderungen irgendeiner ihrer vielen Anfangsbedingungen reagiert. Es ist das vertraute Paradoxon der klassischen statistischen Mechanik, dass eine solche außerordentliche Sensitivität auf Anfangsbedingungen praktisch äquivalent zu ihrem vollständigen Vergessen ist. Um dieses Argument zu veranschaulichen, sei angenommen, dass die Auswahl zwischen zwei möglichen Ausgaben, die a bzw. a' entsprechen, abhängig davon ist, ob die millionste Digitalstelle irgendeiner Eingabevariable gerade oder ungerade ist. Die Festlegung von a oder a' legt dann tatsächlich etwas über die Eingabe fest – nämlich, ob die millionste Digitalstelle gerade oder ungerade ist. Aber diese besondere Information ist kaum von entscheidender Bedeutung für irgendeinen wesentlich anderen Zweck; d.h. sie ist anderweitig ziemlich nutzlos. Bei einer mechanischen Mischmaschine sind wir nicht in der Lage, die Analyse so weit zu führen, dass wir sagen können, genau welche besondere Eigenschaft der Eingabe sich in der Ausgabe wiederfindet. Wir können aber vernünftigerweise annehmen, dass das für andere Zwecke unwichtig ist. In diesem Sinne ist die Ausgabe eines derartigen Gerätes in der Tat eine hinreichend freie Variable für den vorliegenden Zweck. Für diesen Zweck ist die Annahme (1) dann wahr genug, und das Theorem folgt.

Argumente dieser Art sind von CHS bei der Verteidigung der entsprechenden Annahme in der Clauser-Horne-Analyse vorgebracht worden. Ich weiß nicht, warum sie hier als weniger relevant betrachtet werden sollten.

Natürlich könnte es sein, dass diese einleuchtenden Vorstellungen über physikalische Zufallsgeneratoren einfach nicht zutreffen – für den vorliegenden Zweck. Es kann eine Theorie auftauchen, in der solche Verschwörungen unausweichlich vorkommen, und diese Verschwörungen dann leichter verdaulich erscheinen als die Nichtlokalitäten anderer Theorien. Wenn eine solche Theorie angekündigt wird, werde ich mich nicht weigern zuzuhören, weder wegen methodischer noch anderer Gründe. Aber ich selbst werde nicht versuchen, eine solche Theorie aufzustellen.

Anmerkungen und Literatur

[1] J. S. Bell, *Epistemological Letters*, März 1976, und Referenzen darin. Nachgedruckt in *Dialectica* **39** (1985). [Kapitel 7 in diesem Buch]

[2] A. Shimony, M. A. Horne und J. F. Clauser, *Epistemological Letters*, Oktober 1976. Nachgedruckt in *Dialectica* **39** (1985).

[3] Insbesondere klagen CHS über eine Schwierigkeit im Zusammenhang mit (14) und (15) in B. Was hier fehlt, ist die Anmerkung, dass auf den rechten Seiten die Mittelung über μ und μ' als auch λ und λ' separat erfolgt. Die Operation lautet

explizit

$$\int d\lambda d\lambda' d\mu d\mu' d\nu \{\lambda|a,c,\nu\}\{\lambda'|a',c,\nu\}\{\mu|b,c,\nu\}\{\mu'|b',c,\nu\}\{\nu|a,b,c\}$$

Gemäß obiger Gl (1) können a und/oder b im letzten Faktor durch a' und/oder b' ersetzt werden. Wie zum Beispiel angewendet auf

$$p((\lambda,a),(\mu,b),(\nu,c))$$

was nicht von λ' und μ' abhängt, sind zwei Integrationen trivial, und es bleibt

$$\int d\lambda d\mu d\nu \{\lambda|a,c,\nu\}\{\mu|b,c,\nu\}\{\nu|a,b,c\}$$
$$\equiv \int d\lambda d\mu d\nu \{\lambda|a,b,\mu,c,\nu\}\{\mu|a,b,c,\nu\}\{\nu|a,b,c\}$$

(mit Benutzung der Lokalität)

$$\equiv \int d\lambda d\mu d\nu \{\lambda,\mu,\nu|a,b,c\}$$

was der Mittelwert ist, der bei der Definition von $P(a,b,c)$ benutzt wird. Ich stimme jedoch mit CHS überein, dass eine frühere Methode [6], die Mittelung über λ und μ vor der Bildung der Ungleichung, einfacher ist.

[4] Die Beschwörung der vollständigen Darstellung der Überlappung der Vergangenheits-Lichtkegel in [1] bringt auf vergleichbare Weise in Schwierigkeiten – gleichgültig, ob man unendlich weit zurückgeht, oder zu einer endlichen Erschaffungszeit – was, nebenbei gesagt, auch ein Erschaffungspunkt gewesen sein könnte, in dem alle Vergangenheits-Lichtkegel verschmelzen. Insbesondere R. P. Feynman lehnte das Konzept ab, dass eine vollständige Vergangenheit einbezogen wird. In einer sorgfältigeren Diskussion sollte der Begriff der Vollständigkeit wohl durch den Begriff der ausreichenden Vollständigkeit für eine bestimmte Genauigkeit ersetzt werden, mit geeigneter „Epsilonik".

[5] Ein wichtiger Fortschritt wurde diesbezüglich gemacht von A. Aspect, *Physical Review* **D14**, 1944 (1976).

[6] J. S. Bell, in *Proceedings of the International School of Physics*, Enrico Fermi, Course IL, Varenna 1970. [Kapitel 4 in diesem Buch]

13 Atomkaskaden-Photonen und quantenmechanische Nichtlokalität

Es ist befürchtet worden, dass das Fernsehen für den beunruhigenden Rückgang der Geburtenrate in Frankreich verantwortlich ist. Völlig unklar ist aber, welchem der zwei Hauptprogramme (Frankreich 1 und Frankreich 2, beide in Paris produziert) mehr Schuld zu geben ist. Darum ist empfohlen worden, gezielte Experimente zu machen, sagen wir in Lille und Lyon, um die Frage zu untersuchen. Die Bürgermeister beider Städte könnten entscheiden, indem sie jeden Morgen Münzen werfen, welches der beiden Programme an diesem Tage dort übertragen wird. Eine ausreichend umfangreiche Statistik würde es uns erlauben, Hypothesen über die gemeinsame Wahrscheinlichkeitsverteilung von Empfängnissen in Lille A und Lyon B zu testen, die im Anschluss an die Ausstrahlung der Programme $a\ (=1,2)$ bzw. b eintreten:

$$\rho(A,B|a,b).$$

Sie werden zunächst denken, es ist sinnlos, eine *gemeinsame* Verteilung zu betrachten, weil man erwartet, dass sie einfach in unabhängige Faktoren zerfällt:

$$\rho_1(A|a)\rho_2(B|b).$$

Aber ein Moment des Nachdenkens wird Sie überzeugen, dass das nicht so sein wird. Zum Beispiel ist das Wetter in beiden Städten korreliert, wenn auch nicht identisch. An schönen Abenden sehen die Leute nicht fern. Sie gehen in den Parks spazieren und sind von der Schönheit der Bäume und der Denkmäler ergriffen – und voneinander. An Sonntagen trifft das besonders zu. λ bezeichne zusammengenommen die Variablen (wie Temperatur, Feuchtigkeit, … und Wochentag), die in Lille wichtig sein könnten; und μ genauso für Lyon. Nur wenn solche wichtigen Faktoren festgehalten werden, ist zu erwarten, dass die Verteilung faktorisiert:

$$\rho(A,B|a,b,\lambda,\mu)=\rho_1(A|a,\lambda)\rho_2(B|b,\mu). \tag{1}$$

Dann ist

$$\rho(A,B|a,b)=\iint \mathrm{d}\lambda\mathrm{d}\mu\,\sigma(\lambda,\mu)\,\rho_1(A|a,\lambda)\rho_2(B|b,\mu), \tag{2}$$

darin ist σ eine Wahrscheinlichkeitsverteilung für Temperaturen, Feuchtigkeit, ... und Wochentag.

Es wäre zweifellos sehr bemerkenswert, wenn sich die Wahl des Programmes in Lille als ein kausaler Faktor in Lyon herausstellt, oder sich die Wahl des Programmes in Lyon als ein kausaler Faktor in Lille herausstellt. Das heißt, es wäre sehr bemerkenswert, wenn in (2) ρ_1 von b abhängen müsste, oder ρ_2 von a. Gemäß der Quantenmechanik können jedoch Situationen, die ein genau solches Dilemma zeigen, arrangiert werden. Darüber hinaus scheint sich der fragliche eigenartige, und weitreichende Einfluss schneller als das Licht zu bewegen [1-3].

Wir wollen interne Details im Moment ausklammern, und betrachten einfach einen langen, schwarzen Kasten mit drei Inputs und drei Outputs. Die Inputs sind drei Ein-Aus-Schalter – ein Hauptschalter in der Mitte und an jedem Ende ein weiterer. Die Outputs sind drei entsprechende Drucker. Der Drucker in der Mitte druckt „yes" oder „no" kurz nach dem Start eines jeden Laufes, und die beiden anderen drucken „yes" oder „no", wenn er endet. Solange die Schalter „off" sind, stellt der Kasten irgendeinen gegebenen Anfangszustand in Vorbereitung eines Laufes soweit wie möglich wieder her. Dann wird der Hauptschalter betätigt und für eine vorgegebene Zeit T auf „on" belassen. Zum Zeitpunkt $(T-\delta)$ kann jeder der anderen Schalter für eine Zeit δ auf „on" umgestellt oder belassen werden – zum Beispiel abhängig von zufälligen Signalen aus unabhängigen radioaktiven Quellen. Die Länge des Kastens ist so gewählt, dass

$$L/c \gg \delta,$$

wobei c die Lichtgeschwindigkeit ist. Dann wäre laut Einstein die Operation an einem Ende irrelevant für den Output am anderen Ende.

Wir wollen nur Läufe berücksichtigen, die durch ein „yes" des mittleren Druckers bestätigt sind, und das im Folgenden nicht weiter erwähnen. Das garantiert lediglich, dass der interne Prozess, wie im folgenden erläutert wird, richtig gestartet ist. Die Größe A (mit Werten ± 1) soll die Antwort des linken Druckers (yes/no) bezeichnen, und analog bezeichne $B(\pm 1)$ die des rechten Druckers. Die Größe $a(=1,2)$ bezeichne, ob der linke Schalter während des Laufes betätigt ist oder nicht; und gleichermaßen $b(=1,2)$ für den rechten Schalter. Mit ausreichend umfangreicher Statistik können wir Hypothesen über die gemeinsame Verteilung von A und B für gegebene a und b testen:

$$\rho(A,B|a,b).$$

Betrachten wir nun die Hypothese, dass A und B unabhängig voneinander fluktuieren, wenn die relevanten kausalen Faktoren, sagen wir zur Zeit $T-\delta-\varepsilon$, was immer sie sein mögen, ausreichend genau festgelegt sind – so wie es zu erwarten wäre für Empfängnisse in Lille und Lyon, bei festgelegtem Wetter, Wochentag, Fernsehprogramm und so weiter. Das heißt, wir nehmen an, es gibt irgendwelche Variablen λ und eine Wahrscheinlichkeitsverteilung σ mit der (2) gilt.

Diese Hypothese ist tatsächlich recht restriktiv, denn im vorliegenden Fall ($|A| = |B| = 1$) kann man daraus die Clauser-Holt-Horne-Shimony-Ungleichung ableiten

$$|P(a,b)+P(a,b')|+|P(a',b)-P(a',b')| \leq 2, \tag{3}$$

wobei P der Mittelwert des Produktes AB ist:

$$P(a,b) = \sum_{\substack{A=\pm 1\\ B=\pm 1}} AB\rho(A,B|a,b). \tag{4}$$

Gemäß der Quantenmechanik können Kästen konstruiert werden, für die die linke Seite von (3) die Größe $2\sqrt{2}$ erreicht. Die Schwierigkeit würde nicht auftauchen – weil (3) nicht folgen würde – wenn in (2) ρ_1 von b abhängen dürfte, oder ρ_2 von a. Eine solche Abhängigkeit wäre aber nicht nur geheimnisvoll weitreichend, sondern müsste sich, im hier dargestellten Fall, schneller als Licht ausbreiten. Die Korrelationen der Quantenmechanik sind nicht durch lokale Ursachen erklärbar.

Wenn wir in den schwarzen Kasten hineinsehen, finden wir, was in Abb. 13.1 skizziert ist (als „Gedanken"-Modell).

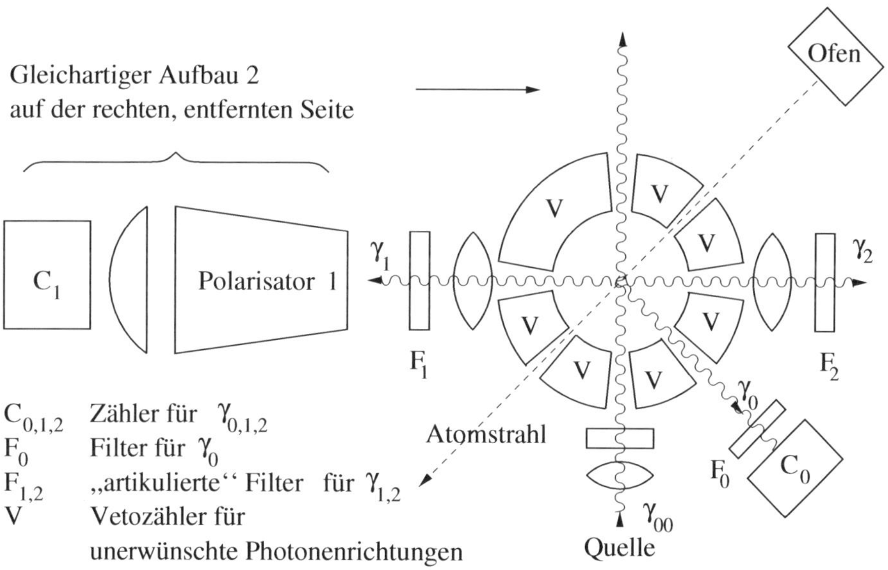

Abb. 13.1: *Mitte und linke Seite des Aufbaus des Gedankenexperimentes*

Nur die Mitte und das linke Ende sind gezeichnet. Das rechte Ende ist ein Spiegelbild des linken. Ein Ofen liefert einen Strahl von geeigneten Atomen in ihren Grundzuständen $(j,P)=(0,+)$. Ein Laserphotonen-Puls γ_{00} wird (nach einer vorgegebenen Verzögerung, während der die entfernten Geräte in Bereitschaft versetzt werden) durch den Hauptschalter aktiviert. Dieser regt einige Atome auf ein bestimmtes $(1,-)$-Niveau an (Abb. 13.2).

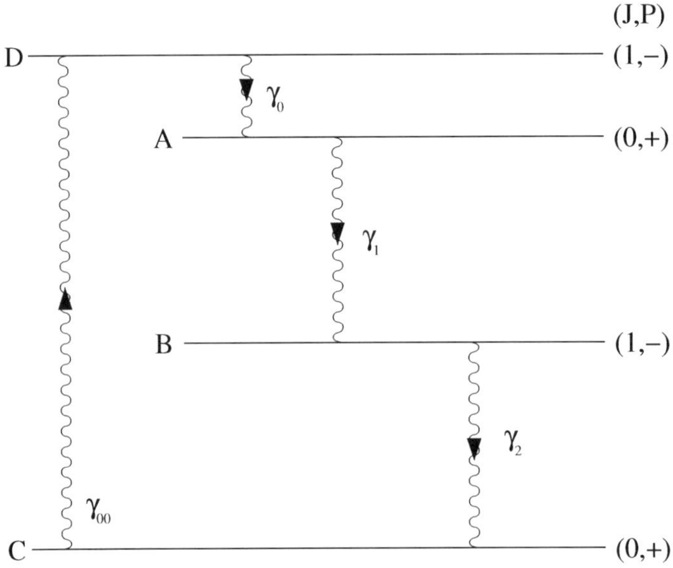

***Abb. 13.2:** Geeignete Atomniveau-Folge*

Die meisten davon zerfallen direkt zurück in den Grundzustand, aber einige bilden Kaskaden, mit der Emission der Photonen $\gamma_0, \gamma_1, \gamma_2$. Einige dieser Fälle werden durch einen Zähler C_0 für γ_0 mit geeignetem Filter identifiziert. Und bei einigen von diesen fliegen die Photonen γ_1 und γ_2 zu den Detektorgeräten an den beiden Enden des Kastens. Die Filter F_1 und F_2 lassen nur die korrekten Photonen durch, und signalisieren, wenn sie falsche absorbieren (d.h. sie drücken sich etwas „artikulierter" aus als handelsübliche Filter). Vetozähler V identifizieren Ereignisse, bei denen Photonen in unerwünschte Richtungen fliegen. Nur das Auslösen des Zählers C_0 und Nichtauslösen der Vetos und $F_{1,2}$ autorisieren den mittleren Drucker, ein „yes"-Zertifikat für das Ereignis herauszugeben. Dann fliegen die Photonen γ_1 und γ_2 zu den entfernten Zählern C_1 und C_2, denen lineare Polarisatoren vorgelagert sind. Diese sind so eingestellt, dass sie Polarisationen mit Winkeln zur Vertikalen durchlassen, die durch die entsprechenden Schalter gesteuert werden:

$$\phi_1 = (a-1)\frac{\pi}{4}, \qquad \phi_2 = (b-\frac{3}{2})\frac{\pi}{4}. \tag{5}$$

Beim Auslösen bzw. Nichtauslösen der Zähler C_1 und C_2 drucken die entsprechenden Drucker „yes" bzw. „no".

Der Kernpunkt ist eine starke Korrelation der Polarisation zwischen den Photonen γ_1 und γ_2, die durch die Spins und Paritäten der Niveaus A und C in Abb. 13.2 vorgeschrieben wird. Weil das Atom vorher und nachher keinen Drehimpuls hat, können auch die Photonen keinen tragen. Für Photonen in entgegengesetzter Richtung bedeutet das eine vollkommene Korrelation der Helizität – linkshändige Polarisation für γ_1 bedeutet linkshändiges γ_2, und rechtshändige Polarisation für γ_1 bedeutet rechtshändiges γ_2. Wenn man auch die Paritätserhaltung berücksichtigt, führt das zu einer gleich starken Korrelation der linearen Polarisation – eine gegebene lineare Polarisation an einer Seite bedeutet dieselbe Polarisation an der anderen. Im Einzelnen sind die Wahrscheinlichkeiten der verschiedenen Antworten von C_1 und C_2 gemäß der Quantenmechanik (im idealen Fall kleiner Öffnungswinkel und ideal effizienter Zähler)

$$\begin{aligned} \rho(\text{yes, yes}) = \rho(\text{no, no}) &= \tfrac{1}{2}|\cos(\phi_1 - \phi_2)|^2 \\ \rho(\text{yes, no}) = \rho(\text{no, yes}) &= \tfrac{1}{2}|\sin(\phi_1 - \phi_2)|^2, \end{aligned} \tag{6}$$

woraus folgt

$$P(a,b) = \cos 2(\phi_1 - \phi_2)$$

Mit (5) ergibt sich daraus $2\sqrt{2}$ für die linke Seite von (3), wenn man $a = b = 1$ und $a' = b' = 2$ benutzt.

Hält sich die Natur wirklich an diese bemerkenswerten Vorhersagen? Eine ganze Reihe von Experimenten wurden dazu gemacht; mit Atomkaskaden und anderen Prozessen, die ähnliche Korrelationen aufweisen. Die allgemeine Meinung ist, dass die quantenmechanischen Vorhersagen gut bestätigt sind, und das viel besser als mit einem Faktor von $\sqrt{2}$.

Die Einschränkung muss gemacht werden, dass all diese Experimente sehr weit entfernt vom Gedankenideal sind – in mehreren Beziehungen, von denen manche wichtiger sind als andere. Zum Beispiel sind die Photonenzähler sehr ineffizient. Deshalb ist „no" die normale, und nicht sehr signifikante Antwort von C_1 und C_2. Dann ist $P = (1 - \Delta)$, wobei Δ klein ist und nur schwach von a und b abhängt, und damit die Ungleichung (3) trivial erfüllt ist. Außerdem haben reale Experimente eine unvollkommene Geometrie. Sie haben weder Vetozähler V, noch Autorisierungszähler, noch „artikulierte" Filter F. Und sie haben es nicht mit einem Paar zu einer Zeit zu tun, sondern suchen vielmehr nach (C_1, C_2)-Koinzidenzen mit Hilfe einer kontinuierlichen Quelle. Was in diesen Experimenten bestätigt wird, ist im wesentlichen, dass die Koinzidenzrate für C_1 und C_2 – proportional zu ρ(yes,yes) in (6) – relativ nah bei der quantenmechanischen Vorhersage liegt, wenn die Ineffizienzen der Quellenstärke, der Geometrie und andere, in herkömmlicher Weise zugelassen werden.

Es ist schwer für mich zu glauben, dass die Quantenmechanik, die für die heutzutage praktikablen Aufbauten sehr gut funktioniert – trotzdem bei Verbesserungen der Zählereffizienzen und anderer oben aufgeführter Faktoren, massiv versagen soll. Es gibt jedoch einen Schritt in Richtung des Ideals, auf den ich gespannt bin. Bis jetzt sind die Polarisatoren *nicht* während des Fluges der Photonen umgeschaltet worden, sondern werden für längere Zeit in der einen oder anderen Position belassen. Solche Experimente können bereits den bemerkenswerten Einfluss der Polarisatoreinstellung an einer Seite auf die Antwort des Zählers an der anderen Seite erkennen lassen. Dieser unerklärliche Einfluss hat jedoch ausreichend Zeit, sich durch die Anlage mit Unterlichtgeschwindigkeit auszubreiten. Für mich ist es wichtig, dass Aspect [4] die Polarisatoreinstellung praktisch während des Fluges der Photonen umschalten wird. Es ist schwierig, massive Polarisatoren innerhalb von Nanosekunden zu drehen. Darum wird er *zwei* Polarisatoren an jeder Seite einsetzen, die auf verschiedene Winkel eingestellt sind, und schnell zurücksetzbare Photonenumlenker, die den einen oder anderen Kanal auswählen.

Wir wollen vorwegnehmen, dass die Quantenmechanik auch für Aspect funktioniert. Wo stehen wir dann? Ich will vier Haltungen aufzählen, die man einnehmen kann.

(1) Die Ineffizienzen der Zähler, und so weiter, sind entscheidend. Die Quantenmechanik wird in ausreichend kritischen Experimenten versagen.

(2) Es *gibt* Einflüsse, die sich schneller als das Licht ausbreiten, auch wenn wir sie nicht für praktische Telegrafie beherrschen können. Einsteins lokale Kausalität versagt, und wir müssen damit leben.

(3) Die Größen a und b sind keine unabhängigen Variablen, wie wir angenommen haben. Gleichgültig, ob sie durch anscheinend unabhängige, radioaktive Geräte ausgewählt werden, oder durch anscheinend getrennte Nationale Schweizer Lotteriemaschinen, oder sogar durch verschiedene Experimentalphysiker mit anscheinend freiem Willen – sie sind in Wirklichkeit mit denselben kausalen Faktoren (λ, μ) korreliert wie A und B. Dann kann Einsteins lokale Kausalität überleben. Aber anscheinend getrennte Teile der Welt werden dann tiefgehend verschränkt; und unser anscheinend freier Wille ist verschränkt mit ihnen.

(4) Die ganze Analyse kann ignoriert werden. Die Lektion der Quantenmechanik lautet, nicht hinter die Vorhersagen des Formalismus zu blicken. Was die Korrelationen angeht: Nun, das ist halt die Quantenmechanik. Genauso, wie die französischen Autoritäten eine Korrelation zwischen Lille und Lyon mit den Worten abtun könnten: „Nun, so sind die Leute halt".

Danksagungen

Dieser Kommentar basiert auf einem Gastvortrag bei der *Conference of the European Group for Atomic Spectroscopy,* Orsay-Paris, 10.-13. Juli 1979.

Literatur

[1] J. F. Clauser und A. Shimony, *Rep. Progr. Phys.* **41**, 1881 (1978) (eine umfassende Besprechung)

[2] F. M. Pipkin, in *Advances in Atomic and Molecular Physics*, herausgegeben von D. R. Bates und B. Bederson. Academic Press, New York (1978), **14**, S. 281 (eine umfassende Besprechung)

[3] B. d'Espagnat, *Scientific American* **241**, 158 (1979) (eine ausführliche Einführung)

[4] A. Aspect. *Phys. Rev.* **D14**, 1944 (1976).

14 de Broglie-Bohm, Doppelspalt-Experiment mit verzögerter Auswahl und Dichtematrix

Ich will versuchen, Sie für die Version der nichtrelativistischen Quantenmechanik von de Broglie [1] und Bohm [2] zu interessieren. Meiner Meinung nach ist sie sehr lehrreich. Sie ist experimentell äquivalent zur herkömmlichen Version, insoweit letztere unzweideutig ist. Sie benötigt jedoch weder eine vage Spaltung der Welt in „System“ und „Apparat“, noch der Vergangenheit in „Messung“ und „keine Messung“ – nur, um sie formulieren zu können. Sie gilt für die Welt im Großen und nicht nur für idealisierte Laborprozeduren. In der Tat ist die de Broglie-Bohm-Theorie präzise, wo die herkömmliche Theorie unscharf ist; und allgemein, wo die herkömmliche speziell ist. Hier erfolgt keine systematische Darstellung [3], sondern nur eine Veranschaulichung der Ideen, mit einem besonders hübschen Beispiel; und anschließend folgen einige Bemerkungen zur Rolle der Dichtematrix als Tribut an den Titel dieser Konferenz.

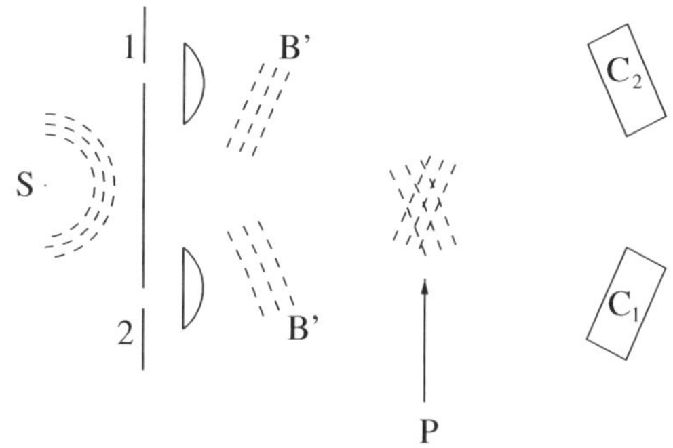

Abb. 14.1: *Eine de Broglie-Pulswelle einer Teilchenquelle S durchquert einen Schirm mit Spalten 1 und 2. Die Wellen B’, die aus den Spalten auftauchen, werden mit Linsen auf Teilchenzähler C_1 und C_2 fokussiert. Eine Fotoplatte P kann in das Interferenzgebiet geschoben werden, oder auch nicht.*

Niemand hat das Doppelspalt-Experiment mit verzögerter Auswahl eloquenter dargestellt als John A. Wheeler [4]. Eine Teilchenpulsquelle S (siehe Abb. 14.1) ist so schwach, dass nicht mehr als ein Teilchen pro Puls emittiert wird. Die damit verbundene Pulswelle B trifft auf einen Schirm mit zwei Spalten 1 und 2. Die durchgelaufenen Pulse B' werden mit dezentrierten Linsen in sich überschneidende, ebene Wellenzüge fokussiert, die schließlich auf Teilchenzähler C_1 und C_2 treffen – außer, wenn eine Fotoplatte P in das Gebiet geschoben wird, in dem sich die beiden Wellenzüge durchdringen. Die Entscheidung, die Platte einzuschieben oder nicht, wird erst getroffen, *nachdem* der Puls die Spalte passiert hat. Im Ergebnis dieser Wahl trifft das Teilchen *entweder* auf einen der beiden Zähler, was den Durchgang durch einen der beiden Spalten anzeigt, *oder* es trägt einen Fleck der Fotoplatte bei, die nach vielen Wiederholungen ein Interferenzmuster bilden. Dieses Interferenzmuster wird manchmal, in gewissem Sinn, als Nachweis für „den Durchgang des Teilchens durch beide Spalte“ angesehen. Hier scheint es möglich, *später zu entscheiden*, ob das Teilchen *zuvor* durch einen Spalt, oder beide gegangen ist! Vielleicht ist es besser, darüber nicht nachzudenken. „Kein Phänomen ist ein Phänomen, bis es ein beobachtetes Phänomen ist.“

Betrachten wir nun die de Broglie-Bohm-Version. Sie beantworten die Frage „Welle oder Teilchen?“ mit „Welle *und* Teilchen“. Die Welle $\psi(t,\mathbf{r})$ ist dieselbe, wie in der Wellenmechanik – aber, in der Tradition von Einstein und Maxwell als objektives Feld gedacht; und nicht als bloße „Geisterwelle“ der Information (irgendeines vermutlich gut informierten Beobachters?). Das Teilchen „fährt“ auf der Welle entlang an einer Position $\mathbf{x}(t)$ mit der Geschwindigkeit:

$$\dot{\mathbf{x}}(t) = \frac{1}{m}\frac{\partial}{\partial \mathbf{r}} \operatorname{Im} \log \psi(t,\mathbf{r})|_{\mathbf{r}=\mathbf{x}} \qquad (1)$$

Diese Gleichung hat die Eigenschaft, dass sich eine Wahrscheinlichkeitsverteilung für $\mathbf{x}$ zu einem Zeitpunkt t

$$\mathrm{d}^3\mathbf{x}|\psi(t,\mathbf{x})|^2$$

in eine Verteilung

$$\mathrm{d}^3\mathbf{x}|\psi(t',\mathbf{x})|^2$$

zur Zeit t' entwickelt. Es wird *angenommen*, dass die Teilchen von der Quelle am Anfang so geliefert werden; dann gilt die gewohnte Wahrscheinlichkeitsverteilung der Wellenmechanik zu späteren Zeiten automatisch. Man beachte, dass der einzige Gebrauch der Wahrscheinlichkeit hier, wie in der statistischen Mechanik, darin besteht, die Unbestimmtheit der Anfangsbedingungen zu berücksichtigen.

In diesem Bild geht die Welle immer durch beide Spalte (wie es die Natur von Wellen ist) und das Teilchen nur durch einen (wie es die Natur von Teilchen ist). Das Teilchen wird jedoch durch die Welle zu Stellen geführt, wo $|\psi|^2$ groß ist, und weg von solchen, wo $|\psi|^2$ klein ist. Wenn also die Platte in Position ist, trägt das Teilchen einen Fleck zum Interferenzmuster auf der Platte bei; und wenn die Platte fehlt, fliegt es weiter zu einem der Zähler. In keinem von beiden Fällen wird die vorherige Bewegung, weder von Teilchen noch Welle durch das nachträgliche Einschieben, oder Nicht-Einschieben der Platte beeinflusst. Natürlich beschreibt das Teilchen im Gebiet, wo sich die Wellenzüge durchdringen, eine gekrümmte Bahn [7]. Hier ist es entscheidend, das Vorurteil abzulegen, dass Teilchen sich im „feldfreien" Raum auf geraden Bahnen bewegen – frei, das heißt frei von anderen Feldern als de Broglie-Bohm! Tatsächlich trifft (bei Abwesenheit der Platte) ein Teilchen, das durch den Spalt 1 geht, am Ende nicht auf den Zähler C_1, sondern auf C_2, und umgekehrt! Schon aus der Symmetrie ist es offensichtlich, dass in der Symmetrieebene die senkrechte Komponente von $\dot{\mathbf{x}}$ verschwindet. Das Teilchen kreuzt diese Ebene nicht. Im naiven, klassischen Bild ist das Teilchen, das an einem gegebenen Zähler ankommt, durch den falschen Spalt gegangen.

Nehmen wir als nächstes an, dass direkt hinter den Spalten 1 und 2 Detektoren zum Aufbau hinzugefügt werden, um die Passage der Teilchen zu registrieren. Wenn wir die Geschichte verfolgen wollen, nachdem diese Detektoren registriert haben (oder nicht), können wir sie nicht als passive, externe Geräte betrachten (so wie wir es für den Schirm und die Linsen taten). Sie müssen in das System eingebunden werden. Betrachten wir dann die Anfangs-Wellenfunktion

$$\Psi(0) = \psi(0,\mathbf{r})D_1^0(0,\mathbf{r}_1,\ldots)D_2^0(0,\mathbf{r}_2,\ldots)$$

wobei D_1^0 und D_2^0 Viel-Teilchen-Wellenfunktionen der nichtentladenen Zähler sind. Die Lösung der Viel-Teilchen-Schrödinger-Gleichung ergibt eine Wellenfunktion

$$\begin{aligned}\Psi(t) &= \Psi_1(t)+\Psi_2(t)\\ \Psi_1(t) &= \psi_1(t,\mathbf{r})D_1^1(t,\mathbf{r}_1,\ldots)D_2^0(t,\mathbf{r}_2,\ldots)\\ \Psi_2(t) &= \psi_2(t,\mathbf{r})D_1^0(t,\mathbf{r}_1,\ldots)D_2^1(t,\mathbf{r}_2,\ldots)\end{aligned} \tag{2}$$

wobei die ψ_n die zwei ebenen Wellenzüge sind, und die D_n^1 die Wellenfunktionen der entladenen Zähler. Wir wollen annehmen, dass ein entladener Zähler eine Signalflagge mit „yes" aufstellt – nur um deutlich zu machen, dass er ein makroskopisch anderes Ding als der nicht entladene Zähler ist; in einem ganz anderen Gebiet des Konfigurationsraumes.

Die Verallgemeinerung von (1) für viele Teilchen ergibt für das Teilchen, für das wir uns hier speziell interessieren:

$$\dot{\mathbf{x}}(t) = \frac{1}{m}\frac{\partial}{\partial\mathbf{r}}\mathrm{Im}\log\Psi(t,\mathbf{r},\mathbf{r_1},\mathbf{r_2},\ldots)\Big|_{\substack{\mathbf{r}=\mathbf{x}(t)\\ \mathbf{r}_1=\mathbf{x}_1(t)\\ \mathbf{r}_2=\mathbf{x}_2(t),\text{etc.}}} \tag{3}$$

Im allgemeinen erfordert die Berechnung dessen nicht nur die Angabe von $\mathbf{x}(t)$, sondern auch die Positionen aller anderen Teilchen. Im einfachen Fall von (2) sind die Positionen der anderen Teilchen ausreichend bestimmt durch „Detektor 1 ist entladen" oder „Detektor 2 ist entladen". Die damit beschriebenen Konfigurationen sind so verschieden (grob, makroskopisch), dass dann nur Ψ_1 *oder* Ψ_2 signifikant von Null verschieden sind. Darüber hinaus reduziert sich die komplizierte Formel (3), weil sowohl

Ψ_1 als auch Ψ_2 die Variable $\mathbf{r}$ nur im Faktor ψ_1 oder ψ_2 enthalten, auf die einfache Formel (1):

$$\dot{\mathbf{x}}(t) = \frac{1}{m}\frac{\partial}{\partial \mathbf{r}} \operatorname{Im}\log \psi_1(t,\mathbf{r}) = \mathbf{v_1}$$

oder

$$\dot{\mathbf{x}}(t) = \frac{1}{m}\frac{\partial}{\partial \mathbf{r}} \operatorname{Im}\log \psi_2(t,\mathbf{r}) = \mathbf{v_2}$$

wobei $\mathbf{v_1}$ und $\mathbf{v_2}$ die Geschwindigkeiten sind, die mit den zwei ebenen Wellenzügen verknüpft sind.

Diese Reduktion von Ψ_1 *und* Ψ_2 zu Ψ_1 *oder* Ψ_2 durch eine teilweise (makroskopische) Festlegung der zu berücksichtigenden Konfiguration, veranschaulicht die „Reduktion der Wellenfunktion" im Bild von de Broglie und Bohm. Es ist eine rein theoretische Operation; und man braucht nicht zu fragen, wann genau sie stattfindet, und wie lange sie dauert. Der Theoretiker tut es, wenn er es zweckmäßig findet.

Die weitere Reduktion von Ψ_1 oder Ψ_2 zu ψ_1 oder ψ_2 ist eine Reduktion von vielen Teilchen zu wenigen (in diesem Fall: einem). Sie veranschaulicht, wie es bei einer teilweisen Festlegung der Konfiguration der Welt im Großen in der Praxis möglich wird, mit einem kleinen Quantensystem zu arbeiten, obwohl sich die korrekte Anwendung der Theorie im Prinzip auf die Welt als Ganzes erstreckt. Am Anfang haben wir eine solche Reduktion des Systems stillschweigend gemacht, als wir sagten, dass verschiedene Schirme, Linsen usw. an der richtigen Stelle sind; sie, oder die Welt im Großen jedoch nicht in das Quantensystem eingebunden. Es ist zu beachten, dass dieses Herausgreifen eines „Systems" eine durch die Umstände definierte, praktische Angelegenheit ist; und nicht bereits in der grundlegenden Formulierung der Theorie vorhanden.

Betrachten wir nun die Dichtematrix. Wenn gegeben ist, dass (zum Beispiel) der Zähler 1 entladen ist, dann ist die herkömmliche Einteilchen-Dichtematrix (ohne Berücksichtigung der trivialen Normierungsfaktoren)

$$\rho(\mathbf{x},\mathbf{x}') = \psi_1(\mathbf{x})\psi_1^*(\mathbf{x}')$$

und die Geschwindigkeit $\dot{\mathbf{x}}_1 = \mathbf{v}_1$ ist durch (1) gegeben oder

$$\dot{\mathbf{x}}_1 = \frac{1}{m}\operatorname{Im}\left\{[\rho(\mathbf{x},\mathbf{x}')]^{-1}\frac{\partial}{\partial \mathbf{x}}\rho(\mathbf{x},\mathbf{x}')\right\}_{\mathbf{x}=\mathbf{x}'} \tag{4}$$

Aber das ist ein ziemlich trivialer Fall. Wenn nicht gegeben ist, welcher Zähler entladen ist, ist die herkömmliche Dichtematrix

$$\begin{aligned}\rho(\mathbf{x},\mathbf{x}') &= \int \mathrm{d}^3\mathbf{x_1}\mathrm{d}^3\mathbf{x_2}\cdots\Psi(\mathbf{x},\mathbf{x_1},\mathbf{x_2},\ldots)\Psi^*(\mathbf{x}',\mathbf{x_1},\mathbf{x_2},\ldots)\\ &= \psi_1(\mathbf{x})\psi_1^*(\mathbf{x}') + \psi_2(\mathbf{x})\psi_2^*(\mathbf{x}').\end{aligned}$$

Mir ist nicht klar, wie man daraus den Fakt zurückgewinnen soll, dass wir (nahezu immer) entweder Geschwindigkeit $\mathbf{v}_1$, oder $\mathbf{v}_2$ haben. Die naive Anwendung von (4) ergibt etwas anderes. Darum hat die Wellenfunktion in der de Broglie-Bohm-Theorie eine grundlegende Bedeutung, und diese kann nicht auf die Dichtematrix übertragen werden. Das ist hier für die Einteilchen-Dichtematrix veranschaulicht worden, es gilt aber gleichermaßen für die Welt-Dichtematrix, wenn eine Wahrscheinlichkeitsverteilung über Welt-Wellenfunktionen betrachtet wird. Selbstverständlich behält die Dichtematrix aber all ihre praktische Nützlichkeit in Verbindung mit der Quantenstatistik.

Dass in der obigen Behandlung die Detektoren grob vereinfacht wurden, hat keinen Einfluss auf die vorgebrachten Hauptargumente. Reale Detektoren würden auf Teilchen, die auf verschiedene Arten und Weisen durchgehen, in verschiedenen Arten und Weisen reagieren. Dann würden nicht nur ψ_1 und ψ_2 inkohärent werden, sondern beide würden durch viele inkohärente Teile ersetzt werden.

Wenn die Theorie im Grunde auf die Welt als Ganzes anwendbar sein soll, müssen letztendlich alle „Beobachter" in das System mit eingebunden werden. Das stellt kein besonderes Problem dar; solange man sich diese nicht als grundlegend verschieden von Computern vorstellt, eventuell noch ausgerüstet mit „Zufalls"-Generatoren. Dann ist in Wirklichkeit alles auf der grundlegenden Ebene vorherbestimmt – einschließlich der „späten" Entscheidung, ob die Platte eingeschoben werden soll. Die Einbeziehung von Geschöpfen mit echtem freien Willen würde etwas weitere Entwicklung erfordern; und an dieser Stelle könnte sich die de Broglie-Bohm-Version vom herkömmlichen Ansatz weg entwickeln. Um die Angelegenheit experimentell zu testen, wäre es nötig, solche Situationen zu identifizieren, in denen Unterschiede zwischen Computern und frei agierenden Wesen wesentlich sind.

Dass sich die Führungswelle im allgemeinen Fall nicht im gewöhnlichen dreidimensionalen Raum ausbreitet, sondern in einem multidimensionalen Konfigurationsraum, ist der Ursprung der berüchtigten „Nichtlokalität" der Quantenmechanik [5]. Es ist ein Vorzug der de Broglie-Bohm-Version, dies so explizit zum Ausdruck zu bringen, dass es nicht ignoriert werden kann.

Literatur

[1] L. de Broglie, *Tentative d'interpretation causale et non-linéaire de la méchanique ondulatoire.* Gauthier-Villars, Paris (1956).

[2] D. Bohm, *Phys. Rev.* **85**, 166, 180 (1952).

[3] J. S. Bell, CERN TH 1424 (1971). [In überarbeiteter Form als Kapitel 15 in diesem Buch]

[4] J. A. Wheeler, in *Mathematical Foundation of Quantum Mechanics*, A. R. Marlow, Hrsg. Academic, New York (1978).

[5] B. d'Espagnat, *Sci. Am.*, Nov. (1979).

[6] J. S. Bell, *Rev. Mod. Phys.* **38,** 447 (1966). [Kapitel 1 in diesem Buch]

[7] C. Phillipidis, C. Dewdney und B. J. Hiley, *Nuovo Cimento* **52B**, 15 (1979).

15 Quantenmechanik für Kosmologen

15.1 Einleitung

Kosmologen müssen – mehr noch als Laborphysiker – die interpretativen Regeln der Quantenmechanik etwas frustrierend finden [1]:

> ...jedes Ergebnis der Messung einer reellen dynamischen Variablen ist einer ihrer Eigenwerte...
> ...wenn die Messung der Observablen ...sehr oft wiederholt wird, wird der Mittelwert aller Ergebnisse sein...
> ...eine Messung bewirkt immer, dass das System in einen Eigenzustand der dynamischen Variablen springt, die gemessen wird...

Es könnte den Anschein haben, dass die Theorie ausschließlich mit „Ergebnissen von Messungen" zu tun hat, und nichts über irgend etwas anderes zu sagen hat. Wenn das betreffende „System" die ganze Welt ist, wo soll man dann den „Messenden" finden? Vermutlich eher innerhalb, als außerhalb. Was genau qualifiziert irgendein Untersystem, diese Rolle zu spielen? Hat die Welt-Wellenfunktion Tausende von Millionen von Jahren auf das Auftauchen eines einzelligen Lebewesens gewartet, um zu springen? Oder musste sie etwas länger warten, auf einen höher qualifizierten Messenden – einen mit Doktortitel? Wenn die Theorie auf etwas anderes angewandt werden soll als idealisierte Laboroperationen, sind wir dann nicht gezwungen zuzugeben, dass mehr oder weniger „messungsähnliche" Prozesse mehr oder weniger ständig, und mehr oder weniger überall stattfinden? Gibt es dann überhaupt einen Moment ohne Sprünge, an dem die Schrödinger-Gleichung tatsächlich gilt?

Bei genauer Überlegung wird das Konzept der „Messung" so unscharf, dass es ziemlich überraschend ist, es in der physikalischen Theorie auf der *fundamentalsten Ebene* auftauchen zu sehen. Weniger überraschend ist wohl, dass Mathematiker, die nur einfache Axiome über ansonsten undefinierte Objekte benötigen, in der Lage waren, ausführliche Arbeiten über Quantenmesstheorie zu verfassen – die Experimentalphysiker für nicht notwendig zu lesen halten. Mathematik wurde [2] zu recht „das Gebiet, bei dem wir niemals wissen, worüber wir reden" genannt. Physiker, die mit derartigen Fragen konfrontiert werden, beginnen Messungen zu klassifizieren und sprechen von „guten Messungen" und von „schlechten". Aber die oben zitierten Postulate unterscheiden nicht zwischen „gut" und „schlecht". Und benötigt eine *Analyse* von Messungen nicht *fundamentalere* Konzepte als die Messung? Und sollte die fundamentale Theorie nicht von solchen fundamentaleren Konzepten handeln?

Eine Entwicklungslinie hin zu größerer physikalischer Präzision wäre, den „Sprung" in den Gleichungen zu haben und nicht bloß die Rede davon – so dass er als dynamischer Prozess unter dynamisch festgelegten Bedingungen stattfindet. Der Sprung verletzt die Linearität der Schrödinger-Gleichung, so dass die neue Gleichung (oder Gleichungen) nichtlinear wäre. Es wurde gemutmaßt [3], dass eine derartige Nichtlinearität insbesondere im Zusammenhang mit dem Funktionieren von bewussten Organismen – d.h. „Beobachtern" wichtig sein könnte.

Es könnte auch sein, dass die Nichtlinearität nichts mit dem Bewusstsein im Besonderen zu tun hat, sondern für jedes große Objekt wichtig wird [4], indem dieses die Superposition makroskopisch verschiedener Zustände unterdrückt. Das wäre eine mathematische Realisierung wenigstens einer Version der „Kopenhagener Interpretation", bei der sich große Objekte, und insbesondere der „Apparat", „klassisch" verhalten müssen. Kosmologen sollten, nebenbei gesagt, beachten, dass eine Unterdrückung derartiger makroskopischer Superpositionen entscheidend ist für Rosenfelds Begriff [5] eines unquantisierten Gravitationsfeldes – dessen Quelle (grob gesagt) der Quantenerwartungswert der Energiedichte wäre. Wenn das mit Wellenfunktionen versucht werden würde, die stark uneindeutig, sagen wir, über die relativen Positionen der Sonne und Planeten sind, würden sofort ernsthafte Probleme auftauchen.

Es gab mehrere Untersuchungen [6] über nichtlineare Modifikationen der Schrödinger-Gleichung. Aber keine dieser Modifikationen hat (soweit ich weiß) die hier geforderte Eigenschaft, kleine Systeme wenig zu beeinflussen, und trotzdem makroskopische Superpositionen zu unterdrücken. Es wäre schön zu wissen, wie das erreicht werden kann.

In diesem Artikel soll nicht mehr über hypothetische Nichtlinearitäten gesagt werden. Ich werde vielmehr Theorien betrachten, bei denen die lineare Schrödinger-Gleichung als exakt und universell gültig angesehen wird. Dann gibt es kein „Springen", kein „Reduzieren" und keinen „Kollaps" der Wellenfunktion. Zwei derartige Theorien werden hier analysiert: eine von de Broglie [7] und Bohm [7] und die andere von Everett [8]. Es scheint mir, dass die enge Beziehung der Everett-Theorie zu der von de Broglie und Bohm noch nicht erkannt worden ist, und folglich das wirklich neuartige Element der Everett-Theorie noch nicht identifiziert wurde. Dieses wirklich neuartige Element ist, meiner Meinung nach, die Nichtanerkennung des Konzepts der „Vergangenheit", die in derselben befreienden Tradition gesehen werden kann wie Einsteins Nichtanerkennung der absoluten Gleichzeitigkeit.

Es muss gesagt werden, dass die hier präsentierten Versionen von den zitierten Autoren vielleicht nicht akzeptiert werden würden. Das ist besonders im Fall Everett zu befürchten. Seine Theorie war für mich lange Zeit vollkommen undurchschaubar. Die Undurchschaubarkeit wurde durch die Darstellungen von DeWitt [8] aufgehellt. Ich bin aber nicht sicher, ob sich mein jetziges Verständnis mit dem von DeWitt deckt, oder mit dem von Everett, oder ob eine gleichzeitige Übereinstimmung mit beiden möglich wäre [9].

Das Folgende beginnt mit der Besprechung einiger wichtiger Aspekte der konventionellen Quantenmechanik am Beispiel einer einfachen, speziellen Anwendung. Die Probleme, die die unkonventionellen Versionen angehen, werden dann detaillierter behandelt und schließlich werden die Theorien von de Broglie-Bohm und Everett formuliert und verglichen.

15.2 Gemeinsamkeiten

Um einige Punkte zu illustrieren, die nicht fraglich sind, bevor wir zu solchen kommen, die das sind, wollen wir ein spezielles Beispiel der Quantenmechanik betrachten, wie es tatsächlich benutzt wird. Ein schönes Beispiel für unseren Zweck ist die Theorie der Bildung einer α-Teilchenspur in einem Stapel fotografischer Platten. Die grundlegenden Ideen für die Analyse sind seit mindestens 1929 vorhanden, als Mott [10] und Heisenberg [11] die Theorie der Wilsonschen Nebelkammer-Spuren [12] diskutierten. Dennoch wird es vielen Studenten manchmal überlassen, Ideen dieser Art für sich selbst wiederzuentdecken. Wenn sie es dann tun, geschieht das oft mit einem Gefühl der Offenbarung; das scheint der Ursprung einiger publizierter Artikel zu sein.

Das α-Teilchen soll senkrecht auf den Plattenstapel einfallen und verschiedene Atome oder Moleküle so anregen, dass sie die Ausbildung von geschwärzten Flecken ermöglichen. In einem ersten Ansatz [11] für das Problem wird nur das α-Teilchen als quantenmechanisches System betrachtet und die Platten werden als äußere Messeinrichtung angesehen, die eine Abfolge von Messungen der transversalen Positionen des α-Teilchens ermöglichen. Mit jeder dieser Messungen ist eine „Reduktion des Wellenpaketes“ verbunden, bei der alles von der einfallenden de Broglie-Welle, außer in der Umgebung des Punktes der Anregung, ausgelöscht wird. Wenn die „Positionsmessung“ perfekt wäre, würde die reduzierte Welle tatsächlich von einer Punktquelle ausgehen und sich nach der üblichen Theorie der Wellenbeugung über einen großen Winkel ausbreiten. Die Genauigkeit wird jedoch sicher durch etwa einen Atomradius von $a \approx 10^{-8}$ cm begrenzt. Dann kann die Winkelausbreitung so klein sein wie etwa

$$\Delta\theta \approx (ka)^{-1},$$

wobei zum Beispiel für ein α-Teilchen von etwa einem MeV $k \approx 10^{13}\text{cm}^{-1}$ ist, also

$$\Delta\theta \approx 10^{-5} \text{ radians.}$$

Auf diese Weise kann man verstehen, dass die Folge der Anregung in den verschiedenen Platten sehr gut eine gerade Linie approximiert, die zur Quelle zeigt.

Dieser erste Ansatz könnte sehr grob erscheinen. Er ist jedoch in einem wichtigen Sinne ein genaues Modell aller Anwendungen der Quantenmechanik.

In einem zweiten Ansatz können wir auch die fotografischen Platten als Teil des Quantensystems betrachten. Wie Heisenberg bemerkt: „Dieses Verfahren ist komplizierter als die vorherige Methode, es hat aber den Vorzug, dass die diskontinuierliche Änderung in der Wahrscheinlichkeitsfunktion um eine Stufe zurückgeht, und scheint intuitiven Vorstellungen weniger zu widersprechen". Um die erhöhte Kompliziertheit zu minimieren, wollen wir nur stark vereinfachte „fotografische Platten" betrachten. Sie werden sich als einatomige Schichten von Atomen bei Null Grad Kelvin vorgestellt, mit nur einem möglichen Anregungszustand, der als relativ langlebig angesehen wird. Darüber hinaus werden wir wie bisher die Möglichkeit der Streuung ohne Anregung, d.h. elastische Streuung, vernachlässigen, was nicht sehr realistisch ist.

Angenommen, das α-Teilchen stammt aus einer langlebigen radioaktiven Quelle von der Stelle $\mathbf{r}_0$ und kann am Anfang durch eine stationäre Wellenfunktion dargestellt werden:

$$\psi(\mathbf{r}) = \frac{e^{ik_0|\mathbf{r}-\mathbf{r}_0|}}{|\mathbf{r}-\mathbf{r}_0|} .$$

ϕ_0 bezeichne den Grundzustand des Plattenstapels. Die Atome des Stapels seien mit $n(=1,2,3,\ldots)$ numeriert und

$$\phi(n_1,n_2,n_3,\ldots)$$

bezeichne einen Stapel, in dem die Atome $n_1,n_2,n_3,\ldots$ angeregt sind. Ohne Wechselwirkung von α-Teilchen und Stapel wäre der kombinierte Zustand einfach

$$\phi_0 \frac{e^{ik_0|\mathbf{r}-\mathbf{r}_0|}}{|\mathbf{r}-\mathbf{r}_0|} .$$

Dazu müssen, wegen der Wechselwirkung, die gestreuten Wellen, die durch Lösung der Vielteilchen-Schrödinger-Gleichung bestimmt werden, addiert werden. In einer üblichen Näherung der Vielfachstreuung sind die gestreuten Wellen:

$$\sum_N \sum_{n_1,n_2,\ldots n_N} \phi(n_1,n_2,\ldots n_N) \frac{e^{ik_N|\mathbf{r}-\mathbf{r}_N|}}{|\mathbf{r}-\mathbf{r}_N|} f_N(\theta_N) \times \frac{e^{ik_{N-1}|\mathbf{r}_N-\mathbf{r}_{N-1}|}}{|\mathbf{r}_N-\mathbf{r}_{N-1}|} f_{N-1}(\theta_{N-1}) \times \cdots \frac{e^{ik_0|\mathbf{r}_1-\mathbf{r}_0|}}{|\mathbf{r}_1-\mathbf{r}_0|} . \tag{1}$$

Der Gesamtausdruck ist hier eine Summe über alle möglichen Folgen von N Atomen; wobei $\mathbf{r}_1$ die Position von Atom n_1 angibt, $\mathbf{r}_2$ von Atom n_2 und so weiter; $k_n = (k_{n-1}^2 - \varepsilon)^{1/2}$, wobei ε die Größe der Atom-Anregungsenergie ist; θ_n der Winkel zwischen $\mathbf{r}_n - \mathbf{r}_{n-1}$ und $\mathbf{r}_{n+1} - \mathbf{r}_n$ (bzw. $\mathbf{r} - \mathbf{r}_N$ für $n = N$). Schließlich ist $f_n(\theta)$ die inelastische Streuamplitude für ein α-Teilchen mit dem Impuls k_{n-1}, das auf ein einzelnes Atom trifft; in der Born-Näherung könnten wir zum Beispiel eine explizite Formel für $f(\theta)$ in Form von atomaren Wellenfunktionen angeben und würden tatsächlich dafür die Winkelausbreitung finden:

$$\Delta\theta \approx (ka)^{-1}.$$

Die relativen Wahrscheinlichkeiten für Beobachtungen, dass verschiedene Folgen von Atomen $n_1, n_2, \ldots$ angeregt worden sind, sind gegeben durch die Betragsquadrate der Koeffizienten von

$$\phi(n_1, n_2, n_3, \ldots).$$

Wegen der nach vorn gerichteten Spitze von $f(\theta)$ ist wiederum klar, dass angeregte Folgen grundsätzlich gerade Linien bilden, die zur Quelle zeigen.

Wir haben hier nur die Orte, nicht aber die Zeitpunkte der Anregungen, betrachtet. Wenn die Zeitpunkte auch beobachtet werden, wäre in der ersten Art der Behandlung die reduzierte Welle nach jeder Anregung eine geeignete Lösung der zeitabhängigen Schrödinger-Gleichung; mit begrenzter Ausdehnung sowohl in der Zeit als auch im Raum. In der zweiten Art der Behandlung würde ein physikalisches Gerät zum Registrieren und Aufzeichnen von Zeiten in das System eingebunden werden. Wir wollen das hier nicht weiter vertiefen. Der Vergleich zwischen der ersten und zweiten Art der Behandlung wäre trotzdem im Grunde analog dem Folgenden. Bevor wir jedoch zu diesem Vergleich kommen, wird es für später von Nutzen sein, auf zwei von den verschiedenen, allgemeinen Eigenschaften der Quantenmechanik hinzuweisen, die im soeben diskutierten Beispiel veranschaulicht werden.

Die erste betrifft die gegenseitige Übereinstimmung verschiedener Aufzeichnungen desselben Phänomens. Im Plattenstapel des obigen Beispiels haben wir eine Folge von „Fotografien“ des α-Teilchens; und weil das Teilchen nicht *zu stark* durch das Fotografieren gestört wird, ist die Folge der Aufzeichnungen ziemlich stetig. Auf diese Weise gibt es kein Problem für die Quantenmechanik, weder mit der Stetigkeit zwischen aufeinanderfolgenden Bildern eines Filmes noch in der Übereinstimmung zwischen zwei Filmen desselben Phänomens. Darüber hinaus, wenn man, anstatt die Informationen auf Film aufzuzeichnen, sie in den Speicher eines Computers eingibt (den man sich nebenbei bemerkt als Modell des Gehirns vorstellen kann), gibt es für die Quantenmechanik kein Problem mit der internen Kohärenz einer solchen Aufzeichnung – z.B. in der „Erinnerung“, dass das α-Teilchen (oder der Instrumentenzeiger, oder was auch immer) eine Folge von benachbarten Positionen durchlaufen hat. Das alles sind nur „klassische“ Aspekte der Welt, die aus der Quantenmechanik auf der entsprechenden Ebene zu Tage treten. Wir haben auf sie aufmerksam gemacht, weil wir später zu einer Theorie kommen werden, die sich im Grunde genau mit dem Inhalt von „Speichern“ befasst.

Der zweite Punkt ist folgender. Wenn der ganze Plattenstapel als ein einzelnes quantenmechanisches System behandelt wird, ist jede Spur eines α-Teilchens ein einzelnes Experimentergebnis. Der Test quantenmechanischer Wahrscheinlichkeiten erfordert dann viele derartiger Spuren. Gleichzeitig kann eine *einzelne* Spur, wenn sie lang genug ist, als Sammlung vieler unabhängiger *einzelner* Streu-Ereignisse betrachtet werden, die zum Test der Quantenmechanik des Einzel-Streuprozesses benutzt werden können. Die vollständigere Behandlung zeigt, dass das immer so ist, wenn die Wechselwirkungen zwischen den Platten vernachlässigbar sind (und der Energieverlust ε vernachlässigbar ist). Natürlich kann es statistische Ausreißer geben, Spuren mit allen Streuungen aufwärts, oder allen nach unten u.s.w., aber die *typische* Spur (wenn sie lang genug ist) dient zum Test der Vorhersagen für $|f(\theta)|^2$. Die Bedeutung dieser Anmerkung liegt darin, dass wir uns später mit Theorien des Universums als Ganzem beschäftigen werden. Dann gibt es keine Möglichkeit, das Experiment zu wiederholen; die Geschichte ist uns nur einmal gegeben. Wir sind in der Situation, dass wir eine einzelne Spur haben und es ist wichtig, dass die Theorie trotzdem etwas zu sagen hat – vorausgesetzt, dass diese einzelne Spur kein Ausreißer ist, sondern ein typisches Mitglied eines hypothetischen Ensembles von Universen, das die vollständige Quantenverteilung von Spuren besitzen würde [13].

Wir kehren nun zum Vergleich beider Arten der Behandlung zurück. Die zweite Behandlung ist eindeutig seriöser als die erste. Sie ist aber keineswegs endgültig. Genau wie wir zuerst ohne Untersuchung angenommen hatten, dass die fotografischen Platten Positionsmessungen bewirken können, haben wir nun die Existenz von Einrichtungen, die die Beobachtung von Atomanregungen gestatten, ohne Untersuchung angenommen. Wir können daher eine dritte Behandlung in Erwägung ziehen, und eine vierte und so weiter. Jedes natürliche Ende dieser Folge wird allein schon durch die Sprache der gegenwärtigen Quantentheorie ausgeschlossen, die niemals von Ereignissen im System spricht, sondern nur vom Ergebnis von Beobachtungen am System – was immer die Existenz externer Einrichtungen, die für die fragliche Observable angepasst sind, mit einschließt. Folglich ändert sich die logische Situation nicht, wenn man von der ersten zur zweiten Behandlung übergeht. Noch würde sie sich ändern, wenn man zu weiteren übergehen würde; obwohl viele Leute einfach durch die wachsende Komplexität so eingeschüchtert werden, dass sie glauben, dass das so sein könnte. Trotz ihrer augenscheinlichen Primitivität müssen wir die erste obige Behandlung deshalb völlig ernst nehmen – als originalgetreues Modell dessen, was wir am Ende sowieso tun müssen.

Deshalb ist es wichtig zu verstehen, in welchem Umfang die erste Behandlung tatsächlich mit der zweiten übereinstimmt und nicht einfach durch letztere ersetzt wird. Die Übereinstimmung ist in der Tat ziemlich hoch, insbesondere wenn wir in die relativ vage „reduzierte" Wellenfunktion der ersten Behandlung den richtigen Winkelfaktor $f(\theta)$ der zweiten mit einbeziehen. Dann wird die erste Methode genau dieselbe Verteilung der Anregungen ergeben, und dieselben Korrelationen zwischen ihnen in verschiedenen Platten. Es muss jedoch betont werden, dass diese perfekte Übereinstimmung nur ein Ergebnis der von uns gemachten Idealisierungen ist, zum Beispiel der Vernachlässigung der Wechselwirkung zwischen den Atomen (insbesondere in verschiedenen Platten). Um diese genau zu berücksichtigen, sind wir einfach gezwungen die zweite Prozedur anzuwenden – das α-Teilchen und den Stapel zusammen als ein einzelnes quantenmechanisches System zu betrachten. Die erste Art der Behandlung wäre offenkundig absurd, wenn wir es mit einem α-Teilchen zu tun haben, das zwei Atome trifft, die ein einzelnes Molekül bilden. Sie ist allerdings nicht absurd, obwohl sie nicht exakt ist, wenn wir es mit 10^{23} Atomen und etwas größeren Abständen dazwischen zu tun haben. Die Plazierung der unvermeidlichen Spaltung zwischen Quantensystem und beobachtender Welt ist nicht gleichgültig.

So fahren wir fort, die Heisenberg-Grenze zu verschieben, um mehr und mehr von der Welt in das Quantensystem einzufügen. Schließlich kommen wir auf eine Stufe, wo die erforderlichen Beobachtungen einfach makroskopische Aspekte makroskopischer Körper sind. Zum Beispiel: Wir können die Instrumentanzeigen beobachten, oder eine Kamera kann das Beobachten übernehmen; dann können wir die Fotografien der Instrumentanzeigen beobachten, und so weiter. Auf dieser Stufe wissen wir aus Alltagserfahrung sehr gut, dass es keine Rolle spielt, ob wir die Kamera als Teil des Systems oder des Beobachters ansehen – die Transformation zwischen den zwei Betrachtungsweisen ist trivial, da die relevanten Aspekte der Kamera „klassisch" sind und ihre Reaktion auf die relevanten Aspekte des Instruments vernachlässigbar. Dann wird es auf dieser Ebene *praktisch* unwichtig, wo genau wir die Heisenberg-Grenze hinlegen – vorausgesetzt natürlich, dass diese „klassischen" Eigenschaften der Instrumente der makroskopischen Welt auch in der quantenmechanischen Behandlung auftauchen. Es gibt keinen Grund, daran zu zweifeln.

Das wird bereits im oben analysierten Beispiel veranschaulicht. So verhält sich das α-Teilchen bereits zum größten Teil „klassisch", indem es seine Identität behält – in dem Sinne, dass es sich augenscheinlich entlang eines praktisch stetigen und glatten Weges bewegt. Darüber hinaus können die verschiedenen Anteile der vollständigen Wellenfunktion (1), die mit verschiedenen Spuren verknüpft sind, weitgehend als inkohärent betrachtet werden; wie es der Erfolg der ersten Art der Behandlung erkennen lässt. Man kann erwarten, dass diese „klassischen" Eigenschaften für makroskopische Körper noch weiter ausgeprägt sind. Die Möglichkeiten Quanteninterferenzphänomene zu sehen, werden nicht nur durch die Kleinheit der de Broglie-Wellenlänge reduziert, die jedes derartige Muster extrem feinkörnig machen würde, sondern auch durch die Tendenz solcher Körper, ihre Passage in der Umgebung aufzuzeichnen. Bei makroskopischen Körpern ist es nicht nötig, Atome zu ionisieren; wir haben zum Beispiel die ständige Abstrahlung von Wärme, die sogar im Vakuum eine „Spur" hinterlässt, und wir haben die Anregung der unteren dichtgepackten, gemeinsamen Niveaus, sowohl von dem betreffenden Körper als auch der benachbarten Körper [14].

Deshalb gibt es keinen Grund, daran zu zweifeln, dass die Quantenmechanik makroskopischer Objekte ein Abbild der vertrauten Alltagswelt hervorbringt. Dann ist die folgende Regel für die Plazierung der Heisenberg-Grenze, obwohl prinzipiell zweideutig, für praktische Zwecke ausreichend unzweideutig:

Lege so viel in das Quantensystem, dass die Aufnahme weiterer Anteile die praktischen Vorhersagen nicht wesentlich verändern würde.

Die Frage danach, ob ein derartiges Rezept, wie auch immer es in der Praxis angebracht ist, auch eine befriedigende Formulierung der fundamentalen physikalischen Theorie ist, bedeutet, den Bereich der Gemeinsamkeiten zu verlassen.

15.3 Das Problem

Das Problem ist folgendes: Die Quantenmechanik handelt im wesentlichen von „Beobachtungen“. Sie teilt die Welt notwendigerweise in zwei Teile, ein Teil der beobachtet wird, und einen Teil, der beobachtet. Die Ergebnisse hängen im Detail davon ab, wo genau diese Teilung gemacht wird; es gibt aber keine bestimmte Vorschrift dafür. Alles, was wir haben, ist ein Rezept, das, wegen der praktischen menschlichen Beschränkungen, hinreichend unzweideutig für praktische Zwecke ist. So können wir mit Stapp fragen [15]: „Wie kann man jemals behaupten, dass eine Theorie, die *im Grunde* eine Prozedur ist, mittels derer plumpe makroskopische Geschöpfe (wie menschliche Wesen) Vorhersagen von Wahrscheinlichkeiten dafür berechnen, was sie unter makroskopisch festgelegten Bedingungen beobachten werden, eine vollständige Beschreibung der physikalischen Realität ist?“ Rosenfeld [16] bringt das Argument mit gleicher Wortgewandtheit vor: „„. . . der menschliche Beobachter, den wir mit Mühe aus dem Bild herausgehalten haben, scheint sich unwiderstehlich darin einzumischen, weil schließlich der makroskopische Charakter des Messapparates durch die makroskopische Struktur der Sinnesorgane und des Gehirns bedingt wird. Es sieht deshalb so aus, als ob die Art und Weise der Beschreibung der Quantenmechanik tatsächlich weit von idealer Perfektion entfernt ist; in dem Maße, wie sie auf den Maßstab der Menschen zugeschnitten ist.“

Tatsächlich glauben diese Autoren, dass die Situation akzeptabel ist. Wie die Zitate zeigen, gehören sie zu den Nachdenklicheren von denen, die das glauben. Stapp findet Versöhnung in der pragmatischen Philosophie von William James. Aus deren Sicht ist die Situation in der Quantenmechanik nichts Besonderes. Vielmehr sind die Konzepte der „realen“ oder „vollständigen“ Wahrheit im Großen und Ganzen Illusionen. Die einzige Legitimation des Begriffs der Wahrheit ist „was funktioniert“. Und die Quantenmechanik „funktioniert“ sicherlich. Rosenfeld scheint eine fast gleiche Position einzunehmen; er zieht es jedoch vor, die akademische Philosophie außen vor zu lassen: „Wir erblicken hier keine tiefe philosophische Frage, sondern den schlichten Fakt gesunden Menschenverstandes, dass es ein kompliziertes Gehirn benötigt, um theoretische Physik zu betreiben.“ Dass die theoretische Physik sozusagen notwendigerweise auf den Maßstab der theoretischen Physiker zugeschnitten ist.

Meiner Meinung nach sind diese Ansichten zu unreflektiert. Der pragmatische Ansatz, den sie demonstrieren, hat zweifellos eine unentbehrliche Rolle in der Entwicklung der gegenwärtigen physikalischen Theorie gespielt. Der Begriff der „realen" Wahrheit, im Unterschied zu einer Wahrheit, die momentan gut genug für uns ist, hat jedoch auch eine positive Rolle in der Geschichte der Wissenschaft gespielt. Damit fand Kopernikus ein verständlicheres Muster – indem er die Sonne anstelle der Erde in den Mittelpunkt des Sonnensystems verlegte. Ich kann mir gut eine zukünftige Zeit vorstellen, in der das wieder passiert; in der die Welt für menschliche Wesen, sogar für theoretische Physiker, verständlicher wird, wenn sie sich nicht selbst in ihrem Mittelpunkt vorstellen.

Weniger nachdenkliche Physiker tun mitunter das Problem mit der Bemerkung ab, dass es dasselbe ist wie in der klassischen Mechanik. Wenn das so wäre, würde es die klassische Mechanik herabsetzen, statt die Quantenmechanik zu rechtfertigen. Tatsächlich ist das aber nicht so. Natürlich stimmt es, dass auch in der klassischen Mechanik jede Isolation eines speziellen Systems von der Welt als Ganzem eine Näherung beinhaltet. Aber wenigstens kann man sich eine exakte Theorie des Universums *vorstellen*, für die die begrenzte Darstellung eine Näherung ist. Das ist in der Quantenmechanik nicht möglich, da sie sich immer auf einen äußeren Beobachter bezieht, und deshalb durch das Konzept des Universums als Ganzes in Schwierigkeiten gebracht wird. Es könnte auch gesagt werden (von jemandem, der übermäßig von positivistischer Philosophie beeinflusst ist), dass sogar in der klassischen Mechanik ein menschlicher Beobachter impliziert wird: Denn, was ist interessant, wenn es nicht erfahren wird? Aber selbst ein menschlicher Beobachter ist in der klassischen Theorie kein Problem (im Prinzip): Er kann in das System einbezogen werden (auf schematische Weise) durch Postulieren eines „psycho-physikalischen Parallelismus" – d.h. die Annahme, dass seine Erfahrung mit gewissen Funktionen der Koordinaten korreliert ist. Das ist in der Quantenmechanik nicht möglich, wo eine Art von Beobachter nicht nur grundlegend ist – sondern grundlegend außerhalb. Mit der klassischen Mechanik haben wir ein Modell einer Theorie, die nicht *an sich* ungenau ist; weil sie weder einen Beobachter benötigt, noch durch ihn in Schwierigkeiten gebracht wird.

Die klassische Mechanik hat jedoch den gravierenden Mangel, die Daten nicht zu erklären, wenn sie auf den atomaren Bereich angewandt wird. Aus diesem guten Grund wurde sie für diesen Bereich aufgegeben. Dadurch wurden klassische Konzepte jedoch nicht aus der Physik verbannt. Im Gegenteil, sie bleiben entscheidend im „makroskopischen" Maßstab, weil „... es ist entscheidend zu erkennen, dass, wie weit die Phänomene den Bereich der klassischen Physik auch übersteigen; die Darstellung aller Ergebnisse in klassischen Begriffen erfolgen muss." [17]. Folglich benutzt die gegenwärtige Theorie sowohl die Wellenfunktionen ψ als auch die klassischen Variablen x und die Beschreibung eines hinreichend großen Teils der Welt beinhaltet beide:

$$(\psi, x_1, x_2, \ldots).$$

In unserer Diskussion der Spur des α-Teilchens haben zum Beispiel implizit klassische Variablen die Positionen der verschiedenen Platten spezifiziert; die Anregungsgrade der Atome wurden ebenso als klassische Variablen betrachtet, für die aus den Berechnungen Wahrscheinlichkeitsverteilungen gewonnen werden können. In einer umfassenderen Behandlung würden die Anregungsgrade der Atome, als klassische Variablen, ersetzt werden durch die Schwärzungsgrade der entwickelten Platten. Und so weiter. Es scheint natürlich, zu spekulieren, dass eine solche Beschreibung in einer hypothetischen, akkuraten Theorie überleben könnte, für die das gegenwärtige Rezept eine Arbeitsnäherung wäre. Die ψ-s und die x würden dann vermutlich gemäß einiger bestimmter Gleichungen miteinander wechselwirken. Das würde die gegenwärtige, ziemlich vage „Reduktion des Wellenpakets" ersetzen – die zu irgendeinem ungenau bestimmten Zeitpunkt eingreift oder an einem ungenau bestimmten Punkt der Analyse; mit einem Mangel an Genauigkeit, der, wie gesagt, nur wegen der menschlichen Plumpheit tolerierbar ist.

Bevor ich zu Beispielen solcher Theorien komme, möchte ich zwei allgemeine Prinzipien vorschlagen, die, wie mir scheint, bei ihrer Konstruktion berücksichtigt werden sollten. Das erste ist, dass es möglich sein sollte, sie für kleine Systeme zu formulieren. Wenn die Konzepte keine klare Bedeutung für kleine Systeme haben, ist es wahrscheinlich, dass die „Gesetze der großen Zahl" auf einer fundamentalen Ebene benutzt werden, so dass die Theorie fundamental approximativ ist. Der zweite, verwandte Punkt ist, dass die Konzepte „Messung" oder „Beobachtung" oder „Experiment" nicht auf der fundamentalen Ebene auftauchen sollten. Die Theorie sollte natürlich spezielle physikalische Aufbauten erlauben, nicht sehr genau definiert als eine Klasse, die eine besondere Beziehung zu bestimmten, nicht sehr genau definierten Untersystemen haben – den Experimentatoren. Aber diese Konzepte erscheinen mir zu vage, um als Basis einer potentiell exakten Theorie zu erscheinen. Folglich wären die x keine „makroskopischen" „Observablen", wie in der traditionellen Theorie, sondern fundamentalere und weniger zweideutige Größen – „*be*ables" [18].

Die klassischen Variablen x wurden eben als diskrete Menge geschrieben. In einer relativistischen Theorie sind sicherlich Felder angebrachter, insbesondere etwa eine Energiedichte $T_{00}(x,\mathbf{x})$. Im Folgenden betrachten wir nur die nichtrelativistische Theorie, mit der Teilchennäherung

$$T_{00}(t,\mathbf{x}) = \sum_n m_n c^2 \delta(\mathbf{x} - \mathbf{x}_n(t)).$$

Das wird durch die endliche Menge aller Teilchenkoordinaten $\mathbf{x}_n$ parametrisiert.

15.4 Die Führungswelle

Die Dualität, die durch das Symbol

$$(\psi, x)$$

ausgedrückt wird, ist eine Verallgemeinerung der ursprünglichen Welle-Teilchen-Dualität der Wellenmechanik. Die Mathematik musste mit Wellen, die sich im Raum ausbreiten, ausgeführt werden, und dann interpretiert werden in Form von Wahrscheinlichkeiten für lokalisierte Ereignisse. Zu einem frühen Zeitpunkt schlug de Broglie [7] ein Schema vor, bei dem die Teilchen- und Wellenaspekte enger verknüpft sind. Das wurde 1952 von Bohm [7] neu entdeckt. Ungeachtet einiger seltsamer Eigenschaften verdient es, nach meiner Meinung, Aufmerksamkeit als ein Modell dessen, was die logische Struktur einer Quantenmechanik sein könnte, die nicht an sich ungenau ist.

Um eine willkürliche Spaltung der Welt in System und Apparat zu vermeiden, müssen wir gleich mit einem Modell der Welt als Ganzes arbeiten. Diese „Welt" sei einfach eine große Zahl N von Teilchen, mit dem Hamilton-Operator

$$H = \sum_n \frac{\mathbf{p}_n^2}{2M_n} + \sum_{m>n} V_{mn}(\mathbf{r}_m - \mathbf{r}_n). \tag{2}$$

Die Wellenfunktion der Welt $\psi(r,t)$, worin r für alle $\mathbf{r}_n$ steht, entwickelt sich gemäß

$$\frac{\partial}{\partial t}\psi(r,t) = -iH\psi. \tag{3}$$

Wir benötigen die rein mathematische Folge davon, dass gilt

$$\frac{\partial}{\partial t}\rho(r,t) + \sum_n \frac{\partial}{\partial \mathbf{r}_n}\cdot \mathbf{j}_n(r,t) = 0, \tag{4}$$

wobei

$$\rho(r,t) = |\psi(r,t)|^2, \tag{5}$$

$$\mathbf{j}_n(r,t) = \frac{1}{M_n}\mathrm{Im}\left(\psi^*(r,t)\frac{\partial}{\partial \mathbf{r}_n}\psi(r,t)\right). \tag{6}$$

Wir müssen klassische Variablen hinzufügen. Eine demokratische Weise, das zu tun, ist es, die Variablen $\mathbf{x}_1, \mathbf{x}_2, \ldots \mathbf{x}_N$ in einer Eins-zu-Eins-Korrespondenz mit den $\mathbf{r}_n$ hinzuzufügen. Es wird angenommen, dass die $\mathbf{x}_n$ zu jedem Zeitpunkt definierte Werte haben und sich ändern gemäß

$$\frac{\mathrm{d}}{\mathrm{d}t}\mathbf{x}_n = \frac{\mathbf{j}_n(\mathbf{x},t)}{\rho(\mathbf{x},t)} = \frac{1}{M_n}\frac{\partial}{\partial \mathbf{x}_n}\mathrm{Im}\log\,\psi(x,t). \tag{7}$$

Wir haben damit ein deterministisches System, bei dem alles durch die Anfangswerte der Welle ψ und die Teilchenkonfiguration x festgelegt ist. Es ist zu beachten, dass in diesem verbundenen dynamischen System, die Welle als genauso „real" und „objektiv" angesehen wird, wie, sagen wir, die Felder der klassischen Maxwell-Theorie – obwohl ihre Wirkung auf die Teilchen in Gl. (7) eher spezifisch ist. *Niemand kann diese Theorie verstehen, wenn er sich ψ nicht als ein reales, objektives Feld, statt als bloße „Wahrscheinlichkeitsamplitude", vorstellen kann. Auch wenn sie sich nicht im 3-Raum ausbreitet, sondern im 3N-Raum.*

Aus den „mikroskopischen" Variablen x können makroskopische Variablen X konstruiert werden

$$X_n = F_n(\mathbf{x}_1, \ldots \mathbf{x}_N) \tag{8}$$

– die bestimmte Instrumentablesungen, Bilddichte auf fotografischen Platten, Tintendichte auf Computerausdrucken, und so weiter beinhalten. Natürlich gibt es eine gewisse Zweideutigkeit bei der Definition solcher Größen – z.B.: Über welches genaue Volumen soll die diskrete Teilchendichte gemittelt werden, um die glatte makroskopische Dichte zu definieren? Es ist jedoch der Vorzug der Theorie, dass die Zweideutigkeit nicht im Fundament liegt, sondern nur auf der Ebene der Identifizierung von Objekten, die für die Beobachter von besonderem Interesse sind; und die Unklarheit entsteht einfach aus der Plumpheit dieser Geschöpfe.

Es sind folglich in dieser Theorie vielmehr die $\mathbf{x}$ als ψ, aus denen, wie wir annehmen, die „Observablen" konstruiert werden. Einen „psycho-physikalischen Parallelismus" müsste man mittels der Größen $\mathbf{x}$ definieren – wenn wir gezwungen würden, so weit zu gehen. Folglich wäre es angebracht, von den $\mathbf{x}$ als den „aufgedeckten Variablen" und von ψ als „verborgener Variable" zu sprechen. Es ist eine Ironie, dass die traditionelle Terminologie umgekehrt dazu ist.

Es steht noch aus, die Führungswellen-Theorie mit der Quantenmechanik auf der praktischen Ebene, also der Ebene der $\mathbf{x}$, zu vergleichen. Im Kontext des orthodoxen Ansatzes ist es ein geeignetes Hilfsmittel, sich zu diesem Zweck eine Art von ultimativem Beobachter, außerhalb der Welt, vorzustellen, der von Zeit zu Zeit ihre makroskopischen Aspekte beobachtet. Er wird insbesondere andere, innere Beobachter arbeiten sehen; er wird sehen, was ihre Instrumente zeigen, was ihre Computer ausdrucken, und so weiter. Insoweit die gewöhnliche Quantenmechanik auf der geeigneten Ebene eine klassische Welt hervorbringt, in der die Grenze zwischen System und Beobachter ziemlich frei bewegt werden kann, ist es ausreichend, zu erklären, was solch ein ultimativer Beobachter sehen würde. Wenn er zur Zeit t ein ganzes Ensemble von Welten beobachten würde, die einem Anfangszustand

$$\psi(\mathbf{r}_1, \ldots \mathbf{r}_N, 0)$$

entsprechen, würde er gemäß der üblichen Theorie eine Verteilung der X sehen, die genau durch

$$\rho(X_1, X_2, \ldots) = \int \mathbf{dr}_1 \mathbf{dr}_2 \ldots \mathbf{dr}_N \delta(X_1 - F_1(r))\delta(X_2 - F_2(r)) \cdots |\psi(r,t)|^2 \tag{9}$$

gegeben ist, wobei $\psi(r,t)$ durch Lösung der Welt-Schrödinger-Gleichung gewonnen wird. Es wäre nicht exakt das, denn seine eigenen Aktivitäten verursachen Wellenpaket-Reduktionen und stören die Schrödinger-Gleichung. Aber es wird angenommen, dass makroskopische Beobachtungen keine großen Auswirkungen auf die folgende makroskopische Statistik haben. Folglich ist (9) genau die Verteilung, die in der üblichen Theorie enthalten ist. Darüber hinaus ist es einfach, in der

Führungswellen-Theorie ein Ensemble von Welten zu konstruieren, das die Verteilung (9) exakt wiedergibt. Es genügt zu fordern, dass die Konfiguration x verteilt sei gemäß

$$\rho(\mathbf{x},t)\mathrm{d}\mathbf{x}_1\mathrm{d}\mathbf{x}_2\ldots\mathrm{d}\mathbf{x}_N. \tag{10}$$

Aus (4) und (7) folgt, dass (10) für alle Zeiten gilt, wenn es für eine Anfangszeit gilt. Folglich genügt es, in der Führungswellen-Theorie vorzugeben, dass die Anfangskonfiguration x zufällig aus einem Ensemble von Konfigurationen gewählt wurde, dessen Verteilung $\rho(\mathbf{x},0)$ ist. Nur an dieser Stelle, bei der Definition einer Vergleichsklasse von möglichen Anfangswelten, wird etwas Ähnliches wie die orthodoxe Wahrscheinlichkeitsinterpretation benutzt.

Dann gibt die Führungswellen-Theorie für momentane makroskopische Konfigurationen die gleiche Verteilung wie die orthodoxe Theorie, insofern letztere unzweideutig ist. Es taucht jedoch die Frage auf: Worin besteht der Nutzen *jeder der beiden* Theorien, wenn sie Verteilungen eines hypothetischen Ensembles (von Welten!) geben, wo wir doch nur eine Welt haben. Die Antwort wurde in der Einführungsdiskussion der α-Teilchen-Spur vorweggenommen. Eine lange Spur ist einerseits ein einzelnes Ereignis, andererseits ist sie aber auch ein Ensemble von einzelnen Streuungen. In gleicher Weise wird eine einzelne Konfiguration der Welt statistische Verteilungen über ihre verschiedenen Teile zeigen. Nehmen wir zum Beispiel an, dass diese Welt ein konkretes Ensemble ähnlicher experimenteller Aufbauten enthält. In gleicher Weise, wie für die α-Teilchen-Spur, folgt aus der Theorie, dass in der „typischen" Welt näherungsweise quantenmechanische Verteilungen über solche näherungsweise unabhängigen Komponenten realisiert sind [13]. Die Rolle des hypothetischen Ensembles besteht genau darin, eine Definition des Wortes „typisch" zu ermöglichen.

Soviel zu momentanen Konfigurationen. Beide Theorien ergeben auch Trajektorien, durch die die momentanen Konfigurationen zu verschiedenen Zeiten verbunden sind. In der traditionellen Theorie erscheinen diese Trajektorien, wie die Konfigurationen, nur auf der makroskopischen Ebene, und sie werden gebildet durch sukzessive Wellenpaket-Reduktion. In der Führungswellen-Theorie sind makroskopische Trajektorien eine Folge der mikroskopischen Trajektorien, die durch die Führungsgleichung (7) bestimmt sind.

Um einige Eigenschaften dieser Trajektorien darzustellen, betrachten wir ein Standardbeispiel der Quantenmesstheorie – die Messung der Spinkomponente eines Spin-$\frac{1}{2}$-Teilchens. Ein stark vereinfachtes Modell dafür kann auf der Wechselwirkung

$$H = g(t)\sigma\frac{1}{i}\frac{\partial}{\partial r} \tag{11}$$

basieren, wobei σ die Pauli-Matrix für die gewählte Komponente und r die Koordinate der „Instrumentanzeige" ist. Der Einfachheit halber setzen wir sowohl die Masse des Teilchens als auch des Instrumentes als unendlich an. Dann können die anderen Terme im Hamilton-Operator vernachlässigt werden und man kann annehmen, dass die zeitabhängige Kopplung $g(t)$ aus einem Weg des Teilchens entlang einer bestimmten klassischen Bahn durch das Instrument entsteht. Der Anfangszustand sei

$$\psi_m(0) = a_m \phi(r), \tag{12}$$

wobei $\phi(r)$ ein schmales Wellenpaket ist, mit dem Zentrum bei $r = 0$ und m $(= 1,2)$ ist ein Spinindex; wir benutzen eine Darstellung, in der σ diagonal ist. Die Lösung der Schrödinger-Gleichung

$$\frac{\partial \psi}{\partial t} = -iH\psi$$

ist

$$\psi_m(t) = a_m \phi(r - (-1)^m h), \tag{13}$$

wobei

$$h(t) = \int_{-\infty}^{t} \mathrm{d}t' g(t'). \tag{14}$$

Nach einer kurzen Zeit werden sich die zwei Komponenten von (13) im r-Raum auftrennen. Die Beobachtung der Instrumentenanzeige wird dann, in der traditionellen Sicht, die Werte $+h$ oder $-h$ ergeben, mit den relativen Wahrscheinlichkeiten $|a_1|^2$ bzw. $|a_2|^2$ und kleinen Ungenauigkeiten, die durch die Breite des Anfangs-Wellenpakets gegeben sind. Wegen der Wellenpaket-Reduktion wird eine nachfolgende Beobachtung zeigen, dass das Instrument weiter entlang derjenigen der beiden Trajektorien $\pm h(t)$ misst, die tatsächlich ausgewählt wurde.

Betrachten wir nun die Führungswellen-Version. Es muss nichts Neues über die Bahnbewegung des Teilchens gesagt werden, die bereits als klassisch und festgelegt angenommen wurde. Wir haben aber jetzt eine klassische Variable x für die Instrumentanzeige. Wir könnten überlegen, klassische Variablen für die Spinbewegung einzuführen, aber in der einfachsten Version [20] wird das nicht getan; stattdessen wird bei der Konstruktion der Dichten und Ströme nur über die Spinindizes der Wellenfunktion summiert:

$$\rho(r,t) = \psi^*(r,t)\psi(r,t), \tag{15}$$
$$j(r,t) = \psi^*(r,t) g\sigma\psi(r,t), \tag{16}$$

wobei die Summation stillschweigend inbegriffen sei; die etwas überraschende Form von j folgt aus der Gradientenform der Kopplung (11) und dem Fehlen des üblichen Terms (6) im Falle einer unendlichen Masse. Die Bewegung ist dann bestimmt durch

$$\frac{\mathrm{d}x}{\mathrm{d}t} = \frac{j(x,t)}{\rho(x,t)},$$

oder explizit

$$\frac{\mathrm{d}x}{\mathrm{d}t} = g \frac{\sum_m |a_m|^2 |\phi(x - (-1)^m h)|^2 (-1)^m}{\sum_m |a_m|^2 |\phi(x - (-1)^m h)|^2}. \tag{17}$$

Sobald die Wellenpakete getrennt sind, gilt $\dot{x} = \pm g$ entsprechend $x \approx \pm h$. Folglich haben wir im wesentlichen dieselben zwei Trajektorien wie im Bild der Wellenpaket-Reduktion, und sie werden mit denselben relativen Wahrscheinlichkeiten realisiert, wenn angenommen wird, dass x eine Anfangs-Wahrscheinlichkeitsverteilung $|\phi(x)|^2$ hat – das ist die geläufige, allgemeine Folge der Konstruktionsmethode für momentane Konfigurationen. In jedem Einzelfall wird durch den Anfangswert von x bestimmt, welche Trajektorie ausgewählt wird. Aber wenn dieser Wert nicht bekannt ist, wenn nur bekannt ist, dass er im Anfangs-Wellenpaket liegt, ist es praktisch unbestimmt, ob das Teilchen nach oben oder unten abgelenkt wird.

Betrachten wir nun ein etwas komplizierteres Beispiel, bei dem Messungen der obigen Art an zwei Spin-$\frac{1}{2}$-Teilchen gleichzeitig gemacht werden. Mit r_1 und r_2 seien die Koordinaten der zwei Instrumente bezeichnet. Wenn der Anfangszustand

$$\psi_{mn}(0) = a_{mn}\phi(r_1)\phi(r_2)$$

ist, ergibt die Lösung der Schrödinger-Gleichung

$$\psi_{mn}(t) = a_{mn}\phi(r_1 - (-1)^m h_1)\phi(r_2 - (-1)^n h_2) \tag{18}$$

mit

$$h_1(t) = \int_{-\infty}^{t} \mathrm{d}t' g_1(t'), \quad h_2(t) = \int_{-\infty}^{t} \mathrm{d}t' g_2(t').$$

Im Bild der Wellenpaket-Reduktion wird eine der vier möglichen Trajektorien $(\pm h_1, \pm h_2)$ realisiert, mit den Wahrscheinlichkeiten gegeben durch $|a_{mn}|^2$. Das Führungswellen-Bild ergibt wieder eine praktisch identische Darstellung, obwohl das Ergebnis im Prinzip durch die Anfangswerte der Variablen x_1 und x_2 bestimmt ist.

Aber wenn man sie im Detail untersucht, sind die mikroskopischen Trajektorien während einer kurzen Anfangszeit, in der die verschiedenen Terme in (18) noch im (r_1, r_2)-Raum überlappen, ziemlich eigenartig. Die detaillierte zeitliche Entwicklung der x ist gegeben durch

$$\begin{aligned} \dot{x}_1 &= g_1 \frac{\sum_{m,n}(-1)^m |a_{mn}|^2 |\phi(x_1 - (-1)^m h_1)|^2 |\phi(x_2 - (-1)^n h_2)|^2}{\sum_{m,n} |a_{mn}|^2 |\phi(x_1 - (-1)^m h_1)|^2 |\phi(x_2 - (-1)^n h_2)|^2}, \\ \dot{x}_2 &= g_2 \frac{\sum_{m,n}(-1)^n |a_{mn}|^2 |\phi(x_1 - (-1)^m h_1)|^2 |\phi(x_2 - (-1)^n h_2)|^2}{\sum_{m,n} |a_{mn}|^2 |\phi(x_1 - (-1)^m h_1)|^2 |\phi(x_2 - (-1)^n h_2)|^2}. \end{aligned} \tag{19}$$

Diese Ausdrücke vereinfachen sich sehr stark, wenn die zwei Spinzustände unkorreliert sind, d.h. wenn a_{mn} in Faktoren zerlegbar ist

$$a_{mn} = b_m c_n.$$

Im Ausdruck für $\dot{x}_1$ heben sich dann die Faktoren, die sich auf das zweite Teilchen beziehen, heraus; und im Ausdruck für $\dot{x}_2$ heben sich die Faktoren, die sich auf das erste Teilchen beziehen, heraus, so dass wir einfach zwei unabhängige Bewegungen von Instrumentzeigern vom bereits diskutierten Typ haben. Im allgemeinen sind die Spinzustände jedoch nicht faktorisierbar. Man kann sich Situationen vorstellen, wo die Teilchen in einem kleinen Bereich wechselwirken und starke Spinkorrelationen erzeugt werden – die fortbestehen, wenn sich die Teilchen danach weit voneinander entfernen. Dann folgt aus (19), dass das genaue Verhalten von x_1 und x_2 nicht nur von den Programmen der lokalen Instrumente h_1 und h_2 abhängt, sondern auch von denen der entfernten Instrumente h_2 bzw. h_1. Die genaue Dynamik ist dem Wesen nach nichtlokal.

Könnte es sein, dass diese seltsame Nichtlokalität eine Besonderheit der sehr speziellen de Broglie-Bohm-Konstruktion des klassischen Sektors ist, und sie durch eine geschicktere Konstruktion beseitigt werden kann? Ich denke nicht. Es scheint jetzt so [21], dass die Nichtlokalität tief in der Quantenmechanik selbst verwurzelt ist und in jeder Vervollständigung überstehen wird. Könnte es sein, dass im Kontext der relativistischen Quantentheorie c eine limitierende Geschwindigkeit wäre und die seltsamen weitreichenden Effekte sich nur mit Unterlichtgeschwindigkeit ausbreiten? Dem ist nicht so. Die Aspekte der Quantenmechanik, die die Nichtlokalität erfordern, bleiben auch in der relativistischen Quantenmechanik bestehen. Es kann gut sein, dass eine relativistische Version der Theorie, obwohl lorentz-invariant und lokal auf der Beobachtungsebene, notwendigerweise nichtlokal ist, und ein bevorzugtes Koordinatensystem (oder Äther) auf der fundamentalen Ebene [22] hat. Könnten wir nicht einfach diese fundamentale Ebene weglassen und die klassischen Variablen auf eine „beobachtbare", „makroskopische" Ebene beschränken? Das Problem wäre dann, dies mit sauberer Mathematik zu tun, und nicht einfach als Gerede.

Es kann behauptet werden, dass die de Broglie-Bohm-Bahnen, die so lästig in dieser Frage der Lokalität sind, kein wesentlicher Teil der Theorie sind. In der Tat kann man behaupten, dass es überhaupt keine Notwendigkeit gibt, sukzessive Konfigurationen der Welt zu einer stetigen Trajektorie zu verbinden. Die Beibehaltung der momentanen Konfigurationen, aber Verwerfung der Trajektorie, ist (meiner Meinung nach) das Wesentliche der Theorie von Everett.

15.5 Everett (?)

Die Everett-Theorie (?) ist in diesem Abschnitt einfach die Führungswellen-Theorie ohne Trajektorien. Folglich wird angenommen, dass die momentanen klassischen Konfigurationen x existieren, und in der Vergleichsklasse möglicher Welten mit der Wahrscheinlichkeit $|\psi|^2$ verteilt sind. Es wird aber keine Verbindung von Konfigurationen zu verschiedenen Zeiten, wie sie durch die Existenz von Trajektorien bewirkt würde, vorausgesetzt.

Und es wird betont, dass keine derartige Kontinuität zwischen gegenwärtigen und vergangenen Konfigurationen durch die Erfahrung gefordert wird.

Ich würde es wirklich vorziehen, es bei dieser Formulierung zu belassen, und damit fortfahren, den letzten Satz näher auszuführen. Aber für Leser von Everett und DeWitt, die vielleicht die eben benutzte Formulierung nicht sofort verstehen, müssen einige zusätzliche Bemerkungen gemacht werden.

(A) Zunächst gibt es das „Viele-Universen"-Konzept, das von Everett und DeWitt bekannt gemacht wurde. In der üblichen Theorie wird angenommen, dass nur eines der möglichen Ergebnisse einer Messung bei einer gegebenen Gelegenheit tatsächlich realisiert wird, und die Wellenfunktion entsprechend „reduziert" wird. Aber Everett brachte die Idee ein, dass jederzeit alle möglichen Ausgänge realisiert werden; jeder in einer verschiedenen Ausgabe des Universums, welches sich folglich ständig multipliziert, um alle möglichen Ausgänge jeder Messung zu erfassen. Der psycho-physikalische Parallelismus wird so angenommen, dass sich unsere Repräsentanten in einem gegebenen „Zweig" nur dessen bewusst sind, was in diesem Zweig passiert. Mir scheint es, dass diese Multiplikation von Universen verschwenderisch ist; sie dient keinem wirklichem Zweck und kann ohne weitere Auswirkungen einfach weggelassen werden. So sehe ich keinen Grund, auf diesem speziellen Unterschied zwischen der Everett-Theorie und der Führungswellen-Theorie zu bestehen – bei der, obwohl die *Welle* niemals reduziert wird, nur *eine* Menge von Werten der Variablen x in jedem Augenblick realisiert ist. Davon abgesehen, dass die Welle im Konfigurationsraum anstatt im gewöhnlichen dreidimensionalen Raum lebt, ist die Situation dieselbe wie in der Maxwell-Lorentzschen Elektronentheorie [23]. Niemand empfand jemals ein Unbehagen dabei, dass angenommen wird, dass das Feld auch an den Stellen, wo kein Teilchen ist, existiert und sich fortpflanzt. Es wäre grotesk erschienen, multiple Universen zu haben, um alle möglichen Konfigurationen von Teilchen zu realisieren.

(B) Weiter könnte gesagt werden, dass die klassischen Variablen x bei Everett und DeWitt nicht auftauchen. Dort wird es jedoch als selbstverständlich betrachtet, dass eine sinnvolle Auskunft über Experimente gegeben werden kann, die ein Ergebnis anstelle eines anderen ergeben haben. Somit sind die Instrumentanzeigen oder die Zahlen auf einem Computerausdruck und ähnliche Dinge, die klassischen Variablen der Theorie. Wir haben bereits Einwände gegen das Erscheinen solch vager Größen auf der fundamentalen Ebene vorgebracht. Es gibt immer eine gewisse Zweideutigkeit bei einer Instrumentanzeige; der Zeiger hat eine gewisse Dicke und unterliegt der Brownschen Bewegung. Die Tinte eines Computerausdruckes kann verschmieren; und es unterliegt einer praktischen, menschlichen Entscheidung, ob eine Ziffer oder eine andere gedruckt worden ist. Diese Unterscheidungen sind in der Praxis unwichtig, aber die Theorie sollte sicherlich präziser sein. Aus diesem Grund wurde die Hypothese von fundamentalen Variablen x aufgestellt, aus denen Instrumentanzeigen und so weiter konstruiert werden können; so dass nur auf der Stufe dieser Konstruktion, der Bestimmung dessen, was für plumpe Geschöpfe von direktem Interesse ist, eine unvermeidliche und unwichtige Vagheit eindringt. Ich habe den Verdacht, dass Everett und DeWitt lediglich schrieben, dass Instrumentanzeigen fundamental sind, um für Spezialisten der Quantenmesstheorie verständlich zu sein.

(C) Weiter gibt es die überraschende Behauptung von Everett und DeWitt, dass die Theorie „ihre eigene Interpretation hervorbringt". Der harte Kern davon scheint die Behauptung zu sein, dass die Wahrscheinlichkeitsinterpretation auftaucht, ohne vorausgesetzt zu werden. Insoweit das wahr ist, ist es ebenfalls wahr für die Führungswellen-Theorie. In dieser Theorie wird angenommen, dass sich unsere einmalige Welt in einer deterministischen Art und Weise aus einem festgelegten Anfangszustand entwickelt. Um jedoch zu bestimmen, welche Eigenschaften Details sind, die kritisch von den Anfangsbedingungen abhängen (z.B., ob die erste Streuung einer α-Teilchen-Spur aufwärts oder abwärts geht) und welche Eigenschaften allgemeiner sind (wie die Verteilung von Streuwinkeln über die Spur als Ganzes) scheint es notwendig zu sein, sich eine Vergleichsklasse vorzustellen. Diese Klasse nahmen wir als hypothetisches Ensemble von Anfangskonfigurationen mit der Verteilung $|\psi|^2$ an. In gleicher Weise muss Everett den verschiedenen Zweigen seines vielfachen Universums Gewichtsfaktoren zuordnen; und in gleicher Weise tut er das im Verhältnis zu den Normen der relevanten Teile der Wellenfunktion. Everett und DeWitt scheinen diese Auswahl als unvermeidlich zu betrachten. Ich bin nicht in der Lage zu sehen, warum; obwohl diese Auswahl natürlich absolut vernünftig ist und verschiedene hübsche Eigenschaften besitzt.

(D) Schließlich gibt es die Frage nach den Trajektorien oder der Verknüpfung einer bestimmten Gegenwart mit einer bestimmten Vergangenheit. Sowohl Everett als auch DeWitt beziehen sich ausdrücklich auf die Struktur der Wellenfunktion als einen „Baum", und ein gegebener Zweig eines Baumes kann eindeutig zurückverfolgt werden zum Stamm. In einem derartigen Bild wäre die Zukunft eines gegebenen Zweiges unbestimmt, oder vielfach, aber die Vergangenheit wäre es nicht. Aber, wenn ich richtig verstehe, soll sich diese baumartige Struktur nur auf eine temporäre und grobe Art und Weise beziehen, die Dinge zu betrachten; während der Zeitspanne, in der die anfangs ungefüllten Stellen in einem Gedächtnis zunehmend gefüllt werden; und die verschiedenen Zweige des Baumes nur mit den Variablen (vom makroskopischen Typ) bezeichnen, die die Inhalte der Stellen beschreiben. Wenn eine fundamentalere Beschreibung angenommen wird, gibt es keinen Grund zu glauben, dass die Theorie asymmetrischer in der Zeit ist als die klassische statistische Mechanik. Auch dort kann eine scheinbare Irreversibilität auftauchen (z.B. die Zunahme der Entropie), wenn grobkörnige Variablen benutzt werden. Darüber hinaus sagt DeWitt „...jeder Quantenübergang, der auf jedem Stern, in jeder Galaxie, stattfindet, in jeder entfernten Ecke des Universums spaltet unsere lokale Welt in Myriaden von Kopien von sich selbst.“ Folglich scheint DeWitt unsere Vorstellung, dass die fundamentalen Konzepte der Theorie auf mikroskopischer Ebene und nicht nur auf einer ungenau bestimmten makroskopischen Ebene bedeutsam sein sollten, zu teilen. Aber auf der mikroskopischen Ebene gibt es keine solche Asymmetrie in der Zeit, wie sie durch die Existenz von Verzweigungen und Nichtexistenz von Verknüpfungen angedeutet würde. Die Struktur der Wellenfunktion ist nicht grundsätzlich baumartig. Sie verknüpft keinen bestimmten Zweig in der Gegenwart mit irgendeinem bestimmten Zweig der Vergangenheit mehr als mit irgendeinem bestimmten Zweig in der Zukunft. Darüber hinaus scheint es vernünftig zu sein, die Vereinigung der zuvor verschiedenen Zweige, und die sich daraus ergebenden Interferenzphänomene als *die* charakteristische Eigenschaft der Quantenmechanik zu betrachten. In dieser Beziehung ist die „Summe über alle möglichen Wege“ von Feynman ein akkurates Bild, das überhaupt keinen baumartigen Charakter hat.

In unserer Interpretation der Everett-Theorie gibt es folglich keine Verknüpfung einer bestimmten Gegenwart mit einer bestimmten Vergangenheit. Und die entscheidende Behauptung ist, dass das überhaupt keine Rolle spielt. Denn wir haben keinen Zugriff auf die Vergangenheit. Wir haben nur unsere „Gedächtnisse“ und „Aufzeichnungen“. Aber diese Gedächtnisse und Aufzeichnungen sind tatsächlich *gegenwärtige* Phänomene. Die momentane Konfiguration der x kann Cluster beinhalten, die Markierungen in Notizbüchern sind, oder in Computerspeichern, oder in menschlichen Gedächtnissen. Diese Gedächtnisse können Anfangsbedingungen in Experimenten und, unter anderem, Ergebnisse dieser Experimente enthalten. Die Theorie sollte die gegenwärtigen Korrelationen zwischen diesen gegenwärtigen Phänomenen erklären. Und wir haben gesehen, dass sie in dieser Beziehung mit der gewöhnlichen Quantenmechanik übereinstimmt, insoweit die Letztere unzweideutig ist.

Die Frage nach der Bildung einer lorentz-invarianten Theorie in dieser Richtung wirft interessante Fragen auf. Denn die Realität ist nur zu einem einzelnen Zeitpunkt bestimmt worden. Das scheint in der Version der vielen Universen, genauso wie in der Version des einen Universums. Gäbe es in einer lorentz-invarianten Theorie verschiedene Realitäten, die verschiedenen Arten entsprechen, die Zeitrichtung im vierdimensionalen Raum zu definieren [24]? Oder: Wenn diese verschiedenen Realitäten als unterschiedliche Aspekte einer einzigen anzusehen sind, und deshalb irgendwie korreliert, fällt man dann nicht zurück auf den Begriff der Trajektorie?

Everetts Ersatz der Vergangenheit durch das Gedächtnis ist eine radikale Form des Solipsismus: Der Ersatz von Allem außerhalb meines Kopfes durch meine Eindrücke; der gewöhnliche Solipsismus oder Positivismus wird auf die Zeitdimension ausgedehnt. Solipsismus kann nicht widerlegt werden. Aber wenn eine solche Theorie ernst genommen würde, wäre es kaum möglich, irgend etwas anderes ernst zu nehmen. Soviel zu den sozialen Auswirkungen [25]. Es ist auch immer interessant zu sehen, dass Solipsisten und Positivisten, wenn sie Kinder haben, eine Lebensversicherung besitzen.

Abschließend ist es vielleicht interessant, an eine andere Gelegenheit zu erinnern, bei der die unterstellte Genauigkeit einer Theorie es verlangte, die Existenz von gegenwärtigen historischen Aufzeichnungen nicht als Beweis dafür zu nehmen, dass eine Vergangenheit tatsächlich stattgefunden hat. Es war die Theorie von der Erschaffung der Welt im Jahre 4004 v. Chr. [26]. Im Laufe des 18. Jahrhunderts schien das wachsende Wissen über die Struktur der Erde auf eine längere Evolution hinzudeuten. Es wurde aber darauf hingewiesen, dass Gott im Jahr 4004 v. Chr. selbstverständlich einen laufenden Betrieb erschaffen haben würde. Die Bäume wären erschaffen worden mit Jahresringen, obwohl die entsprechende Zahl von Jahren nicht verstrichen war. Adam und Eva wären voll ausgewachsen, mit ausgewachsenen Zähnen und Haaren [27]. Die Gesteine wären typische Gesteine, einige davon würden Schichten aufweisen und Fossilien enthalten – von Wesen, die niemals gelebt hatten. Alles andere wäre nicht vernünftig gewesen [28]:

> Si le monde n'eut été à la fois jeune et vieux, le grand, le sérieux, le moral, disparaissaient de la nature, car ces sentiments tiennent par essence aux choses antiques ... L'homme-roi naquit lui-même à trente années, afin de s'accorder par sa majesté avec les antiques grandeurs de son nouvel empire, de même que sa compagne compta sans doute seize printemps, qu'elle n'avait pourtant point vécu, pour être en harmonie avec les fleurs, les oiseaux, l'innocence, les amours, et toute la jeune partie de l'univers.

Anmerkungen und Literatur

[1] P. A. M. Dirac, *The Principles of Quantum Mechanics*, 3rd Edition. Oxford University Press (1930).

[2] B. Russell, *Mysticism and Logic*, p. 75. Penguin, London (1953).

[3] E. P. Wigner, in *The Scientist Speculates*, R. Good, Ed. Heinemann, London (1962). Zu einer noch zentraleren Rolle des Beobachters, siehe: C. M. Patton und J. A. Wheeler, in *Quantum Gravity*, Eds. C. Isham, R. Penrose und D. Sciama. Oxford (1975).

[4] G. Ludwig, in *Werner Heisenberg und die Physik unserer Zeit*. Vieweg, Braunschweig (1961).

[5] L. Rosenfeld, *Nuclear Phys.* **40**, 353 (1963).

[6] L. de Broglie, *Nonlinear Wavemechanics.* Elsevier, Amsterdam (1960); B. Laurent und M. Roos, *Nuovo Cimento* **40**, 788 (1965); I. R. Shapiro, *Sov. J. Nucl. Phys.* **16**, 727 (1973); M. S. Marinov, *Sov. J. Nucl. Phys.* **19**, 173 (1974); M. Kupczynski, *Lett. Nuovo Cimento* **9**, ser. 2 no. 4, 134 (1974); B. Mielnik, *Comm. Math. Phys.* **37**, 221 (1974); P. Pearle, *Phys. Rev.* **D13**, 857 (1976); I. Bialnicki-Birula und J. Mycielski, *Ann. Phys.* **100**, 62 (1976); A. Shimony, *Phys. Rev.* **A20**, 394 (1979); T. W. B. Kibble, *Comm. Math. Phys.* **64**, 73 (1978); **65**, 189 (1979); T. W. B. Kibble und S. Randjbar-Daemi, *J. Phys.* **A13**, 141 (1980).

[7] L. de Broglie, *Tentative d'Interpretation Causale et Non-linéare de la Mécanique Ondulatoire.* Gauthier-Villars, Paris (1956); D. Bohm, *Phys. Rev.* **85**, 166, 180 (1952).

[8] H. Everett, *Rev. Mod. Phys.* **29**, 454 (1957); J. A. Wheeler, *Rev. Mod. Phys.* **29**, 463 (1957); B. S. DeWitt, *Physics Today* **23**, No. 9, S. 30 (1970); B. S. DeWitt, in Proc. Int. School of Physics 'Enrico Fermi', Course IL: *Foundations of Quantum Mechanics*, B. d'Espagnat, Hrsg. Benjamin, New York (1971); L. N. Cooper und D. Van Vechten, *Am. J. Phys.* **37**, 1212 (1969). Diese fünf Artikel, eine längere Erläuterung von Everett und ein verwandter Artikel von N. Graham [13] sind zusammengefasst in *The Many-Worlds Interpretation of Quantum Mechanics*, Hrsg. B. S. DeWitt und N. Graham. Princeton, N.J., (1973).
Siehe auch: B. S. DeWitt und andere, *Physics Today* **24**, No. 4, S. 36 (1971); J. S. Bell, in *Quantum Mechanics, Determinism, Causality and Particles,* Hrsg. M. Flato et al. Reidel, Dordrecht (1976). [Kapitel 11 in diesem Buch]

[9] Insbesondere bin ich im Unklaren darüber, ob Everett und DeWitt sich die Teilung der Wellenfunktion in „Zweige" auf dieselbe Weise vorstellen. Für DeWitt scheint diese Teilung völlig endgültig, verbunden mit einer bestimmten (obwohl nicht sehr klar definierten) Auswahl von Variablen (Instrumentanzeigen), die endgültige Werte in jedem Zweig haben sollen. Diese Auswahl wird in keiner Weise durch die Wellenfunktion selbst vorgeschrieben (und erst nachdem das gemacht ist, wird die Wellenfunktion eine vollständige Beschreibung von DeWitts physikalischer Realität). Everett andererseits scheint, (wenigstens in einigen Passagen) auf der Bedeutung der Zuweisung eines willkürlich gewählten Zustands zu einem willkürlich gewählten Subsystem zu bestehen, und den „relativen Zustand" des Restes auszuwerten. Wenn willkürlichen mathematischen Möglichkeiten auf diese Weise gleicher Rang gegeben wird, dann wird es für mich unklar, ob irgendeine physikalische Interpretation aus der Mathematik entweder hervorgeht oder ihr auferlegt wurde.

[10] N. F. Mott, *Proc. Roy. Soc.* **A126**, 79 (1929).

[11] W. Heisenberg, *Physical Principles of the Quantum Theory.* Chicago, (1930).

[12] Die besonders lehrreiche Natur dieses Beispiels wurde von E. P. Wigner hervorgehoben.

[13] Eine nähere Ausführung zu diesem Punkt findet man in Everett, DeWitt [8]; J. B. Hartle, *Am. J. Phys.* **36**, 704 (1968), und N. Graham [8].

[14] Die große Wahrscheinlichkeit der Anregung von gemeinsamen Niveaus wird hervorgehoben von H. D. Zeh, *Foundations of Physics* **1**, 69 (1970).

[15] H. Stapp, UCRL-20294 (circa 1970). Für spätere Ideen von Stapp, siehe 21.

[16] L. Rosenfeld, *Suppl. Prog. Theo. Phys.*, zusätzliche Ausgabe 222 (1965).

[17] N. Bohr, Discussion with Einstein, in *Albert Einstein*, Hrsg. P. A. Schilpp. Tudor, New York (1949).

[18] J. S. Bell, in *The Physicists' Conception of Nature,* Hrsg. J. Mehra. Reidel, Dordrecht (1973). [Kapitel 5 in diesem Buch]

[19] Es gibt ein Problem mit (7), wenn ρ verschwindet. Ein simpler Weg, das zu vermeiden, ist es, ρ und j in (4), (7) und (10) durch die Größen $\bar{\rho}$ und $\bar{j}$ zu ersetzen, die durch Faltung mit einer schmalen Gaußverteilung im $(\mathbf{r}_1, \mathbf{r}_2, \ldots)$-Raum erhalten werden. Dann ist $\bar{\rho}$ immer positiv, während (4) gültig bleibt. Die deBB-Theorie ergibt dann $\bar{\rho}$ anstatt ρ als Wahrscheinlichkeitsverteilung, aber mit einer hinreichend schmalen Gaußglocke ist der Unterschied unwichtig.

[20] J. S. Bell, *Rev. Mod. Phys.* **38**, 447 (1966). [Kapitel 1 in diesem Buch]

[21] Diese Frage wurde viel diskutiert und es hat ein experimentelles Programm zum Testen der fraglichen Aspekte der Quantenmechanik gegeben. Einige Artikel mit vielen Referenzen sind J. F. Clauser und A. Shimony, *Rep. Prog. Phys.* **41**, 1881 (1978); F. M. Pipkin, *Ann. Rev. Nuc. Sc.,* 1978; B. d'Espagnat, Scientific American, November 1978; H. Stapp, *Foundations of Physics,* **9**, 1-26 (1979); J. S. Bell, CERN, *Comments on Atomic and Molecular Physics,* **9**, 121-6 (1979).

[22] P. H. Eberhard, *Nuovo Cimento* **46B**, 392 (1978).

[23] Aber der folgende Detailunterschied ist beachtenswert. In der Maxwell-Lorentzschen Elektronentheorie wechselwirken Teilchen und Felder gegenseitig miteinander. In der Führungswellen-Theorie beeinflusst die Welle die Teilchen, wird aber selbst nicht von ihnen beeinflusst. Weil er das sonderbar fand, hat de Broglie [7] die Führungswellen-Theorie stets nur als eine Zwischenstufe auf dem Weg zu einer ernstzunehmenderen angesehen, die unter geeigneten Bedingungen experimentell unterscheidbar von der gewöhnlichen Quantenmechanik wäre.

[24] Oder wäre es notwendig, die Gedächtnisse auf das Hier ebenso wie auf das Jetzt zu beschränken? Punktgroße Reminiszenzen? Siehe H. D. Zeh, *Foundations of Physics,* **9**, 803–18 (1979).

[25] Die vorliegende Arbeit hat viel gemeinsam mit einem unpublizierten Artikel (CERN TH. 1424), präsentiert auf dem internationalen Kolloqium *Issues in Contemporary Physics and Philosophy of Science, and their Relevance for our Society,* Penn. State University, September 1971.

[26] Um 18 Uhr abends am 22. Oktober. J. Ussher, *Chronologia Sacra.* Oxford (1660).

[27] Sie hätten Näbel, obwohl sie nicht geboren worden sind. P. H. Gosse, *Omphalos* (1857).

[28] F. de Chateaubriand, *Génie du Christianisme* (1802).

16 Bertlmanns Socken und das Wesen der Realität

16.1 Einleitung

Der Hobbyphilosoph, der niemals einen Kurs über Quantenmechanik ertragen musste, ist völlig unbeeindruckt von den Einstein-Podolsky-Rosen-Korrelationen [1]. Er kann viele Beispiele ähnlicher Korrelationen im alltäglichen Leben aufzählen. Der Fall von Bertlmanns Socken ist oft berichtet worden.

Abb. 16.1: Die Socken von Dr. Bertlmann

Dr. Bertlmann trägt gern Socken verschiedener Farben. Welche Farbe er an einem bestimmten Tag an einem bestimmten Fuß trägt, ist völlig unvorhersehbar. Aber wenn Sie sehen (Abb. 16.1), dass die Socke am ersten Fuß rosa ist, können Sie schon sicher sein, dass die zweite nicht rosa sein wird. Die Beobachtung der ersten und die Kenntnis Bertlmanns gibt sofortige Informationen über die zweite. Über Geschmack lässt sich (nicht) streiten, aber abgesehen davon gibt es hier kein Geheimnis. Und ist die EPR-Geschichte nicht genau das gleiche?

Betrachten Sie zum Beispiel das spezielle EPR-Gedankenexperiment von Bohm [2] (Abb. 16.2). Zwei geeignete Teilchen, die geeignet vorbereitet sind (im „Singulett-Spinzustand"), werden von einer gemeinsamen Quelle auf zwei weit voneinander getrennte Magnete gelenkt, auf die Detektorschirme folgen. Jedesmal wenn das Experiment ausgeführt wird, wird jedes der beiden Teilchen am entsprechenden Magnet entweder nach oben oder unten abgelenkt. Ob eines der beiden Teilchen bei einer bestimmten Gelegenheit nach oben oder unten geht, ist völlig unvorhersehbar. Aber wenn ein Teilchen nach oben geht, geht das andere nach unten und umgekehrt. Mit ein wenig Praxis reicht es aus, eine Seite zu beobachten, um über die andere Bescheid zu wissen.

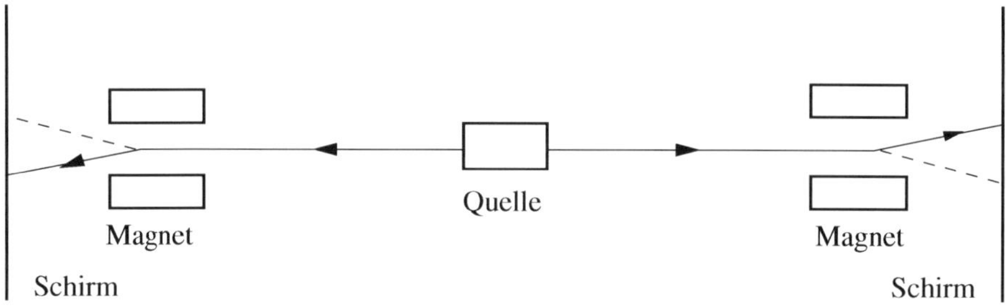

Abb. 16.2: *Einstein-Podolsky-Rosen-Bohm-Gedankenexperiment (EPRB) mit zwei Spin-$\frac{1}{2}$-Teilchen und zwei Stern-Gerlach-Magneten*

Na und? Folgern wir nicht einfach, dass die Teilchen Eigenschaften einer bestimmten Art haben, die durch die Magnete irgendwie ermittelt werden, ausgewählt an der Quelle à la Bertlmann – verschieden für die beiden Teilchen? Ist es möglich, diese simple Angelegenheit als undurchsichtig und geheimnisvoll anzusehen? Wir müssen es versuchen.

Hier ist es nützlich zu wissen, wie sich Physiker Teilchen mit „Spin" intuitiv vorstellen, denn mit solchen Teilchen haben wir es hier zu tun. In einem groben, klassischen Bild stellt man sich vor, dass irgendeine innere Bewegung dem Teilchen einen Drehimpuls um eine Achse verleiht und damit eine Magnetisierung entlang dieser Achse erzeugt. Das Teilchen ist dann wie ein kleiner, rotierender Magnet mit Nord- und Südpol, die auf der Rotationsachse liegen. Wenn auf den Magneten ein Magnetfeld einwirkt, wird der Nordpol in eine Richtung gezogen und der Südpol in die entgegengesetzte. Wenn das Feld gleichförmig ist, ist die Gesamtkraft auf den Magneten gleich Null. Aber in einem ungleichförmigen Feld wird ein Pol mehr als der andere gezogen und der Magnet als Ganzer in die entsprechende Richtung gezogen. Das besagte Experiment benutzt solche ungleichförmigen Felder – erzeugt mit sogenannten „Stern-Gerlach"-

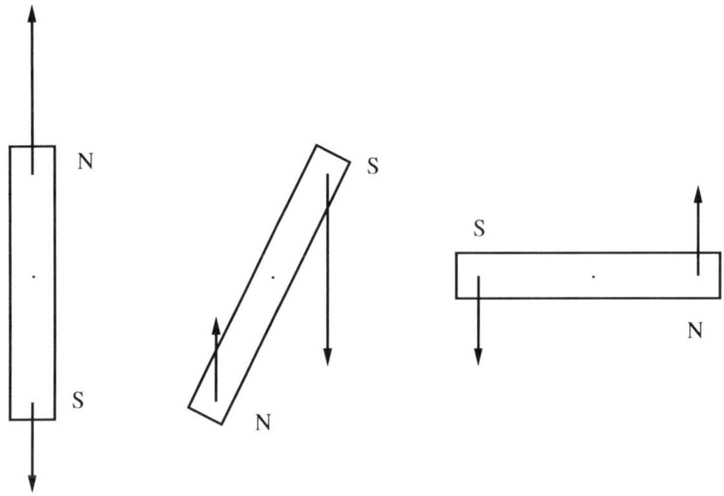

Abb. 16.3: Kräfte auf einen Magneten in einem ungleichförmigen Magnetfeld. Das Feld weist nach oben und seine Stärke wächst in dieser Richtung

Magneten.[1] Nehmen wir an, das Magnetfeld zeigt nach oben und die Stärke des Feldes nimmt in der Aufwärtsrichtung zu. Dann würde ein Teilchen mit nach oben zeigender Süd-Nord-Achse nach oben gezogen werden (Abb. 16.3). Eines mit nach unten zeigender Achse würde nach unten gezogen werden. Eines mit einer Achse senkrecht zum Feld würde das Feld ohne Ablenkung passieren. Und eines mit einem dazwischenliegenden Winkel, würde um ein Maß dazwischen abgelenkt werden. (Das alles gilt für ein Teilchen ohne elektrische Ladung; wenn ein geladenes Teilchen ein Magnetfeld durchläuft, gibt es eine zusätzliche Kraft, die die Situation verkompliziert.)

Ein Teilchen einer gegebenen Art soll eine gegebene Magnetisierung besitzen. Aber wegen des variablen Winkels zwischen der Teilchenachse und dem Feld wäre trotzdem ein Bereich von Ablenkungen in einem gegebenen Stern-Gerlach-Magneten möglich. Man könnte erwarten, dass dann eine Abfolge von Teilchen ein Muster wie in Abb. 16.4 auf einem Detektorschirm erzeugen würde. Aber was im einfachsten Fall beobachtet wird, ist eher wie in Abb. 16.5, mit zwei getrennten Gruppen von Ablenkungen (d. h. „up“ oder „down“), anstelle eines mehr oder weniger kontinuierlichen Bandes. (Dieser einfachste Fall mit nur zwei Gruppen von Ablenkungen, ist der von sogenannten „Spin-$\frac{1}{2}$“-Teilchen; für „Spin-j“-Teilchen gibt es $(2j+1)$ Gruppen).

Das Muster in Abb. 16.5 ist unter den naiven, klassischen Bedingungen sehr schwer zu verstehen. Man könnte zum Beispiel annehmen, dass das Magnetfeld die kleinen Magnete zunächst in seiner eigenen Richtung ausrichtet wie Kompassnadeln. Aber

[1] AdÜ: Das „Stern-Gerlach“-Experiment wurde erstmals von den Physikern Otto Stern und Walter Gerlach im Jahre 1922 in Frankfurt mit Silberatomen ausgeführt, die den Gesamtspin $\frac{1}{2}$ haben.

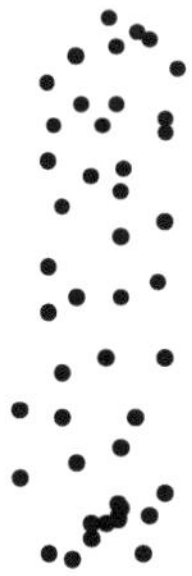

Abb. 16.4: Muster auf dem Detektorschirm hinter einem vertikalen Stern-Gerlach-Magneten nach naiver, klassischer Erwartung

Abb. 16.5: Quantenmechanisches Muster auf dem Schirm hinter einem vertikalen Stern-Gerlach-Magneten

selbst wenn das dynamisch korrekt wäre, es würde nur eine Gruppe von Ablenkungen ergeben. Zur Erklärung der zweiten Gruppe wären Kompassnadeln nötig, die in die falsche Richtung zeigen. Und ohnehin ist es dynamisch nicht korrekt. Der innere Drehimpuls würde durch die Kreiselwirkung den Winkel zwischen der Teilchenachse und dem magnetischen Feld stabilisieren. Nun gut, könnte es dann nicht sein, dass die Quelle aus irgendeinem Grund Teilchen liefert, deren Achsen nur in die eine oder andere Richtung weisen und nicht dazwischen? Aber das kann man einfach testen, indem man den Stern-Gerlach-Magnet dreht. Was wir erhalten (Abb. 16.6), ist genau dasselbe zweigeteilte Muster wie zuvor, nur gedreht wie der Stern-Gerlach-Magnet. Um die Quelle für das Fehlen von dazwischen liegenden Ablenkungen verantwortlich zu machen, müssten wir annehmen, dass sie irgendwie die Orientierung des Stern-Gerlach-Magneten vorausahnt.

Abb. 16.6: Quantenmechanisches Muster mit einem gedrehten Stern-Gerlach-Magneten

Phänomene dieser Art [3] ließen die Physiker verzweifeln bei der Suche nach einem konsistenten Raumzeit-Bild dessen, was im atomaren und subatomaren Bereich abläuft. Um aus der Not eine Tugend zu machen, und beeinflusst durch positivistische und instrumentalistische Philosophien [4], kamen viele zu der Ansicht, dass es nicht nur schwierig ist, ein kohärentes Bild zu finden, sondern dass es falsch ist, danach zu suchen – wenn nicht gar unsittlich, dann sicherlich unprofessionell. Noch weitergehend, behaupteten manche, dass atomare und subatomare Teilchen vor der Beobachtung überhaupt keine definierten Eigenschaften *haben*. Das heißt, es gibt nichts in den Teilchen, die sich dem Magnet nähern, um diejenigen die später nach unten abgelenkt werden von denen zu unterscheiden, die später nach oben abgelenkt werden. Tatsächlich sind die Teilchen sogar nicht wirklich dort.

Zum Beispiel [5] „erklärte Bohr einmal, als er gefragt wurde, ob der quantenmechanische Algorithmus als etwas betrachtet werden könne, was irgendwie eine zugrundeliegende Quantenrealität abbildet: ‚Es gibt keine Quantenwelt. Es gibt nur eine abstrakte quantenmechanische Beschreibung. Es ist falsch zu denken, dass es die Aufgabe der Physik ist, herauszufinden wie die Natur *ist*. Physik befasst sich damit, was wir über die Natur sagen können' ".

Und Heisenberg [6] „...bei den Experimenten mit atomaren Ereignissen haben wir es mit Dingen und Fakten zu tun, mit Phänomenen, die genauso real sind wie jedes Phänomen im täglichen Leben. Aber Atome oder Elementarteilchen sind nicht so real; sie formen eine Welt von Eventualitäten oder Möglichkeiten, anstelle von Dingen oder Fakten".

Und [7] „Jordan erklärte mit Nachdruck, dass Beobachtungen das, was zu messen ist, nicht nur *stören*, sondern es *produzieren*. Zum Beispiel bei einer Positionsmessung, die mit einem Gammastrahlen-Mikroskop ausgeführt wird, wird das Elektron zu einer Entscheidung gezwungen. Wir zwingen es, *eine bestimmte Position anzunehmen*; vorher war es im allgemeinen weder hier noch da; es hatte seine Entscheidung für eine bestimmte Position noch nicht getroffen... Wenn mit einem anderen Experiment die *Geschwindigkeit* des Elektrons gemessen wird, bedeutet das: Das Elektron wird gezwungen, sich für einen genau definierten Wert der Geschwindigkeit zu entscheiden... Wir selbst produzieren die Ergebnisse der Messungen' ".

Im Kontext solcher Ideen muss man sich die Diskussion der Einstein-Podolsky-Rosen-Korrelationen vorstellen. Dann ist es etwas weniger unverständlich, dass der EPR-Artikel derartigen Wirbel verursacht hat und sich der Staub sogar bis heute noch nicht gelegt hat. Es ist so, als ob wir dazu gekommen sind, die Realität von Bertlmanns Socken zu leugnen, oder zumindest ihrer Farben, wenn sie nicht betrachtet werden. Und wie ein Kind gefragt: Wie kommt es, dass sie immer verschiedene Farben wählen, wenn sie betrachtet *werden*? Woher weiß die zweite Socke, was die erste getan hat?

In der Tat paradox! Jedoch für die anderen, nicht für EPR. EPR benutzten das Wort „Paradoxon" nicht. Sie waren in dieser Angelegenheit auf der Seite des Mannes auf der Straße. Für sie zeigten diese Korrelationen einfach, dass die Quantentheoretiker voreilig die Realität der mikroskopischen Welt fallengelassen haben. Insbesondere Jordan hätte unrecht mit der Annahme, dass in dieser Welt vor der Beobachtung nichts real oder festgelegt ist. Denn nach der Beobachtung nur eines Teilchens, ist das Ergebnis der nachfolgenden Beobachtung des anderen (möglicherweise an einem weit entfernten Ort) sofort vorhersagbar. Könnte es sein, dass die erste Beobachtung irgendwie festlegt, was vorher nicht festgelegt war, oder real macht, was vorher nicht real war; nicht nur für das nahe Teilchen, sondern auch für das entfernte? Für EPR wäre das eine undenkbare „spukhafte Fernwirkung" [8]. Um eine solche Fernwirkung zu vermeiden, müssen sie den fraglichen Raumzeit-Gebieten *reale* Eigenschaften vor der Beobachtung zuschreiben, korrelierte Eigenschaften, die die Resultate dieser speziellen Beobachtungen *vorherbestimmen*. Da diese realen Eigenschaften, festgelegt vor der Beobachtung, nicht im Quantenformalismus [9] enthalten sind, ist dieser Formalismus für EPR *unvollständig*. Er kann korrekt sein, solange er anwendbar ist; aber der übliche Quantenformalismus kann nicht die ganze Wahrheit sein.

Es ist wichtig zu beachten, dass in dem begrenzten Maß, in dem *Determinismus* im EPR-Argument eine Rolle spielt, er nicht vorausgesetzt, sondern *gefolgert* wird. Was heilig bleibt, ist das Prinzip der „lokalen Kausalität" – oder „keine Fernwirkung". Natürlich impliziert die bloße *Korrelation* zwischen entfernten Ereignissen selbst keine Fernwirkung, sondern nur die Korrelation zwischen Signalen, die die zwei Stellen erreichen. Diese Signale, im idealisierten Beispiel von Bohm, müssen genügen, um zu *bestimmen*, ob die Teilchen nach oben oder unten gehen. Denn ein eventueller Indeterminismus könnte nur die perfekte Korrelation zerstören.

Es ist bemerkenswert schwierig, diesen Punkt zu vermitteln, dass Determinismus keine *Voraussetzung* der Analyse ist. Es gibt die weitverbreitete und fehlerhafte Überzeugung, dass für Einstein [10] der Determinismus immer *das* heilige Prinzip war. Sein berühmtes und gern zitiertes „Gott würfelt nicht" war in dieser Hinsicht nicht hilfreich. Unter denen, die große Schwierigkeiten hatten, Einsteins Position zu erkennen, war Born. Pauli versuchte, ihm in einem Brief von 1954 zu helfen [11]:

> ... er war gar nicht ärgerlich gegen Sie, sondern sagte von Ihnen nur, Sie seien ein Mensch, der nicht zuhören kann. Dies stimmte insofern mit meinem eigenen Eindruck überein, als ich in Ihrem Brief sowohl als auch in Ihrem Manuskript immer dann, wenn Sie von Einstein reden, diesen nicht wieder erkennen konnte. Es schien mir, Sie hätten sich irgendeinen Strohmann-Einstein aufgebaut, den Sie dann mit großem Pomp widerlegen. Insbesondere hält Einstein (wie er mir ausdrücklich wiederholte) den Begriff „Determinismus" nicht für so fundamental wie es oft geschieht und leugnete energisch, dass er jemals ein solches Postulat aufgestellt habe...
> Ebenso *bestreitet* er, dass er als „Kriterium für eine zulässige Theorie" die Frage benutzt: „ist sie streng deterministisch?"

Besondere Schwierigkeiten hatte Born mit der Einstein-Podolsky-Rosen-Diskussion. Hier ist seine Zusammenfassung, viel später, als er die Born-Einstein-Korrespondenz editierte [12]:

> Die Wurzel der Meinungsverschiedenheit zwischen Einstein und mir liegt in seinem Axiom, dass Ereignisse, die an verschiedenen Orten A und B stattfinden, unabhängig voneinander sind, in dem Sinne, dass eine Beobachtung des Zustandes bei B nichts darüber lehrt, wie der Zustand bei A ist.

Das Missverständnis könnte kaum vollkommener sein. Einstein hatte keine Schwierigkeit damit, zu akzeptieren, dass Zustände an verschiedenen Orten korreliert sein können. Was er nicht akzeptieren konnte, war, dass ein Eingriff an einem Ort den Zustand an einem anderen unmittelbar *beeinflussen* konnte.

Diese Bemerkungen über Born sind nicht dazu gedacht, eine der überragenden Persönlichkeiten der modernen Physik herabzuwürdigen. Sie sind dazu gedacht, die Schwierigkeiten zu illustrieren, vorgefasste Meinungen beiseite zu legen und zuzuhören, was tatsächlich gesagt wird. Sie sind dazu gedacht, *Sie*, lieber Zuhörer, zu ermuntern, genauer zuzuhören.

Hier ist schließlich eine Zusammenfassung von Einstein selbst [13]:

> II.) Fragt man, was unabhängig von der Quanten-Theorie für die physikalische Ideenwelt charakteristisch ist, so fällt zunächst folgendes auf: die Begriffe der Physik beziehen sich auf eine reale Außenwelt,... Charakteristisch für diese physikalischen Dinge ist ferner, dass sie in ein raumzeitliches Kontinuum eingeordnet gedacht sind. Wesentlich für diese Einordnung der in der Physik eingeführten Dinge erscheint ferner, dass zu einer bestimmten Zeit diese Dinge eine voneinander unabhängige Existenz beanspruchen, soweit diese Dinge „in verschiedenen Teilen des Raumes liegen"....
>
> Für die relative Unabhängigkeit räumlich distanter Dinge (A und B) ist die Idee charakteristisch: äußere Beeinflussung von A hat keinen unmittelbaren Einfluss auf B;...
>
> Es scheint mir keinem Zweifel zu unterliegen, dass die Physiker, welche die Beschreibungsweise der Quanten-Mechanik für prinzipiell definitiv halten, auf diese Überlegung wie folgt reagieren werden: Sie werden die Forderung II von der unabhängigen Existenz des in verschiedenen Raum-Teilen vorhandenen physikalisch-Realen fallen lassen; sie können sich mit Recht darauf berufen, dass die Quanten-Theorie von dieser Forderung nirgends explicit Gebrauch mache.
>
> Ich gebe dies zu, bemerke aber: Wenn ich die mir bekannten physikalischen Phänomene betrachte, auch speziell diejenigen, welche durch die Quanten-Mechanik so erfolgreich erfasst werden, so finde ich doch nirgends eine Tatsache, die es mir als wahrscheinlich erscheinen lässt, dass man die Forderung II aufzugeben habe.

Deshalb bin ich geneigt zu glauben, dass ... die Beschreibung der Quanten-Mechanik als eine unvollständige und indirekte Beschreibung der Realität anzusehen sei, die später wieder durch eine vollständige und direkte ersetzt werden wird.

16.2 Veranschaulichung

Lassen Sie uns veranschaulichen, was Einstein als *Möglichkeit* im Sinn hatte – im Zusammenhang mit den speziellen quantenmechanischen Vorhersagen, die bereits für das EPRB-Gedankenexperiment erläutert wurden. Diese Vorhersagen machen es schwer, an die Vollständigkeit des Quantenformalismus zu glauben. Aber natürlich machen sie, außerhalb dieses Formalismus, keine Schwierigkeit irgendeiner Art für den Begriff der lokalen Kausalität. Um das explizit zu zeigen, stellen wir ein triviales *ad-hoc*-Raumzeit-Bild dessen dar, was ablaufen könnte. Es ist eine Modifikation des schon beschriebenen, naiven klassischen Bildes. Zweifellos muss darin etwas modifiziert werden, um die Quantenphänomene zu reproduzieren. Zuvor haben wir implizit für die Gesamtkraft in der Richtung des Feldgradienten (die wir immer in derselben Richtung wie das Feld nehmen) eine Form angenommen

$$F \cos\theta, \tag{1}$$

worin θ der Winkel zwischen dem magnetischen Feld (und dem Feldgradient) und der Teilchenachse ist. Wir ändern das zu

$$F \cos\theta / |\cos\theta|. \tag{2}$$

Während die Kraft zuvor mit θ über einen kontinuierlichen Bereich variierte, nimmt sie jetzt nur zwei Werte an: $\pm F$, wobei das Vorzeichen davon bestimmt wird, ob die magnetische Achse des Teilchens näher an der Richtung des Feldes liegt als an der entgegengesetzten Richtung. Es wird kein Versuch unternommen, diese Änderung des Kraftgesetzes zu erklären. Es ist einfach ein *ad-hoc*-Versuch, um die Beobachtungen zu begründen. Natürlich erklärt er unmittelbar das Erscheinen von nur zwei Gruppen von Teilchen, abgelenkt entweder in Richtung des Magnetfeldes oder in die entgegengesetzte Richtung. Um dann die Einstein-Podolsky-Rosen-Bohm-Korrelationen zu erklären, müssen wir nur annehmen, dass die zwei Teilchen, die von der Quelle emittiert werden, entgegengesetzt gerichtete Magnetachsen haben. Wenn dann die Magnetachse eines Teilchens näher an der Richtung (als der Gegenrichtung) eines Stern-Gerlach-Feldes ist, wird die Magnetachse des anderen Teilchens näher an der Gegenrichtung eines parallelen Stern-Gerlach-Feldes sein. Wenn also ein Teilchen nach oben abgelenkt wird, wird das andere nach unten abgelenkt und umgekehrt. Es gibt bei diesen Korrelationen, mit parallelen Stern-Gerlach-Analysatoren, überhaupt nichts Problematisches oder Verwirrendes, vom Einsteinschen Standpunkt.

So weit, so gut. Aber gehen wir nun etwas weiter als zuvor und betrachten *nicht*-parallele Stern-Gerlach-Magnete. Der erste sei von irgendeiner Standardposition um einen Winkel a um die Teilchenfluglinie gedreht. Der zweite sei ebenso um einen Winkel b gedreht. Wenn dann die Magnetachsen jedes Teilchens zufällig orientiert sind, aber die Achsen eines gegebenen Paares immer entgegengesetzt orientiert sind, ergibt eine kurze Rechnung für die Wahrscheinlichkeiten der verschiedenen möglichen Ergebnisse in dem *ad-hoc*-Modell

$$\begin{aligned} P(\text{up,up}) &= P(\text{down,down}) = \frac{|a-b|}{2\pi} \quad \text{und} \\ P(\text{up,down}) &= P(\text{down,up}) = \frac{1}{2} - \frac{|a-b|}{2\pi}, \end{aligned} \tag{3}$$

wobei die „up"-s und „down"-s in Bezug auf die Magnetfelder der zwei Magnete definiert sind. Eine quantenmechanische Rechnung ergibt jedoch

$$\begin{aligned} P(\text{up,up}) &= P(\text{down,down}) = \frac{1}{2}\left(\sin\frac{a-b}{2}\right)^2 \quad \text{und} \\ P(\text{up,down}) &= P(\text{down,up}) = \frac{1}{2} - \frac{1}{2}\left(\sin\frac{a-b}{2}\right)^2. \end{aligned} \tag{4}$$

Demzufolge leistet das *ad-hoc*-Modell nur für $(a-b) = 0$, $(a-b) = \pi/2$ und $(a-b) = \pi$, das, was von ihm verlangt wird (d.h. es reproduziert die quantenmechanischen Ergebnisse), aber nicht für dazwischenliegende Winkel.

Natürlich war dieses triviale Modell nur das erste, was uns einfiel und es funktionierte bis zu einem bestimmten Punkt. Könnten wir nicht ein wenig cleverer sein und ein Modell entwerfen, das die Quantenformeln vollständig reproduziert? Nein. Das ist nicht möglich, solange die Fernwirkung ausgeschlossen ist. Dieser Punkt wurde erst später erkannt. Weder EPR noch ihre zeitgenössischen Opponenten waren sich dessen bewusst. In der Tat konzentrierte sich die Diskussion für lange Zeit ausschließlich auf die Punkte $|a-b| = 0, \pi/2$ und π.

16.3 Schwierigkeiten mit der Lokalität

Um die Auflösung dieses Knotens ohne Mathematik zu erklären, kann ich nichts Besseres tun, als d'Espagnat [14,15] zu folgen. Kehren wir für einen Moment zu den Socken zurück. Eine der wichtigsten Fragen zu einer Socke ist, „ist sie waschbar"? Eine Verbraucherorganisation könnte die Frage präziser stellen: Würde die Socke eintausend Waschzyklen bei 45°C überstehen? Oder bei 90°C? Oder bei 0°C? Dann ist eine angepasste Version der Wigner-d'Espagnat-Ungleichung [16] anwendbar. Für jede Kollektion neuer Socken ist

$$\left.\begin{array}{c} \text{(die Anzahl, die bei } 0^\circ \text{ bestehen kann und nicht bei } 45^\circ) \\ \text{plus} \\ \text{(die Anzahl, die bei } 45^\circ \text{ bestehen kann und nicht bei } 90^\circ) \\ \text{nicht kleiner als} \\ \text{(die Anzahl, die bei } 0^\circ \text{ bestehen kann und nicht bei } 90^\circ). \end{array}\right\} \tag{5}$$

Das ist trivial, weil jedes Mitglied der dritten Gruppe entweder 45° übersteht und deshalb auch in der zweiten Gruppe ist, oder es 45° nicht übersteht und deshalb auch in der ersten Gruppe ist.

Aber Trivialitäten wie diese, werden Sie einwenden, sind in der Verbraucherforschung nicht von Interesse! Sie haben recht; wir überstrapazieren hier die Analogie zwischen Verbraucherforschung und Quantenphilosophie etwas. Außerdem werden Sie darauf bestehen, dass die Aussage empirisch nicht überprüfbar ist. Es gibt keine Möglichkeit, zu entscheiden, ob eine gegebene Socke bei einer Temperatur übersteht und nicht bei einer anderen. Wenn sie den ersten Test nicht überstanden hat, wäre sie für den zweiten nicht verfügbar; und selbst wenn sie den ersten Test überstanden hat, wäre sie nicht mehr neu und nachfolgende Tests hätten nicht die ursprüngliche Bedeutung.

Nehmen wir jedoch an, dass die Socken in Paaren vorkommen. Und angenommen, wir wissen aus Erfahrung, dass es nur eine geringe Variation zwischen den beiden Socken eines Paares gibt; in dem Sinn, dass, wenn eine einen gegebenen Test besteht, auch die andere denselben Test bestehen würde, *wenn* er ausgeführt wird. Dann können wir aus der d'Espagnat-Ungleichung Folgendes schließen:

> (die Anzahl von Paaren, bei denen eine bei 0° bestehen kann und die andere nicht bei 45°)
> plus
> (die Anzahl von Paaren, bei denen eine bei 45° bestehen kann und die andere nicht bei 90°)
> ist nicht kleiner als
> (die Anzahl von Paaren, bei denen eine bei 0° bestehen kann und die andere nicht bei 90°). (6)

Das ist noch nicht empirisch überprüfbar, denn obwohl die beiden Tests in jeder Klammer nun verschiedene Socken betreffen, erfordern verschiedene Klammern verschiedene Tests mit derselben Socke. Aber jetzt fügen wir die Zufallsauswahl-Hypothese hinzu: Wenn die Stichprobe von Paaren groß genug ist und wir eine ausreichend große Teilstichprobe für ein gegebenes Testpaar zufällig auswählen, dann können die bestanden/versagt-Anteile der Teilprobe mit hoher Wahrscheinlichkeit auf die Gesamtstichprobe ausgedehnt werden. Wenn wir diese Anteile in einem völlig üblichen Verfahren mit *Wahrscheinlichkeiten* identifizieren, haben wir nun

> (die Wahrscheinlichkeit, dass eine Socke bei 0° besteht und die andere nicht bei 45°)
> plus
> (die Wahrscheinlichkeit, dass eine Socke bei 45° besteht und die andere nicht bei 90°)
> ist nicht kleiner als
> (die Wahrscheinlichkeit, dass eine Socke bei 0° besteht und die andere nicht bei 90°). (7)

Zudem ist das empirisch sinnvoll, weil Wahrscheinlichkeiten durch zufällige Stichproben bestimmt werden können.

Wir haben diese Überlegungen zunächst für Sockenpaare formuliert und konnten dabei mit großem Vertrauen in diese Alltagsobjekte operieren. Aber warum nicht ebenso für die Teilchenpaare des EPRB-Experimentes argumentieren? Durch Blockieren der „down“-Kanäle in den Stern-Gerlach-Magneten (was nur Teilchen passieren lässt, die nach oben abgelenkt wurden), unterziehen wir die Teilchen ebenso Tests, die sie entweder bestehen oder nicht. Anstelle von Temperaturen haben wir jetzt Winkel a und b, um die die Stern-Gerlach-Magnete gedreht sind. Der wesentliche Unterschied ist trivial: Die Teilchen sind paarweise à la Bertlmann – wenn eines einen gegebenen Test besteht, wird das andere ihn sicher *nicht* bestehen. Um das zu berücksichtigen, nehmen wir einfach die Umkehrung des zweiten Terms in jeder Klammer:

(die Wahrscheinlichkeit, dass ein Teilchen bei 0° besteht und das andere bei 45°)
plus
(die Wahrscheinlichkeit, dass ein Teilchen bei 45° besteht und das andere bei 90°)
ist nicht kleiner als
(die Wahrscheinlichkeit, dass ein Teilchen bei 0° besteht und das andere bei 90°). (8)

Für den Fall, dass jemand den Umweg über die Socken ein wenig lang findet, schauen wir direkt auf das Endergebnis und sehen wie trivial es ist. Wir nehmen an, dass Teilchen Eigenschaften haben, die ihre Fähigkeit festlegen, bestimmte Tests zu bestehen – ob diese Tests tatsächlich gemacht werden oder nicht. Um zu die perfekte Antikorrelation zu erklären, wenn an den zwei Teilen eines Paares identische Tests (parallele Stern-Gerlach-Magnete) angewendet werden, müssen wir die verallgemeinerte Paarbildung à la Bertlmann benutzen – wenn eines die Fähigkeit hat, einen bestimmten Test zu bestehen, hat das andere sie nicht. Dann ist die obige Behauptung über Paare äquivalent zur folgenden Behauptung über jedes Teil eines Paares:

(die Wahrscheinlichkeit imstande zu sein, bei 0° zu bestehen und nicht imstande bei 45°)
plus
(die Wahrscheinlichkeit imstande zu sein, bei 45° zu bestehen und nicht imstande bei 90°)
ist nicht kleiner als
(die Wahrscheinlichkeit imstande zu sein, bei 0° zu bestehen und nicht imstande bei 90°). (9)

Und das ist in der Tat trivial. Denn ein Teilchen, das imstande ist, bei 0° zu bestehen und nicht bei 90° (und das damit zur dritten Wahrscheinlichkeit in (9) beiträgt) ist entweder imstande, bei 45° zu bestehen (und trägt somit zur zweiten Wahrscheinlichkeit bei) oder nicht imstande, bei 45° zu bestehen (und trägt somit zur ersten Wahrscheinlichkeit bei).

So trivial diese Ungleichung jedoch auch sein mag, sie wird dennoch durch die quantenmechanischen Wahrscheinlichkeiten nicht eingehalten. Aus (4) ist die quantenmechanische Wahrscheinlichkeit, dass ein Teilchen einen Magneten mit der Orientierung a und das andere einen Magneten mit der Orientierung b passiert (bezeichnet mit P(up,up))

$$\frac{1}{2}\left(\sin\frac{a-b}{2}\right)^2.$$

Ungleichung (9) würde dann verlangen

$$\frac{1}{2}(\sin 22.5^\circ)^2 + \frac{1}{2}(\sin 22.5^\circ)^2 \geq \frac{1}{2}(\sin 45^\circ)^2$$

oder

$$0.1464 \geq 0.2500$$

was nicht wahr ist.

Wir fassen noch einmal die Logik zusammen, die in diese Sackgasse führte. Die EPRB-Korrelationen sind von der Art, dass das Ergebnis des Experiments an einer Seite unmittelbar das auf der anderen vorhersagt; immer dann, wenn die Analysatoren parallel sind. Wenn wir den Eingriff auf einer Seite nicht als kausalen Einfluss auf die andere akzeptieren, scheinen wir gezwungen zuzugeben, dass die Ergebnisse an beiden Seiten irgendwie im voraus bestimmt sind; durch Signale von der Quelle und durch die lokale Magneteinstellung. Aber das hat Auswirkungen für nichtparallele Einstellungen, die den Prognosen der Quantenmechanik widersprechen. Darum können wir den Eingriff auf einer Seite als kausalen Einfluss auf die andere *nicht* verwerfen.

Es wäre falsch zu sagen „Bohr gewinnt wieder“ (Anhang 1); das Argument war den Gegenspielern von Einstein, Podolsky und Rosen nicht bekannt. Aber sicherlich könnte Einstein nicht länger so einfach schreiben, wenn er von lokaler Kausalität spricht „...kann ich dennoch nirgendwo einen Fakt finden, der es wahrscheinlich erscheinen lässt, dass diese Voraussetzung aufgegeben werden muss.“

16.4 Allgemeine Beweisführung

Bis hierher war die Darstellung auf Einfachheit ausgerichtet. Jetzt ist das Ziel Allgemeinheit [17]. Wir listen zunächst einige Aspekte der einfachen Darstellung auf, die nicht wesentlich sind und weggelassen werden.

Die obige Diskussion beruht stark auf der Perfektion der Korrelation (oder genauer: Antikorrelation), wenn die zwei Magnete parallel ausgerichtet sind ($a = b$) und die anderen Bedingungen genauso ideal sind. Obwohl man hoffen kann, dieser Situation in der Praxis näherzukommen, kann man nicht hoffen, sie vollständig zu realisieren. Alle weiteren Mängel des Aufbaus würden die perfekte Antikorrelation verfälschen, und dann würden gelegentlich beide Teilchen nach unten abgelenkt oder beide nach oben. Darum werden wir in der anspruchsvolleren Beweisführung jede Hypothese über Perfektion vermeiden.

Nur im Kontext der perfekten Korrelation (oder Antikorrelation) konnte der *Determinismus* gefolgert werden – für die Relation der Beobachtungsergebnisse zu vorher vorhandenen Teilcheneigenschaften (weil jeder Indeterminismus die Korrelation zerstören würde). Ungeachtet meines Beharrens darauf, dass der Determinismus vielmehr gefolgert als angenommen wird, könnten Sie immer noch den leisen Verdacht haben, dass eine Voreingenommenheit für den Determinismus das Problem verursacht. Darum beachten Sie genau, dass die folgende Beweisführung den Determinismus in keiner Weise benutzt.

Sie könnten vermuten, dass es eine besondere Eigenart von Spin-$\frac{1}{2}$-Teilchen gibt. Aber tatsächlich gibt es viele andere Methoden, die problematischen Korrelationen zu erzeugen. Deshalb nimmt die folgende Beweisführung keinen Bezug auf Spin-$\frac{1}{2}$-Teilchen, oder irgendwelche anderen besonderen Teilchen.

Schließlich könnten Sie vermuten, dass die bloße Vorstellung von Teilchen und Teilchenbahnen, die oben bei der Einführung in das Problem des Öfteren benutzt wurden, uns in die Irre geführt haben. Dachte nicht Einstein in der Tat, dass eher Felder als Teilchen die Grundlage von Allem sind? Deshalb wird die folgende Beweisführung weder Teilchen noch Felder erwähnen, noch irgend ein anderes spezielles Bild dessen, was auf mikroskopischer Ebene abläuft. Noch wird sie in irgendeiner Weise die Worte „quantenmechanisches System“ benutzen, die eine ungünstige Auswirkung auf die Diskussion haben kann. Die Schwierigkeit wird nicht durch irgendeines dieser Bilder, oder irgendeinen dieser Begriffe, hervorgerufen. Sie wird hervorgerufen durch die Vorhersagen über die Korrelationen in den sichtbaren Ausgaben von bestimmten, denkbaren Versuchsanordnungen.

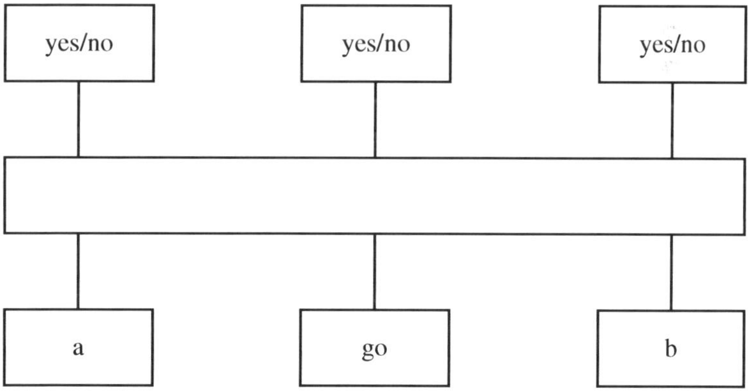

Abb. 16.7: *Allgemeine EPR-Anordnung mit drei Inputs unten und drei Outputs oben*

Betrachten wir die allgemeine Versuchsanordnung in Abb. 16.7. Um unwichtige Details zu vermeiden, ist sie nur als ein langer Kasten dargestellt, mit unspezifiziertem Inneren und mit drei Inputs und drei Outputs. Die Outputs, oben im Bild, können drei

Stücke Papier sein, auf denen entweder „yes“ oder „no“ ausgedruckt wird. Der mittlere Input ist einfach ein „go“-Signal, das den Versuch zur Zeit t_1 beginnen lässt. Kurz danach sagt der mittlere Output „yes“ oder „no“. Wir sind nur an den „yes“ interessiert, die bestätigen, dass alles gut gestartet ist (z.B. es gibt keine „Teilchen“, die in falsche Richtungen laufen, und so weiter). Zu einer Zeit $t_1 + T$ erscheinen die anderen Outputs, jeder mit „yes“ oder „no“ (zum Beispiel abhängig davon, ob auf der „up“-Seite eines Detektorschirms hinter einem lokalen Stern-Gerlach-Magneten ein Signal erschienen ist oder nicht). Dann ruht der Apparat und erholt sich intern in Vorbereitung auf eine folgende Wiederholung des Versuchs. Aber kurz vor der Zeit $t_1 + T$, sagen wir zur Zeit $t_1 + T - \delta$, werden die Signale a und b an den beiden Enden eingespeist. (Sie mögen zum Beispiel festlegen, dass die Stern-Gerlach-Magnete um die Winkel a und b von einer Standardposition weggedreht werden.) Wir können es einrichten, dass $c\delta \ll L$ ist, wobei c die Lichtgeschwindigkeit und L die Länge des Kastens ist; dann haben wir (wegen der mangelnden Zeit) nicht zu erwarten, dass das Signal an einem Ende irgendeinen Einfluss auf den Output des anderen hat, was auch immer für verborgene Verbindungen zwischen den beiden Enden vorhanden sind.

Ausreichend viele Wiederholungen des Versuchs erlauben uns Tests der Hypothesen über die verbundene, bedingte Wahrscheinlichkeitsverteilung

$$P(A,B|a,b)$$

für die Ergebnisse A und B an den beiden Enden, für gegebene Signale a und b.

Nun wäre es natürlich keine Überraschung festzustellen, dass die Ergebnisse A und B korreliert sind, d.h. dass P nicht in ein Produkt unabhängiger Faktoren zerfällt:

$$P(A,B|a,b) \neq P_1(A|a)P_2(B|b).$$

Aber wir werden darlegen, dass einige bestimmte Korrelationen, die gemäß der Quantenmechanik realisierbar sind, *lokal unerklärbar* sind. Das heißt, sie können nicht ohne Fernwirkung erklärt werden.

Um das „Unerklärbare“ zu erklären, erklären wir „erklärbar“. Zum Beispiel zeigt die Statistik der Herzattacken in Lille und Lyon starke Korrelationen. Die Wahrscheinlichkeit von M Fällen in Lyon und N Fällen in Lille an einem willkürlich ausgewählten Tag ist nicht zerlegbar:

$$P(M,N) \neq P_1(M)P_2(N).$$

Wenn zum Beispiel M über dem Mittelwert liegt, tendiert auch N dazu, über dem Mittel zu sein. Sie könnten mit den Schultern zucken und sagen, „Zufälle passieren immer wieder“, oder „so ist das Leben“. Ein solcher Standpunkt wird tatsächlich mitunter von ansonsten seriösen Leuten im Zusammenhang mit der Quantenphilosophie vertreten. Aber außerhalb dieses besonderen Zusammenhangs würde ein solcher Standpunkt als unwissenschaftlich abgetan werden. Der wissenschaftliche Standpunkt ist, dass Korrelationen nach Erklärungen schreien. Und im gegebenen Beispiel sind Erklärungen natürlich schnell gefunden. Das Wetter ist in beiden Städten sehr ähnlich und heiße

Tage sind schlecht für Herzattacken. Der Wochentag ist in beiden Städten genau derselbe und Sonntage sind besonders schlecht, wegen der Familienstreitereien und zuviel Essen. Und so weiter. Es scheint aber vernünftig zu erwarten, dass, wenn ausreichend viele solche kausalen Faktoren identifiziert und festgehalten werden, die *übrigen* Fluktuationen unabhängig sind, d.h.

$$P(M,N|a,b,\lambda) = P_1(M|a,\lambda)P_2(N|b,\lambda), \tag{10}$$

wobei a und b die Temperaturen in Lyon bzw. Lille sind; λ irgendeinen Satz von anderen Variablen bezeichnet, die relevant sein können, und $P(M,N|a,b,\lambda)$ ist die bedingte Wahrscheinlichkeit von M Fällen in Lyon und N in Lille für *gegebene* (a,b,λ). Wohlgemerkt haben wir in (10) bereits die Hypothese der „lokalen Kausalität", oder „keine Fernwirkung", eingebaut. Denn wir erlauben weder, dass der erste Faktor von b abhängt, noch der zweite von a. Das heißt, wir lassen die Temperatur in Lyon nicht als kausalen Einfluss in Lille zu, und umgekehrt.

Lassen Sie uns dann annehmen, dass die Korrelationen zwischen A und B im EPR-Versuch in gleicher Art „lokal erklärbar" sind. Das heißt, wir nehmen an, es gibt Variablen λ, die, wenn wir sie nur kennen würden, die Entkopplung der Fluktuationen gestatten würden:

$$P(A,B|a,b,\lambda) = P_1(A|a,\lambda)P_2(B|b,\lambda). \tag{11}$$

Dann haben wir eine Wahrscheinlichkeitsverteilung $f(\lambda)$ über diese ergänzenden Variablen zu betrachten, und mit der gemittelten Wahrscheinlichkeit

$$P(A,B|a,b) = \int d\lambda f(\lambda)P(A,B|a,b,\lambda) \tag{12}$$

erhalten wir die quantenmechanischen Vorhersagen.

Aber nicht nur jede Funktion $P(A,B|a,b)$ kann in der Form (12) dargestellt werden, auch Kombinationen davon. Wir betrachten hier die Kombination:

$$E(a,b) = P(\text{yes, yes}|a,b) + P(\text{no, no}|a,b) - P(\text{yes, no}|a,b) - P(\text{no, yes}|a,b). \tag{13}$$

Dafür ist es einfach zu zeigen (Anhang 2), dass wenn (12) gilt (mit beliebig vielen Variablen λ und beliebiger Verteilung $f(\lambda)$), dann folgt die Clauser-Holt-Horne-Shimony-Ungleichung [18]

$$|E(a,b) + E(a,b') + E(a',b) - E(a',b')| \leq 2. \tag{14}$$

Gemäß der Quantenmechanik, zum Beispiel mit einer praktischen Näherung zur EPRB-Gedankenkonfiguration, können wir jedoch (aus (4)) näherungsweise erhalten

$$E(a,b) = \left(\sin\frac{a-b}{2}\right)^2 - \left(\cos\frac{a-b}{2}\right)^2 = -\cos(a-b). \tag{15}$$

Nehmen wir zum Beispiel

$$a = 0^\circ, \quad a' = 90^\circ, \quad b = 45^\circ, \quad b' = -45^\circ, \tag{16}$$

dann haben wir aus (15)

$$E(a,b) + E(a,b') + E(a',b) - E(a',b') = -3\cos 45^\circ + \cos 135^\circ = -2\sqrt{2}. \tag{17}$$

Das ist im Widerspruch zu (14). Beachten Sie, dass es für diesen Widerspruch nicht nötig ist, (15) exakt zu realisieren. Eine genügend gute Approximation reicht aus, denn zwischen (14) und (17) liegt ein Faktor von $\sqrt{2}$.

Damit sind die Quantenkorrelationen lokal unerklärbar. Um die Ungleichung zu vermeiden, könnten wir erlauben, dass P_1 in (11) von b abhängt oder P_2 von a. Das heißt, wir könnten den Input an einem Ende als kausalen Einfluss auf das andere Ende zulassen. Für den beschriebenen Aufbau wäre das nicht nur ein geheimnisvoller Einfluss auf große Distanz – eine Nichtlokalität oder Fernwirkung im weiteren Sinne; sondern eine, die sich schneller als Licht fortpflanzt (weil $c\delta \ll L$); eine Nichtlokalität im engeren und unverdaulicheren Sinne.

Es ist bemerkenswert, dass in dieser Beweisführung nichts über die Lokalität oder gar Lokalisierbarkeit der Variablen λ gesagt wird. Diese Variablen können zum Beispiel durchaus quantenmechanische Zustandsvektoren beinhalten, die keine bestimmte Lokalisierung in der gewöhnlichen Raumzeit haben. Es wird lediglich angenommen, dass die Outputs A und B und die jeweiligen Inputs a und b genau lokalisiert sind.

16.5 Envoi

Zum Abschluss werde ich vier mögliche Positionen kommentieren, die in dieser Angelegenheit eingenommen werden können – ohne vorzugeben, dass sie die einzigen Möglichkeiten sind.

Erstens, und denjenigen von uns, die von Einstein inspiriert sind, würde das am besten gefallen: die Quantenmechanik mag in hinreichend kritischen Situationen *falsch* sein. Vielleicht ist die Natur nicht so sonderbar wie die Quantenmechanik. Aber die experimentelle Situation ist von diesem Gesichtspunkt aus [19] nicht sehr ermutigend. Es ist wahr, dass praktische Experimente weit vom Ideal entfernt sind – wegen der Zähler- und Analysator-Ineffizienzen, der geometrischen Ungenauigkeiten, und so weiter. Nur mit zusätzlichen Annahmen, oder der üblichen Anerkennung der Ineffizienzen und Extrapolation vom Realen zum Idealen, kann man behaupten, dass die Ungleichung verletzt wird. Obwohl es hier einen Ausweg gibt, fällt es mir schwer zu glauben, dass die Quantenmechanik für ineffiziente, praktische Aufbauten so gut funktioniert und dennoch völlig versagen soll, wenn ausreichende Verbesserungen gemacht werden. Von größerer Wichtigkeit ist nach meiner Meinung das völlige Fehlen des zentralen Faktors *Zeit* in den gegenwärtigen Experimenten. Die Analysatoren werden nicht während des Fluges der Teilchen gedreht. Selbst wenn man genötigt ist, einen weit reichenden Einfluss zuzugeben, muss sich dieser nicht schneller als Licht bewegen – und wäre so viel weniger unverdaulich. Für mich ist es darum von größter Wichtigkeit, dass Aspect [19,20] an einem Experiment arbeitet, bei dem der Faktor „Zeit" eingeführt wird.

Zweitens mag es sein, dass es nicht zulässig ist, die experimentellen Einstellungen der Analysatoren a und b als unabhängige Variablen zu betrachten, wie wir es taten [21]. Wir nahmen sie insbesondere als unabhängig von den zusätzlichen Variablen λ an, insofern, dass a und b geändert werden können, ohne die Wahrscheinlichkeitsverteilung $f(\lambda)$ zu ändern. Auch wenn wir es arrangiert haben, dass a und b durch anscheinend zufällige radioaktive Geräte erzeugt werden, eingeschlossen in getrennten Kästen und dick abgeschirmt, oder durch Nationale Schweizer Lotteriemaschinen, oder durch ausgefeilte Computerprogramme, oder durch Experimentalphysiker mit anscheinend freiem Willen, oder durch irgendeine Kombination von alldem, können wir nicht *sicher* sein, dass a und b nicht wesentlich beeinflusst werden durch dieselben Faktoren λ, die A und B beeinflussen [21]. Aber dieser Weg, die quantenmechanischen Korrelationen einzuordnen, wäre noch verwirrender als einer, bei dem Kausalketten sich schneller als Licht bewegen. Anscheinend getrennte Teile der Welt wären zutiefst und konspirativ verschränkt, und unser anscheinend freier Wille wäre verschränkt mit ihnen.

Drittens mag es sein, dass wir einräumen müssen, *dass* sich kausale Einflüsse schneller als Licht bewegen. Die Rolle der Lorentzinvarianz in der vervollständigten Theorie wäre dann sehr problematisch. Ein „Äther" wäre die billigste Lösung [22]. Aber die Unbeobachtbarkeit dieses Äthers wäre störend. Ebenso störend wäre die Unmöglichkeit von „Botschaften" schneller als Licht, die aus der gewöhnlichen relativistischen Quantenmechanik folgt, insoweit sie widerspruchsfrei und adäquat für Prozeduren ist, die wir tatsächlich ausführen können. Die exakte Erhellung von Konzepten, wie „Botschaft" und „wir", wäre eine beachtliche Herausforderung.

Viertens und letztens mag es sein, dass Bohrs Intuition richtig war: dass es keine Realität unter einer „klassischen" „makroskopischen" Ebene gibt. Dann würde die fundamentale physikalische Theorie fundamental vage bleiben, bis Konzepte, wie „makroskopisch", klarer als heute gemacht werden können.

Anhang 1 – Die Position von Bohr

Obwohl ich mir einbilde, die Position Einsteins [23,24] zu verstehen, was die EPR-Korrelationen angeht, habe ich sehr wenig Verständnis für die Position seines Hauptgegenspielers Bohr. Doch die meisten Theoretiker der Gegenwart haben den Eindruck, dass Bohr in der Diskussion mit Einstein die Nase vorn hat; und meinen, dass sie selbst Bohrs Ansichten teilen. Als einen Hinweis auf diese Ansichten zitiere ich eine Textpassage [25] aus seiner Antwort an Einstein, Podolsky und Rosen. Es ist eine Passage, die Bohr selbst als endgültig betrachtet zu haben scheint, denn er zitiert sie selbst, als er viel später resümiert [26]. Einstein, Podolsky und Rosen hatten angenommen, dass „... wenn wir, ohne ein System in irgendeiner Weise zu stören, mit Sicherheit den

Wert einer physikalischen Größe vorhersagen können, dann existiert ein Element der physikalischen Realität, das dieser physikalischen Größe entspricht.“ Bohr antwortete:

> ...die Formulierung im oben erwähnten Kriterium...enthält eine Unklarheit, was die Bedeutung des Ausdrucks „ohne ein System in irgendeiner Weise zu stören“ betrifft. Natürlich gibt es in einem Fall, wie dem gerade betrachteten, keine Frage einer mechanischen Störung eines untersuchten Systems während der letzten, kritischen Phase der Messprozedur. Aber sogar in dieser Phase, ist die Frage entscheidend nach *einem Einfluss auf die genauen Bedingungen, die die möglichen Typen von Vorhersagen definieren, das zukünftige Verhalten des Systems betreffend*.... Ihre Argumentation rechtfertigt nicht ihre Schlussfolgerung, dass die quantenmechanische Beschreibung grundlegend unvollständig ist... Diese Beschreibung kann charakterisiert werden als rationale Ausnutzung aller Möglichkeiten eindeutiger Interpretationen von Messungen, die verträglich sind mit der endlichen und unkontrollierbaren Wechselwirkung zwischen den Objekten und den Messinstrumenten im Bereich der Quantentheorie.

In der Tat habe ich sehr wenig Ahnung, was das bedeutet. Ich verstehe nicht, in welchem Sinne das Wort „mechanisch“ benutzt wird; in der Charakterisierung der Störungen, die Bohr nicht in Erwägung zieht, im Unterschied zu denjenigen, bei denen er das tut. Ich weiß nicht, was die kursiv gesetzte Passage bedeutet: „ein Einfluss auf die genauen Bedingungen...“. Könnte es nur bedeuten, dass verschiedene Experimente mit dem ersten System verschiedene Arten von Informationen über das zweite geben? Aber das war nur einer der Hauptpunkte von EPR, die bemerkten, dass man *entweder* die Position *oder* den Impuls des zweiten Systems bestimmen kann. Und dann verstehe ich nicht den letzten Verweis auf die „unkontrollierbare Wechselwirkung zwischen den Objekten und den Messinstrumenten“; er scheint nur den grundlegenden Punkt von EPR zu ignorieren, dass man beim Fehlen einer Fernwirkung annehmen kann, dass allein das erste System durch die erste Messung gestört wird, und dennoch eindeutige Vorhersagen für das zweite System möglich werden. Verwirft Bohr nur die Voraussetzung – „keine Fernwirkung“ – anstatt den Streitpunkt zu widerlegen?

Anhang 2 – Clauser-Holt-Horne-Shimony-Ungleichung

Aus (13) und (11) folgt

$$\begin{aligned} E(a,b) &= \int d\lambda f(\lambda)\{P_1(\text{yes}|a,\lambda) - P_1(\text{no}|a,\lambda)\}\{P_2(\text{yes}|b,\lambda) - P_2(\text{no}|b,\lambda)\} \\ &= \int d\lambda f(\lambda)\bar{A}(a,\lambda)\bar{B}(b,\lambda) \end{aligned} \tag{18}$$

wobei $\bar{A}$ und $\bar{B}$ für die erste und zweite geschweifte Klammer stehen. Beachten Sie, dass, weil die Ps Wahrscheinlichkeiten sind, gilt

$$0 \le P_1 \le 1, \quad 0 \le P_2 \le 1$$

und

$$|\bar{A}(a,\lambda)| \leq 1, \quad |\bar{B}(b,\lambda)| \leq 1. \tag{19}$$

Aus (18)

$$E(a,b) \pm E(a,b') \leq \int d\lambda f(\lambda)\bar{A}(a,\lambda)(\bar{B}(b,\lambda) \pm \bar{B}(b',\lambda))$$

und darum aus (19)

$$|E(a,b) \pm E(a,b')| \leq \int d\lambda f(\lambda)|\bar{B}(b,\lambda) \pm \bar{B}(b',\lambda)|$$

ebenso

$$|E(a',b) \mp E(a',b')| \leq \int d\lambda f(\lambda)|\bar{B}(b,\lambda) \mp \bar{B}(b',\lambda)|.$$

Nochmalige Benutzung von (19)

$$|\bar{B}(b,\lambda) \pm \bar{B}(b',\lambda)| + |\bar{B}(b,\lambda) \mp \bar{B}(b',\lambda)| \leq 2$$

und dann mit

$$\int d\lambda f(\lambda) = 1$$

folgt

$$|E(a,b) \pm E(a,b')| + |E(a',b) \mp E(a',b')| \leq 2 \tag{20}$$

was (14) mit einschließt.

Anmerkungen und Literatur

[1] A. Einstein, B. Podolsky and N. Rosen, *Phys. Rev.* **46**, 777, (1935).[2] Zur Einführung siehe den beigefügten Artikel von F. Laloë

[2] D. Bohm, *Quantum Theory.* Englewood Cliffe, New Jersey (1951).

[3] Man beachte jedoch, dass diese *speziellen* Phänomene eigentlich aus anderen Phänomenen vor der Beobachtung gefolgert wurden.

[4] Und vielleicht Romantizismus. Siehe P. Forman, Weimar culture, causality and quantum theory, 1918-1927, in *Historical Studies in the Physical Sciences*, Vol. 3, 1-115. R. McCormach, ed. University of Pennsylvania Press, Philadelphia (1971).

[5] M. Jammer, *The Philosophy of Quantum Mechanics*, John Wiley (1974), S. 204, zitiert A. Petersen, *Bulletin of the Atomic Scientist* **19**, 12 (1963).

[2] AdÜ: Eine deutsche Übersetzung des Artikels ist zu finden in: K. Baumann und R. U. Sexl, *Die Deutungen der Quantentheorie*, 3. überarbeitete Aufl., Vieweg, Braunschweig 1987.

[6] M. Jammer, ebd. S. 205, zitiert W. Heisenberg, *Physics and Philosophy*, S. 160, Allen and Unwin, London (1958).

[7] M. Jammer, ebd. S. 161, zitiert E. Zilsel, P. Jordans Versuch, den Vitalismus quantenmechanisch zu retten, *Erkenntnis* **5**, (1935) 56-64.

[8] Der Ausdruck ist aus einem Brief von Einstein an Born, 1947, Ref. [11], S. 158. (dt. Ausgabe, S. 255).

[9] Der beigefügte Artikel von F. Laloë gibt eine Einführung in den Quanten-Formalismus.

[10] Und seine Anhänger. Mein eigener erster Artikel über dieses Thema (*Physics* **1**, 195 (1965).) beginnt mit einer Zusammenfassung der EPR-Erörterung *von der Lokalität zu* deterministischen verborgenen Variablen. Aber die Kommentatoren haben fast einhellig berichtet, dass er mit deterministischen verborgenen Variablen beginnt.

[11] M. Born (Editor), *The Born-Einstein-Letters*, S. 221. (Macmillan, London (1971)).[3]

[12] M. Born, ebd., S. 176 (dt. Ausgabe, S. 283).

[13] A. Einstein, *Dialectica*, 320, (1948). Eingefügt in einem Brief an Born, Ref. [11]. S. 168. (dt. Ausgabe, S. 274).

[14] B. d'Espagnat, *Scientific American*, S. 158. November 1979.

[15] B. d'Espagnat, *A la Recherche du Réel*. Gauthier-Villars, Paris (1979).

[16] „Die Anzahl der jungen Frauen ist kleiner oder gleich der Anzahl von weiblichen Rauchern plus der Anzahl junger Nichtraucher." (Ref. 15, S. 27). Siehe auch: E.P. Wigner, *Am. J. Phys.* **38**, 1005 (1970).

[17] Andere Diskussionen mit einigem Anspruch auf Allgemeinheit sind: J. F. Clauser and M. A. Horne, Phys. Rev. **10D** (1974) 526; J. S. Bell, CERN preprint TH-2053 (1975), nachgedruckt in *Epistemological Letters* (Association Ferd. Gonseth, CP 1081, CH-2051, Bienne) **9** (1976) 11; [Kapitel 7 im vorliegenden Buch] H. P. Stapp, *Foundations of Physics* **9** (1979) 1. Viele andere Referenzen sind in den Reviews von Clauser und Simony, und Pipkin in Ref. 19. enthalten.

[18] J. F. Clauser, R. A. Holt, M. A. Horne and A. Shimony, *Phys. Rev, Lett.* **23**, 880 (1969).

[19] Die experimentelle Situation wird im beigefügten Artikel von A. Aspect begutachtet. Siehe auch: J. F. Clauser and A. Shimony, *Rep. Prog. Phys.* **41**, 1881 (1978); F. M. Pipkin, *Ann. Rev. Nuc. Sci.* (1978).

[3] AdÜ: Deutsche Ausgabe *Albert Einstein – Max Born, Briefwechsel 1916 - 1955*, S. 348. (F.A. Herbig Verlagsbuchhandlung, München (1969, 3. Aufl. 2005)).

[20] A. Aspect, *Phys. Rev.* **14D**, 1944 (1976).

[21] Für eine explizite Diskussion dazu, siehe die Beiträge von Shimony, Horne, Clauser und Bell in *Epistemological Letters* (Association Ferdinand Gonseth, CP 1081, CH-2051, Bienne) **13**, S. 1 (1976); **15**, S. 79, (1977) and **18**, S. 1 (1978). Siehe auch: Clauser and Shimony in Ref. 19.

[22] P. H. Eberhard, *Nuovo Cimento* **46B**, 392 (1978).

[23] Aber Max Jammer meint, dass ich Einstein falsch darstelle (Ref. 5, S. 254). Ich habe meine Ansichten in Ref. 24 verteidigt.

[24] J. S. Bell, in *Frontier Problems in High Energy Physics, in honour of Gilberto Bernardini*. Scuola Normale, Pisa (1976). [Kapitel 10 im vorliegenden Buch]

[25] N. Bohr, *Phys. Rev.* **48**, 696 (1935).[4]

[26] N. Bohr, in *Albert Einstein, Philosopher-Scientist*. P. A. Schilpp, Ed., Tudor, N.Y., (1949).

[4]AdÜ: Eine deutsche Übersetzung des Artikels ist zu finden in: K. Baumann und R. U. Sexl, *Die Deutungen der Quantentheorie*, 3. überarbeitete Aufl., Vieweg, Braunschweig 1987.

17 Über die unmögliche Führungswelle

17.1 Einleitung

Als Student hatte ich große Schwierigkeiten mit der Quantenmechanik. Es war tröstlich zu sehen, dass sogar Einstein lange Zeit solche Schwierigkeiten hatte. In der Tat führten sie ihn zu der ketzerischen Schlussfolgerung, dass in der Theorie etwas fehlt [1]: „Ich bin tatsächlich ziemlich sicher davon überzeugt, dass der grundlegend statistische Charakter der der gegenwärtigen Quantentheorie nur daher rührt, dass sie mit einer unvollständigen Beschreibung physikalischer Systeme operiert.“

Expliziter [2]: In „einer vollständigen physikalischen Beschreibung würde die statistische Quantentheorie ... eine annähernd ähnliche Position einnehmen, wie die statistische Mechanik im Rahmen der klassischen Mechanik... “

Einstein schien nicht zu wissen, dass diese Möglichkeit einer friedlichen Koexistenz zwischen den quantenstatistischen Vorhersagen und einer vollständigeren theoretischen Beschreibung mit großer Strenge durch J. von Neumann [3] ausgeschlossen worden war. Ich selbst kannte von Neumanns Demonstration auch nicht aus erster Hand, da sie zu dieser Zeit nur in deutsch verfügbar war, was ich nicht lesen konnte. Ich kannte sie jedoch aus dem hervorragenden Buch von Born [4] *Natural Philosophy of Cause and Chance*, das tatsächlich ein Höhepunkt meiner Physikausbildung war. Born schreibt, als er diskutiert, wie sich die Physik entwickeln könnte:

> Ich erwarte ..., dass wir einige gegenwärtige Ideen opfern, und noch abstraktere Methoden benutzen müssen. Dies sind jedoch nur Meinungen. Ein konkreterer Beitrag ist von J. v. Neumann in seinem brillantem Buch *Mathematische Grundlagen der Quantenmechanik* geleistet worden. Er stellt die Theorie auf eine axiomatische Grundlage, indem er sie aus wenigen Postulaten, mit sehr plausiblem und allgemeinem Charakter, ableitet, nämlich über die Eigenschaften der „Erwartungswerte“ (Mittelwerte) und deren Repräsentation durch mathematische Symbole. Das Ergebnis ist, dass der Formalismus der Quantenmechanik eindeutig durch diese Axiome festgelegt ist; insbesondere können keine verborgenen Parameter hinzugefügt werden, mit deren Hilfe die indeterministische Beschreibung in eine deterministische umgewandelt werden könnte.

> Wenn eine zukünftige Theorie folglich deterministisch sein soll, kann sie keine Modifikation der gegenwärtigen sein, sondern sie muss grundlegend verschieden sein. Wie das möglich sein soll, ohne den ganzen Schatz der fest etablierten Resultate zu opfern, überlasse ich den Deterministen.

Nachdem ich das gelesen hatte, verbannte ich die Frage in meinen Hinterkopf und machte mit praktischeren Dingen weiter.

Aber im Jahr 1952 sah ich, wie das Unmögliche getan wurde. Es geschah in Artikeln von David Bohm [5]. Bohm zeigte explizit, wie in die nichtrelativistische Wellenmechanik tatsächlich Parameter eingeführt werden können, mit deren Hilfe die indeterministische Beschreibung in eine deterministische umgewandelt werden konnte. Nach meiner Meinung noch wichtiger war, dass die Subjektivität der orthodoxen Version, der notwendige Bezug auf den „Beobachter", eliminiert werden konnte. Darüber hinaus war die grundlegende Idee bereits im Jahr 1927 von de Broglie [6] vorgestellt worden, in seinem „Führungswellen"-Bild.

Aber warum hatte Born mir nichts über diese „Führungswelle" gesagt? Wenn auch nur, um zu zeigen, was daran falsch ist? Warum hatte von Neumann es nicht betrachtet? Noch erstaunlicher: Warum fuhren die Leute damit fort, nach 1952 „Unmöglichkeitsbeweise" zu produzieren [7-12], und sogar noch vor kurzem, im Jahr 1978 [13, 14]? Wo sogar Pauli [15], Rosenfeld [16] und Heisenberg [17] doch keine vernichtendere Kritik an Bohms Version hervorbringen konnten, als sie als „metaphysisch" und „ideologisch" zu brandmarken? Warum wird die Führungswelle in den Lehrbüchern ignoriert? Sollte sie nicht gelehrt werden – wenn auch nicht als einziger Weg, aber als Gegenmittel zur vorherrschenden Selbstzufriedenheit? Um zu zeigen, dass uns die Unbestimmtheit, die Subjektivität und der Indeterminismus nicht durch experimentelle Fakten aufgezwungen werden, sondern durch eine bewusste, theoretische Wahl?

Ich will hier nicht versuchen, diese Fragen zu beantworten. Aber da für die Führungswelle noch immer geworben werden muss, will ich einen weiteren, bescheidenen Versuch unternehmen, sie bekanntzumachen; in der Hoffnung, dass er einigen wenigen der Vielen, denen sie auch jetzt noch neu ist, in die Hand fällt. Ich will versuchen, die wesentliche Idee, die trivial einfach ist, so kompakt und anschaulich zu präsentieren, dass sogar einige derer, die wissen, dass sie es nicht mögen werden, lieber weiterlesen möchten, als die Angelegenheit auf später zu verschieben.

17.2 Ein einfaches Modell

Betrachten wir ein System, dessen Wellenfunktion sowohl ein diskretes Argument a und ein kontinuierliches Argument x hat als auch die Zeit t:

$$\Psi(a,x,t), \quad a = 1,2,\ldots,N, \quad -\infty < x < +\infty.$$

Es könnte ein Teilchen sein, das sich frei in einer Richtung bewegt und einen „intrinsischen Spin" hat. Wir betrachten „Observablen" O, die nur den Spin betreffen und deshalb durch endliche Matrizen dargestellt werden können:

$$O\Psi(a,x) = \sum_b O(a,b)\Psi(b,x).$$

Um eine solche Observable zu „messen“, nehmen wir an, wir können eine Wechselwirkung mit irgendeinem externen Feld entwerfen, die durch einen Zusatzterm zum Hamilton-Operator dargestellt wird [3]:

$$gO\frac{\hbar}{i}\frac{\partial}{\partial x},$$

worin g eine Kopplungskonstante ist. Zur Vereinfachung nehmen wir an, dass das Teilchen eine unendliche Masse hat, so dass dieser Wechselwirkungsterm allein den vollständigen Hamilton-Operator ausmacht [3]. Dann ist die Schrödinger-Gleichung leicht zu lösen. Es ist nützlich, die Eigenvektoren von O einzuführen

$$\alpha_n(a)$$

und die entsprechenden Eigenwerte

$$O_n,$$

die definiert sind durch

$$O\alpha_n(a) = O_n\alpha_n(a).$$

Dann kann der Anfangszustand entwickelt werden

$$\Psi(a,x,0) = \sum_n \Phi_n(x)\alpha_n(a)$$

und die Lösung der Schrödinger-Gleichung ist:

$$\Psi(a,x,t) = \sum_n \Phi_n(x - gO_n t)\alpha_n(a).$$

Das heißt, die verschiedenen Wellenpakete Φ_n bewegen sich voneinander weg; und nach einer ausreichend langen Zeit überlappen sie sich sehr wenig, ganz gleich wie der Anfangszustand war. Dann wird jedes wahrscheinliche Ergebnis einer Positionsmessung einem bestimmten Eigenwert O_n entsprechen – einem bestimmten O_n, das mit einer Wahrscheinlichkeit erhalten wird, die durch die Norm des entsprechenden Wellenpakets Φ_n gegeben ist, d.h. der Wichtung des entsprechenden Eigenvektors in der Entwicklung des Anfangszustandes. Wir haben hier ein Modell von etwas Ähnlichem wie einem Stern-Gerlach-Experiment. Herkömmlicherweise sagt man, der Prozess „misst die Observable O mit dem Ergebnis O_n“.

Um dieses Bild *a la* de Broglie und Bohm zu komplettieren, fügen wir der Wellenfunktion Ψ eine Teilchenposition hinzu

$$X(t).$$

Wenn zur Zeit t eine Positionsmessung gemacht wird, dann ist das Ergebnis $X(t)$; aber selbst wenn keine Messung gemacht wird, existiert $X(t)$. In diesem Bild hat das Teilchen immer eine definierte Position. Die zeitliche Entwicklung der Teilchenposition wird bestimmt durch

$$\frac{\mathrm{d}}{\mathrm{d}t}X(t) = \frac{j(X(t),t)}{\rho(X(t),t)},$$

wobei

$$\begin{aligned} \rho(x,t) &= \sum_a \Psi^*(a,x,t)\Psi(a,x,t) \quad \text{und} \\ j(x,t) &= \sum_{a,b} \Psi^*(a,x,t)gO(a,b)\Psi(b,x,t). \end{aligned}$$

Man beachte, dass die Schrödinger-Gleichung die Kontinuitätsgleichung impliziert:

$$\frac{\partial}{\partial t}\rho + \frac{\partial}{\partial x}j = 0.$$

Es wird angenommen, dass nach vielen Wiederholungen des Experiments, verschiedene $X(0)$ mit der Verteilungsfunktion

$$\rho(X(0),0)\mathrm{d}X(0)$$

vorkommen, wobei ρ wie oben gegeben ist, dargestellt durch die Wellenfunktion des Anfangszustandes. Dann gilt das Theorem, dass die Verteilungsfunktion über $X(t)$ ist:

$$\rho(X(t),t)\mathrm{d}X(t)$$

Das ist die konventionelle Quantenverteilung für die Position und damit haben wir die konventionellen Vorhersagen für das Ergebnis des Stern-Gerlach-Experiments. Denn dieses Experiment betrifft, ungeachtet alles Redens über „Spin", letztendlich Beobachtungen der Position.

Zu beachten ist, dass in dieser Theorie die Wahrscheinlichkeit nur einmal auftritt: In Verbindung mit den Anfangsbedingungen; wie in der klassischen, statistischen Mechanik. Danach ist die gekoppelte Entwicklung von Ψ und X vollständig deterministisch.

Zu beachten ist, dass in dieser Theorie die Wellenfunktion die Rolle eines physikalisch realen Feldes hat, so real wie die Maxwell-Felder für Maxwell waren. Studenten der Quantenmechanik haben manchmal Schwierigkeiten damit, dass im Führungswellen-Bild die Teilchenposition X und das Argument der Wellenfunktion x verschiedene Variablen sind. Aber in dieser Beziehung ist die Situation genau wie bei Maxwell. Auch bei ihm gibt es Felder, die sich im Raum ausbreiten und Teilchen, die sich an bestimmten Punkten befinden. Natürlich ist das Feld an diesem bestimmten Punkt am unmittelbarsten für die Bewegung des bestimmten Teilchens von Bedeutung.

Obwohl Ψ ein reales Feld ist, zeigt es sich nicht unmittelbar im Ergebnis einer einzigen „Messung“, sondern nur in der Statistik vieler solcher Ergebnisse. Es ist die de Broglie-Bohm-Variable X, die sich jedesmal unmittelbar zeigt. Dass historisch X und nicht Ψ als „verborgene“ Variable bezeichnet wird, ist ein Fall von historischer Dummheit.

Es ist zu beachten, dass aus dieser Sicht die Beschreibung des Experimentes als „Messung“ der „Spin-Observablen“ O unglücklich ist. Unser Teilchen hat keine inneren Freiheitsgrade. Es wird jedoch durch ein mehrkomponentiges Feld geführt; und wenn es etwas Ähnliches wie eine mehrfache optische Brechung erfährt, wird das Teilchen in die eine oder andere Richtung gezogen – nur abhängig von seiner Anfangsposition. Wir haben hier eine sehr explizite Verdeutlichung der Lektion von Bohr. Experimentelle Ergebnisse sind Produkte der vollständigen Konfiguration: „System“ plus „Apparat“ und sollten nicht als „Messungen“ von zuvor existierenden Eigenschaften des „Systems“ allein angesehen werden.

17.3 Die Löcher im Netz

Es ist leicht, gute Gründe zu finden, das de Broglie-Bohm-Bild nicht zu mögen. Weder de Broglie [18] noch Bohm [19] mochten es besonders; für beide war es nur ein Ausgangspunkt. Auch Einstein [20] mochte es nicht besonders. Er fand es „zu billig“, obwohl es „ganz in der Linie seiner eigenen Gedanken lag“ [21, 22], wie Born bemerkte [20]. Aber ob man es mag, oder nicht – es ist ein vollkommen schlüssiges Gegenbeispiel zu der Vorstellung, dass uns Unbestimmtheit, Subjektivität oder Indeterminismus durch die experimentellen Fakten der nichtrelativistischen Quantenmechanik aufgezwungen werden.
Was ist dann falsch an den Unmöglichkeitsbeweisen? An dieser Stelle will ich nur drei von ihnen betrachten: Den berühmtesten (unstrittig), den lehrreichsten (meiner Meinung nach) und den zuletzt veröffentlichten (meines Wissens). Mehr dazu und mehr Details können an anderer Stelle gefunden werden [9, 23-25].

Es ist nützlich, das Ergebnis der „Messung“ von O nach obigem Verfahren, für gegebene Anfangswerte von X und Ψ, als

$$R(O,\Psi(0),X(0))$$

zu bezeichnen. Diese Funktion kann im Prinzip durch Lösung der Schrödinger-Gleichung für Ψ und anschließendes Lösen der Führungsgleichung für X berechnet werden. Für einige Fälle ist das explizit gemacht worden [26,27]. Man beachte, dass die Werte von R die Eigenwerte von O sind.

Die grundlegende Annahme im berühmten Beweis von von Neumann ist, dass für linear verknüpfte Operatoren

$$O = pP + qQ,$$

die Ergebnisse R analog verknüpft sind:

$$R(O,\Psi(0),X(0)) = pR(P,\Psi(0),X(0)) + qR(Q,\Psi(0),X(0)).$$

Das muss zweifellos gelten, wenn über $X(0)$ gemittelt wird, um die Quanten-Erwartungswerte zu ergeben. Aber es kann unmöglich vor der Mittelwertbildung gelten, denn die Einzelergebnisse R sind Eigenwerte – und Eigenwerte von linear verknüpften Operatoren sind nicht linear verknüpft. Es seien zum Beispiel P und Q Komponenten des Spin-Drehimpulses, die senkrecht aufeinander stehen:

$$P = S_x, \quad Q = S_y$$

und O die Komponente in einer Richtung dazwischen

$$O = (P+Q)/\sqrt{2}.$$

Im einfachen Fall mit Spin-$1/2$ haben alle Eigenwerte der Operatoren O, P, Q den Absolutwert $1/2$ und die von-Neumann-Bedingung würde lauten:

$$\pm\frac{1}{2} = (\pm\frac{1}{2} \pm \frac{1}{2})/\sqrt{2}$$

– was in der Tat unmöglich ist. Weil das de Broglie-Bohm-Bild mit der Quantenmechanik übereinstimmt, indem Einzelmessungen die Eigenwerte ergeben – wird es durch von Neumann ausgeschlossen. Sein „sehr allgemeines und plausibles“ Postulat ist absurd.

Lehrreicher ist der Gleason-Jauch-Beweis. Ich hörte von ihm im Jahr 1963 von J.M. Jauch. Das ganze, umfassende mathematische Theorem von Gleason [28] wird nicht benötigt, sondern nur ein Korollar, das leicht selbst zu beweisen ist [9]. (Die Idee wurde später von Kochen und Specker wiederentdeckt [11]; siehe auch Belinfante [24] und Fine und Teller [29].) Jauch erkannte, dass Gleasons Theorem ein Ergebnis wie das von von Neumann beinhaltete, aber mit einer schwächeren Additivitätsvoraussetzung – nämlich nur für kommutierende Operatoren

$$[P, Q] = 0.$$

Da die Eigenwerte von kommutierenden Operatoren additiv sind, ist die Additivität der „Messungs“-Ergebnisse nicht offenkundig absurd. Vielleicht erscheint es besonders plausibel, wenn die betreffenden kommutierenden „Observablen“ gleichzeitig „gemessen“ werden. Darum gehen wir direkt zu diesem Fall über. Es genügt, eine vollständige Menge von orthogonalen Spin-Projektionsoperatoren P_n zu betrachten, d.h. es gelte

$$P_n P_m = P_m P_n = P_n \delta_{nm}$$

und

$$\sum_n P_n = 1.$$

Die Eigenwerte dieser Projektionsoperatoren sind alle entweder Null oder Eins; und da die Summe Eins ist, bedeutet die Additivitätshypothese der „Messungs“-Ergebnisse einfach, dass bei einer „Messung“ genau einer der Operatoren Eins ergibt, alle anderen Null. Diese Situation kann leicht durch eine Anpassung des oben beschriebenen Modells nachgebildet werden. Im Wechselwirkungsterm des Hamilton-Operators wird gO ersetzt durch

$$\sum_n g_n P_n.$$

Die Lösung der Schrödinger-Gleichung läuft dann ab wie zuvor, mit Hilfe der Eigenvektoren α, die für alle P_n gleich sind. Die verschiedenen Wellenpakete sind am Ende um Abstände g_n verschoben. Das Teilchen wird schließlich in einem dieser Wellenpakete gefunden; und wenn alle g_n verschieden sind, wird damit derjenige Operator P_n ausgewählt, für den das Ergebnis der „Messung“ Eins anstelle Null ist. Die Argumentation von Gleason und Jauch hängt jedoch noch von einer anderen Annahme ab. Für einen gegebenen Operator P_1 ist es möglich, (wenn die Dimension des Spinraumes N größer als zwei ist) mehr als eine Menge von orthogonalen Projektionsoperatoren zu finden, um ihn zu vervollständigen:

$$\begin{aligned} 1 &= P_1 + P_2 + P_3 + \cdots \\ &= P_1 + P_2' + P_3' + \cdots , \end{aligned}$$

wobei die $P_2' \ldots$ mit P_1 und untereinander kommutieren, aber nicht mit den $P_2, \ldots$. Die Zusatzannahme ist folgende: Das Ergebnis der „Messung“ von P_1 ist unabhängig davon, welche Komplementärmenge, $P_2 \ldots$ oder $P_2' \ldots$, gleichzeitig „gemessen“ wird. Das Bild von de Broglie und Bohm betrifft das nicht. Selbst wenn die zwei Operatormengen P_1 gemeinsam haben, sind die Eigenvektoren α verschieden; auch die Teilchenbahnen $X(t)$ sind verschieden, genauso wie die $\Psi(t)$, für gegebene $X(0)$ und $\Psi(0)$. Es gibt daran nichts Inakzeptables, oder sogar Überraschendes. Die Hamilton-Operatoren sind in den beiden Fällen verschieden. Wir machen ein anderes Experiment, wenn wir vereinbaren, $P_2' \ldots$ anstelle von $P_2 \ldots$ zu „messen“ – zusammen mit P_1. Die scheinbare Freiheit der Argumentation von Gleason und Jauch mit unglaubhaften Annahmen über inkompatible „Observablen“ ist illusorisch. Vielmehr verdeutlicht das Bild von de Broglie und Bohm – als Verneinung der Gleason-Jauch-Unabhängigkeitshypothese – die Bedeutung des experimentellen Aufbaus als Ganzes, worauf Bohr bestanden hat. Das Gleason-Jauch-Axiom verneint Bohrs Erkenntnis.

Der Beweis von Jost [13] betrifft instabile „identische“ Teilchen. Er bemerkt: Wenn die Zerfallszeit von gleichartigen Atomkernen irgendwie im Voraus durch irgendwelche Parameter zusätzlich zur Quanten-Wellenfunktion bestimmt wäre, dann wären die Kerne nicht wirklich identisch und könnten nicht die entsprechende Fermi- oder Bose-Statistik aufweisen. Aber diese Schwierigkeit verschwindet wieder im Lichte des Führungswellen-Bildes. Die existierende, nichtrelativistische Version kann nicht mit dem Betazerfall umgehen. Aber sie hat keine Schwierigkeiten mit dem Alphazerfall oder der Fusion (oder sogar mit dem Gammazerfall [5]), wenn die instabilen Kerne als Zusammensetzungen aus stabilen Protonen und Neutronen betrachtet werden. Es gibt kein Problem, das de Broglie-Bohm-Bild für Mehrteilchen-Systeme zu verallgemeinern [5]. Die Wellenfunktion ist dieselbe wie in der gewöhnlichen Quantenmechanik, und erfüllt die üblichen Symmetrie- oder Antisymmetrie-Bedingungen. Die hinzugefügten Variablen (in der einfachsten Version der Theorie [9,30,31]) sind nur Teilchenpositionen; und deren gemessene Wahrscheinlichkeitsverteilungen sind diejenigen der Quantenmechanik. Wenn man beachtet, dass wir es letzten Endes stets mit Positionen zu tun haben, werden alle statistischen Vorhersagen der Quantenmechanik reproduziert. Das schließt die Phänomene, die mit der „Identität von Teilchen" [5] verknüpft sind, mit ein. Die erwarteten Schwierigkeiten erscheinen nicht.

17.4 Lehren

Die erste Lehre dieser Geschichte ist einfach eine praktische. Man teste seine allgemeine Beweisführung immer mit einfachen Modellen.

Die zweite Lehre ist, dass die einzigen Beobachtungen, die wir in der Physik betrachten müssen, Positionsbeobachtungen sind, wenn auch nur die Positionen von Instrumentenzeigern. Es ist ein großes Verdienst des de Broglie-Bohm-Bildes, dass es uns zwingt, diese Tatsache zu berücksichtigen. Wenn Du, anstatt Definitionen und Theoreme, lieber Axiome über die „Messung" von irgendetwas anderem machst, dann „begehst" Du Redundanz und riskierst Inkonsistenzen.

Die letzte Lehre betrifft die Terminologie. Warum nahmen solche ernsthaften Leute die Axiome, die jetzt so willkürlich erscheinen, so ernst? Ich vermute, dass sie durch den schädlichen, falschen Gebrauch des Wortes „Messung" in der gegenwärtigen Theorie fehlgeleitet wurden. Dieses Wort suggeriert stark die Ermittlung einer vorher vorhandenen Eigenschaft eines Dinges, wobei alle beteiligten Instrumente eine rein passive Rolle spielen. Quantenexperimente sind einfach nicht so, wie wir insbesondere von Bohr gelernt haben. Die Ergebnisse müssen als das gemeinsame Produkt von „System" und „Apparat" angesehen werden – des vollständigen experimentellen Aufbaus. Aber der falsche Gebrauch des Wortes „Messung" macht es leicht, das zu vergessen; und dann zu erwarten, dass die „Ergebnisse der Messungen" einer einfachen Logik gehorchen, in der der Apparat nicht erwähnt wird. Die entstehenden Schwierigkeiten zeigen schnell, dass jede derartige Logik nicht die gewöhnliche Logik ist. Mein Eindruck ist, dass das ganze, riesige Thema der „Quantenlogik" in dieser Weise aus dem falschen Gebrauch eines Wortes entstanden ist. Ich bin überzeugt, dass das Wort „Messung" heute so missbraucht worden ist, dass das Gebiet deutliche Fortschritte machen würde, wenn seine Benutzung gänzlich verboten würde, zum Beispiel zugunsten des Wortes „Experiment".

Es gibt hier sicherlich noch weitere Lehren zu ziehen, wenn nicht durch Physiker, dann durch Historiker und Soziologen [32,33].

Von den verschiedenen Unmöglichkeitsbeweisen scheinen heute nur diejenigen, die sich mit lokaler Kausalität befassen [34–37], außerhalb spezieller Formalismen eine gewisse Relevanz zu behalten. Die de Broglie-Bohm-Theorie ist in diesem Fall kein

Gegenbeispiel. Tatsächlich war es die explizite Darstellung der Quanten-Nichtlokalität in diesem Bild, die eine neue Welle von Untersuchungen in diesem Gebiet auslöste. Wir wollen hoffen, dass diese Analysen eines Tages durch ein einfaches, konstruktives Modell erhellt werden, vielleicht drastisch.

Wie auch immer: Möge Louis de Broglie noch lange diejenigen inspirieren, die vermuten, dass das, was die Unmöglichkeitsbeweise beweisen, der Mangel an Vorstellungskraft ist.

Danksagungen

Ich habe profitiert von Kommentaren von M. Bell, E. Etim, K. V. Laurikainen, J. M. Leinaas und J. Kupsch.

Ergänzung

Ich bedaure, dass mir vor dem Schreiben des Obigen ein früherer Artikel von E. Specker entgangen ist (*Dialectica* **14**, 239 (1960), oder in C. A. Hooker, Hrsg., *The Logico-Algebraic Approach to Quantum Mechanics*, p. 135. Reidel, Dordrecht, (1975)). Er kündigte bereits an, was ich das Gleason-Jauch-Ergebnis genannt habe. Specker kannte die Arbeit von Gleason nicht, sondern er erwähnt vielmehr die Möglichkeit eines „elementaren geometrischen Beweises" – vermutlich von der Art, die ich selbst später [9] als Einleitung der Kritik des Axioms gab.

Literatur

[1] P. A. Schilpp, Hrsg., *Albert Einstein, Philosopher Scientist*. S. 666. Tudor, New York (1949).

[2] P. A. Schilpp, Hrsg., *Albert Einstein, Philosopher Scientist*. S. 672. Tudor, New York (1949).

[3] J. von Neumann, *Mathematische Grundlagen der Quantenmechanik*. Julius Springer-Verlag, Berlin (1932)[1] ; Englische Übersetzung: Princeton University Press (1955).

[4] M. Born, *Natural Philosophy of Cause and Chance*. Clarendon, Oxford (1949).

[5] D. Bohm, Phys. Rev. **85**, 165, 180 (1952).

[6] L. de Broglie, in *Rapport au V'ieme Congres de Physique Solvay*. Gauthier-Villars, Paris (1930).

[7] J. M. Jauch und C. Piron, *Helvetica Physica Acta* **36**, 827 (1963); *Rev. Mod. Phys.* **40**, 228 (1966).

[1] Das Buch ist online verfügbar unter:
`http://gdz.sub.uni-goettingen.de/dms/load/img/?IDDOC=263758`

[8] J. M. Jauch, private Mitteilung (1963).

[9] J. S. Bell, SLAC-PUB-44, Aug. 1964; *Rev. Mod. Phys.* **38**, 447 (1966). [Kapitel 1 in diesem Buch]

[10] B. Misra, *Nuovo Cimento* **47**, 843 (1967).

[11] S. Kochen und E. P. Specker, *J. Math. Mech.* **17**, 59 (1967).

[12] S. P. Gudder, *Rev. Mod. Phys.* **40**, 229 (1968); *J. Math. Phys.* **9**, 1411 (1968).

[13] R. Jost, in *Some Strangeness in the Proportion.* S. 252. Addison-Wesley, Reading (1980).

[14] H. Woolf, Hrsg., *Some Strangeness in the Proportion.* Addison-Wesley, Reading (1980).

[15] W. Pauli, in A. George, Hrsg., *Louis de Broglie, Physicien et Penseur.* Albin Michel, Paris (1953).

[16] L. Rosenfeld, in A. George, Hrsg., *Louis de Broglie, Physicien et Penseur.* S. 43. Albin Michel, Paris (1953).

[17] W. Heisenberg, in W. Pauli, Hrsg., *Niels Bohr and the Development of Physics.* Pergamon, London (1955).

[18] L. de Broglie, *Found. Phys.* **1**, 5 (1970).

[19] D. Bohm,*Wholeness and the Implicate Order*, Routledge and Kegan Paul, London (1980).

[20] M. Born, Hrsg., *The Born-Einstein Letters*, S. 192, und die Briefe 81, 84, 86, 88, 97, 99, 103, 106, 108, 110, 115, und 116. Macmillan, London (1971).[2]

[21] E. P. Wigner, in *Some Strangeness in the Proportion.* S. 463. Addison-Wesley, Reading (1980).

[22] J. S. Bell, in *Proc. Symposium on Frontier Problems in High Energy Physics,* in honor of Gilberto Bernardini on his 70th birthday (Scuola Normale Superiore, Pisa, 1976). [Kapitel 10 in diesem Buch]

[23] M. Mugur-Schächter, *Étude du Charactére Complet de la Théorie Quantique.* Gauthier-Villars, Paris (1964).

[24] F. J. Belinfante, *A Survey of Hidden Variable-Theories.* Pergamon, London (1973).

[25] M. Jammer, *The Philosophy of Quantum Mechanics.* Wiley, New York (1974).

[2]Deutsche Ausgabe: *Einstein-Born-Briefwechsel 1916 - 1955*, S. 307, Nymphenburger Verlag, München (2005).

[26] C. Phillipidas, C. Dewdney, und B. J. Hiley, *Nuov. Cim.* **52B**, 15 (1979).

[27] C. Dewdney und B. J. Hiley, *Found. Phys.* **12**, 27 (1982).

[28] A. M. Gleason, *J. Math. Mech.* **6**, 885 (1957).

[29] A. Fine und P. Teller, *Found. Phys.* **8**, 629 (1978).

[30] J. S. Bell, *Inter. J. of Quantum Chem., Quantum Chemistry Symposium No. 14* (Wiley, New York, 1980). [Kapitel 14 in diesem Buch]

[31] C. J. Isham, R. Penrose, und D. W. Sciama, Hrsg., *Quantum Gravity 2* S. 611, Clarendon, Oxford (1980).

[32] P. Forman, Weimar Culture, Causality, and Quantum Theory 1918-1927, in R. McCormach, Hrsg., *Historical Studies in Physical Sciences 3*, S. 1–115. Univ. of Pennsylvania Press, Philadelphia (1971).

[33] T. J. Pinch, 'What Does a Proof Do if it Does Not Prove?, A Study of the Social Conditions and Metaphysical Divisions Leading to David Bohm and John von Neumann Failing to Communicate in Quantum Physics,' in E. Mendelsohn, P. Weingart, und R. Whitly, Hrsg., *The Social Production of Scientific Knowledge.* S. 171-215. Reidel, Dordrecht (1977).

[34] J. Clauser und A. Shimony, *Rep. Prog. Phys.* **41**, 1881 (1978).

[35] F. M. Pipkin, *Advances in Atomic and Molecular Physics 14.* S. 281. Academic Press, New York (1979).

[36] F. Selleri und G. Tarozzi, *Riv. Nuov. Cim.* **4** (2) (1981).

[37] B. d'Espagnat, *A la Recherche du Réel.* Gauthier Villars, Paris (1979).

18 „Aussprechbares“ und „Unaussprechliches“ in der Quantenmechanik

„... die Geschichte der Theorien über den Kosmos kann ohne Übertreibung als eine Geschichte der kollektiven Besessenheiten und kontrollierten Schizophrenien bezeichnet werden; und die Art und Weise, in der einige der wichtigsten individuellen Entdeckungen erreicht wurden, erinnert an die Leistungen eines Schlafwandlers...“

Das ist ein Zitat aus dem Buch *Die Schlafwandler* von A. Koestler. Es ist eine Darstellung der kopernikanischen Wende – mit Kopernikus, Kepler und Galilei als deren Helden. Koestler war natürlich beeindruckt von der Größe des Schrittes, den diese Männer machten. Er war auch fasziniert von der Art und Weise, wie sie ihn machten. Er sah sie motiviert durch irrationale Vorurteile, an denen sie stur festhielten; Fehler machend, die sie nicht entdeckten, die sich irgendwie an den wichtigen Punkten aufhoben; und nicht in der Lage zu erkennen, was von ihren Ergebnissen wichtig war – zwischen den Unmengen von Details. Er folgerte, dass ihnen nicht bewusst war, was sie taten ... Schlafwandler. Ich dachte mir, es wäre interessant, Koestlers These im Sinn zu behalten, wenn wir bei diesem Meeting von modernen Theorien von modernen Theoretikern hören.

Seit vielen Dekaden ruhen unsere fundamentalen Theorien auf den zwei Grundpfeilern, denen dieses Meeting gewidmet ist: Quantentheorie und Relativitätstheorie. Wir werden sehen, dass die Forschungsfelder, die durch diese Theorien eröffnet wurden, quicklebendig sind. Wir werden sehen, wie in eine gewaltige, und weiter wachsende Ansammlung von experimentellen Daten Ordnung gebracht wird. Wir werden sogar eine fortwährende Fähigkeit sehen, den Daten voraus zu sein ... wie bei der Existenz und den Massen der W- und Z-Mesonen. Vielleicht überzeugt uns das mehr als alles andere, dass in dem was getan wird, Wahrheit liegt.

Werden wir in der Art und Weise, wie dieser Fortschritt gemacht wird, einige Elemente von Koestlers Bild wiederfinden? Bestimmt werden wir keine besessene Hingabe finden; wie bei den alten Helden zu ihren Hypothesen. Unsere Theoretiker nehmen Hypothesen auf und legen sie ab mit leichtem Herzen – spielerisch. Es gibt darin keine religiöse Intensität. Und bestimmt auch keine Furcht, in einen Rechtsstreit mit religiösen Autoritäten verwickelt zu werden. Was technische Fehler angeht: Unsere Theoretiker machen keine. Und sie sehen auf einen Blick, was wichtig und was Detail ist. Deshalb ist es eine andere Eigenschaft des modernen Fortschritts, die mich an den Titel von Koestlers Buch erinnert. Dieser Fortschritt wird gemacht ungeachtet der fundamentalen Unklarheit in der Quantenmechanik. Unsere Theoretiker schreiten ungehindert durch diese Unklarheit ... schlafwandlerisch?

Der so gemachte Fortschritt ist ungeheuer beeindruckend. Wenn er von Schlafwandlern gemacht wird – ist es klug, „Aufwachen“ zu rufen? Ich bin nicht sicher. Darum spreche ich sehr leise weiter.

Ich werde gleich versuchen, das „Problem“ der Quantenmechanik zu lokalisieren. Aber zunächst möchte ich einem Mythos widersprechen..., dass die Quantentheorie die Kopernikanische Wende in gewissem Sinne rückgängig gemacht hat. Von deren Machern haben wir gelernt, dass die Welt besser verständlich ist, wenn wir uns selbst nicht in ihrem Mittelpunkt vorstellen. Bringt die Quantenmechanik nicht wieder die „Beobachter“... uns... in den Mittelpunkt dieses Bildes? In der Tat ist in Büchern über Quantentheorie viel von „Observablen“ die Rede. Und aus einigen populären Darstellungen könnte die allgemeine Öffentlichkeit den Eindruck gewinnen, dass die bloße Existenz des Kosmos davon abhängt, dass wir hier sind und die Observablen beobachten. Ich weiß nicht, ob das irrig ist. Und ich bin geneigt zu hoffen, dass wir tatsächlich so wichtig sind. Aber ich sehe in dem Erfolg der modernen Quantentheorie keinen Beweis, dass dem so ist.

Darum denke ich, es ist nicht richtig, der Öffentlichkeit zu sagen, dass in der modernen Atomphysik eine zentrale Rolle für das Bewusstsein integriert ist. Oder, dass „Information“ der reale Stoff der theoretischen Physik ist. Es scheint mir unverantwortlich, nahezulegen, dass technische Eigenschaften der modernen Theorie von den Heiligen der antiken Religionen vorausgeahnt wurden ... durch Selbstbeobachtung.

Der einzige „Beobachter“, der in der orthodoxen, praktischen Quantentheorie unentbehrlich ist, ist der leblose Apparat, der mikroskopische Ereignisse zu makroskopischen Konsequenzen verstärkt. Natürlich wird dieser Apparat in Laborexperimenten durch Experimentatoren ausgewählt und eingestellt. In diesem Sinn sind die Ergebnisse der Experimente tatsächlich von den mentalen Prozessen der Experimentatoren abhängig! Aber wenn der Apparat einmal aufgebaut ist und ohne Beeinflussung arbeitet, ist es vollkommen egal ... gemäß der üblichen Quantenmechanik..., ob die Experimentatoren dabeistehen und zusehen, oder ob sie dieses „Beobachten“ an Computer delegieren.

Warum diese Notwendigkeit, sich auf den „Apparat“ zu beziehen, wenn wir Quantenphänomene diskutieren wollen? Die Physiker, die zuerst auf solche Phänomene stießen, fanden sie so bizarr, dass sie daran verzweifelten, sie mit Begriffen gewöhnlicher Konzepte, wie Raum und Zeit, Position und Geschwindigkeit zu beschreiben. Die Gründungsväter der Quantentheorie entschieden sogar, dass möglicherweise keine Konzepte gefunden werden können, die eine direkte Beschreibung der Quantenwelt erlauben würden. Die Theorie, die sie aufstellten, zielte darum nur auf die systematische Beschreibung der Antwort des Apparates. Und was braucht man letztendlich mehr für die Anwendung? Es ist so, als ob unsere Freunde keine Worte finden könnten, um uns von den sehr seltsamen Orten, an denen sie Urlaub machten, zu erzählen. Wir könnten selbst sehen, ob sie brauner oder dicker wiederkamen. Das wäre genug, damit wir anderen Freunden, die sich wünschen, brauner oder dicker zu werden, Ratschläge über diese seltsamen Orte geben könnten. Unser Apparat besucht die mikroskopische Welt für uns, und wir sehen als Ergebnis, was ihm passiert ist.

Das „Problem“ dabei ist folgendes: Wie ist die Welt genau aufgeteilt – in den „aussprechbaren“ Apparat... über den wir sprechen können... und das „unaussprechliche“ Quantensystem, über das wir nicht sprechen können? Wieviele Elektronen, Atome oder Moleküle machen einen „Apparat“ aus? Die Mathematik der üblichen Theorie erfordert eine solche Aufteilung, sagt aber nichts darüber, wie sie zu machen ist. In der Praxis wird diese Frage mit pragmatischen Rezepten gelöst, die sich bewährt haben; angewandt mit Vorsicht und gutem Geschmack – erwachsen aus Erfahrung. Aber sollte eine fundamentale physikalische Theorie nicht eine exakte mathematische Formulierung gestatten?

Nach meiner Meinung hatten die Gründungsväter in diesem Punkt tatsächlich unrecht. Die Quantenphänomene schließen eine einheitliche Beschreibung der Mikro- und Makrowelten, ... System und Apparat, nicht aus. Es ist nicht unabdingbar, eine derartige, vage Aufteilung der Welt einzuführen. Das wurde schon im Jahr 1926 von de Broglie angedeutet, als er das Rätsel

Welle oder Teilchen?

beantwortete durch

Welle *und* Teilchen.

Aber obwohl es später im Jahr 1952 durch Bohm völlig klar gemacht wurde, wollten wenige theoretische Physiker davon etwas hören. Die orthodoxe Linie schien durch den praktischen Erfolg vollständig gerechtfertigt worden zu sein. Auch heute noch wird das de Broglie-Bohm-Bild allgemein ignoriert, und Studenten nicht gelehrt. Ich glaube, das ist ein großer Verlust. Denn dieses Bild trainiert den Verstand auf sehr lehrreiche Weise.

Das de Broglie-Bohm-Bild beseitigt die Notwendigkeit, die Welt irgendwie in System und Apparat zu teilen. Aber ein anderes Problem wird in den Mittelpunkt gerückt. Dieses Bild (und, wie ich glaube, tatsächlich jede scharfe Formulierung der Quantenmechanik) hat eine sehr überraschende Eigenschaft: Die Folgen von Ereignissen an einem Ort pflanzen sich zu anderen Orten schneller als das Licht fort. Das geschieht auf eine Weise, die wir nicht für Signale ausnutzen können. Trotzdem ist dies eine grobe Verletzung der relativistischen Kausalität. Darüber hinaus sind die speziellen Quantenphänomene, die eine derartige Überlichtgeschwindigkeits-Erklärung benötigen, im Labor zum größten Teil realisiert worden... insbesondere von Aspect, Dalibard und Roger, in Paris im Jahr 1982 (*Phys. Rev. Lett.* **49**, 1804 (1982)).

Das ist für mich das wirkliche Problem mit der Quantentheorie: Der anscheinend unabdingbare Konflikt zwischen jeder scharfen Formulierung und der grundlegenden Relativität. Das heißt, wir haben eine anscheinende Unvereinbarkeit – auf der untersten Ebene zwischen den zwei fundamentalen Säulen der modernen Theorie..., und unseres Meetings. Ich freue mich deshalb, dass wir in einigen der Sitzungen von den beeindruckenden technischen Details des gegenwärtigen Fortschritts Abstand nehmen, um diese seltsame Situation zu überdenken. Es kann sein, dass eine wirkliche Synthese der Quanten- und Relativitätstheorie nicht nur technische Entwicklungen erfordert, sondern eine radikale konzeptionelle Erneuerung.

19 „Beables“ für die Quantenfeldtheorie

Professor D. Bohm gewidmet

19.1 Einleitung

Die Artikel von Bohm [1,2] aus dem Jahre 1952 waren für mich eine Offenbarung. Die Beseitigung des Indeterminismus war sehr beeindruckend. Aber mir schien es noch wichtiger, dass die vage Teilung der Welt in das „System“ auf der einen Seite und den „Apparat“ oder „Beobachter“ auf der anderen Seite, beseitigt wurde. Ich habe danach immer geglaubt, dass diejenigen, die die Ideen dieser Artikel nicht begriffen haben ... und das bleibt leider die Mehrzahl... in jeder Diskussion der Bedeutung der Quantenmechanik im Nachteil sind.

Wenn die Stichhaltigkeit der Bohmschen Gedankengänge zugegeben wird, ist ein letzter Einwand oftmals: Das alles ist nichtrelativistisch. Das ignoriert aber, dass bereits Bohm selbst, im Anhang eines seiner Artikel von 1952 [2], sein Schema für das elektromagnetische Feld angewandt hat. Und eine Anwendung für skalare Felder ist unkompliziert [3]. Nach meinem Wissen gibt es jedoch bis heute [4,5] keine Erweiterung, die Fermifelder behandelt. Eine solche Erweiterung wird hier skizziert. Die Notwendigkeit von Fermifeldern kann infrage gestellt werden. Fermionen könnten zusammengesetzte Strukturen irgendeiner Art sein [6]. Vielleicht sind sie es aber auch nicht, oder nicht alle. Die vorliegende Darstellung wird Fermifelder nicht nur einbeziehen, sondern ihnen auch eine zentrale Rolle zuweisen. Die Abhängigkeit von den Ideen de Broglies [7] und Bohms [1,2]; und auch von meinen eigenen, vereinfachten Erweiterungen zur Erfassung des Spins [8-10], wird für diejenigen, die mit diesen Dingen vertraut sind, augenscheinlich sein. Eine solche Vertrautheit wird jedoch nicht vorausgesetzt.

Eine vorbereitende Darstellung dieser Gedanken [5] hatte den Titel „Quantenfeldtheorie ohne Beobachter, oder Observablen, oder Messungen, oder Systeme, oder Apparat, oder Wellenfunktions-Kollaps, oder irgend etwas ähnliches“. Das könnte den Verdacht aufkommen lassen, dass es um eine philosophische Frage geht. Ich bestehe jedoch darauf, dass mein Anliegen rein professioneller Natur ist. Ich glaube, dass herkömmliche Formulierungen der Quantentheorie, und insbesondere der Quantenfeldtheorie, unprofessionell vage und zweideutig sind. Professionelle theoretische Physiker sollten es besser können. Bohm hat uns gezeigt, wie es geht.

Es wird zu sehen sein, dass alle wesentlichen Ergebnisse der gewöhnlichen Quantenfeldtheorie wiedergegeben werden. Es wird aber auch zu sehen sein, dass die pure Schärfe der Reformulierung einige schwierige Fragen in den Vordergrund rückt. Die Konstruktion des Schemas ist in keiner Weise eindeutig. Und die Lorentzinvarianz spielt eine seltsame, vielleicht auch unglaubliche Rolle.

19.2 Lokale „beables“

Die übliche Herangehensweise, die sich um den Begriff „Observable“ dreht, teilt die Welt irgendwie in Teile: „System“ und „Apparat“. Der „Apparat“ wechselwirkt von Zeit zu Zeit mit dem „System“ und „misst“ „Observablen“. Während der „Messung“ wird die lineare Schrödinger-Entwicklung aufgehoben, und durch einen unklar definierten „Kollaps der Wellenfunktion“ abgelöst. In der Mathematik gibt es nichts, was uns sagt, was „System“, und was „Apparat“ ist; und auch nichts darüber, welche Naturprozesse den besonderen Status von „Messungen“ haben. Vorsicht und guter Geschmack, gewonnen aus Erfahrung, erlauben uns, die Quantentheorie mit wunderbarem Erfolg einzusetzen, ungeachtet der Zweideutigkeit der oben in Anführungszeichen genannten Konzepte. Es scheint jedoch klar zu sein, dass in einer ernstzunehmenden fundamentalen Formulierung solche Konzepte ausgeschlossen werden müssen.

Insbesondere werden wir den Begriff „Observable“ zugunsten des Begriffes „*be*able“[1] ausschließen. Die beables sind Elemente der Theorie, die Elementen der Realität entsprechen könnten – den Dingen, die existieren. Ihre Existenz hängt nicht von der Beobachtung ab. Tatsächlich müssen Beobachtung und Beobachter aus beables gemacht sein.

Ich benutze den Terminus „beable“ anstelle anderer, etwas mehr zweckgebundener, wie „being“ („Wesen“) [11] oder „beer“ [12], um an die grundsätzlich vorläufige Natur jeder physikalischen Theorie zu erinnern. Eine solche Theorie ist im besten Fall ein *Kandidat* für die Beschreibung der Natur. Termini wie „being“, „beer“, „existent“ [11,13], usw. wären für meine Begriffe ein Mangel an Bescheidenheit. Tatsächlich ist „beable“ die Kurzform von „maybe-able“ („Vielleicht-bare“).

Wir wollen versuchen, einigen der üblichen „Observablen“ den Status von beables zu verleihen. Betrachten wir das konventionelle Axiom:

die Wahrscheinlichkeit, dass die Observablen $(A,B,\ldots)$, (1)
wenn sie zum Zeitpunkt t gemessen werden, als $(a,b,\ldots)$
gemessen werden,
beträgt

$$\sum_q \left|\langle a,b,\ldots q|t\rangle\right|^2$$

[1] Etwa übersetzbar als „*Sei*bare“, siehe auch Kap. 5 und 7

wobei q zusätzliche Quantenzahlen bezeichnet, die zusammen mit den Eigenwerten $(a, b, \ldots)$ eine vollständige Menge bilden.

Das ersetzen wir durch

die Wahrscheinlichkeit, dass die beables	$(A, B, \ldots)$	(2)
zum Zeitpunkt t	$(a, b, \ldots)$	
sind,		
beträgt		

$$\sum_q \left| \langle a, b, \ldots q | t \rangle \right|^2$$

wobei q zusätzliche Quantenzahlen bezeichnet, die zusammen mit den Eigenwerten $(a, b, \ldots)$ eine vollständige Menge bilden.

Der beable-Status kann nicht allen „Observablen“ gegeben werden, weil sie nicht alle gleichzeitig Eigenwerte haben, d.h. nicht alle kommutieren. Es ist wichtig zu erkennen, dass die meisten dieser „Observablen“ vollkommen redundant sind. Entscheidend ist es, in der Lage zu sein, die Positionen der Dinge zu definieren, einschließlich der Positionen von Instrumentzeigern, oder (das moderne Äquivalent) der Tinte auf einem Computerausdruck.

Wenn man den Begriff „Positionen der Dinge“ präzisieren will, kommt einem sofort die Energiedichte $T_{00}(x)$ in den Sinn. Der Kommutator

$$[T_{00}(x), T_{00}(y)]$$

ist jedoch nicht Null, sondern proportional zu Ableitungen der Deltafunktion. Folglich hat $T_{00}(x)$ nicht gleichzeitige Eigenwerte für alle x. Wir müssten einen neuen Weg ausarbeiten, eine verbundene Wahrscheinlichkeitsverteilung anzugeben.

Wir greifen darum auf eine zweite Möglichkeit zurück – die Fermionenzahldichte. Die Verteilung der Fermionenzahl in der Welt beinhaltet zweifellos die Positionen der Instrumente, Instrumentzeiger, Tinte auf Papier, ... und vieles, vieles mehr.

Der Einfachheit halber ersetzen wir das dreidimensionale Kontinuum durch ein dichtes Gitter, belassen jedoch die Zeit t als kontinuierlich (und reell!). Die Gitterpunkte seien numeriert durch

$$l = 1, 2, \ldots, L$$

wobei L sehr groß ist. Wir definieren die Gitterpunkt-Fermionenzahl-Operatoren

$$\psi^+(l)\psi(l)$$

worin die implizite Summation über Dirac-Indizes und über alle Dirac-Felder vereinbart sei. Die entsprechenden Eigenwerte sind die ganzen Zahlen

$$F(l) = 1, 2, \ldots, 4N$$

wobei N die Anzahl der Dirac-Felder ist. Die Fermionenzahl-Konfiguration der Welt ist eine Liste solcher ganzen Zahlen

$$n = (F(1), F(2), \ldots F(L))$$

Wir nehmen an, dass die Welt zu jedem Zeitpunkt t eine bestimmte derartige Konfiguration hat:

$$n(t)$$

Die Gitter-Fermionenzahlen sind die lokalen beables der Theorie, und sie sind verknüpft mit bestimmten Positionen im Raum. Auch den Zustandsvektor $|t\rangle$ betrachten wir als beable, allerdings nicht als lokales. Die vollständige Spezifikation unserer Welt zum Zeitpunkt t ist dann eine Kombination

$$(|t\rangle, n(t)) \tag{3}$$

Die zeitliche Entwicklung dieser Kombination ist im folgenden zu bestimmen.

19.3 Dynamik

Für die Zeitentwicklung des Zustandsvektors behalten wir die gewöhnliche Schrödinger-Gleichung bei:

$$\frac{\mathrm{d}}{\mathrm{d}t}|t\rangle = -iH|t\rangle \tag{4}$$

wobei H der gewöhnliche Hamilton-Operator ist.

Für die Fermionenzahl-Konfiguration schreiben wir eine stochastische Entwicklung vor. In einem kleinen Zeitintervall $\mathrm{d}t$ springt die Konfiguration m zur Konfiguration n mit der Übergangswahrscheinlichkeit

$$\mathrm{d}t T_{nm} \tag{5}$$

wobei

$$T_{nm} = \frac{J_{nm}}{D_m} \tag{6}$$

$$J_{nm} = \sum_{qp} 2\mathrm{Re}\, \langle t|nq\rangle \, \langle nq| - iH|mp\rangle \, \langle mp|t\rangle \tag{7}$$

$$D_m = \sum_q |\langle mq|t\rangle|^2 \tag{8}$$

wenn $J_{nm} > 0$; jedoch

$$T_{nm} = 0, \quad \text{wenn} \quad J_{nm} \leq 0 \tag{9}$$

Mit (5) ist die Entwicklung einer Wahrscheinlichkeitsverteilung P_n über Konfigurationen n gegeben durch

$$\frac{\mathrm{d}}{\mathrm{d}t} P_n = \sum_m (T_{nm} P_m - T_{mn} P_n) \tag{10}$$

Das vergleiche man mit einer mathematischen Folgerung aus der Schrödinger-Gleichung (4)

$$\frac{\mathrm{d}}{\mathrm{d}t} |\langle nq|t\rangle|^2 = \sum_{mp} 2\mathrm{Re}\ \langle t|nq\rangle\ \langle nq| - iH|mp\rangle\ \langle mp|t\rangle$$

oder

$$\frac{\mathrm{d}}{\mathrm{d}t} D_n = \sum_m J_{nm} = \sum_m (T_{nm} D_m - T_{mn} D_n) \tag{11}$$

Wenn wir annehmen, dass zu einem Anfangszeitpunkt

$$P_n(0) = D_n(0) \tag{12}$$

ist, dann ist mit (11) die Lösung von (10)

$$P_n(t) = D_n(t) \tag{13}$$

Stellen wir uns jetzt folgende Situation vor. Am Anfang wählte Gott einen dreidimensionalen Raum und eine eindimensionale Zeit, einen Hamilton-Operator H und einen Zustandsvektor $|0\rangle$. Dann wählte sie eine Fermionenkonfiguration $n(0)$. Diese wählte sie zufällig aus einem Ensemble von Möglichkeiten mit der Verteilung $D(0)$, bezogen auf den schon ausgewählten Zustandsvektor $|0\rangle$. Dann überließ sie die Welt ihrer Entwicklung gemäß (4) und (5).

Es ist zu beachten: Obwohl die Wahrscheinlichkeitsverteilung P in (13) durch D und damit durch $|t\rangle$ bestimmt wird, wird letztere sich nicht lediglich als Art und Weise vorgestellt, die Wahrscheinlichkeitsverteilung auszudrücken. Für uns ist $|t\rangle$ ein unabhängiges beable der Theorie. Ansonsten wäre sein Auftauchen in den Übergangswahrscheinlichkeiten (5) völlig unverständlich.

Die stochastischen Übergangswahrscheinlichkeiten (5) ersetzen hier die deterministische Führungsgleichung der de Broglie-Bohmschen „Führungswellen"-Theorie. Die Einführung eines stochastischen Elementes, für beables mit diskreten Spektren, ist unerfreulich, denn die Reversibilität [14] der Schrödinger-Gleichung legt deutlich nahe, dass die Quantenmechanik nicht grundsätzlich stochastisch in ihrem Wesen ist. Ich halte es jedoch für möglich, dass das hier eingebrachte stochastische Element im Grenzübergang zum Kontinuum auf irgendeine Weise verschwindet.

19.4 OQFT und BQFT

OQFT ist die „orthodoxe“ „observable“ „originale“ „gewöhnliche“ Quantenfeldtheorie, was immer das heißen könnte. BQFT ist die de Broglie-Bohm-Beable-Quantenfeldtheorie. In welchem Ausmaß stimmen sie überein? Das Hauptproblem bei dieser Frage ist das Fehlen einer scharfen Formulierung der OQFT. Wir werden zwei verschiedene Wege betrachten, die Mehrdeutigkeit zu reduzieren.

In der OQFT1 wird die Welt als ein großes Experiment betrachtet. Gott bereitet sie zur Anfangszeit $t = 0$ vor und lässt sie loslaufen. Zu einer viel späteren Zeit T wird sie zurückkommen, um das Ergebnis zu beurteilen. Insbesondere wird sie den Inhalt aller Physikjournale betrachten. Das wird natürlich die Aufzeichnungen unserer eigenen, kleinen Experimente einschließen – als Verteilungen von Tinte auf Papier, und damit der Fermionenzahl. Ausgehend von (13) ist die OQFT1-Wahrscheinlichkeit D, dass Gott eine Konfiguration anstelle einer anderen beobachtet, identisch zu der BQFT-Wahrscheinlichkeit P, dass die Konfiguration ein Ding anstelle eines anderen *ist*. In dieser Hinsicht gibt es eine völlige Übereinstimmung zwischen OQFT1 und BQFT über das Ergebnis von Gottes großem Experiment – einschließlich der Ergebnisse unserer kleinen Experimente.

Im Unterschied zur BQFT sagt OQFT1 nichts über Ereignisse im System zwischen Erschaffung und Beobachtung. Das mag von einem olympischen Standpunkt aus sehr adäquat sein, für uns ist es eher unbefriedigend. Wir leben zwischen Erschaffung und Jüngstem Gericht – und bilden uns ein, dass wir Ereignisse erleben. In dieser Beziehung ist eine andere Version der OQFT attraktiver. In der OQFT2 gilt, immer dann, wenn ein Zustand in eine Summe von zwei (oder mehr) Termen aufgelöst werden kann

$$|t\rangle = |t,1\rangle + |t,2\rangle \tag{14}$$

die „makroskopisch verschieden“ sind, dann „kollabiert“ der Zustand auf irgendeine Weise in den einen oder den anderen Term:

$$\begin{aligned} |t\rangle &\to \frac{1}{\sqrt{N_1}}|t,1\rangle \quad \text{mit Wahrscheinlichkeit} \quad N_1 \\ |t\rangle &\to \frac{1}{\sqrt{N_2}}|t,2\rangle \quad \text{mit Wahrscheinlichkeit} \quad N_2 \end{aligned} \tag{15}$$

wobei

$$N_1 = |\langle t,1|t,1\rangle| \qquad N_2 = |\langle t,2|t,2\rangle| \tag{16}$$

Auf diese Weise ist der Zustand immer, oder fast immer, makroskopisch unzweideutig und definiert eine makroskopisch bestimmte Geschichte für die Welt. Die Worte „makroskopisch“ und „Kollaps“ sind furchtbar vage. Trotzdem ist diese Version der OQFT wahrscheinlich der Ansatz, der einer rationalen Formulierung, wie wir die Quantentheorie in der Praxis benutzen, am nächsten kommt.

Wird OQFT2 mit OQFT1 und BQFT zum Endzeitpunkt T übereinstimmen? Das ist der Hauptpunkt dessen, was üblicherweise als das „Quantenmessproblem" bezeichnet wird. Viele Autoren haben sich durch die Analyse vieler Modelle selbst davon überzeugt, dass der Kollaps des Zustandsvektors von OQFT2 „in der Praxis" im Einklang mit der Schrödinger-Gleichung von OQFT1 steht [15]. Die Vorstellung ist, dass auch dann, wenn wir beide Komponenten von (13) beibehalten, und diese sich entsprechend der Schrödinger-Gleichung entwickeln, sie so verschieden bleiben, dass sie bei der Berechnung von irgend etwas von Interesse nicht interferieren. Die folgende, schärfere Form dieser Hypothese erscheint mir plausibel: Die makroskopisch unterschiedlichen Komponenten bleiben über eine sehr lange Zeit so verschieden, dass sie bei der Berechnung von D und J nicht interferieren. Insoweit das zutrifft, stimmen die Trajektorien von OQFT2 und BQFT makroskopisch überein.

19.5 Abschließende Bemerkungen

Wir haben gesehen, dass BQFT im Hinblick auf das Endergebnis in völliger Übereinstimmung mit OQFT1 ist. Sie ist in plausibler Übereinstimmung mit OQFT2, insoweit letztere unzweideutig ist. BQFT hat gegenüber OQFT1 den Vorteil, zu allen Zeiten, und nicht nur zum Endzeitpunkt, relevant zu sein. Sie ist OQFT2 überlegen, weil sie vollständig mit Hilfe unzweideutiger Gleichungen formuliert ist.

Und doch löst BQFT keine vollkommene Zufriedenheit aus. Zum einen ist die Auswahl der Fermionenzahldichte als fundamentales lokales beable nicht eindeutig. Wir könnten andere an seiner Stelle verwenden, oder zusätzliche. Zum Beispiel könnte das Higgs-Feld der modernen Eichtheorien sehr gut dazu dienen, „die Positionen der Dinge" zu definieren. Andere Möglichkeiten sind von Baumann [4] betrachtet worden. Mir ist nicht klar, wie diese Auswahl experimentell aussagekräftig gemacht werden kann, solange die Endergebnisse von Experimenten so grob definiert sind, wie durch Positionen von Instrumentzeigern, oder Tinte auf Papier.

Auch der Status der Lorentzinvarianz ist sehr sonderbar. BQFT stimmt mit OQFT überein über das Ergebnis des Michelson-Morley-Experiments, und so weiter. Aber die Formulierung der BQFT beruht sehr stark auf der Aufspaltung der Raumzeit in Raum und Zeit. Ließe sich das vermeiden?

Es gibt freilich einen trivialen Weg, die Lorentzinvarianz einzubauen [4]. Wir können uns vorstellen, dass die Welt nur in einem begrenzten Bereich des unendlichen Euklidischen Raumes (wir vergessen hier die Allgemeine Relativität) vom Vakuum verschieden ist. Dann ist ein globales System des Massenmittelpunkts definiert. Wir können einfach behaupten, dass unsere Gleichungen in diesem Massenmittelpunkt-System gelten. Unser Schema ist dann lorentzinvariant. Viele andere Schemata könnten auf gleiche Weise lorentzinvariant gemacht werden... zum Beispiel die Newtonsche Mechanik. Eine derartige Lorentzinvarianz würde jedoch kein Null-Ergebnis beim Michelson-Morley-Experiment implizieren; mit dem eine Relativbewegung zum kosmischen Massenzentrum festgestellt werden könnte. Für die richtige Vorhersage muss die Lorentzinvarianz durch eine Art von Lokalitäts-, oder Trennbarkeitsüberlegung ergänzt werden. Nur dann, im Fall eines mehr oder weniger isolierten Objektes, kann die Relativbewegung zur Welt als ganzes als mehr oder weniger unbedeutend angesehen werden.

Ich kenne keine gute, allgemeine Formulierung einer derartigen Lokalitätsforderung. In der klassischen Feldtheorie könnte ein Teil der Forderung in der Formulierung mit Hilfe von Differential- (anstelle Integral-) Gleichungen in der (3 + 1)-dimensionalen Raumzeit bestehen. Es scheint aber klar, dass die Quantenmechanik einen viel größeren Konfigurationsraum erfordert. Man kann eine Lokalitätsforderung dadurch formulieren, dass man beliebige externe Felder zulässt, und fordert, dass deren Variation nur Auswirkungen in ihren Zukunfts-Lichtkegeln hat. In diesem Fall können die Felder benutzt werden, um Messinstrumente zu einzustellen, und man kommt in Schwierigkeiten mit den Quantenvorhersagen der Korrelationen vom Einstein-Podolsky-Rosen-Typ [18].

Die Einführung von externen Feldern ist jedoch fragwürdig. Deshalb kann ich die These, dass eine präzise Formulierung der Quantenfeldtheorie, wie sie hier erfolgt ist, die Lorentzinvarianz verletzen muss, nicht beweisen, ja noch nicht einmal klar formulieren. Mir scheint aber, dass das wahrscheinlich der Fall ist.

Wie bei der Relativität vor Einstein gibt es dann ein ausgezeichnetes Koordinatensystem bei der Formulierung der Theorie ..., aber es ist experimentell ununterscheidbar [20-22]. Das erscheint mir als eine exzentrische Art und Weise, eine Welt zu schaffen.

Anmerkungen und Literatur

[1] D. Bohm, *Phys. Rev.* **85**, 166 (1952).

[2] D. Bohm, *Phys. Rev.* **85**, 180 (1952).

[3] D. Bohm und B. Hiley, *Found. Phys.* **14**, 270 (1984).

[4] K. Baumann, Vorabdruck, Graz (1984).

[5] J. S. Bell, *Phys. Rep.* **137**, 49–54 (1986).

[6] T. H. R. Skyrme, *Proc. Roy. Soc.* **A260**, 127 (1961). A. S. Goldhaber, *Phys. Rev. Lett.* **36**, 1122 (1976). F. Wilczek und A. Zee, *Phys. Rev. Lett.* **51**, 2250 (1983).

[7] L. de Broglie, *Tentative d'Interpretation Causale et Nonlineaire de la Mechanique Ondulatoire*. Gauthier-Villars, Paris (1956).

[8] J. S. Bell, *Rev. Mod. Phys.* **38**, 447 (1966). [Kapitel 1 in diesem Buch]

[9] J. S. Bell, in *Quantum Gravity*, S. 611, Herausgg. von Isham, Penrose und Sciama, Oxford (1981), (originally TH. 1424-CERN, 1971 Oct 27). [Kapitel 13 in diesem Buch]

[10] J. S. Bell, *Found. Phys.* **12**, 989 (1982). [Kapitel 17 in diesem Buch]

[11] A. Shimony, *Epistemological Letters*, Jan 1978, 1.

[12] B. Zumino, private Mitteilung.

[13] B. d'Espagnat, *Phys. Rep.*, **110**, 202–63. (1984).

[14] Ich ignoriere hier die kleine Verletzung der Reversibilität der Zeit, die sich in der Elementarteilchenphysik gezeigt hat. Sie könnte „spontanen" Ursprungs sein. Darüber hinaus bleibt PCT erhalten.

[15] Das wird in den Refs. 9, 16 und 17, und in vielen Artikeln der Anthologie von Wheeler und Zurek (Ref. 19) angerissen.

[16] J. S. Bell, *Helv. Phys. Acta* **48**, 93. (1975). [Kapitel 6 in diesem Buch]

[17] J. S. Bell, *Int. J. Quant. Chem.*: Quantum Chemistry Symposium **14**, S. 155. (1980). [Kapitel 14 in diesem Buch]

[18] J. S. Bell, *Journal de Physique*, Colloque C2, suppl. au no. 3, Tome 42, S. C2–41, März 1981. [Kapitel 16 in diesem Buch]

[19] J. A. Wheeler und W. H. Zurek (Hrsg.), *Quantum Theory and Measurement*. Princeton University Press, Princeton 1983.

[20] J. S. Bell, in *Determinism, Causality, and Particles*, S. 17. Herausgg. von M. Flato et al. Dordrecht-Holland, D. Reidel (1976). [Kapitel 11 in diesem Buch]

[21] P. H. Eberhard, *Nuovo Cimento* **46B**, 392 (1978).

[22] K. Popper, *Found. Phys.* **12**, 971 (1982).

20 Sechs mögliche Welten der Quantenmechanik

Man kann sich sicher Gesetze der Physik vorstellen, die vorschreiben würden, wie die Welt genau zu sein hat – nicht anders und kein Detail davon variierbar. Aber was würde vorschreiben, dass diese Gesetze „die“ Gesetze der Physik sind? Wenn man ein Spektrum von möglichen Gesetzen betrachtet, könnte man wiederum ein Spektrum möglicher Welten betrachten.

Tatsächlich haben die Gesetze der Physik unserer realen Welt, so wie sie heute verstanden werden, keinen solchen vorschreibenden Charakter. Selbst wenn die Gesetze gegeben sind, ist ein Spektrum verschiedener Welten möglich. Es gibt zwei Arten von Freiheit. Obwohl die Gesetze sagen, wie sich ein gegebener Zustand der Welt entwickelt, sagen sie nichts (oder sehr wenig) darüber, in welchem Zustand die Welt starten sollte. Darum beginnen wir mit der Freiheit, die die „Anfangsbedingungen“ betrifft. Weiterhin ist die Zukunft, die sich aus einer gegebenen Gegenwart entwickeln kann, nicht eindeutig bestimmt – gemäß der zeitgenössischen orthodoxen Vorstellung. Die Gesetze zählen verschiedene Möglichkeiten auf und weisen ihnen verschiedene Wahrscheinlichkeiten zu.

Die Beziehung zwischen der Menge der Möglichkeiten und der eindeutigen Wirklichkeit, die dabei entsteht, ist sehr eigentümlich in der modernen „Quantentheorie“ – der gegenwärtigen, allumfassenden, grundlegenden physikalischen Theorie. Das Fehlen des Determinismus, die probabilistische Natur der Behauptungen der Theorie, ist bereits ein wenig eigentümlich. . . , zumindest im Lichte der „klassischen Physik“ vor dem zwanzigsten Jahrhundert. Aber schließlich – wenn es nicht die klassische Physik tut – bereitet uns das tägliche Leben sehr gut auf die Vorstellung vor, dass nicht alles vorhersehbar ist, dass der Zufall wichtig ist. Darum ist es nicht so, dass im Indeterminismus die wirkliche Überraschung der Quantentheorie besteht. Es gibt andere Aspekte der Quantentheorie, auf die uns weder die klassische Physik noch das Alltagsleben in irgendeiner Weise vorbereiten.

Als Ergebnis sind sehr verschiedene Konzepte, auch einige sehr seltsame, aufgetaucht; darüber, wie die sichtbaren Phänomene in ein kohärentes Bild eingefügt werden können. Der Titel dieses Essays bezieht sich eher auf diese sehr verschiedenen möglichen Welten, als auf die möglichen Variationen nebensächlicher Details innerhalb jeder einzelnen. Bevor wir eine Darstellung dieser Schemata geben, erinnern wir an einige der Phänomene, mit denen sie fertig werden müssen.

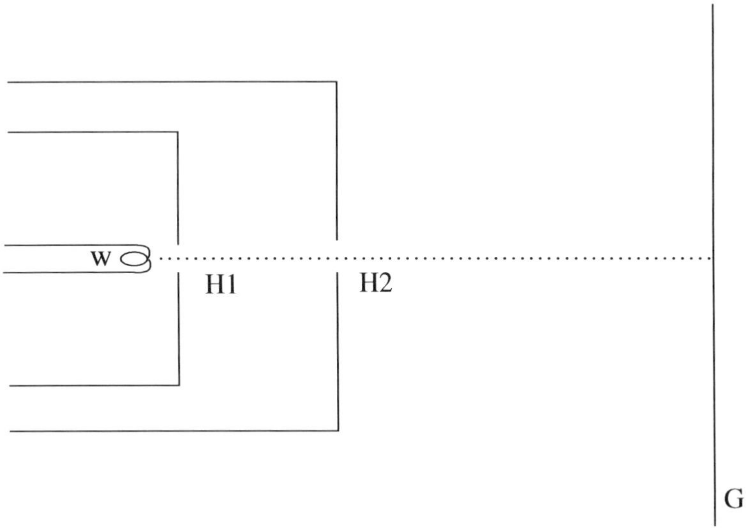

Abb. 20.1: *Elektronenkanone*

Atome der Materie können, in gewissem Maße, als kleine Sonnensysteme dargestellt werden. Die Elektronen kreisen um den Kern wie die Planeten um die Sonne. Seit Newton haben wir sehr genaue Gesetze für die Bewegung von Planeten um Sonnen; und seit Einstein sind die Gesetze immer noch genauer geworden. Die Versuche, ähnliche Gesetze für die Elektronen im Atom anzuwenden, führen zum offensichtlichen Misserfolg. Es war solch ein Misserfolg, der zur Entwicklung der „Quanten“-Mechanik als Ersatz für die „klassische" Mechanik führte. Natürlich kommen wir zu unseren Vorstellungen über Elektronen nur indirekt, durch das Verhalten von Materiestücken, die viele Elektronen in vielen Atomen enthalten. Aber unter extremen Bedingungen sind die Quanten-Vorstellungen sogar für „freie" Elektronen wesentlich, die aus Atomen extrahiert wurden, wie solche, die das Bild auf einem Fernsehschirm erzeugen.y In diesem einfacheren Kontext wollen wir die Quanten-Vorstellungen hier einführen.

In der „Elektronenkanone“ eines Fernsehgerätes (Abb. 20.1) wird ein Draht W durch einen durchfließenden elektrischen Strom so erhitzt, dass einige Elektronen „verdampfen“. Diese werden, mit einem elektrischen Feld, von einer Metalloberfläche angezogen, und einige von ihnen passieren ein Loch darin, H1. Wiederum einige von denen, die das Loch H1 passiert haben, passieren auch ein zweites Loch H2 in einer zweiten Metalloberfläche, um sich schließlich in Richtung der Mitte eines Glasschirmes G zu bewegen. Das Auftreffen jedes Elektrons auf dem Glasschirm erzeugt einen kurzen Lichtblitz: eine „Szintillation“. In einem tatsächlich benutzten Fernseher, wird der Elektronenstrahl durch elektrische Felder auf die verschiedenen Bereiche des Schirmes umgelenkt, mit variierender Intensität, um dadurch ein vollständiges Bild aufzubauen.

Wir wollen hier aber das Verhalten von „freien“ Elektronen betrachten und annehmen, dass zwischen dem zweiten Loch H2 und dem Schirm weder elektrische oder magnetische Felder noch andere Hindernisse für die „freie“ Bewegung sind.

Betrachten wir die folgende Frage: Wie genau können wir es erreichen, dass jedes Elektron, das den Glasschirm trifft, das genau in der Mitte tut? Zu diesem Zweck muss man vermeiden, dass sich verschiedene Elektronen gegenseitig „anrempeln“. Das kann durch „Pulse“ erreicht werden, d.h. das elektrische Feld, das Elektronen von W in Richtung H1 zieht, nur für sehr kurze Zeit einzuschalten, und indem man H1 sehr klein macht. Dann wird es sehr unwahrscheinlich, dass zu einer gegebenen Zeit mehr als ein Elektron aus dem Loch H1 auftaucht. Dann kann man vernünftigerweise annehmen, dass es ausreichend ist, H2 genau wie H1 hinreichend klein und mittig zu machen; um zu vermeiden, dass ein Teilchen den Schirm abseits der Mitte trifft. Bis zu einem gewissen Punkt stimmt das. Aber nach diesem Punkt gibt es eine Überraschung. Eine weitere Reduzierung der Größe des Lochs verringert die Ungenauigkeit der Kanone nicht weiter, sondern vergrößert sie. Das Muster, das sich bildet, wenn man die Kanone

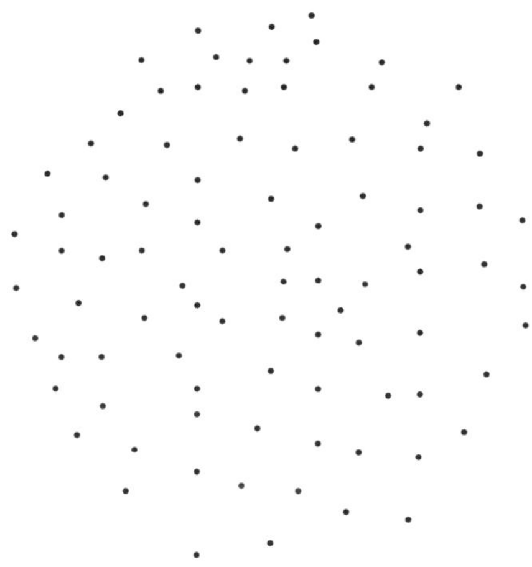

Abb. 20.2: *Muster, das von vielen Pulsen der Elektronenkanone in Abb. 20.1 erzeugt wird*

oft abfeuert und die Elektronenblitze photografisch aufzeichnet, sieht etwa so aus wie Abb. 20.2. Die Blitze sind verstreut über ein Gebiet, das größer anstatt kleiner wird, wenn die Löcher, mit denen wir die Elektronenflugbahn bestimmen wollen, unter eine bestimmte Größe verkleinert werden.

Es gibt noch eine größere Überraschung, wenn das Loch H2 durch zwei, eng beieinander liegende Löcher ersetzt wird (Abb. 20.3). Anstatt, dass sich die Anteile beider Löcher einfach addieren, wie in Abb. 20.4, erscheint ein „Interferenzmuster“, wie in Abb. 20.5. Es gibt Stellen auf dem Schirm, die kein Elektron erreichen kann, wenn zwei Löcher offen sind, die die Elektronen aber erreichen, wenn nur eines der beiden Löcher offen ist. Obwohl jedes Elektron das eine oder das andere Loch passiert

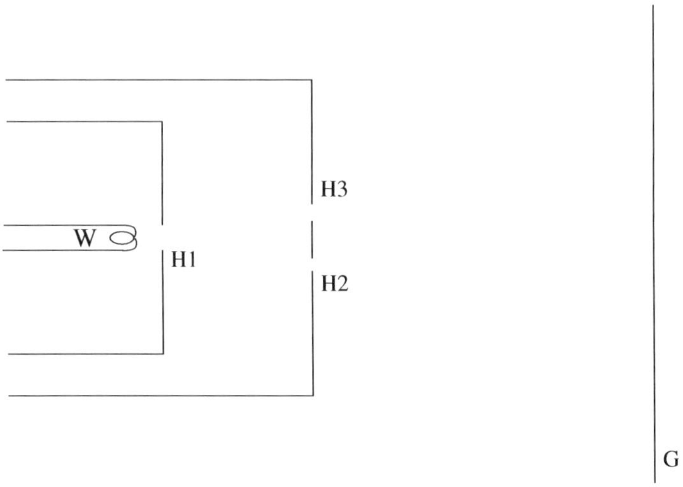

Abb. 20.3: *Elektronenkanone mit zwei Löchern im zweiten Schirm*

(so sind wir geneigt zu glauben), ist es so, als ob die bloße Möglichkeit, das andere Loch zu passieren, seine Bewegung beeinflusst und verhindert, dass es in bestimmte Richtungen fliegt. Das ist der erste Hinweis auf Merkwürdigkeiten in der Beziehung zwischen Möglichkeit und Wirklichkeit bei Quantenphänomenen.

Vergessen wir für einen Moment, dass die Muster in Abb. 20.2 und Abb. 20.5 aus einzelnen Punkten bestehen (die über einen Zeitraum einzeln gesammelt werden) und sehen uns nur den Gesamteindruck an. Dann rufen diese Muster Erinnerungen wach, die in der klassischen Physik mit Wellen verbunden sind – nicht mit Teilchen. Betrachten wir zum Beispiel einen gleichförmigen Wellenzug auf einer Wasseroberfläche. Wenn die Wellen auf eine Barriere mit einem Loch treffen (Abb. 20.6), dann laufen sie, mehr oder weniger, auf der anderen Seite geradeaus weiter, wenn das Loch im Verhältnis zur Wellenlänge groß ist. Aber wenn das Loch kleiner ist, dann laufen sie danach auseinander (Abb. 20.7) und zwar umso mehr, je kleiner das Loch ist. Das wird als „Wellenbeugung" bezeichnet. Und wenn die Barriere zwei kleine Löcher hat (Abb. 20.8), gibt es Stellen hinter der Barriere, wo die Wasseroberfläche ungestört bleibt, wenn beide Löcher offen sind, aber gestört wird, wenn nur eines der beiden Löcher offen ist. Das sind Stellen, wo die Wellen aus einem Loch die Wasseroberfläche anheben wollen, während die Wellen aus dem anderen Loch sie senken wollen, und umgekehrt. Das wird als „Welleninterferenz" bezeichnet.

Wenn wir nun zum Elektron zurückkehren, können wir im Voraus nicht sagen, an welchem Punkt des Schirmes es aufblitzen wird. Es scheint aber, dass die Stellen, wo es wahrscheinlich auftauchen wird, einfach diejenigen sind, die eine bestimmte Wellenbewegung merklich erreichen kann.

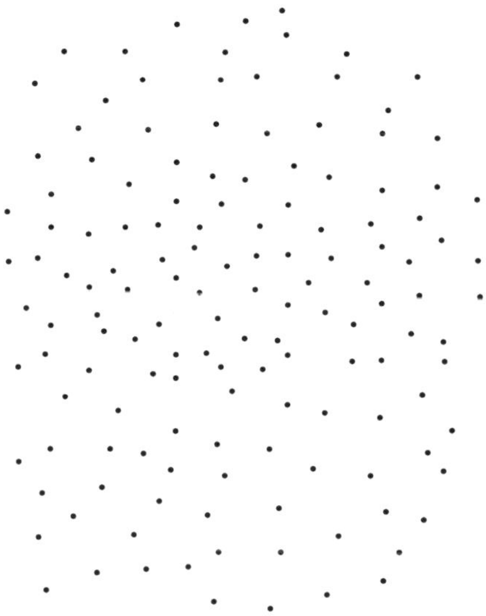

Abb. 20.4: Angenommenes Muster (auf der Basis der klassischen Teilchenmechanik) durch viele Pulse der Elektronenkanone in Abb. 20.3 erzeugt

Die Mathematik dieser Wellenbewegung, die irgendwie das Elektron steuert, ist es, die in einer präzisen Weise in der Quantenmechanik entwickelt wird. In der Tat wird der einfachste und natürlichste von verschiedenen äquivalenten Wegen, die Quantenmechanik zu präsentieren, einfach „Wellenmechanik" genannt. Was ist es, das „sich wellt", in der Wellenmechanik? Im Falle der Wasserwellen wellt sich die Wasseroberfläche. Bei Schallwellen schwingt der Luftdruck. Licht wurde in der klassischen Physik ebenso als Welle angesehen. Wir waren schon etwas unbestimmt darüber, was in diesem Fall schwingt... und sogar, ob die Frage sinnvoll war. Im Falle der Wellen der Wellenmechanik haben wir keine Vorstellung, was schwingt... und stellen die Frage nicht. Was wir haben, ist ein mathematisches Rezept für die Ausbreitung der Wellen, und die Regel, dass die Wahrscheinlichkeit, ein Elektron an einem bestimmten Ort zu sehen, wenn man dort danach sucht (z.B. durch Einfügen eines Szintillationsschirmes), in Relation zur Intensität der Wellenbewegung dort steht.

Meiner Meinung nach kann der folgende Punkt nicht genug betont werden. Wenn wir ein Problem in der Wellenmechanik lösen, zum Beispiel das der genauen Leistung der Elektronenkanone, behandelt unsere Mathematik ausschließlich Wellen. Es gibt in der Mathematik keinen Hinweis auf Teilchen oder Teilchenbahnen. Für die Elektronenkanone breiten sich die berechneten Wellen glatt über einen ausgedehnten Bereich des Schirmes aus. Es gibt keinen Hinweis in der Mathematik, dass das tatsächliche Phänomen ein kleiner Blitz an einem bestimmten Punkt in diesem ausgedehnten Bereich ist. Und nur durch die Anwendung der Regel, die wahrscheinliche Stelle des Blitzes in Relation zur Intensität der Welle zu setzen, kommt der Indeterminismus in

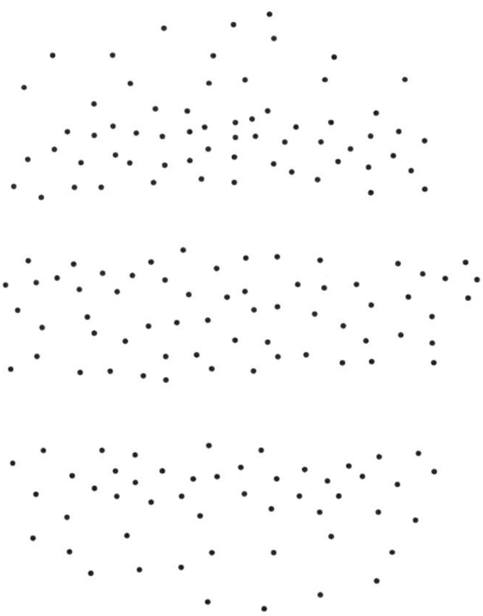

Abb. 20.5: *Tatsächliches Muster der Elektronenkanone in Abb. 20.3*

die Theorie. Die Mathematik selbst ist glatt, deterministisch: „klassische" Mathematik... klassischer Wellen.

Bis jetzt haben wir nur das einzelne Elektron, das sich vom Loch H2 zum Detektorschirm G bewegt, durch eine Welle in der Mathematik ersetzt. Insbesondere der Schirm G wurde überhaupt nicht diskutiert. Er sollte nur die Fähigkeit besitzen, zu szintillieren. Angenommen, wir wollen diese Fähigkeit erklären. Angenommen, wir wollen die Intensität, die Farbe, oder tatsächlich die Größe der Szintillation berechnen (da es in Wirklichkeit kein Punkt ist). Wir sehen, dass unsere Behandlung der Elektronenkanone bisher weder vollständig noch genau ist. Wenn wir mehr sagen wollen und ihre Leistung genauer bestimmen, müssen wir sie als aus Atomen aufgebaut betrachten; aus Elektronen und Atomkernen. Wir müssen auf diese Gebilde die einzige Mechanik anwenden, von der wir wissen, dass sie anwendbar ist... Wellenmechanik. Wenn wir diesen Gedankengang weiterverfolgen, werden wir, in der Suche nach mehr Genauigkeit und Vollständigkeit, dazu gebracht, mehr und mehr Teile der Welt in das wellige quantenmechanische „System" einzubinden... die photografische Platte, die die Szintillationen aufzeichnet, die Entwicklerchemikalien, die das photografische Bild erzeugen, das Auge des Beobachters...

Aber wir können nicht die ganze Welt in diesen welligen Teil einbinden. Denn die Welle der Welt gleicht der Welt, die wir kennen genausowenig, wie die ausgedehnte Welle eines einzelnen Elektrons dem kleinen Blitz auf dem Schirm. Wir müssen immer einen Teil der Welt vom welligen „System" ausschließen, der in einer „klassischen", „partikulären" Art zu beschreiben ist, um endgültige Ereignisse anstelle bloßer welli-

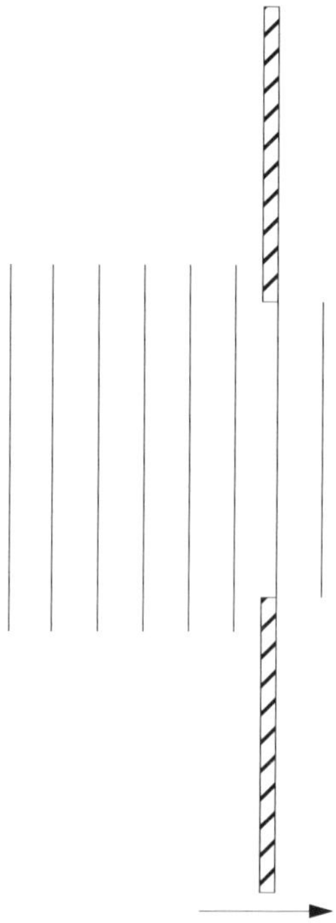

Abb. 20.6: Ausbreitung von Wellen durch ein Loch, das viel größer als die Wellenlänge ist

ger Möglichkeiten zu bekommen. Der Zweck des Wellenkalküls ist einfach, dass es Formeln für die Wahrscheinlichkeiten von Ereignissen auf dieser „klassischen" Ebene liefert.

In der gegenwärtigen Quantentheorie muss die Welt anscheinend in ein welliges „Quantensystem" und einen Rest, der in gewissem Sinne „klassisch" ist, eingeteilt werden. Diese Teilung wird auf die eine oder andere Art gemacht, in einer bestimmten Anwendung, entsprechend dem gewünschten Grad von Genauigkeit und Vollständigkeit. Für mich ist es die Unentbehrlichkeit und vor allem die Fragwürdigkeit einer solchen Teilung, die die große Befremdlichkeit der Quantenmechanik ist. Sie führt eine entscheidende Unklarheit in die grundlegende physikalische Theorie ein, wenn auch nur auf einem Grad der Genauigkeit und Vollständigkeit, der in der Praxis nicht benötigt wird. Es ist die Tolerierung dieser Unklarheit, nicht bloß provisorisch, sondern dauerhaft, und das auf der grundlegendsten Ebene, die den wirklichen Bruch mit der klassischen Theorie ausmacht. Das ist weitaus bedeutsamer als das Versagen irgendwelcher bestimmter Konzepte, wie „Teilchen" oder „Determinismus". Im Rest dieses Essays werde ich einige Weltsichten skizzieren, die die Physiker in Erwägung gezogen haben, im Versuch, diese Situation zu verdauen.

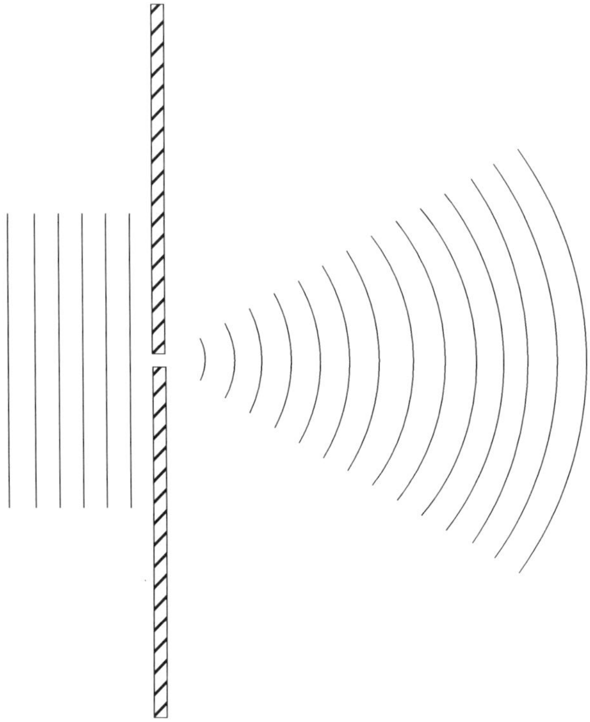

Abb. 20.7: Ausbreitung von Wellen durch ein Loch, das viel kleiner als die Wellenlänge ist

Zuerst, und vor allem, ist da die rein pragmatische Sicht. Da wir die Welt in Regionen erforschen, die weit entfernt sind von der gewöhnlichen Erfahrung, zum Beispiel das sehr Große oder das sehr Kleine, haben wir kein Recht, zu erwarten, dass die vertrauten Vorstellungen funktionieren. Wir haben kein Recht, auf Konzepten wie Raum, Zeit, Kausalität oder vielleicht sogar Unzweideutigkeit zu bestehen. Wir haben überhaupt kein Recht auf ein klares Bild dessen, was auf der atomaren Ebene vor sich geht. Wir sind in der sehr glücklichen Lage, dass wir Regeln für Berechnungen aufstellen können – die der Wellenmechanik –, die funktionieren. Es ist wahr, dass es im Prinzip etwas Unklarheit in der Anwendung dieser Regeln gibt bei der Entscheidung, wie die Welt eingeteilt wird in das „Quantensystem“ und den „klassischen“ Rest. In der Praxis spielt das überhaupt keine Rolle. Im Zweifel vergrößert man das Quantensystem. Dann findet man, dass die Teilung so gemacht werden kann, dass ihre weitere Verschiebung sehr wenig Unterschied bei den praktischen Vorhersagen bewirkt. In der Tat erlauben uns guter Geschmack und Vorsicht, erwachsen aus Erfahrung, bei den meisten Berechnungen die Instrumente der Beobachtung weitgehend zu vergessen. Wir können uns normalerweise auf ein ganz winziges „Quantensystem“ konzentrieren und dennoch auf Vorhersagen kommen, die für die Experimentatoren, die makroskopische Instrumen-

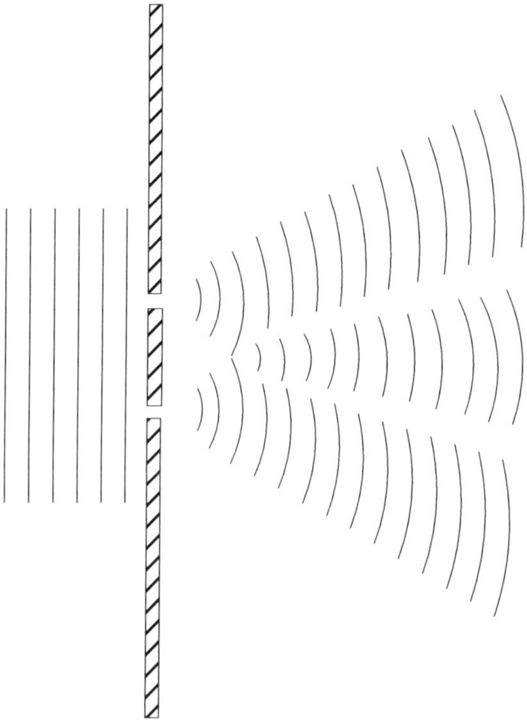

Abb. 20.8: Ausbreitung von Wellen durch zwei kleine Löcher

te benutzen müssen, sinnvoll sind. Diese pragmatische Philosophie ist, bewusst oder unbewusst, die Arbeitsphilosophie aller, die praktisch mit der Quantentheorie arbeiten…, wenn sie so arbeiten. Wir unterscheiden uns nur im Grad der Bedenken oder Gleichgültigkeit, mit dem wir …außerhalb der Arbeitszeit, sozusagen …die immanente Unklarheit in den Prinzipien der Theorie betrachten.

Niels Bohr, einer der größten theoretischen Physiker, lieferte einen gewaltigen Beitrag zur Entwicklung der praktischen Quantentheorie. Als sie in den Jahren nach 1925 ihre endgültige Form annahm, war er führend bei der Aufklärung des Weges, wie die Theorie angewandt werden sollte, um Widersprüche auf der praktischen Ebene zu vermeiden. Keiner bestand mehr darauf als er, dass ein Teil der Welt (tatsächlich der erheblich größere Teil) außerhalb des „Quantensystems" bleiben und in klassischen Begriffen beschrieben werden muss. Er betonte, dass wir es auf dieser klassischen Ebene, was die Gegenwart und die Vergangenheit betrifft, mit definitiven Ereignissen anstelle von welligen Möglichkeiten zu tun haben. Und dass auf dieser Ebene gewöhnliche Sprache und Logik geeignet sind. Und dass die Quantenmechanik zu Aussagen in dieser gewöhnlichen Sprache und Logik führen muss, gleichgültig wie esoterisch das Rezept zur Erzeugung dieser Aussagen ist.

Bohr ging jedoch weiter als der Pragmatismus und schlug eine Philosophie dessen, was hinter den Rezepten liegt, vor. Anstatt besorgt zu sein über die prinzipielle Unklarheit, über die Fragwürdigkeit der Einteilung in „Quantensystem" und „klassischen Apparat", schien er darin Befriedigung zu finden. Er schien seine wahre Freude an den Widersprüchen zu haben, zum Beispiel zwischen „Welle" und „Teilchen", die bei jedem Versuch, hinter die pragmatische Ebene zu gehen, aufzutauchen scheinen. Um diese Widersprüche und Unklarheiten nicht aufzulösen, sondern uns mit ihnen auszusöhnen, schlug er eine Philosophie vor, die er „Komplementarität" nannte. Er glaubte, dass „Komplementarität" nicht nur in der Physik wichtig sei, sondern für das gesamte menschliche Wissen. Das zu Recht gewaltige Prestige Bohrs führte dazu, dass die Komplementarität in den meisten Lehrbüchern der Quantentheorie erwähnt wird. Aber gewöhnlich nur mit wenigen Zeilen. Man ist geneigt zu vermuten, dass die Autoren die Bohrsche Philosophie nicht hinreichend verstehen, um sie nützlich zu finden. Selbst Einstein hatte große Schwierigkeiten, eine klare Formulierung von Bohrs Meinung zu erlangen. Was können wir dann erhoffen? Ich kann sehr wenig zur „Komplementarität" sagen. Aber eines will ich sagen. Mir scheint, dass Bohr das Wort entgegengesetzt zu seiner üblichen Bedeutung benutzt hat. Betrachten wir zum Beispiel den Elefant. Von vorn gesehen, ist er Kopf, Rüssel und zwei Beine. Von hinten ist er Hintern, Schwanz und zwei Beine. Von den Seiten ist er anders, und von oben und unten nochmals anders. Diese verschiedenen Ansichten sind komplementär im üblichen Sinn des Wortes. Sie ergänzen einander, sie sind untereinander konsistent, und sie sind alle verbunden durch das vereinheitlichende Konzept „Elefant". Mein Eindruck ist, dass Bohr die Annahme, er hätte das Wort „Komplementarität" in dieser üblichen Weise benutzt, als Unverständnis dessen, worum es geht und Trivialisierung seiner Gedanken angesehen hätte. Er scheint vielmehr darauf zu bestehen, dass wir in unserer Analyse Elemente benutzen, die einander *widersprechen*, die sich nicht zu einem Ganzen addieren, oder daraus abgeleitet sind. Mit „Komplementarität" meinte er, scheint mir, das Umgekehrte: Widersprüchlichkeit. Bohr schien Aphorismen zu lieben, wie: „das Gegenteil einer tiefen Wahrheit ist ebenso eine tiefe Wahrheit", „Wahrheit und Klarheit sind komplementär". Er fand wohl eine subtile Befriedigung darin, ein gewöhnliches Wort entgegengesetzt zu seiner gewöhnlichen Bedeutung zu benutzen.

„Komplementarität" ist eine von den durch die Quantentheorie inspirierten Sichtweisen, die man als „romantische" Weltsicht bezeichnen könnte. Sie unterstreicht die bizarre Natur der Quantenwelt, die Nichtanwendbarkeit der Begriffe des täglichen Lebens und der klassischen Konzepte. Sie betont, wie weit wir uns vom naiven Materialismus des 19. Jahrhunderts entfernt haben. Ich will zwei weitere romantische Bilder beschreiben, beiden jedoch verwandte unromantische Ansichten voranstellen.

Angenommen, wir akzeptieren Bohrs Bestehen darauf, dass das sehr Kleine und das sehr Große in sehr verschiedener Weise beschrieben werden muss, mit Quanten- beziehungsweise klassischen Ausdrücken. Aber angenommen, wir sind skeptisch, was die Möglichkeit betrifft, dass diese Teilung scharf ist, und vor allem die Möglichkeit, dass eine derartige Teilung fragwürdig ist. Zweifellos sollte das Große und das Kleine glatt ineinander übergehen? Und zweifellos sollte in einer fundamentalen physikalischen Theorie dieser Übergang nicht nur durch vage Worte, sondern durch exakte Mathematik beschrieben werden? Diese Mathematik würde es Elektronen erlauben, die Wolkigkeit von Wellen zu genießen, während sie es Tischen und Stühlen, und uns selbst, und schwarzen Flecken auf Photographien erlaubt, eindeutig an einem Platz anstelle eines anderen zu sein, und mit „klassischen Größen" beschrieben zu werden. Die notwendige, technische theoretische Entwicklung beinhaltet die Einführung dessen, was als „Nichtlinearität" bezeichnet wird und vielleicht dessen, was als „Stochastizität" bezeichnet wird, in die grundlegende „Schrödinger-Gleichung". Es gab interessante Pionierarbeiten in dieser Richtung, aber noch keinen Durchbruch. Dieser mögliche Weg vorwärts ist unromantisch, weil er mathematische Arbeit von theoretischen Physikern erfordert, anstelle der Interpretation von Philosophen, und keine Lehren in Philosophie für Philosophen verspricht.

Es gibt eine romantische Alternative zu der soeben erwähnten Idee. Sie akzeptiert, dass die „lineare" Wellenmechanik nicht für die ganze Welt gültig ist. Sie akzeptiert, dass es eine Teilung gibt, ob scharf oder gleitend, zwischen „linear" und „nichtlinear", zwischen „Quantum" und „klassisch". Aber anstatt diese Teilung irgendwo zwischen klein und groß zu legen, legt sie sie zwischen „Materie" (sozusagen) und „Geist". Wenn wir versuchen, die quantentheoretische Darstellung der Elektronenkanone soweit wie möglich zu komplettieren, schließen wir zuerst den Szintillationsschirm mit ein, dann den photographischen Film, dann die Entwicklerchemikalien, dann das Auge des Experimentators... und dann (warum nicht) sein Gehirn. Denn das Gehirn besteht aus Atomen, aus Elektronen und Atomkernen; warum sollten wir dann zögern, die Wellenmechanik anzuwenden... wenigstens, wenn wir gewitzt genug sind, die Rechnungen für eine derartig komplizierte Zusammensetzung von Atomen auszuführen? Aber jenseits des Gehirns ist... der Geist. Sicherlich ist der Geist nicht materiell? Sicherlich kommen wir hier endlich zu etwas, das eindeutig verschieden ist vom Glasschirm und dem Gelatinefilm.... Sicherlich müssen wir hier erwarten, dass eine völlig andere Mathematik (wenn überhaupt Mathematik) zutreffend ist. Diese Ansicht, dass die notwendigen „klassischen Größen" und nichtlineare Mathematik im Geist sind, ist insbesondere von E. P. Wigner in Erwägung gezogen worden. Und niemand hat mit beredteren Worten als J. A. Wheeler vorgeschlagen, dass allein schon die Existenz der „materiellen" Welt von der Beteiligung des Geistes abhängen kann. Leider ist es bisher noch nicht möglich gewesen, diese Ideen in einer präzisen Weise weiterzuentwickeln.

Das letzte unromantische Bild, das ich präsentieren will, ist das „Führungswellen"-Bild. Es stammt von de Broglie (1925) und Bohm (1952). Während sich die Gründungsväter den Kopf zermarterten über die Frage

„Teilchen" *oder* „Welle"

schlug de Broglie 1925 die offensichtliche Antwort vor:

„Teilchen" *und* „Welle".

Ist es, wegen der Kleinheit der Szintillation auf dem Schirm, nicht klar, dass wir es mit einem Teilchen zu tun haben? Und ist es, wegen der Beugungs- und Interferenzmuster, nicht klar, dass dic Bewegung des Teilchens durch eine Welle gelenkt wird? De Broglie zeigte im Detail, wie die Bewegung eines Teilchens, das nur durch eines von zwei Löchern im Schirm geht, durch Wellen beeinflusst werden könnte, die sich durch beide Löcher ausbreiten. Und so beeinflusst, dass das Teilchen nicht dorthin geht, wo sich die Wellen auslöschen, sondern dahin gezogen wird, wo sie kooperieren. Diese Idee scheint mir so natürlich und simpel, das Welle-Teilchen-Dilemma in einer solch klaren und einfachen Weise zu lösen, dass es für mich ein großes Geheimnis bleibt, warum sie im Großen und Ganzen ignoriert wurde. Von den Gründungsvätern dachte nur Einstein, dass de Broglie auf dem richtigen Weg sei. Entmutigt gab de Broglie seine Vorstellung für viele Jahre auf. Er nahm sie erst wieder auf, als sie 1952 von Bohm wiederentdeckt und systematischer dargestellt wurde. Insbesondere entwickelte Bohm die Vorstellung für viele Teilchen anstatt nur für eines. Die Verallgemeinerung ist unkompliziert. In diesem Bild gibt es keine Notwendigkeit, die Welt in „Quanten" und „klassische" Teile zu unterteilen. Denn die notwendigen „klassischen Größen" für einzelne Teilchen sind bereits vorhanden (ihre tatsächlichen Positionen); und darum auch für makroskopische Zusammensetzungen von Teilchen.

Die Synthese von de Broglie und Bohm, von Teilchen und Welle, könnte als exakte Illustration von Bohrs Komplementarität betrachtet werden. . . , wenn Bohr das Wort in seiner gewöhnlichen Bedeutung benutzt hätte. Dieses Bild kombiniert in völlig natürlicher Weise die Welligkeit der Elektronenbeugung und die Interferenzmuster mit der Kleinheit der einzelnen Szintillationen, oder allgemeiner, der endgültigen Natur von Ereignissen im großen Maßstab. Das B-B-Bild ist, nebenbei, auch völlig deterministisch. Die Anfangskonfiguration des kombinierten Welle-Teilchen-Systems legt die anschließende Entwicklung vollständig fest. Dass wir nicht vorhersagen können, wo genau ein einzelnes Elektron auf dem Schirm aufblitzen wird, liegt nur daran, dass wir nicht alles wissen können. Dass wir nicht den Aufprall an einer vorgegeben Stelle erreichen können, liegt nur daran, dass wir nicht alles beherrschen können.

Abschließend kommen wir zum romantischen Gegenstück des Führungswellen-Bildes. Das ist die „Viele-Welten-Interpretation" (many world interpretation), oder MWI. Sie ist zweifellos die bizarrste aller Ideen, die in diesem Zusammenhang vorgebracht worden sind. Mir scheint, sie kann am einfachsten als Antwort auf ein zentrales Problem des pragmatischen Ansatzes begründet werden. . . , die sogenannte „Reduktion der Wellenfunktion". In der Diskussion der Elektronenkanone habe ich den Kontrast zwischen der Ausdehnung der Welle und der Winzigkeit des einzelnen Blitzes hervorgehoben. Was passiert mit der Welle, dort wo kein Blitz ist? Im pragmatischen Ansatz werden die Teile der Welle, wo kein Blitz ist, einfach weggeworfen. . . , und das erfolgt mit einer Faustregel, anstelle von präziser Mathematik. Im Führungswellen-Bild beeinflusst die Welle zwar das Teilchen, wird aber selbst durch das Teilchen nicht beeinflusst. Ob Blitz oder kein Blitz, die Welle setzt einfach ihre mathematische Entwicklung fort. . . , auch da, wo sie „leer" ist (sehr grob gesagt). In der MWI setzt die Welle ihren mathematischen Weg auch fort, aber der Begriff der „leeren Welle" wird vermieden. Er wird durch die Behauptung vermieden, dass überall dort, wo ein Blitz sein könnte. . . , ein Blitz ist.

Aber wie kann das sein, wenn wir für ein Elektron zweifellos nur einen Blitz sehen, nur an einer der möglichen Stellen? Es kann sein, weil sich die Welt vervielfältigt! Nach dem Blitz gibt es (mindestens) so viele Welten wie Stellen, die aufblitzen können. In jeder Welt findet der Blitz nur an einer Stelle statt, aber an verschiedenen Stellen in verschiedenen Welten. Die Menge der tatsächlichen Welten entspricht zusammengenommen allen Möglichkeiten, die latent in der Welle enthalten sind. Völlig allgemein: Immer dann, wenn es, wegen der Quanten-Unschärfe, zweifelhaft ist, was passieren kann, vervielfältigt sich die Welt, so dass alle Möglichkeiten tatsächlich realisiert werden. Personen vervielfältigen sich natürlich mit der Welt und diejenigen in einer bestimmten Zweigwelt erfahren nur, was in diesem Zweig passiert. Beim Elektron sieht jeder von uns nur einen Blitz.

Die MWI wurde von H. Everett im Jahr 1957 erdacht. Sie wurde durch so berühmte Physiker wie J. A. Wheeler, B. S. DeWitt und S. Hawking verfochten. Sie scheint besonders für Quantenkosmologen anziehend zu sein, die die Welt als Ganzes betrachten möchten, und als einzelnes Quantensystem; und die besonders in Verlegenheit gebracht werden durch die Forderung, im pragmatischen Ansatz, nach einem „klassischen" Teil außerhalb des Quantensystems... d.h. außerhalb der Welt. Aber dieses Problem ist durch das Führungswellen-Bild bereits gelöst. Es benötigt keinen zusätzlichen klassischen Teil, weil die „klassischen Größen" bereits für das Elektron selbst anwendbar sind und damit auch für große Zusammensetzungen von Teilchen. Die betreffenden Autoren wussten das wahrscheinlich nicht. Denn die Führungswellen-Interpretation ist durch die Gründungsväter und Lehrbuchverfasser ziemlich gründlich dem Vergessen ausgeliefert worden.

Die MWI wird mitunter als Ausarbeitung der Hypothese vorgebracht: Die Wellenfunktion ist alles, es gibt nichts anderes. (Dann können die Teile der Wellenfunktion nicht mit der Begründung voneinander unterschieden werden, dass sie Möglichkeiten anstelle von Wirklichkeiten entsprechen.) Aber nach meiner Meinung irren sich die Autoren hier. Die MWI fügt etwas zur Wellenfunktion hinzu. Ich betonte in der Diskussion der Elektronenkanone, dass die ausgedehnte Welle sehr wenig Ähnlichkeit mit dem winzigen Blitz hat. Die Untersuchung der Welle selbst gibt keinen Hinweis darauf, dass die erlebte Realität eine Szintillation ist... zum Beispiel anstelle eines ausgedehnten Leuchtens mit einer unbestimmten Farbe. Das heißt, die ausgedehnte Welle versagt nicht einfach in der Festlegung einer der Möglichkeiten als wirkliche..., sie versagt darin, die Möglichkeiten aufzuzählen. Wenn die MWI die Existenz von vielen Welten postuliert, in der in jeder von ihnen die photographische Platte an einem bestimmten Punkt geschwärzt ist, fügt sie zur Wellenfunktion heimlich die fehlende Klassifikation der Möglichkeiten hinzu. Und das tut sie in ungenauer Weise, denn der Begriff der Position eines schwarzen Flecks (es ist kein mathematischer Punkt) und in der Tat das Konzept der Ablesung jedes makroskopischen Instrumentes, ist nicht mathematisch genau. Es wird einem keine Vorstellung gegeben, wie weit hinunter in atomare Größenordnungen die Teilung der Welt in Zweigwelten durchdringt.

Das sind nun sechs wählbare, mögliche Welten, die entworfen wurden, um die Quantenphänomene zu erfassen. Es wäre möglich, Kreuzungen zwischen ihnen zu entwickeln und vielleicht andere Welten, die völlig anders sind. Ich habe versucht, sie mit etwas Distanz zu präsentieren, als ob ich nicht eine mehr als andere als reine Fiktion betrachten würde. Jetzt will ich mir erlauben, einige persönliche Meinungen auszudrücken.

Man kann die Attraktivität der drei romantischen Welten für Journalisten, die versuchen, die Aufmerksamkeit des Mannes auf der Straße zu erringen, leicht verstehen. Das Gegenteil einer Wahrheit ist auch eine Wahrheit! Wissenschaftler sagen, dass Materie ohne Geist nicht möglich ist! Alle möglichen Welten sind wirkliche Welten! Toll! Und die Journalisten können diese Sachen mit gutem Gewissen schreiben, denn Sachen wie diese sind tatsächlich gesagt worden... außerhalb der Arbeitszeit ... von großen Physikern. Ich für meinen Teil habe die Komplementarität nie kapiert, und bleibe unzufrieden angesichts der Widersprüche. Was den Geist angeht, bin ich völlig überzeugt, dass er einen zentralen Platz in der endgültigen Natur der Realität hat. Aber ich bezweifle sehr, dass die gegenwärtige Physik schon so tiefschürfend ist, dass die Idee in Bälde professionell fruchtbar sein wird. Ich denke, in unserer Generation können wir Bohrs „klassische Größen" erfolgreicher in gewöhnlichen makroskopischen Objekten suchen, als im Geist des Beobachters. Die „Viele-Welten-Interpretation" scheint mir eine extravagante, und vor allem extravagant vage Hypothese. Ich könnte sie fast als verrückt abtun. Und doch.... Sie könnte im Zusammenhang mit dem „Einstein-Podolsky-Rosen-Rätsel" etwas Markantes zu sagen haben und ich denke, es könnte lohnenswert sein, eine exakte Version davon zu formulieren, um zu sehen, ob das wirklich so ist. Und die Existenz aller möglichen Welten könnte uns die Existenz unserer eigenen Welt erträglicher machen..., die in mancher Beziehung eine sehr unwahrscheinliche zu sein scheint.

Die unromantischen, „professionellen", Alternativen machen weit weniger her. Der pragmatische Standpunkt muss, wegen seines großen Erfolgs und der gewaltigen, fortwährenden Fruchtbarkeit, hoch geachtet werden. Darüber hinaus, scheint mir, dass man, wegen des technischen, pragmatischen Fortschritts, im Verlauf der Zeit herausfinden könnte, dass das „Problem der Interpretation der Quantenmechanik" eingekreist worden ist. Und die Lösung, die von vorn nicht sichtbar war, kann von hinten gesehen werden. In der Gegenwart ist das Problem da, und einige von uns können nicht widerstehen, ihm Aufmerksamkeit zu schenken. Die nichtlineare Schrödinger-Gleichung erscheint mir als größte Hoffnung für eine präzise formulierte Theorie, die sehr nahe bei der pragmatischen Version liegt. Aber solange wir ohne Präzision so gut auskommen, werden uns die Pragmatiker nicht helfen, sie zu entwickeln. Das „Führungswellen"-Bild ist eine fast triviale Aussöhnung der Quantenphänomene mit den klassischen Idealen der theoretischen Physik... eine abgeschlossene Menge von Gleichungen, deren Lösungen ernst genommen werden müssen, und nicht verstümmelt („reduziert"), wenn sie hinderlich sind. Es wäre jedoch falsch, beim Leser den Eindruck zu hinterlassen, dass mit dem Führungswellen-Bild die Quantentheorie einfach zutage tritt – klar wie reines Wasser. Die große Klarheit dieses Bildes macht jedoch die seltsame „Nichtlokalität“ der Quantentheorie deutlich. Aber das ist eine andere Geschichte.

In welchem Ausmaß sind diese möglichen Welten Fiktionen? Sie sind insoweit literarische Fiktion, wie sie freie Erfindungen des menschlichen Geistes sind. In der theoretischen Physik weiß der Erfinder manchmal von Anfang an, dass die Arbeit Fiktion ist; zum Beispiel, wenn sie sich mit einer vereinfachten Welt beschäftigt, in der der Raum nur eine oder zwei anstatt drei Dimensionen hat. Häufig ist nicht klar, dass Fiktion involviert ist, bis sich später die Hypothese als falsch herausgestellt hat. Wenn er seriös ist, und keine absichtlich vereinfachten Modelle benutzt, unterscheidet sich der theoretische Physiker vom Romanautor darin, dass er glaubt, dass die Geschichte eventuell wahr sein könnte. Vielleicht gibt es hier eine Analogie mit dem Autor von historischen Romanen. Wenn die Handlung ins Jahr 1327 gelegt wird, muss der Papst in Avignon angesiedelt werden, nicht in Rom. Seriöse Theorien von theoretischen Physikern dürfen experimentellen Fakten nicht widersprechen. Wenn Gedanken in den Kopf von Papst Johannes, dem XXII, gelegt werden, müssen sie vernünftig mit dem vereinbar sein, was von seinen Worten und Taten bekannt ist. Wenn wir in der Physik Welten erfinden, wollen wir, dass sie mathematisch vereinbare Fortsetzungen der sichtbaren Welt ins Unsichtbare sind. . . , auch wenn es jenseits der menschlichen Fähigkeiten liegt, zu entscheiden, welche dieser Welten, wenn überhaupt irgendeine, die richtige ist. Literarische Fiktion, historische oder anderweitige, kann professionell gut oder schlecht gemacht sein (denke ich). Wir könnten auch überprüfen, wie sich unsere möglichen Welten in der Physik an professionellen Standards messen lassen. Nach meiner Meinung zeigt das Führungswellen-Bild unzweifelhaft die beste Handwerkskunst unter den betrachteten Bildern. Aber ist das in unserer Zeit eine Tugend?

21 EPR-Korrelationen und EPW-Verteilungen

Professor E. P. Wigner gewidmet

Es ist bekannt, dass es beim Bohmschen Beispiel der EPR-Korrelationen, bei dem es um Teilchen mit Spin geht, eine unvermeidliche Nichtlokalität gibt. Die Nichtlokalität kann nicht durch die Einführung von hypothetischen Variablen, die in der gewöhnlichen Quantenmechanik unbekannt sind, beseitigt werden. Wie sieht das beim ursprünglichen EPR-Beispiel aus, bei dem es um zwei Teilchen mit Spin Null geht? Hier werden wir sehen, dass die Wignersche Phasenraum-Verteilung [1] das Problem aufklärt.

Wenn man die „Messung" von beliebigen „Observablen" an beliebigen Zuständen zulässt, ist es natürlich einfach, die EPRB-Situation nachzubilden [2]. In dieser Beziehung wurden einige Schritte in Richtung des Realismus gemacht [3]. Hier werden wir ein enger gefasstes Problem betrachten; eingeschränkt auf „Messungen" von Positionen zweier spinloser, nicht wechselwirkender Teilchen im freien Raum. EPR betrachteten sowohl „Messungen" von Impulsen als auch von Positionen. Der einfachste Weg, die Impulse von freien Teilchen zu „messen" ist jedoch, einfach eine lange Zeit zu warten, und dann ihre Positionen zu „messen". Hier werden wir Positionsmessungen zu beliebigen Zeiten t_1, bzw. t_2 an dem Teilchen 1, bzw. 2 zulassen. Das entspricht der „Messung" der Kombinationen

$$\hat{q}_1 + t_1 \frac{\hat{p}_1}{m_1}, \qquad \hat{q}_2 + t_2 \frac{\hat{p}_2}{m_2} \tag{1}$$

für den Zeitpunkt Null, wobei m_1 und m_2 die Massen, und $\hat{q}$ und $\hat{p}$ die Positions- und Impulsoperatoren sind. Wir begnügen uns hier mit einer einzigen Raumdimension.

Die Zeiten t_1 und t_2 spielen hier dieselbe Rolle wie die zwei Polarisatoreinstellungen des EPRB-Beispiels. Dann ist ein Analogon zur CHHS-Ungleichung [4,5], die die Grenze zwischen der Quantenmechanik einerseits und der lokalen Kausalität andererseits zieht, leicht vorstellbar.

Die quantenmechanische Wahrscheinlichkeit, die Teilchen zu den Zeitpunkten t_1 bzw. t_2 an den Positionen q_1 bzw. q_2 zu finden, ist

$$\rho(q_1, q_2, t_1, t_2)$$

mit

$$\rho = |\psi(q_1, q_2, t_1, t_2)|^2 \tag{2}$$

Die Zwei-Zeiten-Wellenfunktion ψ genügt den zwei Schrödinger-Gleichungen

$$\begin{aligned} i\hbar\frac{\partial\psi}{\partial t_1} &= H_1\psi = \frac{\hat{p}_1^2}{2m_1}\psi \\ i\hbar\frac{\partial\psi}{\partial t_2} &= H_2\psi = \frac{\hat{p}_2^2}{2m_2}\psi \end{aligned} \tag{3}$$

mit

$$i\hat{p}_1 = \hbar\frac{\partial}{\partial q_1}, \quad i\hat{p}_2 = \hbar\frac{\partial}{\partial q_2}$$

Der Einfachheit halber betrachten wir den Fall gleicher Massen und benutzen solche Einheiten, dass

$$m_1 = m_2 = \hbar = 1$$

Dasselbe ρ wie in (2) kann aus der entsprechenden Zwei-Zeiten-Wigner-Verteilung

$$\rho = \iint \frac{\mathrm{d}p_1}{2\pi}\frac{\mathrm{d}p_2}{2\pi} W(q_1, q_2, p_1, p_2, t_1, t_2) \tag{4}$$

gewonnen werden, wobei

$$W = \iint \mathrm{d}y_1 \mathrm{d}y_2 e^{-i(p_1y_1+p_2y_2)}\psi(q_1+\frac{y_1}{2}, q_2+\frac{y_2}{2}, t_1, t_2)\psi^*(q_1-\frac{y_1}{2}, q_2-\frac{y_2}{2}, t_1, t_2) \tag{5}$$

Aus (3) folgt

$$(\frac{\partial}{\partial t_1} + p_1\frac{\partial}{\partial q_1})W = (\frac{\partial}{\partial t_2} + p_2\frac{\partial}{\partial q_2})W = 0 \tag{6}$$

Das heißt, W entwickelt sich exakt so, wie eine Wahrscheinlichkeitsverteilung eines Paares von frei bewegten, klassischen Teilchen:

$$W(q_1, q_2, p_1, p_2, t_1, t_2) = W(q_1 - p_1t_1, q_2 - p_2t_2, p_1, p_2, t_1, t_2) \tag{7}$$

Gesetzt den Fall, dass W am Anfang nirgendwo negativ ist, erhält die klassische Entwicklungsgleichung (7) diese Nichtnegativität. Die Original-EPR-Wellenfunktion [6]

$$\delta((q_1 + \frac{1}{2}q_0) - (q_2 - \frac{1}{2}q_0)), \tag{8}$$

die für $t_1 = t_2 = 0$ gelten soll, ergibt

$$W(q_1, q_2, p_1, p_2, 0, 0) = \delta(q_1 - q_2 + q_0)2\pi\delta(p_1 + p_2) \tag{9}$$

Das ist nirgendwo negativ, und die entwickelte Funktion (7) hat dieselbe Eigenschaft. Folglich sind in diesem Falle die EPR-Korrelationen genau die zwischen zwei klassischen Teilchen in unabhängiger, freier, klassischer Bewegung.

Mit der Wellenfunktion (8) gibt es dann kein Nichtlokalitätsproblem, wenn die Unvollständigkeit der Wellenfunktionsbeschreibung zugelassen wird. Die Wigner-Verteilung ergibt ein lokales, klassisches Modell der Korrelationen. Da die Wigner-Verteilung im Jahre 1932 erschien, könnte diese Bemerkung bereits 1935 gemacht worden sein. Vielleicht wurde sie das. Und vielleicht wurde bereits vorausgesehen, dass andere Wellenfunktionen als (8), deren Wigner-Verteilungen nicht nichtnegativ sind, ein weitaus größeres Problem ergeben würden. Wir werden sehen, dass das der Fall ist.

Betrachten wir zum Beispiel die Anfangs-Wellenfunktion

$$(q^2 - 2a^2)e^{-\frac{q^2}{2a^2}} \tag{10}$$

worin

$$q = (q_1 + \frac{1}{2}q_0) - (q_2 - \frac{1}{2}q_0) \tag{11}$$

Sie könnte normierbar gemacht werden, wenn ein Faktor einbezogen würde

$$e^{-\frac{((q_1+\frac{1}{2}q_0)+(q_2-\frac{1}{2}q_0))^2}{2b^2}} \tag{12}$$

Wir werden jedoch sofort den Grenzwert $b \to \infty$ vorwegnehmen und nur relative Wahrscheinlichkeiten betrachten. Wir wählen die Längeneinheit so, dass $a = 1$ als anfängliche Wigner-Verteilung ergibt

$$W(q_1, q_2, p_1, p_2, 0, 0) = Ke^{-q^2}e^{-p^2}\{(q^2+p^2)^2 - 5q^2 + p^2 + \frac{11}{4}\}\delta(p_1 + p_2) \tag{13}$$

wobei K eine unwichtige Konstante ist, und

$$p = \frac{p_1 - p_2}{2} \tag{14}$$

Dieses W (13) ist in manchen Bereichen negativ, zum Beispiel für $p = 0, q = 1$. Es ergibt kein explizites lokales, klassisches Modell der Korrelationen mehr. Ich weiß nicht, ob die Nichterfüllung der Nichtnegativität eine *hinreichende* Bedingung für ein allgemeines Lokalitätsparadoxon ist. Es trifft aber zu, dass (13), gleichermaßen wie die negativen Bereiche in der Wigner-Verteilung, auf eine Verletzung der CHHS-Lokalitätsungleichung schließen lässt.

Um das zu sehen, berechnen wir zuerst die Zwei-Zeiten-Wahrscheinlichkeitsverteilung für die Positionen; entweder aus (4), (7) und (13); oder aus (2) und der Lösung von (3). Das Ergebnis ist

$$\rho = \frac{K'}{\sqrt{(1+\tau^2)^5}}\{q^4 + q^2(2\tau^2 - 4) + 3(1+\tau^2) + (1+\tau^2)^2\}e^{-\frac{q^2}{1+\tau^2}} \tag{15}$$

wobei K' eine unwichtige Konstante ist, und

$$\tau = t_1 + t_2 \tag{16}$$

Dann berechnet man die Wahrscheinlichkeit D dafür, dass $(q_1 + \frac{q_0}{2})$ und $(q_2 - \frac{q_0}{2})$ verschiedene Vorzeichen haben:

$$D(t_1, t_2) = \int_{-\infty}^{\infty} \mathrm{d}q |q| \rho \tag{17}$$

$$= K'' \frac{\tau^2 + \frac{2}{5}}{\sqrt{\tau^2 + 1}} \tag{18}$$

Schließlich betrachte man die CHHS-Ungleichung

$$E(t_1, t_2) + E(t_1, t_2') + E(t_1', t_2) - E(t_1', t_2') \leq 2 \tag{19}$$

wobei

$$\begin{aligned} E(t_1, t_2) &= \text{Wahrscheinlichkeit von } (+,+) + \text{Wahrscheinlichkeit von } (-,-) \quad (20) \\ &- \text{Wahrscheinlichkeit von } (+,-) - \text{Wahrscheinlichkeit von } (-,+) \\ &= 1 - 2(\text{Wahrscheinl. von } (+,-) + \text{Wahrscheinl. von } (-,+)) \quad (21) \end{aligned}$$

Mit (21) wird (19) zu

$$D(t_1, t_2) + D(t_1, t_2') + D(t_1', t_2) - D(t_1', t_2') \geq 0 \tag{22}$$

Mit

$$t_1' = 0, \quad t_2 = \tau, \quad t_1 = -2\tau, \quad t_2' = 3\tau \tag{23}$$

und angenommen (mit Blick auf (18))

$$D(t_1, t_2) = F(|t_1 + t_2|) \tag{24}$$

(22) ergibt (für positives t)

$$3F(\tau) - F(3\tau) \geq 0 \tag{25}$$

Das wird jedoch von (18) verletzt, wenn τ größer als ungefähr Eins wird. Es gibt ein echtes Nichtlokalitätsproblem für die Wellenfunktion (10).

Nur etwas „Epsilonik" soll hier hinzugefügt werden. Die entscheidende Annahme, die zu (19) geführt hat, ist, grob gesagt, dass die Messung an Teilchen 1 irrelevant für Teilchen 2 ist, und umgekehrt. Das folgt aus der lokalen Kausalität [7], wenn wir nach den Teilchen nur in begrenzten Raumzeit-Bereichen suchen

$$\begin{aligned} |q_1 + \tfrac{q_0}{2}| < L, \quad |t_1| < T \\ |q_2 - \tfrac{q_0}{2}| < L, \quad |t_2| < T \end{aligned} \tag{26}$$

mit

$$L \ll q_0, \quad cT \ll q_0, \tag{27}$$

so dass die zwei Bereiche in (26) raumartig getrennt sind. Wir müssen jedoch L groß genug machen, verglichen mit b in (12), so dass die Teilchen fast sicher in den betreffenden Bereichen gefunden werden, denn im Übergang von (20) zu (21) wurde angenommen, dass sich die vier Wahrscheinlichkeiten in (20) zu Eins addieren; b wiederum muss groß gegen a sein, so wie es zur Vereinfachung der ausführlichen Berechnungen benutzt wurde. Darum legen wir neben (27) fest:

$$1 \gg \frac{a}{b} \gg \frac{b}{L} e^{L^2/b^2} \tag{28}$$

Anmerkungen und Literatur

[1] E. P. Wigner, *Phys. Rev.* **40**, 749 (1932).

[2] J. S. Bell, *Physics* **1**, 195 (1965). [Kapitel 2 im vorliegenden Buch]

[3] M. A. Horne und A. Zeilinger, in *Symposium on the Foundations of Modern Physics, Joensuu* 1985. Hrsg. P. Lahti und P. Mittelstaedt, World Scientific, Singapore (1985). Und [9] unten.

[4] J. F. Clauser, R. A. Holt, M. A. Horne und A. Shimony, *Phys. Rev. Lett.* **23**, 880 (1969).

[5] J.F. Clauser und A. Shimony, *Rep. Prog. Phys.* **41**, 1881 (1978).

[6] A. Einstein, B. Podolsky und N. Rosen, *Phys. Rev.* **47**, 779 (1935).

[7] J. S. Bell, *Theory of Local Beables,* preprint CERN-TH 2053/75, Nachdruck in *Epistemological Letters* **9**, 11 (1976) und in *Dialectica* **39**, 86 (1985). [Kapitel 7 im vorliegenden Buch]
Der in diesem Artikel präsentierte Begriff der lokalen Kausalität schließt eine vollständige Spezifikation der beables in einem unendlichen Raumzeit-Gebiet ein. Das folgende Konzept ist in dieser Beziehung attraktiver: In einer lokalkausalen Theorie werden die Wahrscheinlichkeiten, die den lokalen beables in einem Raumzeit-Gebiet zugeschrieben werden, wenn für *alle* lokalen beables in einem zweiten Raumzeit-Gebiet, das den Vergangenheits-Lichtkegel des ersten vollständig abdeckt, Werte spezifiziert werden, nicht durch die Spezifikation von Werten von lokalen beables in einem dritten Gebiet, das raumartig von den ersten beiden getrennt ist, geändert. [AdÜ: siehe auch Kap. 24.7, S. 269 zur Veranschaulichung]

[8] Die Diskussion erhält einen neuen Gesichtspunkt, wenn den Positionen q_1 und q_2 der beable-Status zugestanden wird. Dann können wir ihre tatsächlichen Werte anstelle von „Messergebnissen" zu beliebigen Zeitpunkten t_1 und t_2 betrachten. Ein externer Eingriff von hypothetischen Experimentatoren mit freiem Willen ist nicht involviert.

[9] Siehe auch L. A. Khalfin und B. S. Tsirelson, in the Joensuu proceedings (Ref. 3) und A. M. Cetto, L. de la Peña und E. Santos, *Phys. Lett.* **A113**, 304 (1985). Die letzten Autoren benutzen die Wigner-Verteilung.

22 Gibt es Quantensprünge?

„Wenn es doch bei dieser verdammten Quantenspringerei bleiben soll, so bedauere ich, mich mit der Quantentheorie überhaupt beschäftigt zu haben.“ E. Schrödinger

22.1 Einleitung

Ich habe den Titel eines typischen Artikels von Schrödinger (1952) [9] ausgeliehen. Darin setzt er die glatte Entwicklung der Wellenfunktion in Gegensatz zum sprunghaften Verhalten des Bildes, durch das die Wellenfunktion nach Ansicht der meisten Physiker üblicherweise ergänzt oder „interpretiert“ wird. Er erhebt insbesondere Einwände gegen den Begriff der „stationären Zustände“, und vor allem das „Quantenspringen“ zwischen diesen Zuständen. Er betrachtet diese Konzepte als Überbleibsel der alten Bohrschen Quantentheorie von 1913, die durch nichts in der Mathematik der neuen Theorie von 1926 begründet sind. Er würde gern die Wellenfunktion als die vollständige Darstellung betrachten, die vollständig determiniert ist durch die Schrödinger-Gleichung, und die sich deshalb ohne „Quantensprünge“ glatt entwickelt. Auch „Teilchen“ würde es in dieser Darstellung nicht geben. In einem frühen Stadium hatte er versucht, „Teilchen“ durch Wellenpakete zu ersetzen (Schrödinger, 1926) [5]. Aber Wellenpakete fließen auseinander. Und der Artikel von 1952 [9] endet, ziemlich lahm, mit dem Eingeständnis, dass er, Schrödinger, gegenwärtig weder weiß, wie man Teilchenspuren in Spurkammern erklären soll…, noch allgemeiner, die Bestimmtheit, die Genauigkeit der Erfahrungswelt – verglichen mit der Unbestimmtheit, der Welligkeit der Wellenfunktion. Es ist das Problem, das er mit seiner Katze hatte (Schrödinger, 1935a) [6]. Er dachte, dass sie nicht gleichzeitig tot und lebendig sein könnte. Aber die Wellenfunktion zeigt keine solche Festlegung – die Möglichkeiten überlagern sich. Entweder ist die Wellenfunktion, so wie sie durch die Schrödinger-Gleichung gegeben ist, nicht alles oder sie ist nicht richtig.

Von diesen beiden Möglichkeiten, dass die Wellenfunktion nicht alles oder nicht richtig ist, wird die erste insbesondere in der „Führungswellen“-Vorstellung von de Broglie und Bohm entwickelt. Absurderweise sind diese Theorien als „verborgene Variablen“-Theorien bekannt. Absurderweise, weil man das Abbild der sichtbaren Welt nicht in der Wellenfunktion findet, sondern in den ergänzenden „verborgenen“(!) Variablen. Natürlich sind die zusätzlichen Variablen nicht auf den sichtbaren „makroskopischen“ Maßstab beschränkt. Denn man kann keine scharfe Definition eines solchen Maßstabs angeben. Der „mikroskopische“ Aspekt der ergänzenden Variablen ist uns gewiss verborgen. Aber zuzugeben, dass es Dinge gibt, die für plumpe Geschöpfe wie uns nicht sichtbar sind, ist (meiner Meinung nach) Ausdruck angebrachter Bescheidenheit, und keine beklagenswerte Neigung zur Metaphysik. In jedem Fall ist die verborgenste aller Variablen im Führungswellen-Bild die Wellenfunktion, die sich uns nur durch ihren Einfluss auf die zusätzlichen Variablen offenbart.

Wenn wir, mit Schrödinger, zusätzliche Variablen ablehnen, müssen wir zulassen, dass seine Gleichung nicht immer richtig ist. Ich weiß nicht, ob er diese Schlussfolgerung in Erwägung gezogen hat, aber mir scheint sie unausweichlich. Jedenfalls ist es der Gedankengang, dem ich hier folgen werde. Die Idee einer kleinen Änderung der Mathematik der Wellenfunktion, die kleine Systeme wenig beeinflusst, aber wichtig wird in großen Systemen, (wie Katzen und anderen wissenschaftlichen Instrumenten) ist oft in Erwägung gezogen worden. Es scheint mir, dass eine neuere Idee (Ghiradi, Rimini und Weber, 1985) [4], eine besondere Form des spontanen Wellenfunktions-Kollapses, besonders einfach und effektiv ist. Ich werde sie unten darlegen. Dann werde ich untersuchen, welches Licht sie auf eine andere Sorge Schrödingers wirft. Er war einer derjenigen, die am stärksten [6-8] auf den berühmten Artikel von Einstein, Podolsky und Rosen [3] reagierten. Denn das, was er „Quantenverschränkung“ nennt, und die resultierenden EPR-Korrelationen „würde (er) nicht *ein* sondern *das* charakteristische Merkmal der Quantenmechanik nennen, das Merkmal, das ihre vollständige Loslösung von den klassischen Denkmustern erzwingt“.

22.2 Ghirardi, Rimini und Weber

Der Vorschlag von Ghirardi, Rimini und Weber wird für die nichtrelativistische Schrödinger-Quantenmechanik formuliert. Die Idee ist: Obwohl sich die Wellenfunktion

$$\psi(t, \mathbf{r}_1, \mathbf{r}_2, \ldots, \mathbf{r}_N) \tag{1}$$

normalerweise entsprechend der Schrödinger-Gleichung entwickelt, macht sie von Zeit zu Zeit einen Sprung. Tatsächlich: einen Sprung! Aber wir werden sehen, dass diese GRW-Sprünge wenig mit denen zu tun haben, die Schrödinger so scharf ablehnte. Die einzige Ähnlichkeit ist, dass sie zufällig und spontan sind. Die Wahrscheinlichkeit für einen GRW-Sprung pro Zeiteinheit ist

$$\frac{N}{\tau}, \tag{2}$$

worin N die Anzahl der Argumente $\mathbf{r}$ in der Wellenfunktion ist und τ eine neue Naturkonstante. Der Sprung erfolgt zu einer „reduzierten“ oder „kollabierten“ Wellenfunktion

$$\psi' = \frac{j(\mathbf{x} - \mathbf{r}_n)\psi(t, \ldots)}{R_n(\mathbf{x})}, \tag{3}$$

wobei $\mathbf{r}_n$ zufällig aus den Argumenten $\mathbf{r}$ ausgewählt ist. Der Sprungfaktor j ist normiert auf:

$$\int d^3\mathbf{x}|j(\mathbf{x})|^2 = 1. \tag{4}$$

Ghirardi, Rimini und Weber schlagen eine Gaußverteilung vor:

$$j(\mathbf{x}) = K\exp(-\mathbf{x}^2/2a^2) \tag{5}$$

worin a wiederum eine neue Naturkonstante ist. R ist ein Normierungsfaktor:

$$|R_n(\mathbf{x})|^2 = \int d^3\mathbf{r}_1 \dots d^3\mathbf{r}_N |j\psi|^2. \tag{6}$$

Schließlich wird das Kollapszentrum $\mathbf{x}$ zufällig gewählt mit der Wahrscheinlichkeitsverteilung

$$d^3\mathbf{x}|R_n(\mathbf{x})|^2. \tag{7}$$

Für die neuen Naturkonstanten schlagen GRW als Größenordnungen vor

$$\tau \approx 10^{15}\text{s} \approx 10^8\text{Jahre} \tag{8}$$

$$a \approx 10^{-5}\text{cm}. \tag{9}$$

Ein unmittelbarer Einwand gegen den spontanen GRW-Wellenfunktions-Kollaps ist, dass er die Symmetrie oder Antisymmetrie, die für „identische Teilchen“ gefordert wird, nicht beachtet. Aber dies wird berücksichtigt, wenn die Theorie im Kontext der Feldtheorie entwickelt wird, wobei die GRW-Reduktion auf „Feldvariablen“ anstelle von „Teilchenpositionen“ angewandt wird. Ich kann nicht erkennen, warum das nicht möglich sein sollte; obwohl neuartige Renormalisierungsprobleme auftauchen können.

Es gibt auch kein Problem, den „Spin“ zu behandeln. Man kann annehmen, dass die Wellenfunktionen ψ und ψ' in (3) unterdrückte Spinindizes haben.

Betrachten wir nun die Wellenfunktion

$$\phi(\mathbf{s}_1 \cdots \mathbf{s}_L)\chi(\mathbf{r}_1 \cdots \mathbf{r}_M), \tag{10}$$

in der L nicht sehr groß ist, M jedoch sehr, sehr groß ist. Der erste Faktor ϕ könnte ein kleines System darstellen, zum Beispiel ein Atom oder Molekül, das zeitweilig vom Rest der Welt isoliert ist ..., der letztere, oder ein Teil davon, sei dargestellt durch den zweiten Faktor χ. Der GRW-Prozess für die vollständige Wellenfunktion bedeutet unabhängige GRW-Prozesse für die zwei Faktoren. Wegen (8) können wir den GRW-Prozess im kleinen System vergessen. Aber im großen System, mit M in der Größenordnung von 10^{20} oder größer, ist die mittlere Lebenszeit vor einem GRW-Sprung etwa

$$\frac{10^{15}\text{s}}{10^{20}} = 10^{-5}\text{s} \tag{11}$$

oder kleiner.

Betrachten wir als nächstes eine Wellenfunktion wie

$$\phi_1(\mathbf{s}_1 \cdots \mathbf{s}_L)\chi_1(\mathbf{r}_1 \cdots \mathbf{r}_M) + \phi_2(\mathbf{s}_1 \cdots \mathbf{s}_L)\chi_2(\mathbf{r}_1 \cdots \mathbf{r}_M). \tag{12}$$

Diese könnte das Resultat einer „Quantenmessungs"-Situation sein. Irgendeine „Eigenschaft" des kleinen Systems ist durch die Wechselwirkung mit einem großen „Instrument" „gemessen" worden, das sich als Folge auf einen der Zustände χ_1 oder χ_2 (die verschiedenen Zeigerstellungen entsprechen) eingestellt hat. Diese makroskopische Differenz zwischen χ_1 und χ_2 bedeutet, dass für sehr viele Argumente $\mathbf{r}$, die Multiplikation der Wellenfunktion mit $j(\mathbf{x}-\mathbf{r})$ den einen oder den anderen Term von (12) auf Null reduziert. Deshalb wird in einer Zeit der Größenordnung (11) einer der Terme verschwinden, und nur der andere wird sich fortpflanzen. Die Wellenfunktion legt sich sehr schnell auf die eine oder die andere Zeigerstellung fest. Darüber hinaus ist die Wahrscheinlichkeit, dass ein Term anstatt des anderen übrig bleibt, proportional zu seinem Anteil der Gesamtnorm – in Übereinstimmung mit der Regel der pragmatischen Quantentheorie.

Ganz allgemein existiert in der GRW-Theorie jede befremdliche makroskopische Ungewissheit der üblichen Theorie nur vorübergehend. Die Katze ist nicht länger als den Bruchteil einer Sekunde gleichzeitig tot und lebendig. Man kann sich allerdings fragen, ob der GRW-Prozess nicht zu weit geht. In der üblichen pragmatischen Theorie ist die „Reduktion" oder der „Kollaps" der Wellenfunktion eine Operation, die der Theoretiker zu einer ihm passenden Zeit ausführt. Normalerweise wird er das aufschieben, bis die Schrödinger-Gleichung eine sehr große Differenz zwischen χ_1 und χ_2 aufgebaut hat. Der GRW-Prozess ist ein Naturprozess, der passiert, sobald die Differenz zwischen χ_1 und χ_2 groß genug ist. Ich denke, dass die GRW-Theorie in der Praxis, mit passenden Werten der Naturkonstanten (8,9), trotzdem mit der pragmatischen Theorie übereinstimmt. Weitere Modellstudien wären aber nützlich, um Vertrauen dazu zu schaffen.

22.3 Quantenverschränkung

In dieser Theorie gibt es nichts außer der Wellenfunktion. In der Wellenfunktion müssen wir das Abbild der physikalischen Welt finden und insbesondere der Anordnung der Dinge im gewöhnlichen dreidimensionalen Raum. Aber die Wellenfunktion lebt als Ganzes in einem viel größeren Raum mit $3N$ Dimensionen. Es ist sinnlos, nach der Amplitude (oder Phase, oder was auch immer) der Wellenfunktion an einem Punkt im gewöhnlichen Raum zu fragen. Sie hat weder Amplitude, noch Phase, noch irgendetwas anderes, solange nicht eine Vielzahl von Punkten im gewöhnlichen dreidimensionalen Raum spezifiziert sind. Die GRW-Sprünge (die Teil der Wellenfunktion sind, nichts anderes), finden jedoch sehr wohl im gewöhnlichen Raum statt. In der Tat ist das Zentrum eines jeden Sprungs ein bestimmter Raumzeit-Punkt $(\mathbf{x},t)$. Deshalb können wir diese Ereignisse als Basis der „lokalen beables"[1] der Theorie vorschlagen. Sie sind die mathematischen Gegenstücke in der Theorie zu den realen Ereignissen an definierten Orten und Zeiten in der realen Welt (im Unterschied zu den vielen, rein mathematischen Konstruktionen, die in der Entwicklung physikalischer Theorien auftauchen; im Unterschied zu Dingen, die real, aber nicht lokalisiert sein können; und im Unterschied zu den „Observablen" anderer Formulierungen der Quantenmechanik, für die wir hier keine Verwendung haben). Ein Stück Materie ist dann eine Galaxis solcher Ereignisse. Als schematischen psycho-physikalischen Parallelismus können wir annehmen, dass unsere persönliche Erfahrung mehr oder weniger direkt aus Ereignissen in bestimmten Stücken von Materie (unseren Gehirnen) besteht, die wiederum korreliert sind mit Ereignissen in unserem Körper als Ganzem, und diese wiederum mit Ereignissen in der Außenwelt.

In diesem Artikel werden wir den Begriff der Lokalisierung von Ereignissen nur in einer groben Art und Weise benutzen. Wir werden Ereignisse in dem einen oder dem anderen von zwei weitgehend getrennten Raumbereichen lokalisieren, die von zwei weitgehend getrennten Systemen belegt sein sollen.

Nehmen wir an, die Argumente $\mathbf{s}$ und $\mathbf{r}$ in (12) beziehen sich auf die beiden Seiten einer Einstein-Podolsky-Rosen-Bohm-Konfiguration, bei denen sowohl L als auch M groß sind. Eine Quelle, die wir zur Vereinfachung in der Untersuchung weglassen, emittiert ein Paar von Spin-$\frac{1}{2}$-Neutronen im Singulett-Spinzustand. Sie bewegen sich durch Stern-Gerlach-Magnete hin zu Zählern, die für jedes Neutron anzeigen, ob es durch den entsprechenden Magnet „up" oder „down" abgelenkt wurde. Laut der Schrödinger-Gleichung würde die Wellenfunktion herauskommen nach (12), mit ϕ_1 oder ϕ_2 entsprechend „up" oder „down" auf der linken Seite und χ_1 oder χ_2 entsprechend „up" oder „down" auf der rechten. Angenommen, die linken Zähler sind näher an der Quelle als die rechten und zeigen deshalb vor den rechten an. Wir nehmen also an, ϕ_1 soll sich makroskopisch von ϕ_2 unterscheiden, bevor sich χ_1 von χ_2 unterscheidet. Dann reduzieren die GRW-Sprünge links die Wellenfunktion schnell auf den einen oder den anderen der beiden Terme in (12). Die Auswahl zwischen χ_1 und χ_2, wie auch zwischen ϕ_1 und ϕ_2 ist dann getroffen. Die Sprünge auf der linken Seite entscheiden, die auf der rechten Seite haben keine Gelegenheit dazu.

In all dem ist die GRW-Vorstellung sehr nahe an einer üblichen Weise, die konventionelle Quantenmechanik darzustellen – mit „Messungen", die „Wellenfunktions-Kollapse" herbeiführen; und mit einer „Messung" an einer Stelle, die einen „Kollaps" überall herbeiführt. Aber es ist wichtig, dass in der GRW-Theorie alles, einschließlich der „Messung", nach den mathematischen Gleichungen der Theorie abläuft. Diese

[1] AdÜ: Die Bellsche Wortschöpfung „beable" kann etwa als das „Seibare" übersetzt werden. Siehe auch Kap. 5 (S. 44), Kap. 7 und insbes. Kap. 19, Abs. 2.

Gleichungen werden nicht von Zeit zu Zeit, aufgrund von zusätzlichen, ungenauen und verbalen Vorschriften, außer Kraft gesetzt.

In dieser EPRB-Situation bedeutet ein „up“ auf der linken Seite ein darauffolgendes „down“ auf der rechten, und umgekehrt. Aber natürlich war es nicht die Existenz der Korrelation von Ereignissen, die EPR außerordentlich störte, und Einstein [2] dazu bewegte, in diesem Zusammenhang den Begriff „Paradoxon“ zu benutzen. Solche Korrelationen sind normal im täglichen Leben. Wenn ich sehe, dass ich nur einen Handschuh mitgebracht habe, den linken, kann ich getrost vorhersagen, dass der zu Hause gelassene, der rechte sein wird. In der alltäglichen Auffassung der Dinge gibt es hier keine Ungereimtheit. Beide Handschuhe waren den ganzen Morgen da, und jeder war die ganze Zeit links- oder rechtshändig. Die Betrachtung des Handschuhs aus meiner Tasche gibt Information über denjenigen zu Hause, beeinflusst ihn aber nicht. Was die EPRB-Korrelationen angeht, ist das Störende an der Quantenmechanik, besonders in der durch GRW zugespitzten Form, dass vor der ersten „Messung“ nichts außer der quantenmechanischen Wellenfunktion *da ist* – vollständig neutral zwischen den zwei Möglichkeiten. Die Entscheidung zwischen diesen Möglichkeiten wird für beide der wechselseitig weit entfernten Systeme erst durch die erste „Messung“, an einem von ihnen, getroffen. Wenn es nichts *gab* außer der Wellenfunktion, ist es keine Frage des bloßen Aufdeckens einer bereits getroffenen Entscheidung. Es war diese „Spukwirkung in die Ferne“, die unmittelbare Festlegung von Ereignissen in einem weit entfernten System durch Ereignisse in einem nahen System, die EPR so außerordentlich störte. Sie folgerten, dass die Quantenmechanik (zumindest) unvollständig sein müsse. In der Natur muss es zusätzliche, in der Quantenmechanik noch nicht bekannte, Variablen geben, die die Ergebnisse der Experimente im voraus festlegen, und die in der Quelle korreliert worden sind – genauso wie Handschuhe in passenden Paaren verkauft werden.

Es ist heute sehr schwierig, die Hoffnung aufrechtzuerhalten, dass die lokale Kausalität in der Quantenmechanik durch Hinzufügung von ergänzenden Variablen wiederhergestellt werden könnte. Die vollkommenen Korrelationen, die EPR tatsächlich betrachteten, mit den parallel ausgerichteten Polarisatoren der EPRB-Konfiguration, stellen hierbei überhaupt kein Problem dar. Die unvollkommenen Korrelationen der Quantenmechanik, mit nichtparallelen Polarisatoren, erweisen sich jedoch als widerspenstiger (z.B. Bell, 1981) [1].

Die GRW-Theorie fügt keine Variablen hinzu. Durch Hinzufügen mathematischer Exaktheit zu den Sprüngen in der Wellenfunktion scheint es jedoch einfach, die Fernwirkung zu präzisieren. Der am meisten störende Aspekt dabei ist die anscheinende Schwierigkeit, sie mit der Lorentzinvarianz in Übereinstimmung zu bringen. In einer lorentzinvarianten Theorie sind wir geneigt zu denken, dass „sich nichts schneller als Licht bewegt“. Deshalb wenden wir uns jetzt einer Diskussion der Lorentzinvarianz zu.

22.4 Relative Zeit-Translations-Invarianz

Natürlich können wir keine vollständige Lorentzinvarianz im Zusammenhang mit dem oben dargestellten, nichtrelativistischen Modell behandeln. Aber es gibt einen Rest, oder zumindest ein Analogon zur Lorentzinvarianz, das im Fall von zwei weitgehend getrennten Systemen behandelt werden kann. Betrachten wir die Lorentztransformation

$$z' = \gamma(z - vt), \quad t' = \gamma(t - vz) \tag{13}$$

bei der x und y unverändert bleiben (wobei die Lichtgeschwindigkeit gleich Eins gesetzt ist) und

$$\gamma = \frac{1}{(1 - v^2)^{1/2}}. \tag{14}$$

Im Fall eines Systems in einem weiten Abstand a vom Ursprung führt man zweckmäßigerweise einen neuen Ursprung ein, so dass

$$z \to z + a. \tag{15}$$

Dann wird (13) zu

$$z' = -a + \gamma(z + a - vt), \quad t' = \gamma(t - v(z + a)). \tag{16}$$

Nehmen wir v als sehr klein und a als sehr groß an, so dass

$$va = k, \tag{17}$$

dann wird (16) zu

$$z' = z, \quad t' = t - k. \tag{18}$$

Im Fall eines einzelnen Systems sagt uns das einfach, dass man Invarianz bezüglich einer Zeit-Translation zu erwarten hat. Aber im Fall von zwei Systemen, die vom Ursprung in entgegengesetzte Richtungen verschoben sind (und in denen deshalb k verschiedene Vorzeichen hat), sagt es uns, dass Invarianz bezüglich Verschiebung in *relativer* Zeit zu erwarten ist.

Ein Formalismus mit mehreren Zeiten, d.h. mit unabhängigen Zeiten für verschiedene Teilchen oder für verschiedene Punkte im Raum, ist in der relativistischen Quantentheorie ein alter Hut. Im Kontext der nichtrelativistischen Theorie ist er weniger gebräuchlich. Er ist jedoch *für den Fall nicht wechselwirkender Systeme* auf der Ebene der Schrödinger-Gleichung leicht einzubauen. Die zwei nicht wechselwirkenden Systeme sollen getrennte Hamilton-Operatoren A, beziehungsweise B haben, so dass der Gesamt-Hamilton-Operator ist

$$H = A + B. \tag{19}$$

Dann können wir aus der gewöhnlichen Wellenfunktion mit einer Zeit $\psi(t,\ldots)$ eine Wellenfunktion mit zwei Zeiten definieren

$$\psi(t',t'',\ldots) = \frac{\exp i(t - t')A}{\hbar} \frac{\exp i(t - t'')B}{\hbar} \psi(t,\ldots). \tag{20}$$

Da A und B kommutieren, ist die Reihenfolge der zwei Exponentiale in (20) unwichtig. (Wenn A und B jedoch zeitabhängig sind, müssen die beiden Exponentiale unabhängig zeitlich sortiert werden, wie in (A.5)). Die „Zwei-Zeiten-Wellenfunktion" erfüllt die zwei Schrödinger-Gleichungen

$$i\hbar \frac{\partial}{\partial t'} \psi(t',t'',\ldots) = A\psi(t',t'',\ldots) \tag{21}$$

$$i\hbar \frac{\partial}{\partial t''} \psi(t',t'',\ldots) = B\psi(t',t'',\ldots). \tag{22}$$

Diese Gleichungen sind invariant bei unabhängigen Verschiebungen der Ursprünge der beiden Zeitvariablen (vorausgesetzt, dass alle zeitabhängigen externen Felder in A und B entsprechend verschoben werden).

Es bleibt zu prüfen, ob diese relative Zeitinvarianz die Einführung der GRW-Sprünge übersteht. Sie tut es. Weil ich keinen kurzen, eleganten Beweis gefunden habe, sind die unbeholfenen Argumente, die ich fand, in den Anhang verbannt. Aus der gewöhnlichen Wellenfunktion mit einer Zeit i kann wieder eine Zwei-Zeiten-Wellenfunktion konstruiert werden. Sie enthält die Sprünge von Teilsystem 1 zwischen den Zeiten i und i', und die von Teilsystem 2 zwischen i und i''. Mit diesen Größen kann eine Formel gefunden werden (A.22, A.23) für die Wahrscheinlichkeit von folgenden Sprüngen vor den Zeiten f', beziehungsweise f'', in den zwei Teilsystemen. Sie kann als Ergänzung von (21,22) durch die Wahrscheinlichkeiten von Sprüngen in den zwei Systemen interpretiert werden, während t' und t'', von unabhängigen Startpunkten, unabhängig voneinander laufen. Sie ist nicht von t' und t'' abhängig, außer durch die Zwei-Zeiten-Wellenfunktion ψ (und irgendwelchen zeitabhängigen, externen Feldern in den Hamilton-Operatoren A und B). Die relative Zeit-Translations-Invarianz ist damit evident.

Die Reformulierung (A.22, A.23) der Theorie kann auch benutzt werden, um die Statistik von Sprüngen in einem System getrennt zu berechnen – ungeachtet dessen, was in dem anderen passiert. Das Ergebnis (A.24, A.25) nimmt keinen Bezug auf das zweite System. Die Ereignisse in einem System, getrennt betrachtet, erlauben weder einen Schluss über Ereignisse in dem anderen, noch über externe Felder, die in dem anderen wirken,... noch sogar über die pure Existenz des anderen Systems. Es gibt keine „Nachrichten" von einem System zum anderen. Die unerklärlichen Korrelationen der Quantenmechanik haben keine Nachrichtenübermittlung zwischen nicht wechselwirkenden Systemen zur Folge. Trotzdem kann es natürlich Korrelationen geben (z.B. solche von EPRB) – und wenn etwas über das zweite System vorgegeben ist (z.B. dass es die andere Seite eines EPRB-Aufbaus ist) und etwas über den Gesamtzustand (z.B. dass es ein EPRB-Singulett-Zustand ist), dann sind Schlussfolgerungen von Ereignissen in einem System (z.B. „yes" vom „up"-Zähler) zu Ereignissen in dem anderen (z.B. „yes" vom „down"-Zähler) möglich.

22.5 Fazit

Ich denke, dass Schrödinger die hier dargelegte GRW-Theorie schwerlich sehr überzeugend gefunden hätte – mit der Willkürlichkeit der Sprungfunktion und der schweren Fassbarkeit der neuen physikalischen Konstanten. Aber er könnte in ihr einen Hinweis auf etwas zukünftiges Neues gesehen haben. Es würde ihm gefallen haben, denke ich, dass die Theorie vollständig durch die Gleichungen bestimmt ist; die nicht von Zeit zu Zeit weggeredet werden müssen. Ihm würde die vollständige Abwesenheit von Teilchen in der Theorie gefallen haben – und dennoch das Auftauchen von „Teilchenspuren“ und allgemeiner die „Genauigkeit“ der Welt auf der makroskopischen Ebene. Er würde die GRW-Sprünge sicher nicht gemocht haben, aber er würde sie weniger stark ablehnen als die alten Quantensprünge seiner Zeit. Und er würde sich überhaupt nicht an ihrem Indeterminismus stören. Denn schon 1922 erwartete er, nach seinem Lehrer Exner, dass die fundamentalen Gesetze statistischer Natur sind: „... wenn wir unsere tief verwurzelte Vorliebe für absolute Kausalität abgelegt haben, werden wir die Schwierigkeiten überwinden...“ [10].

Ich selbst sehe das GRW-Modell als sehr hübsche Illustration dafür, dass es nur einer sehr kleinen Änderung bedarf (in gewisser Hinsicht!), um aus der Quantenmechanik eine vernünftige Theorie zu machen. Und ich bin besonders beeindruckt von dem Fakt, dass das Modell insoweit lorentzinvariant ist, wie es in der nichtrelativistischen Version möglich ist. Es schmälert meine Furcht, dass jede exakte Formulierung der Quantenmechanik in Konflikt mit der grundlegenden Lorentzinvarianz stehen muss.

Anhang

Es sei

$$P(f;\mathbf{x}_m,n_m,t_m;\ldots\mathbf{x}_1,n_1,t_1;i)\mathrm{d}^3\mathbf{x_1}\ldots\mathrm{d}^3\mathbf{x_m}\mathrm{d}t_1\ldots\mathrm{d}t_m \tag{A.1}$$

die Wahrscheinlichkeit, dass zwischen einer Zeit i und einer späteren Zeit f m Sprünge stattfinden, mit dem ersten zur Zeit t_1 im Intervall dt_1, der das Argument $\mathbf{r}_{n_1}$ betrifft und zentriert auf $\mathbf{x}_1$ in $d^3\mathbf{x}_1$; mit dem zweiten zur Zeit t_2 im Intervall dt_2, der das Argument $\mathbf{r}_{n_2}$ betrifft und zentriert auf $\mathbf{x}_2$ in $d^3\mathbf{x}_2$,... und so weiter. Dann ist mit den Grundannahmen

$$P = \exp\lambda N(i-f)\langle i|E^+(f,i)E(f,i)|i\rangle, \tag{A.2}$$

wobei N die „Teilchengesamtzahl“ ist, $|i\rangle$ den Anfangszustand bezeichnet

$$|i\rangle = \psi(i,\mathbf{r}_1,\mathbf{r}_2,\ldots) \tag{A.3}$$

und

$$E(f,i) = U(f,t_m)j(n_m,\mathbf{x}_m)\cdots U(t_2,t_1)j(n_1,\mathbf{x}_1)U(t_1,i) \tag{A.4}$$

mit

$$U(s,t) = T\exp\int_s^t \mathrm{d}t'\frac{H(t')}{i\hbar} \tag{A.5}$$

und

$$j(n,x) = \lambda^{1/2} j(\mathbf{x} - \mathbf{r}_n). \tag{A.6}$$

In (A.5) erlauben wir, dass der Hamilton-Operator zeitabhängig ist und wir darum ein zeitlich geordnetes Produkt haben. Man beachte die Unitaritäts-Relation

$$U^+ U = 1. \tag{A.7}$$

Das äußerste linke U in (A.4) ist wegen (A.7) eigentlich redundant in (A.2), aber es ist später nützlich. Das Exponential am Anfang von (A.2) geht aus einem Produkt von Exponentialen

$$\exp -\lambda N(t' - t),$$

hervor, die die Wahrscheinlichkeiten dafür sind, dass kein Sprung in den entsprechenden Zeitintervallen erfolgt. Die Formeln könnten etwas vereinfacht werden, indem man Heisenberg-Operatoren einführt, aber das wollen wir hier nicht tun.

Wir wollen aus (A.1) - (A.4) für ein gegebenes i die bedingte Wahrscheinlichkeitsverteilung für Sprünge im Intervall i' bis f berechnen, wobei die Sprünge zwischen i und i' vorgegeben sind. Wir müssen nur (A.1) durch die Wahrscheinlichkeit für die gegebenen Sprünge dividieren:

$$\exp \lambda N(i - i') |R|^2 \mathrm{d}^3\mathbf{x}_1 \dots \mathrm{d}t_1 \dots \tag{A.8}$$

mit, aus (A.2)

$$|R|^2 = \langle i | E^+(i', i) E(i', i) | i \rangle. \tag{A.9}$$

Das Ergebnis kann ausgedrückt werden in der Form

$$|i'\rangle = \frac{E(i', i)|i\rangle}{R}, \tag{A.10}$$

wenn wir die Faktorisierungseigenschaft beachten

$$E(f, i) = E(f, i') E(i', i). \tag{A.11}$$

Wenn wir die Sprünge im verkleinerten Intervall nach i' umnumerieren, so dass sie wieder mit 1 beginnen, erhalten wir wieder gerade (A.1) - (A.4), wobei überall i durch i' ersetzt ist. Das war also nur ein relativ aufwendiger Test auf Widerspruchsfreiheit. Aber die benutzten Manipulationen werden für einen anderen Zweck in Kürze nützlich sein.

Wir wollen nun mit (A.1) - (A.4) mit festem f die Wahrscheinlichkeit P' für Sprünge berechnen, die nur bis zu einer früheren Zeit f' gegeben sind, ungeachtet dessen, was später passiert. Um das zu tun, müssen wir über alle Möglichkeiten im Intervall zwischen f und f' summieren. In diesem restlichen Intervall können $0, 1, 2 \dots$ zusätzliche Sprünge sein. Die Wahrscheinlichkeit für die gegebenen Sprünge im verkleinerten Intervall, und keine Sprünge im Rest, ist direkt durch (A.2) gegeben, was wir umschreiben als

$$X_0 \exp \lambda N(i - f') \langle i | E^+(f', i) E(f', i) | i \rangle \tag{A.12}$$

mit

$$X_0 = \exp\lambda N(f' - f). \tag{A.13}$$

Mit einem zusätzlichen Sprung wird E^+E im Erwartungswert ersetzt durch

$$E^+U^+|j(n,x)|^2UE, \tag{A.14}$$

wobei der Zusatzfaktor U das System von der Zeit f' bis zur Zeit t des zusätzlichen Sprunges (n,x) entwickelt. Integration über x, unter Benutzung von (4), ersetzt $|j(n,x)|^2$ durch λ. Das zusätzliche U^+U verschwindet wegen der Unitarität. Summation über n gibt einen Faktor N, und Integration über die Zeit t gibt einen Faktor $(f - f')$. Dann ist der Gesamtbeitrag des zusätzlichen Sprunges zu P' der Ausdruck (A.12), wobei X_0 ersetzt ist durch

$$X_1 = \lambda N(f - f')\exp\lambda N(f' - f). \tag{A.15}$$

Indem wir so fortfahren, finden wir für den Beitrag von n zusätzlichen Sprüngen zu P' wiederum (A.11), jedoch mit X_0 ersetzt durch

$$X_n = \frac{(\lambda N(f - f'))^n}{n!}\exp\lambda N(f' - f). \tag{A.16}$$

Der Faktor $n!$ entsteht durch die Beschränkung des mehrfachen Zeitintegrals auf die chronologische Reihenfolge. Um das Gesamt-P' zu erhalten, müssen wir diese n Zusatzbeiträge über alle n summieren. Das ist einfach, denn

$$\sum X_n = 1. \tag{A.17}$$

Das Ergebnis für P' ist einfach (A.1) - (A.4), wobei f ersetzt ist durch f'. Das ist lediglich wie erwartet, aber ähnliche Formel-Manipulationen werden später nützlich sein.

Nehmen wir jetzt an, dass das System in zwei nicht wechselwirkende Teilsysteme zerfällt, mit den kommutierenden Hamilton-Operatoren A, beziehungsweise B:

$$H = A + B. \tag{A.18}$$

Dann sind die Operatoren U zerlegbar:

$$U(t',t) = V(t',t)W(t',t) \tag{A.19}$$

mit V und W konstruiert wie U in (A.5), aber mit H ersetzt durch A und B. Da V und W kommutieren, können wir die Faktoren zusammenfassen, die sich auf jedes Teilsystem in (A.2) beziehen, mit dem Ergebnis

$$P = \exp\lambda L(i - f)\exp\lambda M(i - f)\langle i|F^+FG^+G|i\rangle, \tag{A.20}$$

wobei F und G wie E in (A.4) konstruiert sind, aber aus den Operatoren des ersten bzw. zweiten Teilsystems. Die ganzen Zahlen L und M sind die „Teilchenzahlen“ der Teilsysteme:

$$L + M = N. \tag{A.21}$$

An dieser Stelle sind die Start- und Endzeiten i und f für beide Teilsysteme gleich. Aber mit den Manipulationen, die oben beschrieben sind, können wir von i und f zu späteren Startzeiten und früheren Endzeiten übergehen. Da die Sprung- und Evolutions-Operatoren miteinander kommutieren und in getrennten, kommutierenden Faktoren F und G zusammengefasst sind, kann das außerdem unabhängig für beide Teilsysteme erfolgen. Damit können wir unabhängige Startzeiten i und i' und unabhängige Endzeiten f und f' jeweils für die beiden Teilsysteme einsetzen.

Die resultierende Verteilungsfunktion über die Sprünge in dem reduzierten Zeitintervall ist

$$P(f', f''; \mathbf{x}_m, n_m, t_m; \ldots \mathbf{x}_1, n_1, t_1; i', i'')\mathrm{d}^3\mathbf{x_1} \ldots \mathrm{d}^3\mathbf{x_m}\mathrm{d}t_1 \ldots \mathrm{d}t_m \tag{A.22}$$

wobei

$$P = \exp\lambda L(i' - f')\exp\lambda M(i'' - f'')\langle i', i''|F^+FG^+G|i', i''\rangle. \tag{A.23}$$

Die Sprünge und Evolutionen vor i' bzw. i'' in den beiden Teilsystemen sind in den Anfangszustand $|i', i''\rangle$ eingeflossen. Die Sprünge und Evolutionen in reduzierten Intervallen, i' bis f' und i'' bis f'' bilden F und G, wie in (A.4).

Abschließend bemerken wir, dass mit dem nun vertrauten Verfahren über alle Möglichkeiten für das zweite System summiert werden kann, wenn wir nur daran interessiert sind, was im Teilsystem 1 passiert. Das Ergebnis ist einfach (A.22), nur mit Bezug zu Sprüngen im System 1 und (A.23) ohne jeden Operator G. Es ist äquivalent zu

$$P = \mathrm{Spur}_1 F^+F\rho, \tag{A.24}$$

wobei sich die Spur über den Zustandsraum von System 1 erstreckt und

$$\rho = \mathrm{Spur}_2 |i', i''\rangle\langle i', i''| \tag{A.25}$$

mit der Spur über den Zustandsraum vom System 2.

Literatur

[1] Bell, J. S. (1981) *J. de Physique* **42**, c2, 41–61 [Kapitel 16 in diesem Buch]

[2] Einstein, A. (1949) *Reply to criticisms. Albert Einstein, Philosopher and Scientist* (Hrsg. Schilpp, P. A.). Tudor

[3] Einstein, A. Podolsky, B. und Rosen, N. (1935) *Phys. Rev.* **47**, 777

[4] Ghirardi, G. C., Rimini, A. und Weber, T. (1986) *Phys. Rev.* **D 34**, S. 470

[5] Schrödinger, E. (1926) *Annal. Phys.* **79**, 489–527

[6] Schrödinger, E. (1935a) *Naturwissenschaften* **23**, 807–812, 823–8, 844–9

[7] Schrödinger, E. (1935b) *Proc. Camb. Phil. Soc.* **31**, 555–63

[8] Schrödinger, E. (1936) *Proc. Camb. Phil. Soc.* **32**, 446–52

[9] Schrödinger, E. (1952) *Brit. J. Phil. Sci.* **3**, 109–23, 233–47

[10] Schrödinger, E. (1957) *What is a law of nature? Science Theory and Man*, S. 133–47. Dover

23 Wider die „Messung“

Sicher sollten wir nach 62 Jahren eine exakte Formulierung eines erheblichen Teils der Quantenmechanik haben? Mit „exakt“ meine ich natürlich nicht „exakt wahr“. Ich meine nur, dass die Theorie vollständig in mathematischen Begriffen formuliert sein sollte, und nichts im Ermessen der theoretischen Physiker bleibt ... bis praktikable Näherungen für Anwendungen benötigt werden. Mit „erheblich“ meine ich, dass ein ziemlich substantieller Bruchteil der Physik abgedeckt werden sollte. Die nichtrelativistische „Teilchen“-Quantenmechanik, vielleicht mit Einschluss des elektromagnetischen Feldes und einer cut-off-Wechselwirkung, ist ernsthaft genug. Denn sie deckt „einen großen Teil der Physik und die ganze Chemie“ ab [1]. Mit ernsthaft meine ich auch, dass der „Apparat“ nicht vom Rest der Welt in Blackboxen abgetrennt werden sollte, als ob er nicht auch aus Atomen bestünde und nicht durch die Quantenmechanik beherrscht würde. Die Frage, „... sollten wir nicht eine exakte Formulierung haben?... “ wird oft beantwortet mit einer von zwei anderen (oder allen beiden). Ich werde versuchen, auf diese zu antworten: *Wozu die Mühe? Warum nicht in einem guten Buch nachschlagen?*

Wozu die Mühe?

Der wohl namhafteste Vertreter von „wozu die Mühe?“ war Dirac [2]. Er teilte die Probleme der Quantenmechanik in zwei Klassen, diejenigen der ersten Klasse und diejenigen der zweiten. Die Probleme der zweiten Klasse waren im wesentlichen die Unendlichkeiten der relativistischen Quantenfeldtheorie. Sie störten Dirac sehr, und er war nicht überzeugt von den „Renormierungs“-Prozeduren, mit denen sie umgangen werden. Dirac gab sich größte Mühe, um diese Probleme der zweiten Klasse auszuräumen und motivierte andere, das Gleiche zu tun. Die Probleme der ersten Klasse betrafen die Rolle des „Beobachters“, die „Messung“, und so weiter. Dirac dachte, dass diese Probleme nicht reif für eine Lösung seien, und für später aufgehoben werden sollten. Er erwartete Entwicklungen in der Theorie, die diese Probleme in völlig neuem Licht erscheinen lassen würden. Es wäre Verschwendung von Mühe, sich darüber übermäßig den Kopf zu zerbrechen; insbesondere, da wir in der Praxis sehr gut zurechtkommen, ohne sie zu lösen.

Dirac gibt denjenigen, die diese Fragen stören, wenigstens soviel Trost: Er sieht, dass sie existieren und schwierig sind. Viele andere namhafte Physiker tun das nicht. Es scheint mir, unter den am meisten selbstsicheren Quantenphysikern, denjenigen, die es *in ihren Knochen haben*, findet man die stärkste Ablehnung der Meinung, dass die „Grundlagen der Quantenmechanik“ etwas Aufmerksamkeit benötigen könnten. Instinktiv wissend, was richtig ist, können sie bei kleinlichen Unterscheidungen zwischen Theoremen und Annahmen etwas unduldsam werden. Wenn sie auch eine Unklarheit in den üblichen Formulierungen zugeben, werden sie wahrscheinlich darauf beharren, dass die gewöhnliche Quantenmechanik doch „für alle praktischen Zwecke“ völlig ausreichend ist. Ich stimme ihnen darin zu: GEWÖHNLICHE QUANTENMECHANIK IST (soweit ich weiß) FÜR ALLE PRAKTISCHEN ZWECKE VÖLLIG AUSREICHEND.

Auch wenn ich selbst beginne, darauf zu beharren; und das in großen Buchstaben, wird im Verlauf der Diskussion wahrscheinlich wiederholt darauf zu beharren sein. Darum ist es zweckmäßig, eine Abkürzung für die letzte Phrase zu haben: FÜR ALLE PRAKTISCHEN ZWECKE (FOR ALL PRACTICAL PURPOSES) = **FAPP**.

Ich kann mir einen praktisch veranlagten Geometer vorstellen, vielleicht einen Architekten, der sich nicht mit Euklids fünftem Postulat (oder Playfairs Axiom) anfreunden kann: In einer Ebene kann man *selbstverständlich* nur eine Gerade durch einen gegebenen Punkt ziehen, die parallel zu einer gegebenen Gerade ist. Der Gedankengang eines solchen geborenen Geometers mag nicht auf pedantische Präzision gerichtet sein; und neue Behauptungen, in den Knochen als wahr bekannt, können in jeder Phase hinzukommen, auch wenn sie weder unter den ursprünglichen Annahmen waren, noch aus ihnen als Theoreme abgeleitet wurden. Vielleicht sollten diese speziellen Argumentationen in einer systematischen Präsentation, durch diese Marke – FAPP – gekennzeichnet werden, und die Schlussfolgerungen ebenso: QED FAPP.

Ich erwarte, dass Mathematiker solche unscharfe Logiken klassifiziert haben. Jedenfalls haben Physiker sie oft benutzt.

Aber gibt es da nicht etwas zu sagen für den Ansatz von Euklid? Auch jetzt, wenn wir wissen, dass die Euklidische Geometrie (in gewissem Sinne) nicht absolut wahr ist? Ist es nicht gut zu wissen, was woraus folgt, auch wenn es nicht wirklich notwendig FAPP ist? Zum Beispiel angenommen, man findet heraus, dass sich die Quantenmechanik der präzisen Formulierung *widersetzt*. Angenommen, dass, wenn eine Formulierung hinter FAPP versucht wird, wir einen unbeweglichen Finger finden, der stur auf etwas außerhalb des Themas zeigt: Zum Geist des Beobachters, zu den heiligen Schriften der Hindu, zu Gott, oder auch nur zur Gravitation? Wäre das nicht sehr, sehr interessant?

Ich muss jedoch gleich anmerken, dass es nicht die mathematische, sondern die physikalische Präzision ist, mit der ich mich hier beschäftige. Ich bin nicht penibel, was Deltafunktionen angeht. Aus dieser Sicht ist der Ansatz in von Neumanns Buch nicht dem von Dirac vorzuziehen.

Warum nicht in einem guten Buch nachschlagen?

Aber *welches* gute Buch? In der Tat ist es selten, dass eine „kein Problem“-Person bereit ist, bei genauer Überlegung eine schon in der Literatur vorhandene Abhandlung zu befürworten. Normalerweise ist die gute, unproblematische Formulierung noch im Kopf der fraglichen Person; die mit praktischen Problemen zu beschäftigt ist, um sie zu Papier zu bringen. Ich denke, dass dieser Vorbehalt, was die Formulierungen in den guten Büchern angeht, gute Gründe hat. Denn die guten Bücher, die mir bekannt sind, kümmern sich nicht besonders um physikalische Präzision. Das wird schon durch ihr Vokabular deutlich.

Hier sind einige der Worte, die zwar legitim und notwendig für Anwendungen sind, aber in einer *Formulierung* mit einem Anspruch auf physikalische Präzision keinen Platz haben: *System, Apparat, Umgebung, mikroskopisch, makroskopisch, reversibel, irreversibel, Observable, Information, Messung.*

Die Konzepte „System“, „Apparat“, „Umgebung“ implizieren unmittelbar eine künstliche Teilung der Welt, und eine Absicht, die Wechselwirkung durch die Grenze zu leugnen, oder nur eine schematische Darstellung davon zu geben. Die Begriffe „mikroskopisch“ und „makroskopisch“ widersetzen sich einer präzisen Definition. Das gilt auch für die Begriffe „reversibel“ und „irreversibel“. Einstein sagte, dass die Theorie entscheidet, was eine „Observable“ ist. Ich denke, er hat recht – „Beobachtung“ ist eine komplizierte und theoriebeladene Angelegenheit. Dann sollte dieser Begriff nicht in der *Formulierung* der fundamentalen Theorie auftauchen. *Information? Wessen* Information? Information *worüber*?

Auf dieser Liste der schlechten Worte aus guten Büchern, ist „Messung“ das schlimmste von allen. Es muss einen eigenen Abschnitt bekommen.

Wider die „Messung“

Wenn ich sage, das Wort „Messung“ ist noch schlimmer als die anderen, habe ich nicht die Verwendung dieses Wortes in Sätzen wie „Messung der Masse und Breite des Z-Bosons“ im Sinn. Ich habe seine Verwendung in den grundlegenden, interpretativen Regeln der Quantenmechanik im Sinn. Hier sind sie, wie zum Beispiel von Dirac angegeben:

> ... jedes Ergebnis einer Messung einer reellen dynamischen Variablen ist einer ihrer Eigenwerte...
>
> ... wenn die Messung der Observablen... vielfach ausgeführt wird, dann wird der Mittelwert aller Ergebnisse sein...
>
> ... eine Messung veranlasst das System immer, in einen Eigenzustand der dynamischen Variablen, die gemessen wird, zu springen...

Es könnte den Anschein haben, dass sich die Theorie ausschließlich mit „Ergebnissen von Messungen“ beschäftigt, und nichts über irgendetwas anderes zu sagen hat. Was genau qualifiziert irgendwelche physikalischen Systeme, die Rolle des „Messenden“ zu spielen? Hat die Wellenfunktion der Welt Tausende von Millionen von Jahren darauf gewartet, zu springen, bis ein einzelliges Lebewesen erschien? Oder musste sie etwas länger warten, auf ein besser qualifiziertes System... mit einem Doktortitel? Wenn die Theorie auf etwas anderes, als hochidealisierte Laboroperationen angewandt werden soll, sind wir dann nicht gezwungen, zuzugeben, dass mehr oder weniger „messungsähnliche“ Prozesse mehr oder weniger jederzeit, mehr oder weniger überall stattfinden? Haben wir das Springen dann nicht ständig?

Der erste Anklagepunkt gegen die „Messung“ in den grundlegenden Axiomen der Quantenmechanik ist, dass sie eine fragwürdige Spaltung der Welt in „System“ und „Apparat“ verankert. Ein zweiter Anklagepunkt ist, dass das Wort mit Bedeutungen aus dem täglichen Leben beladen ist; Bedeutungen, die im Quantenkontext völlig ungeeignet sind. Wenn gesagt wird, dass etwas „gemessen“ wird, ist es schwer, sich das Ergebnis nicht als bezüglich auf eine zuvor vorhandene Eigenschaft des fraglichen Objektes vorzustellen. Das ignoriert Bohrs Bestehen darauf, dass an Quantenphänomenen sowohl der Apparat als auch das System maßgeblich beteiligt sind. Wenn das nicht so wäre, wie könnten wir sonst verstehen, dass zum Beispiel die Messung einer Komponente des „Drehimpulses“ – in einer willkürlich gewählten Richtung – eine diskrete Menge von Werten ergibt? Wenn man die Rolle des Apparats vergisst, was das Wort „Messung“ allzu wahrscheinlich bewirkt, gibt man alle Hoffnung auf gewöhnliche Logik auf – folglich „Quantenlogik“. Wenn man die Rolle des Apparats bedenkt, ist die gewöhnliche Logik völlig ausreichend.

In anderen Zusammenhängen konnten Physiker Worte aus der Alltagssprache nehmen und als technische Begriffe nutzen, ohne großen Schaden anzurichten. Nehmen wir zum Beispiel „Strangeness“, „Charm“ und „Beauty“ in der Elementarteilchenphysik. Niemand wird mit dieser „Babysprache“, wie Bruno Touschek sie nannte, getäuscht. Ich wollte, es wäre ebenso mit der „Messung“. Aber tatsächlich hat das Wort einen solch schädlichen Effekt auf die Diskussion gehabt, dass ich denke, es sollte jetzt gänzlich aus der Quantenmechanik verbannt werden.

Die Rolle des Experiments

Ich denke, sogar in einer anspruchslosen, praktischen Darstellung, wäre es gut, das Wort „Messung“ durch „Experiment“ in der Formulierung zu ersetzen. Denn das letztere Wort ist alles in allem weniger irreführend. Jedoch auch die Vorstellung, dass sich die Quantenmechanik, unsere fundamentalste Theorie, ausschließlich mit Ergebnissen von Experimenten beschäftigt, würde unbefriedigend bleiben.

Am Anfang versuchten die Naturphilosophen, die Welt um sich herum zu verstehen. Bei diesem Versuch kamen sie auf die großartige Idee, künstlich einfache Situationen zu entwerfen, in denen die Zahl der Faktoren auf ein Minimum reduziert ist. Teile und herrsche. Die experimentelle Wissenschaft war geboren. Aber das Experiment ist nur ein Hilfsmittel. Das Ziel bleibt: Die Welt zu verstehen. Die Quantenmechanik ausschließlich auf lächerliche Laboroperationen zu beschränken, heißt, das große Vorhaben zu verraten. Eine ernsthafte Formulierung wird die große Welt außerhalb des Laboratoriums nicht ausschließen.

Die Quantenmechanik von Landau und Lifschitz

Wir wollen uns das Buch von L. D. Landau und E. M. Lifschitz [4] ansehen. Ich kann drei Gründe für diese Wahl anführen:

(i) Es ist tatsächlich ein gutes Buch.

(ii) Es hat einen sehr guten Stammbaum. Landau war ein Schüler Bohrs. Bohr selbst hat niemals eine systematische Darstellung der Theorie verfasst. Vielleicht ist die von Landau und Lifschitz diejenige, die Bohr am nächsten kommt.

(iii) Es ist das einzige Buch zu dem Thema, von dem ich jedes Wort gelesen habe. Dazu kam es, weil mein Freund John Sykes mich als technischen Assistenten anwarb, als er die englische Übersetzung machte. Meine Empfehlung dieses Buches hat aber nichts damit zu tun, dass ein Prozent von dem, was Sie dafür bezahlen, bei mir ankommt.

LL betonen [4], Bohr folgend, dass die Quantenmechanik für ihre Formulierung „klassische Konzepte“ benötigt – eine klassische Welt, die in das Quantensystem eingreift; und in der experimentelle Ergebnisse vorkommen (Die Klammern nach den Zitaten geben die Seitennummern an):[1]

> ...Die Formulierung der Grundsätze der Quantenmechanik ist prinzipiell unmöglich, ohne die klassische Mechanik heranzuziehen. (2)
>
> ...Um die Bewegung eines Elektrons quantitativ beschreiben zu können, müssen auch physikalische Objekte vorhanden sein, die mit genügender Genauigkeit der klassischen Mechanik gehorchen. (3)
>
> In diesem Zusammenhang nennt man das „klassische Objekt“ gewöhnlich *Gerät*, den Vorgang der Wechselwirkung mit dem Elektron bezeichnet man dabei als *Messung*. Man muss jedoch betonen, dass man damit keineswegs einen *Messprozess* meint, an dem ein physikalischer Beobachter teilhat. Unter einer Messung versteht man in der Quantenmechanik jeden Wechselwirkungsprozess zwischen einem klassischen und einem Quantenobjekt, der unabhängig von irgendeinem Beobachter abläuft. Es war N. Bohr, der die große Rolle des Begriffes der Messung in der Quantenmechanik klargestellt hat. (3)

[1] AdÜ: Zitate und Seitennummern der deutschen Ausgabe, erschienen im Akademie-Verlag, Berlin, 1965.

Und mit Bohr bestehen sie wieder auf der „Inhumanität“ des Ganzen:

> Wir wollen noch einmal folgendes hervorheben: Wenn wir hier schreiben „gemessen werden“, dann meinen wir immer die Wechselwirkung eines Elektrons mit einem klassischen „Gerät“ und setzen keinesfalls die Anwesenheit eines fremden Beobachters voraus. (4)
>
> Die Quantenmechanik nimmt also eine sehr eigenartige Stellung unter den physikalischen Theorien ein: Sie enthält die klassische Mechanik als Grenzfall und bedarf gleichzeitig dieses Grenzfalles zu ihrer eigenen Begründung. (3)
>
> Wir betrachten ein System aus zwei Teilen: einem klassischen Gerät und einem Elektron... Die Zustände des Gerätes werden durch quasiklassische Wellenfunktionen beschrieben, die wir mit $\Phi_n(\xi)$ bezeichnen werden. Der Index n entspricht der „Anzeige“ g_n des Gerätes, ξ bedeutet die Gesamtheit seiner Koordinaten. Der klassische Charakter des Gerätes kommt dadurch zum Ausdruck, dass man in jedem gegebenen Zeitpunkt mit Sicherheit behaupten kann, es befinde sich in einem bekannten Zustand Φ_n mit irgendeinem bestimmten Wert der Größe g. Für ein quantenmechanisches System wäre eine solche Behauptung selbstverständlich falsch. (23-24)
>
> Es sei $\Phi_0(\xi)$ die Wellenfunktion im Anfangszustand des Gerätes... $\Psi(q)$ ist eine beliebige Wellenfunktion für den Anfangszustand des Elektrons ... die Wellenfunktion für den Anfangszustand des gesamten Systems ist deshalb das Produkt $\Psi(q)\Phi_0(\xi)$.... Nach dem Messprozess ... erhalten wir eine Summe der Gestalt
>
> $$\sum_n A_n(q)\Phi_n(\xi)$$
>
> die $A_n(q)$ sind dabei irgendwelche Funktionen von q. (24)
>
> Jetzt tritt der „klassische Charakter“ des Gerätes in Erscheinung sowie die zwiespältige Rolle der klassischen Mechanik als Grenzfall und gleichzeitig als Grundlage der Quantenmechanik. Wie schon erwähnt wurde, hat die Größe g („die Anzeige des Gerätes“) wegen des klassischen Charakters des Gerätes in jedem Zeitpunkt einen bestimmten Wert. Daher kann man behaupten, dass der Zustand des Systems Gerät + Elektron nach der Messung in Wirklichkeit nicht durch die ganze Summe (7,2) beschrieben wird, sondern nur durch das eine Glied, das zu der „Anzeige“ g_n des Gerätes gehört: $A_n(q)\Phi_n(\xi)$. $A_n(q)$ ist folglich proportional zur Wellenfunktion des Elektrons nach der Messung. (24)

Das Letzte ist der (bzw. eine Verallgemeinerung des) Dirac-Sprung(s) – hier nicht als Annahme, sondern als Theorem. Man beachte jedoch, dass es zu einem Theorem nur dadurch wurde, dass ein anderer Sprung angenommen wurde: Der eines „klassischen“

Gerätes in einen Eigenzustand seiner „Ablesung“. Es wird später nützlich sein, sich auf letzteres, den *spontanen* Sprung eines makroskopischen Systems in eine bestimmte, makroskopische Konfiguration, als den LL-Sprung, zu beziehen. Und den *erzwungenen* Sprung eines Quantensystems als ein Ergebnis der „Messung“ – *ein externer Eingriff* – als den Dirac-Sprung. Damit will ich nicht andeuten, dass diese Männer die Erfinder dieser Konzepte waren. Sie benutzen sie in den Verweisen, die ich angeben kann.

Nach LL [4] (S. 26) „... schafft der Messprozess [ich denke, sie meinen den LL-Sprung] einen neuen Zustand.... In der Natur des Messprozesses selbst ist also die Nichtumkehrbarkeit tief verankert. ...dass die beiden Zeitrichtungen physikalisch nicht äquivalent sind, d. h., es entsteht ein Unterschied zwischen der Zukunft und der Vergangenheit.“

Die LL-Formulierung, mit einem vage definierten Wellenfunktions-Kollaps, wenn sie mit gutem Geschmack und Vorsicht benutzt wird, ist ausreichend FAPP. Es bleibt, dass die Theorie prinzipiell zweideutig ist – darüber, wann und wie genau der Kollaps vorkommt, darüber, was mikroskopisch und was makroskopisch ist, was quantenmäßig und was klassisch. Wir dürfen fragen: Wird diese Uneindeutigkeit durch experimentelle Fakten vorgeschrieben? Oder könnten es die theoretischen Physiker besser, wenn sie sich größere Mühe geben würden?

Die Quantenmechanik von K. Gottfried

Das zweite Buch, das wir hier betrachten wollen, ist das von Kurt Gottfried [5]. Ich kann wieder drei Gründe für diese Wahl angeben:

(1) Es ist tatsächlich ein gutes Buch. Die CERN-Bibliothek hatte vier Kopien davon. Zwei sind gestohlen worden – schon ein gutes Zeichen. Die zwei übrigen fallen vom vielen Gebrauch auseinander.

(2) Es hat einen sehr guten Stammbaum. Kurt Gottfried war inspiriert von den Abhandlungen von Dirac und Pauli. Seine persönlichen Lehrer waren J. D. Jackson, J. Schwinger, V. F. Weisskopf und J. Goldstone. Als Berater hatte er P. Martin, C. Schwartz, W. Furry and D. Yennie.

(3) Ich habe einiges davon mehr als einmal gelesen.

Letzteres ergab sich wie folgt. Ich hatte oft das Vergnügen, diese Dinge mit Viki Weisskopf zu diskutieren. Er endete immer mit „Sie sollten Kurt Gottfried lesen“. Darum las ich schließlich einige Teile von KG wieder, und wieder, und wieder, und wieder.

Am Anfang des Buches gibt es eine Erklärung der Prioritäten (S. 1):

> „... Die Schaffung der Quantenmechanik in der Periode 1924–28 rückte die logische Folgerichtigkeit an ihren rechten Platz in der theoretischen Physik zurück. Von noch größerer Wichtigkeit ist, dass sie uns eine Theorie gebracht hat, die in

vollständiger Übereinstimmung mit unserem empirischen Wissen über alle nicht-relativistischen Phänomene zu sein scheint...“

Der ersten dieser beiden Aussagen, zugegebenermaßen die unwichtigere, wird im Buch allerdings recht wenig Beachtung geschenkt. Im begrenzten Kontext dieser speziellen Untersuchung kann man das etwas bedauern – im Interesse der Präzision. Im allgemeinen sind die Prioritäten von KG die aller vernünftigen Menschen.

Das Buch selbst ist vor allem pädagogisch. Der Student wird sanft bei der Hand genommen und ertappt sich sobald selbst beim *Ausüben* der Quantenmechanik, schmerzlos – und fast gedankenlos. Die wesentliche Trennung der Welt von KG in System und Apparat, Quanten- und klassische Welt, eine Vorstellung die den Studenten stören könnte, ist sanft implizit, anstatt brutal explizit. Es gibt keine explizite Anleitung, wie diese fragwürdige Teilung in der Praxis auszuführen ist. Es wird einfach dem Studenten überlassen, gute Gewohnheiten anzunehmen – indem ihm gute Beispiele gezeigt werden.

KG erklärt [5], dass es die Aufgabe der Theorie ist (S. 16) „...die Ergebnisse von Messungen am System vorherzusagen...“. Die Grundstruktur der Welt von KG ist dann $W = S + R$, wobei S das Quantensystem ist und R der Rest der Welt, von dem aus Messungen an S ausgeführt werden. Wenn unsere *lediglich* interpretativen Axiome von Messergebnissen (oder Befunden (S. 11)) handeln, *brauchen* wir unbedingt eine solche Basis R, von der aus Messungen gemacht werden können. Die Frage nach der Identifizierung des Quantensystems S mit der ganzen Welt W stellt sich nicht. Ohne die Axiome zu ändern, stellt sich die Frage nicht, die fragwürdige Spaltung zu beseitigen. Manchmal scheinen einige Autoren von „Quantenmessungs“-Theorien genau das zu versuchen. Es ist wie eine Schlange, die sich selbst vom Schwanz her schlucken will. Es funktioniert – bis zu einem gewissen Punkt. Aber es wird befremdlich für die Zuschauer, noch bevor es ungemütlich für die Schlange wird.

Aber es gibt etwas, das kann und muss getan werden – eine theoretische Analyse; nicht, um den Riss zu *beseitigen* (was mit den üblichen Axiomen nicht möglich ist), sondern, um ihn zu *verschieben*. Das wird in KGs Kapitel 4: „Der Messprozess...“ zur Sprache gebracht. Der „Apparat“ kann sicherlich als aus Atomen aufgebaut betrachtet werden? Häufig passiert es, dass wir nicht wissen (oder nicht gut genug), weder *a priori* noch aus Erfahrung, wie ein System funktioniert, das wir als „Apparat“ A aus dem Rest der Welt R betrachten, und behandeln es zusammen mit S als Teil eines vergrößerten Quantensystems S': $R = A + R'$; $S + A = S'$; $W = S' + R'$. Die ursprünglichen Axiome über die „Messung“ (was auch immer sie genau sein mögen), werden dann nicht auf die S/A-Schnittstelle angewandt, sondern auf die A/R'-Schnittstelle – wo es aus irgendeinem Grund als sicherer angesehen wird. Im wirklichen Leben wäre es nicht möglich, irgend einen *solchen* Teilungspunkt zu finden, der *genau* sicher wäre. Es wäre zum Beispiel, streng genommen, nicht gerade sicher, ihn zwischen den Zählern und, sagen wir, dem Computer zu wählen – indem man sauber zwischen den Atomen der Drähte durchschneidet. Aber mit etwas Idealisierung, die „...hoch stilisiert [sein könnte] und nicht der enormen Komplexität eines realen Laborexperimentes gerecht wird...“ (S. 165), könnte es möglich sein, mehr als einen, nicht zu unglaubwürdigen Weg zu finden, die Welt in Stücke zu teilen. Offensichtlich ist es notwendig, zu prüfen, dass verschiedene Auswahlmöglichkeiten widerspruchsfreie Ergebnisse ergeben (FAPP). Ein Dementi am Ende von KGs Kapitel 4 legt nahe, dass dies, und nur dies, das bescheidene Ziel dieses Kapitels ist (S. 189): „... wir unterstreichen, dass unsere Diskussion lediglich aus verschiedenen Demonstrationen der inneren Widerspruchsfreiheit bestand...“. Das Lesen deckt jedoch andere Ambitionen auf.

Bei Vernachlässigung der Wechselwirkung von A mit R' wird das verbundene System $S' = S + A$ gemäß der Schrödinger-Gleichung nach der „Messung“ an S mit A in einem Endzustand aufgefunden

$$\Psi = \sum_n c_n \Psi_n,$$

wobei jeder der Zustände Ψ_n eine bestimmte Zeigerablesung g_n des Apparates haben soll. Die entsprechende Dichtematrix ist

$$\rho = \sum_n \sum_m c_n c_m^* \Psi_n \Psi_m^*.$$

An diesem Punkt besteht KG nachdrücklich darauf, dass sowohl A, als auch S' makroskopische Systeme sind. Für makroskopische Systeme, behauptet er, (S. 186) gilt „... $\mathrm{tr} A\hat{\rho} = \mathrm{tr} A\rho$, für alle Observablen A, die in der Natur bekannt sind...“, wobei

$$\hat{\rho} = \sum_n |c_n|^2 \Psi_n \Psi_n^*.$$

D. h. $\hat{\rho}$ wird aus ρ erhalten durch Weglassen der Interferenzterme, die Paare von makroskopisch verschiedenen Zuständen betreffen. Dann (S. 188) „... dürfen wir nach der Messung ρ durch $\hat{\rho}$ ersetzen, im sicheren Wissen, dass der Fehler niemals gefunden werden wird...“

Nun, obwohl mir ziemlich unwohl ist bei dem Konzept „aller bekannten Observablen“, bin ich völlig überzeugt von der praktischen Unauffindbarkeit – sogar der Abwesenheit FAPP – der Interferenz von makroskopisch verschiedenen Zuständen [6]. Darum wollen wir mit KG fortfahren und sehen, wohin es führt: „... Wenn wir die Ununterscheidbarkeit von ρ und $\hat{\rho}$ ausnutzen, um zu sagen, dass $\hat{\rho}$ der Zustand nach der Messung ist, dann erscheint die intuitive Interpretation von c_m als Wahrscheinlichkeitsamplitude ohne weitere Umstände. Das ist der Fall, weil c_m in $\hat{\rho}$ nur mittels $|c_m|^2$ eingeht, und die letztere Größe erscheint in $\hat{\rho}$ in genau derselben Weise, wie die Wahrscheinlichkeiten in der klassischen statistischen Physik...“

Ich bin davon ziemlich verblüfft. Wenn man nicht tatsächlich nach Wahrscheinlichkeiten Ausschau halten würde, denke ich, wäre sogar von $\hat{\rho}$ die offensichtliche Interpretation, dass das System in einem Zustand ist, in dem die verschiedenen Ψs irgendwie koexistieren: $\Psi_1\Psi_1^*$ *und* $\Psi_2\Psi_2^*$ *und...*

Das ist in keiner Weise eine Wahrscheinlichkeitsinterpretation, in der die verschiedenen Terme nicht als koexistierend, sondern als Alternativen angesehen werden: $\Psi_1\Psi_1^*$ *oder* $\Psi_2\Psi_2^*$ *oder...*

Die Vorstellung, dass die Eliminierung der Kohärenz in der einen oder anderen Weise, auf die Ersetzung von „und“ durch „oder“ hinausläuft, ist unter den Lösern des „Messproblems“ sehr verbreitet. Mich hat das stets verblüfft.

Die Bedeutung, die von KG der Ersetzung von ρ durch $\hat{\rho}$ beigemessen wird, kann schwerlich überbewertet werden: „... Insoweit nichtklassische Interferenzterme (wie $c_n c_m^*$) in dem mathematischen Ausdruck für ρ vorkommen... sind die Zahlen c_m nicht intuitiv interpretierbar, und die Theorie bleibt ein leerer mathematischer Formalismus ...“ (S. 187).

Das legt aber nahe, dass die originale Theorie – „ein leerer mathematischer Formalismus“ – nicht bloß approximiert, sondern verworfen und ersetzt wird. Und noch an anderer Stelle scheint KG klar zu ein, dass es das Geschäft der Approximation ist, das ihn beschäftigt – Approximation der Sorte, die Irreversibilität in den Übergang von der klassischen Mechanik zur Thermodynamik einbringt: „... In diesem Zusammenhang sollte man beachten, dass man durch die Approximation von ρ durch $\hat{\rho}$ Irreversibilität einbringt, weil die zeitinvertierte Schrödinger-Gleichung nicht ρ aus $\hat{\rho}$ zurückgewinnen kann.“ (S. 188).

Eine neuere Zusammenfassung [7] wirft ein neues Licht auf die Ideen von KG. Sie ist der Aussage gewidmet (S. 1): „... die Gesetze der Quantenmechanik bringen die Ergebnisse der Messungen hervor...“. Diese Gesetze werden angenommen als (S. 1): „(1) Ein reiner Zustand wird durch einen Vektor im Hilbert-Raum beschrieben, von dem Erwartungswerte von Observablen mit Standardmethoden berechnet werden; und (2) die zeitliche Entwicklung ist eine unitäre Transformation dieses Vektors“. Nicht einbezogen in die Gesetze ist (S. 1) von Neumanns „... berühmt-berüchtigtes Postulat: Der Akt der Messung ‚kollabiert‘ den Zustand in einen, in dem es keine Interferenzterme zwischen verschiedenen Zuständen des Messapparates gibt...“. In der Tat (S. 1) „das Reduktionspostulat ist eine hässliche Narbe auf dem, was eine wundervolle Theorie wäre, wenn es entfernt werden könnte...“

Vielleicht ist es nützlich, sich hier zu erinnern, wie das besagte, berüchtigte Postulat wirklich von vN formuliert wurde [8]. Wenn wir zurückblicken, finden wir, was vN tatsächlich *postuliert* (S. 347ff und 418), ist, dass die „Messung“ – eine externe Einwirkung von R auf S – den Zustand

$$\Phi = \sum_n c_n \Phi_n$$

veranlasst, mit verschiedenen Wahrscheinlichkeiten in Φ_1 *oder* Φ_2 *oder* ... zu springen.

Von dem „oder“, das hier (als Ergebnis externer Einwirkung) das „und“ ersetzt, schließt vN, dass die resultierende Dichtematrix, gemittelt über die verschiedenen Möglichkeiten, keine Interferenzterme zwischen Zuständen des Systems hat, die verschiedenen Messergebnissen entsprechen (S. 347). Ich würde hier einige Punkte betonen wollen.

(1) von Neumann präsentiert das Verschwinden der Kohärenz in der Dichtematrix nicht als Postulat, sondern als Konsequenz eines Postulates. Das Postulat wird auf der Wellenfunktions-Ebene gemacht und ist dasselbe, das zum Beispiel schon Dirac machte.

(2) Ich kann mir nicht vorstellen, dass von Neumann in die entgegengesetzte Richtung argumentiert: Dass das Fehlen von Interferenz in der Dichtematrix ohne weitere Umstände, das Ersetzen von „und“ durch „oder“ auf der Wellenfunktions-Ebene bedeutet. Für diesen Effekt wäre ein spezielles Postulat notwendig.

(3) von Neumann befasst sich hier damit, was mit einem Zustand eines Systems passiert, das eine Messung erlitten hat – einen externen Eingriff. In Anwendung auf das erweiterte System S' $(= S + A)$ würde von Neumanns Kollaps nicht vor einem externen Eingriff von R' vorkommen. Es wäre überraschend, wenn diese Folge des externen Eingriffs auf S' aus der rein internen Schrödinger-Gleichung für S' gefolgert werden könnte. Nun geschieht KGs Kollaps – obwohl durch den Bezug auf „alle bekannten Observablen“ an der S'/R'-Schnittstelle gerechtfertigt – nach der „Messung“ von A an S, aber vor der Wechselwirkung durch S'/R'. Deshalb ist der Kollaps, den KG diskutiert, nicht der von vN „berüchtigt“ postulierte. Es ist eher der LL-Kollaps, als der von von Neumann und Dirac.

Die explizite Annahme, dass die Erwartungswerte mit den üblichen Methoden berechnet werden sollen, beleuchtet das nachfolgende Herausfallen der üblichen Wahrscheinlichkeitsinterpretation „ohne weitere Umstände“. Denn die Regeln zum Berechnen der Erwartungswerte, zum Beispiel für Projektionsoperatoren, ergeben die Bornschen Wahrscheinlichkeiten für Eigenwerte. Das Geheimnis ist dann: Was hat der Autor tatsächlich abgeleitet, anstatt angenommen? Und warum besteht er darauf, dass Wahrscheinlichkeiten nur nach dem „Schlachten“ von ρ in $\hat{\rho}$ auftreten; und die Theorie ein „ein leerer mathematischer Formalismus“ bleibt, solange ρ beibehalten wird? Dirac, von Neumann und die anderen nahmen freizügig die üblichen Regeln für Erwartungswerte und so auch Wahrscheinlichkeiten im Kontext der „ungeschlachteten“ Theorie an. Der Bezug zu den üblichen Regeln für Erwartungswerte macht auch klar, *wovon* die Wahrscheinlichkeiten KGs, Wahrscheinlichkeiten sind. *Es sind Wahrscheinlichkeiten von „Messergebnissen“* – von externen Ergebnissen externer Einwirkungen, von R' auf S' in der Anwendung. Wir dürfen uns nicht dazu bringen lassen, sie uns als Wahrscheinlichkeiten von immanenten Eigenschaften von S' vorzustellen; unabhängig von (oder vor) der „Messung“. Derartige Konzepte haben keinen Platz in der orthodoxen Theorie.

Nachdem ich mein Bestes versucht habe, zu verstehen, was KG geschrieben hat, gestatte ich mir abschließend einige Vermutungen, was er im Sinn gehabt haben könnte. Ich denke, dass KG von Anfang an stillschweigend die Dirac-Regeln bei S'/R' annimmt – einschließlich des Dirac-von-Neumann-Sprungs, der gebraucht wird, um die Korrelationen zwischen den Ergebnissen aufeinanderfolgender („moralischer“) Messungen zu bekommen. Dann sieht er (für „alle bekannten Observablen“), dass die Messergebnisse so sind, *als ob* (FAPP) der LL-Sprung in S' stattgefunden hätte. Das ist wichtig, denn es zeigt, FAPP, dass wir uns erlauben können, dem „Apparat“ klassische Eigenschaften zuzuordnen, obwohl wir glauben, dass er durch die Quantenmechanik bestimmt wird. Aber es bleibt eine Sprungannahme übrig. LL leiteten den Dirac-Sprung vom angenommenen LL-Sprung ab. KG leitet, FAPP, den LL-Sprung von Annahmen an der verschobenen Grenze R'/S' ab, die den Dirac-Sprung dort beinhalten.

Mir scheint, dass es dann eine konzeptionelle Drift in der Beweisführung gibt. Die Einschränkung „als ob (FAPP)“ wird fallengelassen, und es wird angenommen, dass der LL-Sprung tatsächlich stattfindet. Die Drift ist: Weg von der „Messungs“-Orientierung (...externe Einwirkung...) der orthodoxen Quantenmechanik, hin zu der Vorstellung, dass Systeme, wie oben S', immanente Eigenschaften haben – unabhängig von, und vor der Beobachtung. Insbesondere wird angenommen, dass die Anzeigen des experimentellen Apparates wirklich da sind, bevor sie abgelesen werden. Das würde KGs Abneigung erklären, die „ungeschlachtete“ Dichtematrix ρ zu interpretieren, weil die Interferenzterme die scheinbar gleichzeitige Existenz von verschiedenen Anzeigen bedeuten könnten. Es würde seine Notwendigkeit erklären, ρ in $\hat{\rho}$ zu kollabieren – im Gegensatz zu von Neumann und den anderen, und ohne externen Eingriff durch die letzte Grenze S'/R'. Es würde erklären, warum er bestrebt ist, diese Reduktion von der internen Schrödinger-Gleichung von S' zu erhalten. (Es würde aber nicht seinen Bezug auf „alle bekannten Observablen“ erklären – an der S'/R'-Grenze). Die resultierende Theorie wäre eine, in der einige „makroskopische“, „physikalische Merkmale“ die ganze Zeit Werte *haben*, mit einer Dynamik, die irgendwie mit dem „Schlachten“ von ρ in $\hat{\rho}$ zusammenhängt – was irgendwie als nicht unvereinbar mit der internen Schrödinger-Gleichung des Systems angesehen wird. Eine solche Theorie, die immanente Eigenschaften annimmt, würde die fragwürdige Spaltung nicht brauchen. Aber die Beibehaltung des vagen Wortes „makroskopisch“ würde eine begrenzte Ambition aufdecken, was die Präzision angeht. Ich glaube, um die vage Unterscheidung von „mikroskopisch“ und „makroskopisch“ zu vermeiden – wieder eine fragwürdige Grenze – würde man dazu gebracht, Variablen einzuführen, die auch im kleinsten Maßstab Werte *haben*. Wenn die exakte Gültigkeit der Schrödinger-Gleichung beibehalten wird, glaube ich, dass dies zum Bild von de Broglie und Bohm führt.

Die Quantenmechanik von N. G. van Kampen

Wir wollen uns ein weiteres gutes Buch ansehen, nämlich *Physica* A **153** (1988), und darin insbesondere den Beitrag: „Zehn Theoreme über quantenmechanische Messungen“ von N. G. van Kampen [9]. Dieser Artikel ist insbesondere wegen seines robusten, gesunden Menschenverstands bemerkenswert. Der Autor übt keine Nachsicht mit „...solchen verwirrenden Phantasien wie der Viele-Welten-Interpretation...“ (S. 98). Er weist kurzerhand die Vorstellung von Pauli, von Neumann, Wigner zurück – dass die „Messung“ nur im Geiste des Beobachters vollendet wird: „...Ich finde es schwer zu verstehen, dass jemand, der zu einer solchen Schlussfolgerung kommt, nicht nach dem Fehler in seiner Beweisführung sucht...“ (S. 101). Für vK ist „...der Geist des Beobachters belanglos ...die quantenmechanische Messung ist beendet, wenn das Ergebnis makroskopisch aufgezeichnet worden ist...“ (S. 101). Darüber hinaus kommt für vK bei der „Messung“ keine spezielle Dynamik ins Spiel: „...der Akt der Messung wird vollständig durch die Schrödinger-Gleichung für das Zielsystem und den Apparat zusammen beschrieben. Der Kollaps der Wellenfunktion ist kein zusätzliches Postulat, sondern vielmehr eine Konsequenz...“ (S. 97)

Nach der Messung wird das Messinstrument zugegebenermaßen gemäß der Schrödinger-Gleichung in einer Superposition von verschiedenen Anzeigen sein. Zum Beispiel ist Schrödingers Katze in der Superposition $|Katze\rangle = a|Leben\rangle + b|Tod\rangle$. Und es könnte scheinen, dass wir es eher mit „und“ als mit „oder“ zu tun haben; wegen der Interferenz: „...zum Beispiel ist die Temperatur der Katze...der Erwartungswert einer solchen Größe G...nicht ein statistischer Mittelwert der Werte G_{ll} und G_{tt} mit den Wahrscheinlichkeiten $|a|^2$ und $|b|^2$, sondern enthält Kreuzterme zwischen Leben und Tod...“ (S. 103)

Aber vK ist nicht beeindruckt:

> Die Antwort auf dieses Paradoxon ist wiederum, dass die Katze makroskopisch ist. Leben und Tod sind Makrozustände, die eine enorme Zahl von Eigenzuständen $|l\rangle$ und $|t\rangle$ enthalten...
>
> $$|Katze\rangle = \sum_l a_l|l\rangle + \sum_t b_t|t\rangle$$
>
> ...die Kreuzterme im Ausdruck für $\langle G\rangle$...da es hier eine derartige Fülle von Termen gibt; alle mit verschiedenen Phasen und Magnituden, die sich gegenseitig aufheben und deren Summe praktisch verschwindet. Das ist die Art und Weise, in der die typische quantenmechanische Interferenz zwischen Makrozuständen unwirksam wird ...(S. 103)

Mir scheint, dieses Argument für „keine Interferenz“ ist an sich nicht unmittelbar überzeugend. Sicherlich wäre es möglich, eine Summe aus sehr vielen Termen zu finden, mit verschiedenen Phasen und Magnituden, die nicht Null ist? Ich bin jedoch trotzdem überzeugt, dass die Interferenz zwischen makroskopisch verschiedenen Zuständen sehr, sehr schwer fassbar ist. Das zugegeben; will ich versuchen, auszudrücken, was das Argument meiner Meinung nach sein soll – für den Kollaps; als kein zusätzliches Postulat, sondern vielmehr eine „Konsequenz“.

Die Welt wird wieder unterteilt in „System“, „Apparat“ und den Rest: $W = S + A + R' = S' + R'$. Zuerst werden die üblichen Regeln für Quanten-„Messungen“ an der S'/R'-Schnittstelle angenommen – einschließlich des Kollaps-Postulats, das Korrelationen zwischen „Messungen“ vorschreibt, die zu verschiedenen Zeiten gemacht wurden. Aber die „Messungen“ an S'/R', die tatsächlich gemacht werden können, FAPP, zeigen keine Interferenz zwischen makroskopisch verschiedenen Zuständen von S'. Es ist, *als ob* das „und“ in der Superposition schon *vor* jeder dieser Messungen durch „oder“ ersetzt worden war. Damit *ist* das „und“ schon durch „oder“ ersetzt worden. Es ist, *als ob* es so wäre... und damit *ist* es so.

Das mag gute FAPP-Logik sein. Wenn wir pedantischer sind, scheint mir, dass wir hier keinen Beweis eines Theorems haben, sondern eine *Änderung der Theorie* – an einem strategisch gut gewählten Punkt. Die Änderung führt von einer Theorie, die *nur* von den Ergebnissen externer Eingriffe in das Quantensystem spricht, S' in dieser Diskussion, zu einer, in der dem System *immanente Eigenschaften* zugeschrieben werden – Leblosigkeit oder Lebendigkeit, im Fall von Katzen. Der Punkt ist strategisch gut gewählt, weil die Vorhersagen für Ergebnisse von „Messungen“ durch S'/R' noch dieselben sein werden ... FAPP.

Ob durch Theorem oder durch Annahme; wir kommen schließlich zu einer Theorie, wie der von LL, in der Superpositionen von makroskopisch verschiedenen Zuständen irgendwie in einen ihrer Teile zerfallen. Wie zuvor können wir fragen, wie genau, und wie oft das passiert. Wenn wir wirklich ein Theorem hätten, wären die Antworten auf diese Fragen berechenbar. Aber die einzige Möglichkeit von Berechnungen, in Schemata wie denen von KG und vK, bedeutet, die fragwürdige Grenze weiter zu verschieben – und mit ihr die Fragen.

Für den Großteil des Artikels [9] scheint vKs Welt die winzige Welt des Labors zu sein, und diese auch nicht allzu realistisch behandelt: „... in diesem Zusammenhang wird Messung immer als augenblicklich angenommen ...“ (S. 100).

Aber fast im letzten Moment eröffnet sich ein verblüffend neuer Ausblick – ein vollkommen unermesslicher:

Theorem IX: Das Gesamtsystem wird durchweg durch den Wellenvektor Ψ beschrieben und hat deshalb zu allen Zeiten null Entropie... (S. 111)

Dies sollte Spekulationen ein Ende machen, dass Messungen für die wachsende Entropie des Universums verantwortlich sind. (Das wird es natürlich nicht.)

Damit scheint vK, anders als viele andere, sehr praktisch veranlagte Physiker, bereit zu sein, das Universum als Ganzes zu betrachten. Sein Universum, oder irgendein „Gesamtsystem“ in einem beliebigem Maßstab, hat eine Wellenfunktion, und diese Wellenfunktion gehorcht einer linearen Schrödinger-Gleichung. Es ist jedoch klar, dass diese Wellenfunktion nicht die ganze Wahrheit von vKs Gesamtheit sein kann. Denn es ist klar, dass er erwartet, dass die Experimente in seinen Laboratorien bestimmte Ergebnisse ergeben, und seine Katzen tot oder lebendig sind. Er glaubt darum an Variablen X, die die Realitäten in einer Weise identifizieren, wie es die Wellenfunktion – ohne Kollaps – nicht kann.

Seine vollständige Kinematik ist dann vom dualen, de Broglie-Bohmschen, „verborgene Variablen“-Typ: $(\Psi(t,q),X(t))$.

Für die Dynamik hat er genau die Schrödinger-Gleichung für Ψ, aber ich weiß nicht, was er für das X genau im Sinn hat, das für ihn beschränkt wäre auf irgendeine „makroskopische“ Ebene. Tatsächlich würde er es vielleicht vorziehen, etwas unbestimmt darüber zu bleiben, weil:

Theorem IV: Jeder, der Ψ mit mehr Bedeutung ausstattet, als benötigt wird, beobachtbare Phänomene zu berechnen, ist verantwortlich für die Konsequenzen... (S. 99)

Zu einer präzisen Quantenmechanik

Anfangs versuchte Schrödinger, seine Wellenfunktion so zu interpretieren, dass sie auf irgendeine Art die Dichte des Stoffes angibt, aus dem die Welt gemacht ist. Er versuchte, sich das Elektron als Wellenpaket vorzustellen – eine Wellenfunktion, die nur in einem kleinen Raumbereich nennenswert von Null verschieden ist. Die Ausdehnung dieses Bereiches stellte er sich als tatsächliche Größe des Elektrons vor – sein Elektron war etwas unscharf. Zunächst glaubte er, dass kleine Wellenpakete, die sich gemäß der Schrödinger-Gleichung entwickeln, klein bleiben. Aber das war ein Irrtum. Wellenpakete zerfließen, und dehnen sich im Verlauf der Zeit unendlich aus – gemäß der Schrödinger-Gleichung. Aber wie weit auch immer die Wellenfunktion sich ausgedehnt hat – die Reaktion eines Detektors auf ein Elektron bleibt punktförmig. Darum hat Schrödingers „realistische“ Interpretation seiner Wellenfunktion nicht überlebt.

Dann kam Borns Interpretation. Die Wellenfunktion gibt nicht die Dichte von *Stoff*, sondern vielmehr (als Quadrat ihres Betrages) die Dichte von Wahrscheinlichkeit. Wahrscheinlichkeit *wovon* genau? Nicht davon, dass das Elektron dort *ist*, sondern dass es dort *gefunden* wird, wenn seine Position „gemessen“ wird.

Warum diese Abneigung gegen „sein“ und das Bestehen auf „finden“? Die Gründungsväter konnten kein klares Bild von den Dingen in der entfernten, atomaren Größenordnung formen. Sie wurden sich des dazwischenliegenden Apparates deutlich bewusst; und der Notwendigkeit für eine „klassische“ Basis, von der aus auf das Quantensystem eingewirkt wird. Deshalb die fragwürdige Spaltung.

Die Kinematik der Welt ist, in diesem orthodoxen Bild, gegeben durch eine Wellenfunktion (vielleicht mehr als eine?) für den Quantenteil und klassische Variablen – Variablen, die Werte *haben* – für den klassischen Teil: $(\Psi(t,q,...),X(t),...)$. Die X sind irgendwie makroskopisch. Das wird nicht sehr explizit gesagt. Auch die Dynamik wird nicht sehr genau formuliert. Sie beinhaltet eine Schrödinger-Gleichung für den Quantenteil, eine Art von klassischer Mechanik für den klassischen Teil und „Kollaps“-Rezepte für ihre Wechselwirkung.

Mir scheint, die einzige Hoffnung auf Präzision mit der dualen (Ψ,X) Kinematik ist, die fragwürdige Spaltung völlig wegzulassen und beide, Ψ und X, auf die Welt als

Ganzes zu beziehen. Dann dürfen die X nicht auf einen vagen makroskopischen Maßstab beschränkt werden, sondern müssen sich über alle Maßstäbe erstrecken. Im Bild von de Broglie und Bohm wird jedem Teilchen eine Position $X(t)$ zugeschrieben. Dann *haben* Instrumentzeiger – Zusammensetzungen von Teilchen – Positionen, und Experimente *haben* Ergebnisse. Die Dynamik ist gegeben durch die Schrödinger-Gleichung, plus präzise „Führungs“-Gleichungen, die vorschreiben, wie sich die $X(t)$ unter dem Einfluss von Ψ bewegen. Den Teilchen werden *nicht* Drehmomente, Energien, u.s.w zugeschrieben, sondern *nur* Positionen als Funktionen der Zeit. Spezielle „Messungs“-Ergebnisse von Drehmomenten, Energien, u.s.w entstehen als Zeigerpositionen in entsprechenden experimentellen Aufbauten. Überlegungen vom KG- und vK-Typ, über das Fehlen (FAPP) von makroskopischen Interferenzen, bekommen hier ihren Platz – und einen bedeutenden – indem sie aufzeigen, wie wir normalerweise (FAPP) nicht die ganze Welt berücksichtigen müssen, sondern nur ein Teilsystem und die Wellenfunktion vereinfachen können ... FAPP.

Die Kinematik vom Born-Typ (Ψ, X) hat eine Dualität, die das originale Bild von Schrödinger – „Dichte von Stoff“ – nicht hatte. Die Position des Teilchens war dort nur eine Eigenschaft des Wellenpakets, nichts Zusätzliches. Der Landau-Lifschitz-Ansatz kann als Beibehaltung dieser einfachen, nichtdualen Kinematik angesehen werden; aber mit einer Wellenfunktion, die kompakt ist im makroskopischen, anstatt im mikroskopischen Maßstab. Wir wissen, scheinen sie zu sagen, dass makroskopische Zeiger bestimmte Positionen *haben*. *Und* wir denken, dass es nichts gibt *außer* der Wellenfunktion. Deshalb muss die Wellenfunktion schmal sein, in Bezug auf die makroskopischen Variablen. Die Schrödinger-Gleichung erhält diese Schmalheit nicht (wie es Schrödinger selbst mit seiner Katze dramatisierte). Deshalb muss zusätzlich irgendeine Art von „Kollaps“ stattfinden, um für diese makroskopische Schmalheit zu sorgen. In gleicher Weise könnten wir, wenn wir Schrödingers Entwicklung irgendwie modifiziert hätten, das Ausbreiten seiner Wellenpaket-Elektronen vermeiden. Übrigens ist die Vorstellung, dass das Elektron im Grundzustand eines Wasserstoffatoms so groß wie das Atom ist (das dann vollkommen kugelsymmetrisch ist), vollkommen annehmbar – und vielleicht sogar reizvoll. Die Vorstellung, dass ein makroskopischer Zeiger gleichzeitig in verschiedene Richtungen zeigen kann, oder dass eine Katze mehrere ihrer neun Leben zur gleichen Zeit haben kann, ist schwerer zu schlucken. Und wenn wir keine Zusatzvariablen X haben, um die makroskopische Bestimmtheit auszudrücken, muss die Wellenfunktion selbst in makroskopischen Richtungen im Konfigurationsraum schmal sein. Das führt der Landau-Lifschitz-Kollaps herbei. Er tut das aber in einer ziemlich vagen Weise, zu ziemlich vage spezifizierten Zeiten.

Das Ghiradi-Rimini-Weber-Schema [11]

Das GRW-Schema stellt einen Vorschlag dar, der versucht, die Schwierigkeiten der Quantenmechanik, die von John Bell in diesem Artikel diskutiert werden, zu überwinden. Das GRW-Modell basiert auf der Anerkennung des Fakts, dass die Schrödinger-Dynamik, die die Entwicklung der Wellenfunktion regiert, durch die Aufnahme von stochastischen und nichtlinearen Effekten modifiziert werden muss. Offensichtlich müssen diese Modifikationen alle Standard-Quantenvorhersagen über Mikrosysteme praktisch unverändert lassen.

Im Einzelnen heißt das: Die GRW-Theorie erlaubt, dass die Wellenfunktion, neben der Entwicklung durch die Standard-Hamilton-Operator-Dynamik, zu zufälligen Zeiten spontanen Prozessen unterworfen ist, die Lokalisierungen von den Mikrobestandteilen jedes physikalischen Systems im Raum entsprechen. Die mittlere Frequenz dieser Lokalisierungen ist extrem klein, und die Lokalisierungsweite ist im atomaren Maßstab groß. Folglich wird keine Vorhersage des Standard-Quantenformalismus für Mikrosysteme in irgendeiner nennenswerten Weise geändert.

Der Vorzug des Modells ist, dass die Frequenz des Lokalisierungsmechanismus zunimmt, wenn die Zahl der Bestandteile eines zusammengesetzten Systems zunimmt. Im Fall eines makroskopischen Systems (das Bestandteile in der Größenordnung der Avogadro-Zahl enthält) werden lineare Superpositionen von Zuständen, die Zeiger „die gleichzeitig in verschiedene Richtungen zeigen“ beschreiben, in extrem kurzer Zeit dynamisch unterdrückt. Wie von John Bell festgestellt: In GRW „ist Schrödingers Katze nicht länger als den Bruchteil einer Sekunde zugleich tot und lebendig“.

G. C. Ghiradi, A. Rimini und T. Weber

Im Ghiradi-Rimini-Weber-Schema (siehe Kasten und die Beiträge von Ghiradi, Rimini, Weber, Pearle, Gisin und Diosi präsentiert in *62 Years of Uncertainty*, Erice, 5–14 August 1989 [10]) wird diese Vagheit durch mathematische Präzision ersetzt. Die Schrödinger-Wellenfunktion wird – selbst für ein einzelnes Teilchen – als instabil angesehen, mit einer vorgeschriebenen mittleren Lebenszeit pro Teilchen, gegenüber einem spontanen Kollaps mit vorgeschriebener Form. Die Lebenszeit und die Kollaps-Erweiterung sind von der Art, dass sich die Abweichungen von der Schrödinger-Gleichung für Systeme mit wenigen Teilchen sehr selten zeigen und sehr schwach sind. Aber in makroskopischen Systemen – *als Konsequenz der vorgeschriebenen Gleichungen* – zeigen Zeiger sehr schnell und Katzen werden sehr schnell getötet *oder* verschont.

Die orthodoxen Ansätze (gleich, ob die Autoren denken, sie haben Ableitungen oder Annahmen gemacht) sind völlig ausreichend FAPP – wenn sie mit gutem Geschmack und Vorsicht benutzt werden, die durch gute Beispiele erworben wurden. Mir scheint, es gibt mindestens zwei Wege von hier zu einer präzisen Theorie. Beide beseitigen die fragwürdige Spaltung. Die Theorien vom de Broglie-Bohm-Typ behalten die lineare Wellengleichung exakt bei und führen darum Ergänzungsvariablen ein, um die Nichtwelligkeit der Welt im makroskopischen Maßstab auszudrücken. Die Theorien vom GRW-Typ haben in ihrer Kinematik nichts außer der Wellenfunktion. Sie gibt (in einem multidimensionalen Konfigurationsraum!) die Dichte von *Stoff* an. Um die Begrenztheit dieses Stoffs in makroskopischen Dimensionen darzustellen, muss die Schrödinger-Gleichung modifiziert werden – in diesem GRW-Bild durch einen mathematisch vorgeschriebenen Kollapsmechanismus.

Die große Frage ist meiner Meinung nach, welches (wenn überhaupt) dieser beiden präzisen Bilder in lorentz-invarianter Weise weiterentwickelt werden kann.

... Jede historische Erfahrung bestätigt, dass die Menschen das Mögliche nicht erreicht hätten, wenn sie nicht, wieder und wieder, das Unmögliche versucht hätten. (Max Weber)

... wir wissen nicht, an welcher Stelle wir irren, solange wir nicht den Kopf riskieren. (R. P. Feynman)

Anmerkungen und Literatur

[1] P. A. M. Dirac, *Proc. R. Soc.* A **123**, 714 (1929)

[2] P. A. M. Dirac, *Sci. American* **208**, May 45 (1963).

[3] P. A. M. Dirac, *Quantum Mechanics*, Oxford University Press (1930).

[4] L. D. Landau und E. M. Lifschitz, *Quantum Mechanics*, 3rd edition, Pergamon Press (1977). [Deutsche Ausgabe: *Lehrbuch der theoretischen Physik, Bd. III, Quantenmechanik*, 1. Aufl., Akademie-Verlag, Berlin, 1965.]
(Landau und Lifschitz sind abgekürzt als LL)

[5] K. Gottfried, *Quantum Mechanics*, Benjamin (1966). (Gottfried ist abgekürzt als KG.)

[6] J. S. Bell und M. Nauenberg, „The moral aspects of quantum mechanics“. In *Preludes in Theoretical Physics* (in honour of V. F. Weisskopf), North Holland (1966), S. 278–86. [Kapitel 3 in diesem Buch]

[7] K. Gottfried, „Does quantum mechanics describe the collapse of the wavefunction?“ In *62 Years of Uncertainty*, Erice, 5–14 August 1989, Plenum Publisher (1989).

[8] J. von Neumann, *Mathematical Foundations of Quantum Mechanics*, Princeton University Press (1955). (von Neumann ist abgekürzt als vN.)
AdÜ: Deutsches Original: J. von Neumann, *Mathematische Grundlagen der Quantenmechanik*. Julius Springer-Verlag, Berlin (1932)[2]

[9] N. G. van Kampen, „Ten theorems about quantum mechanical measurements“, *Physica* **A 153**, 97 (1988). (van Kampen ist abgekürzt als vK.)

[10] Publiziert in *62 Years of Uncertainty*, Erice, 5–14 August 1989, Plenum Publisher (1989).

[11] Die originale und technisch detaillierte Darstellung von GRW ist in *Phys. Rev. D* **34**, 470 (1986) zu finden; eine brillante und einfache Darstellung ist von John Bell in „Gibt es Quantensprünge?“ (1987) gegeben worden [Kapitel 22 in diesem Buch]. Eine allgemeine Diskussion der konzeptionellen Auswirkungen des Schemas ist in *Foundation of Physics* **81**, 1 (1988) zu finden.
Das GRW-Modell ist Thema vieler aktueller Artikel, und es gibt eine lebhafte Debatte über seine Auswirkungen. Das Modell ist kürzlich verallgemeinert worden, um den Fall identischer Teilchen abzudecken und die Forderungen der relativistischen Invarianz zu erfüllen.

[2]Das Buch ist online verfügbar unter:
`http://gdz.sub.uni-goettingen.de/dms/load/img/?IDDOC=263758`

24 La nouvelle cuisine

Dem großen Küchenchef respektvoll gewidmet

24.1 Einleitung

In Tokio gibt es eine laufende Symposienfolge über die „Grundlagen der Quantenmechanik im Licht der neuen Technologien“ [1,2]. In der Tat haben neue Technologien (Elektronik, Computer, Laser, ...) neue Demonstrationen der Quantenmerkwürdigkeiten möglich gemacht. Und sie haben praktische Annäherungen an alte Gedankenexperimente möglich gemacht. Seit etwa einer Dekade sind wunderbare Experimente [1,2] aufgetaucht – zur „Teilchen“-Interferenz und -Beugung (mit Neutronen und Elektronen), zur „verzögerten Auswahl“, zum Ehrenburg-Siday-Aharonov-Bohm-Effekt und zu den Einstein-Podolsky-Rosen-Bohm-Korrelationen. Die letzteren sind von besonderer Bedeutung für besondere Themen dieses Artikels. Aber diese Themen tauchen bereits im Zusammenhang mit Technologien auf, die weder neu noch besonders hochentwickelt sind, wie folgende Passage veranschaulicht [3]:

> Ich möchte ein Ei kochen. Ich lege das Ei in kochendes Wasser und stelle eine Eieruhr auf fünf Minuten. Fünf Minuten später klingelt die Uhr und das Ei ist fertig. Nun ist die Uhr entsprechend den Gesetzen der klassischen Mechanik gegangen, unbeeinflusst davon, was mit dem Ei passierte. Das Ei gerinnt entsprechend den Gesetzen der physikalischen Chemie, und wird auch nicht durch den Lauf der Uhr beeinflusst. Und doch ergibt das Zusammentreffen dieser beiden kausal unabhängigen Ereignisse einen Sinn, weil ich, der große Küchenchef, meine Küche so gestaltet habe.

Diese Begriffe: Ursache und Wirkung auf der einen Seite, und Korrelation auf der anderen, und das Problem, sie in der modernen physikalischen Theorie klar zu formulieren, werden die Themen meines Vortrags sein. Ich werde mich besonders mit der Vorstellung befassen, dass Wirkungen nahe an ihren Ursachen sind [4]:

> Wenn die Experimente zum freien Fall hier in Amsterdam merklich von der Temperatur auf dem Mont Blanc, von der Höhe der Seine unterhalb von Paris, und von der Position der Planeten abhängen würden, würden wir nicht weit kommen.

Auf irgendeiner, sehr hohen Genauigkeitsstufe *würden* alle diese Dinge wichtig für den freien Fall in Amsterdam werden. Selbst dann würden wir aber erwarten, dass sich ihr Einfluss um wenigstens die Zeitspanne verzögert, die für die Ausbreitung des Lichts nötig ist. Ich werde mich hier sehr intensiv mit der Frage der Lichtgeschwindigkeit als Grenze beschäftigen. Was genau begrenzt sie?

24.2 Was kann sich nicht schneller als Licht bewegen?

Als ich einmal an der Universität Hamburg eintraf, wo ich einen Vortrag zu diesem Thema halten wollte, wies man mich auf ein Grafitti hin, das auf eins der Ankündigungsposter hinzugefügt worden war (Abb. 24.1). Zu der Frage „Was kann sich nicht schneller als Licht bewegen?“ wurde der Antwortvorschlag gemacht: „Zum Beispiel John Bell“. Seitdem frage ich mich, was das genau bedeutet. Wenn ich gehe, bleibt ein Fuß fest am Boden, während der andere sich vorwärtsbewegt. Wenn ich rede, fuchtele ich mit meinen Händen herum (Sie werden es sehen), und sie haben verschiedene Geschwindigkeiten – relativ zueinander und zu meinem Kopf. Es war wohl gemeint, dass kein *Teil* von John Bell sich schneller als Licht bewegen kann. Aber das wirft die Frage auf, inwieweit ich in Teile zerlegt werden kann ... Beine und Arme, Finger und Zehen,... Zellen,... Moleküle, ... Atome,... Elektronen. War gemeint, dass sich zum Beispiel keines meiner *Elektronen* schneller als Licht bewegen kann?

Donnerstag, 21. 1. 1988
16:45 Uhr
Hörsaal I
Institut für Angewandte Physik
Jungiusstr. 11

J. Bell (CERN)

What cannot go faster than light?

John Bell, for example!

Abb. 24.1: *„Was kann sich nicht schneller als Licht bewegen?“*

Die Vorstellung, dass sich kein Teilchen schneller als Licht bewegen kann, entstand Ende des neunzehnten Jahrhunderts; zunächst für elektrisch geladene Teilchen und später für alle Teilchen. Schon damals wurden sich die „Teilchen“ als ausgedehnt vorgestellt, und man konnte Fragen nach ihren „Teilen“ stellen.... Und heute ist die scharfe Lokalisierung von Objekten in der klassischen Theorie ersetzt worden durch die Verschwommenheit der Wellenmechanik und die Komplikationen der Quantenfeldtheorie. Das Konzept der „Geschwindigkeit eines Elektrons“ ist nur dann unproblematisch, wenn man nicht darüber nachdenkt.

Die Situation wird noch komplizierter durch die Tatsache, dass es Dinge *gibt*, die sich schneller als Licht *bewegen*. Wenn die Königin in London stirbt (es möge noch lange auf sich warten lassen), wird der Prinz von Wales, der gerade moderne Architektur in Australien lehrt, *auf der Stelle* König. (Hier gilt die Greenwich Mean Time, GMT.) Und es gibt ähnliche Dinge in der Physik. In der Maxwell-Theorie erfüllen elektrisches und magnetisches Feld im leeren Raum die Wellengleichung:

$$\frac{1}{c^2}\frac{\partial^2 \mathbf{E}}{\partial t^2} - \nabla^2 \mathbf{E} = 0, \qquad \text{(A.1)}$$

$$\frac{1}{c^2}\frac{\partial^2 \mathbf{B}}{\partial t^2} - \nabla^2 \mathbf{B} = 0 \qquad \text{(A.2)}$$

... was der Ausbreitung mit der Geschwindigkeit c entspricht. Das skalare Potential genügt jedoch, wenn man die „Coulomb-Eichung“ wählt, der Laplace-Gleichung:

$$-\nabla^2 \phi = 0 \qquad \text{(A.3)}$$

... was der Ausbreitung mit unendlicher Geschwindigkeit entspricht. Weil die Potentiale lediglich mathematische Hilfsmittel sind – die zu einem hohen Grad willkürlich sind, und nur mit Hilfe der einen oder anderen Konvention bestimmt werden – stört diese unendlich schnelle Ausbreitung des Potentials in der Coulomb-Eichung niemanden. Konventionen können sich so schnell ausbreiten, wie es ihnen passt. Wir müssen aber in unserer Theorie unterscheiden, was eine Konvention ist und was nicht.

24.3 Lokale „beables“

Niemand ist gezwungen, über die Frage „Was kann sich nicht schneller als Licht bewegen?“ nachzudenken. Wenn Sie sich aber dazu entschließen, dann legen die obigen Anmerkungen folgendes nahe: Sie müssen in Ihrer Theorie die „lokalen *be*ables“[1] identifizieren. Die *be*ables der Theorie sind diejenigen Größen, die, zumindest vorsichtig, ernstzunehmen sind, weil sie etwas Realem entsprechen. Seit dem Aufkommen der Quantenmechanik, und insbesondere der „Komplementarität“, ist das Konzept der „Realität“ für viele Physiker heute problematisch. Aber wenn Sie nicht in der Lage sind, Dingen wie den elektrischen und magnetischen Feldern (im klassischen Elektromagnetismus) irgendeinen besonderen Status zu geben – entsprechend den Vektor- und Skalarpotentialen, und der britischen Oberhoheit, dann können wir keine ernsthafte Diskussion beginnen. *Lokale* beables sind diejenigen, die eindeutig mit bestimmten Raumzeit-Gebieten verknüpft sind. Die elektrischen und magnetischen Felder im klassischen Elektromagnetismus $\mathbf{E}(t,x)$ und $\mathbf{B}(t,x)$ sind wiederum Beispiele dafür, und

[1] AdÜ: Etwa zu übersetzen als „*Sei*bare“, siehe u.a. Kap. 5 und 7

genauso Integrale von ihnen über begrenzte Raumzeit-Gebiete. Die Gesamtenergie im ganzen Raum andererseits, kann ein beable sein – jedoch sicher kein lokales.

Es kann durchaus sein, dass es in den ernstzunehmendsten Theorien keine lokalen beables *gibt*. Wenn die Raumzeit selbst „quantisiert“ wird, so wie es allgemein für notwendig gehalten wird, wird das Konzept der Lokalität sehr verschwommen. Das ist genauso in den heutzutage in Mode gekommenen „Stringtheorien“ von „Allem“ der Fall. Darum sind alle Überlegungen auf diese Ebene der Annäherung an ernstzunehmende Theorien beschränkt, bei denen die Raumzeit als gegeben betrachtet werden kann, und Lokalisierung eine Bedeutung bekommt. Sogar in diesem Fall werden wir durch die Vagheit der zeitgenössischen Quantenmechanik entmutigt. Sie werden in den Lehrbüchern vergeblich nach lokalen *be*ables der Theorie suchen. Was Sie vielleicht finden werden, sind sogenannte „lokale Observablen“. Dann ist impliziert, dass der Apparat der „Beobachtung“ (oder besser: des Experimentierens) und die experimentellen Ergebnisse real und lokalisiert sind. Wir müssen das Beste aus diesen ziemlich unklar definierten lokalen beables machen, und dabei stets auf eine ernstzunehmendere Neuformulierung der Quantenmechanik hoffen, in der die lokalen beables explizit und mathematisch, anstatt implizit und vage sind.

24.4 Keine Signale schneller als Licht

Das Konzept des Teilchens ist nicht mehr scharf, und damit ist das Konzept der Teilchengeschwindigkeit genausowenig scharf. Die Antwort auf unsere Frage kann nicht mehr lauten: „Teilchen können sich nicht schneller als Licht bewegen“. Sie kann aber vielleicht lauten: „Ursache und Wirkung“. Soweit ich weiß, wurde das zuerst von Einstein behauptet, im Zusammenhang mit der Speziellen Relativitätstheorie. Im Jahre 1907 wies er darauf hin [5], dass, wenn sich eine Wirkung, die aus einer vorherigen Ursache folgt, schneller als Licht von einem Ort zu einem anderen bewegt, dann in manchen anderen Inertialsystemen die „Wirkung“ vor der „Ursache“ kommen würde! Er schrieb [6]:

> ... nach meiner Meinung ... enthält es, rein logisch betrachtet, keine Widersprüche; es kollidiert jedoch vollkommen mit dem Charakter unserer ganzen Erfahrungen, und auf diese Weise ist die Unmöglichkeit der Hypothese bewiesen...
> (... einer Kausalkette, sich schneller als Licht zu bewegen.)

Etwas von der Art, was Einstein inakzeptabel fand, wird in Abb. 24.2 veranschaulicht. Wenn ich eine Tachyonenpistole hätte, d.h. eine, die Kugeln (oder Strahlen, oder was auch immer) schneller als Licht schießen könnte, dann könnte ich einen Mord ohne Angst vor Strafe begehen. Das kann durch Ausnutzung der Relativität der Zeit bewerkstelligt werden. Ich würde mein Opfer zum Koordinatenursprung O locken. Dann würde ich schnell an ihm vorbeilaufen, den Abzug im geeigneten Moment P (kurz vor dem Zeitpunkt $t' = 0$ auf meiner Uhr) betätigen, und die Tat würde zum Zeitpunkt $t' = 0$ schnell erledigt sein. Das wäre auch (nach Hypothese) der Zeitpunkt $t = 0$, wenn t die Greenwich Mean Time ist, die auch (zumindest in England während des Winters) von der Polizei, den Gerichten, und gewiss allen anderen Institutionen auf englischem Boden, benutzt wird. Aber zum Zeitpunkt $t = \varepsilon$ (wobei ε üblicherweise sehr klein ist) ist der Abzug noch nicht betätigt worden, obwohl das Opfer bereits tot ist. Von diesem irdischen Standpunkt aus betrachtet, passiert am Koordinatenursprung tatsächlich folgendes: Das unglückliche Opfer kollabiert spontan; mit spontaner Emission eines Antitachyons. Weil ich gerade zufällig vorbeikomme, fange ich das Antitachyon im Lauf meiner Pistole auf, und verhindere so die mögliche Verletzung von anderen Passanten. Ich sollte einen Orden bekommen.

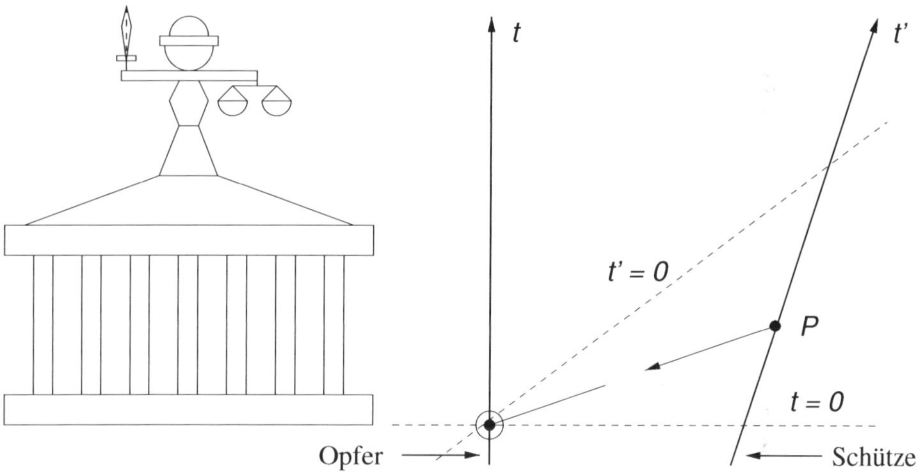

Abb. 24.2: *Perfektes Tachyonenverbrechen*

Selbst Einstein würde zögern, eine derartige Relativität der Moral zu akzeptieren. Die meisten Bürger werden glauben, dass solche Aktionen, auch wenn sie nicht gegen die Gesetze des Landes verstoßen, durch die Gesetze der Natur ausgeschlossen werden sollten. Was wir dann tun müssen, ist, zu den Gesetzen der Relativität irgendeine zuverlässige, kausale Struktur hinzuzufügen. Um zu vermeiden, dass kausale Ketten in manchen Bezugssystemen rückwärts in der Zeit laufen, verlangen wir, dass sie sich in jedem Bezugssystem langsamer als Licht bewegen.

24.5 Lokale Kommutativität

Die gewöhnliche, „lokale" Quantenfeldtheorie hat jedoch eine kausale Struktur. Wie jeder weiß, führt sie zu den „Dispersionsrelationen". In ihrem wegbereitenden Artikel über Dispersionsrelationen in der relativistischen Quantenfeldtheorie schreiben Gell-Mann, Goldberger und Thirring [7]:

> Die quantenmechanische Formulierung der Forderung, dass sich Wellen nicht schneller als Licht ausbreiten, ist bekanntlich die Bedingung, dass sich die Messungen von zwei beobachtbaren Größen nicht beeinflussen sollten, wenn die Messpunkte raumartig zueinander liegen... die Kommutatoren zweier Heisenberg-Operatoren... sollen verschwinden, wenn die Operatoren in raumartig gelegenen Punkten angewandt werden.

Für Heisenberg-Operatoren A und B an den Raumzeit-Punkten x und y gilt also:

$$[A(x), B(y)] = 0, \quad \text{für} \quad (x_0 - y_0)^2 < (\mathbf{x} - \mathbf{y})^2 \tag{A.4}$$

... was als „lokale Kommutativität" bezeichnet wird.

Der einzigen Weg, den ich kenne, die lokale Kommutativität zu irgendeiner Art von Kausalität in Beziehung zu setzen, betrifft die Antwort des Quantensystems auf äußere Einwirkungen. In der gewöhnlichen Quantenmechanik werden zwei Arten von äußeren Einwirkungen in Betracht gezogen. Das sind die Ausführung von „Messungen" und der Einfluss „äußerer Felder".

Die „Nichtbeeinflussung" von „Messungen" von kommutierenden „Observablen" beinhaltet folgendes: Die Wahrscheinlichkeit irgendeines bestimmten Ergebnisses für eine von ihnen wird nicht dadurch geändert, ob die andere tatsächlich gemessen wurde oder nicht; wenn über alle möglichen Ergebnisse der letzteren (wenn tatsächlich gemessen) gemittelt wird [8]. Deshalb kann ein Experimentalphysiker die Wahrscheinlichkeit, dass ein Rivale in einem raumartig getrennten Gebiet als „tot" gemessen wird, nicht vergrößern; indem er selbst (oder sie selbst) „Messungen" ausführt. Der letzte Satz veranschaulicht, nebenbei gesagt, den grotesken Missbrauch des Wortes „Messung" in der zeitgenössischen Quantenmechanik. Sorgfältigere Autoren benutzen mitunter stattdessen das Wort „Präparation"; dieses wäre hier weniger ungeeignet für eine Handlung (welcher Art auch immer), die die Person mit der Pistole ausführen kann, um das gewünschte Ziel zu erreichen. Solche Handlungen sind in einer lokal kommutativen Theorie vergebens, wenn sie wie „Messungen" oder „Präparationen" nur den „Kollaps der Wellenfunktion" zu einem Eigenzustand einer naheliegenden „Observablen" zur Folge haben.

Ein „äußeres Feld" ist ein c-Zahlenfeld, dem die Theorie keinerlei Bedingungen auferlegt, d.h. für das sie keine Gesetze voraussetzt. Es kann erlaubt sein, dass die Lagrangedichte von solchen Feldern abhängig ist. Man kann annehmen, dass die Willkürlichkeit solcher Felder die Freiheit der Experimentatoren repräsentiert; zum Beispiel, die eine Variante eines Experimentes anstelle einer anderen auszuführen. Betrachten wir die Wirkung einer kleinen Variation eines solchen Feldes ϕ. Die Variation der Lagrangedichte hat dann die Form

$$\delta L(y) = Y(y)\, \delta\phi(y), \tag{A.5}$$

wobei $Y(y)$ in der lokalen Theorie ein zum Raumzeit-Punkt y gehörender Operator ist. Dann ist es eine leichte Übung der Quantenmechanik, zu zeigen, dass für einen Heisenberg-Operator $X(x)$ die retardierte Änderung durch

$$\frac{\delta X(x)}{\delta\phi(y)} = i\theta(x_0 - y_0)[X(x), Y(y)] \tag{A.6}$$

gegeben ist, wobei θ die Stufenfunktion ist (gleich Null für negatives Argument). Im Fall der lokalen Kommutativität hängen dann die statistischen Vorhersagen der Quantenmechanik für „Messergebnisse" nicht von den äußeren Feldern außerhalb des Vergangenheits-Lichtkegels der betreffenden „Observablen" ab. Also gibt es keine Überlichtgeschwindigkeits-Signale mit Hilfe von äußeren Feldern.

24.6 Was kann man mehr verlangen?

Könnte das „Keine-Überlichtgeschwindigkeits-Signale" der „lokalen" Quantenfeldtheorie als adäquate Formulierung der grundlegenden kausalen Struktur der physikalischen Theorie angesehen werden? Ich denke nicht. Denn, obwohl die „lokale Kommutativität" ein mathematisch hübsches, präzise aussehendes Erscheinungsbild hat, sind die Konzepte, die benötigt werden, um sie in Beziehung zu einer kausalen Struktur zu setzen, nicht sehr zufriedenstellend.

Das ist bekanntermaßen so, was den Begriff der „Messung" und den sich dabei ergebenden „Kollaps der Wellenfunktion" betrifft. Passiert das auch manchmal außerhalb von Laboren? Oder nur in irgendwelchen „autorisierten Apparaten"? Und wo genau in diesem Apparat? Findet beim Einstein-Podolsky-Rosen-Bohm-Experiment die „Messung" schon in den Polarisatoren statt, oder erst in den Zählern? Oder findet sie noch später statt – im Computer, der die Daten sammelt, oder erst im Auge, oder vielleicht sogar erst im Gehirn, oder an der Hirn-Verstand-Schnittstelle des Experimentators?

Der Begriff eines äußeren Feldes ist weniger anrüchig als der der „Messung". Es gibt viele praktische Fälle, wo ein elektromagnetisches Feld (in entsprechender Näherung) als klassisch, und von außen auf das Quantensystem wirkend, betrachtet werden kann. Zum Beispiel benutzt eine Variante des EPRB-Experimentes neutrale Spin-1/2-Teilchen anstelle von Photonen. Die Polarisationsanalysatoren können dann Stern-Gerlach-Magnete sein, deren Magnetfelder – in guter Näherung – als „äußerlich" angesehen werden können. Eine akkurate Behandlung des elektromagnetisches Feldes hat jedoch seine Aufnahme in das Quantensystem zur Folge. Und müssen wir dann nicht auch die Magnete, die Hand des Experimentators, das Gehirn des Experimentators mit aufnehmen? Wo sollen wirkliche „äußere“ Felder zu finden sein? Vielleicht an der Schnittstelle zwischen Hirn und Verstand?

Wer wollte leugnen, dass eine scharfe Formulierung der kausalen Struktur in der physikalischen Theorie den Bezug zum Verstand der Experimentalphysiker erfordert? Oder, dass es vor dem Erscheinen dieses Berufes einfach keine kausale Struktur *gab* (das könnte interessante Auswirkungen in der Kosmologie haben). Aber bevor wir versuchen herauszubekommen, aus welchen Teilen ihrer Köpfe, und wann, die grundlegenden Kausalkegel hervorkommen – sollten wir nicht nach Alternativen suchen?

Als einen ersten Versuch wollen wir folgendes formulieren...

24.7 Das Prinzip der lokalen Kausalität

> Die unmittelbaren Ursachen (und Wirkungen) von Ereignissen liegen dicht beieinander, und selbst mittelbare Ursachen (und Wirkungen) sind nicht weiter entfernt, als es die Lichtgeschwindigkeit erlaubt.

Das heißt, für Ereignisse in einem Raumzeit-Gebiet 1 (Abb. 24.3) suchen wir im Vergangenheits-Lichtkegel nach Ursachen, und im Zukunfts-Lichtkegel nach Wirkungen. In einem Gebiet 2, das raumartig von 1 getrennt ist, würden wir weder Ursachen noch Wirkungen von Ereignissen in 1 suchen. Das heißt natürlich nicht, dass Ereignisse in 1 und 2 nicht korreliert sein können, wie das Klingeln von Professor Casimirs Uhr und das Fertigsein seines Eies. Das sind zwei getrennte Ergebnisse seiner vorherigen Handlungen.

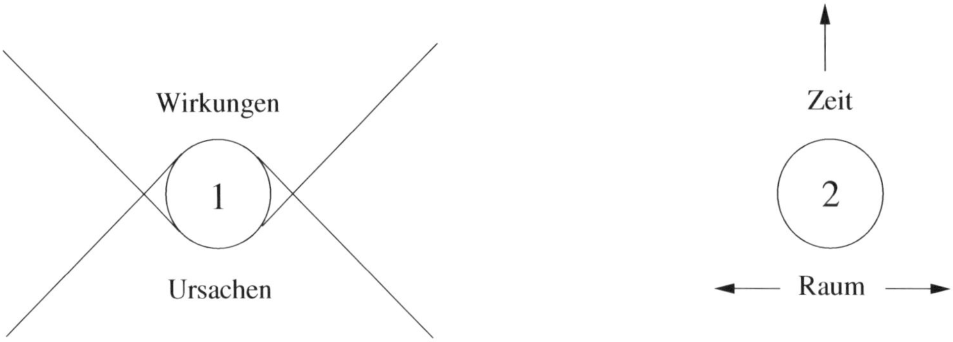

Abb. 24.3: *Raumzeit-Anordnung von Ursachen und Wirkungen von Ereignissen im Gebiet 1*

Das obige Prinzip ist noch nicht ausreichend präzise und sauber für eine mathematische Fassung.

Es ist aber genau dieses Säubern von intuitiven Ideen für die Mathematik, bei dem man sehr leicht das Kind mit dem Bade ausschüttet. Darum muss der nächste Schritt mit äußerster Vorsicht betrachtet werden:

> Eine Theorie wird als lokal kausal bezeichnet, wenn die Wahrscheinlichkeiten, die den Werten von lokalen beables in einem Gebiet 1 zugeschrieben werden, unbeeinflusst sind von der Spezifikation der Werte von lokalen beables in einem raumartig getrennten Gebiet 2, wenn das, was im Vergangenheits-Lichtkegel von 1 passiert, bereits ausreichend spezifiziert ist, zum Beispiel durch eine vollständige Spezifikation der lokalen beables in einem Raumzeit-Gebiet 3 (Abb. 24.4).

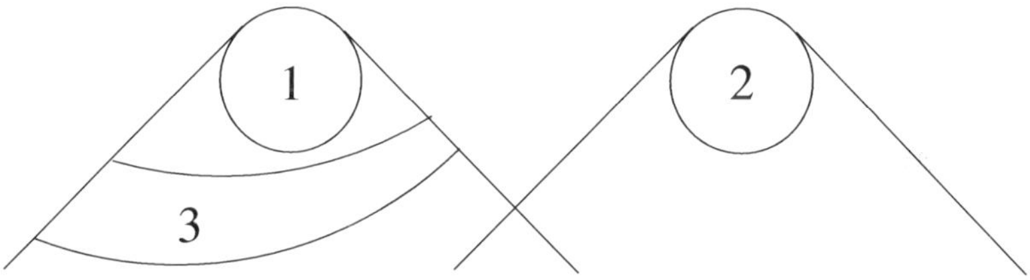

Abb. 24.4: *Vollständige Spezifikation dessen, was in 3 passiert, macht in einer lokal kausalen Theorie Ereignisse in 2 irrelevant für Vorhersagen über 1*

Es ist wichtig, dass das Gebiet 3 das Gebiet 1 vollständig von der Überlappung der Vergangenheits-Lichtkegel von 1 und 2 abschirmt. Und es ist wichtig, dass die Ereignisse in 3 vollständig spezifiziert sind. Ansonsten könnten die Spuren (im Bereich 2) von Ursachen (im Bereich 1) durchaus etwas ergänzen, das zur Berechnung der Wahrscheinlichkeiten über 1 benutzt wurde. Die Hypothese lautet, dass jede solche Information über 2 redundant wird, wenn 3 vollständig spezifiziert ist. Das Klingeln der Uhr stellt das Fertigsein des Eies fest. Wenn aber eine Sekunde zuvor schon feststeht, dass das Ei fast gekocht ist, dann macht das Klingeln der Uhr das Fertigsein nicht sicherer.

Betrachten wir zum Beispiel die Maxwell-Gleichungen; der Einfachheit halber im quellenlosen Fall. Die Felder **E** und **B** im Gebiet 1 sind vollständig bestimmt durch die Felder im Gebiet 3, ungeachtet derer im Gebiet 2. Demzufolge ist das eine lokal kausale Theorie im vorliegenden Sinne. Der deterministische Fall ist ein Grenzwert des probabilistischen Falls: Die Wahrscheinlichkeiten werden zu Deltafunktionen.

Nebenbei ist festzustellen, dass unsere Definition von lokal kausalen Theorien, obwohl sie mit der Diskussion über „Ursache“ und „Wirkung“ motiviert wurde, diese relativ vagen Begriffe letztlich nicht explizit benutzt.

24.8 Die gewöhnliche Quantenmechanik ist nicht lokal kausal

Bereits im Jahre 1935 wurde von Einstein, Podolsky und Rosen [9] darauf hingewiesen, dass die gewöhnliche Quantenmechanik nicht lokal kausal ist. Ihre Argumentation wurde von Bohm [9] 1951 vereinfacht. Die „Quelle" in Abb. 24.5 emittiere ein Paar von Photonen in entgegengesetze Richtung entlang der z-Achse. Sie seien im verbundenen Polarisationszustand

$$\frac{1}{\sqrt{2}}\{X(1)X(2)+Y(1)Y(2)\}, \tag{A.7}$$

wobei X bzw. Y die Zustände mit linearer Polarisation in x- bzw. y-Richtung sind. Die Polarisatoren seien so ausgerichtet, dass sie die X-Zustände durchlassen und die Y blockieren. Jeder Zähler hat für sich betrachtet bei jeder Wiederholung des Experimentes eine Chance von 50% „yes" zu sagen. Wenn jedoch der eine sagt „yes", dann tut es der andere stets auch, und wenn ein Zähler sagt „no", sagt der andere ebenfalls „no" – gemäß der Quantenmechanik. Die Theorie erfordert eine perfekte Korrelation der „yes" und „no" beider Seiten. Darum erlaubt die Spezifikation des Ergebnisses auf einer Seite eine 100%ig sichere Vorhersage des zuvor absolut unsicheren Ergebnisses auf der anderen Seite. Nun *gibt* es in der Quantenmechanik einfach nichts außer der Wellenfunktion zur Berechnung der Wahrscheinlichkeiten. Es kann also nicht die Rede davon sein, das Ergebnis auf einer Seite redundant von der anderen zu machen, indem man Ereignisse in irgendeinem Raumzeit-Gebiet 3 genauer spezifiziert. Wir haben eine Verletzung der lokalen Kausalität.

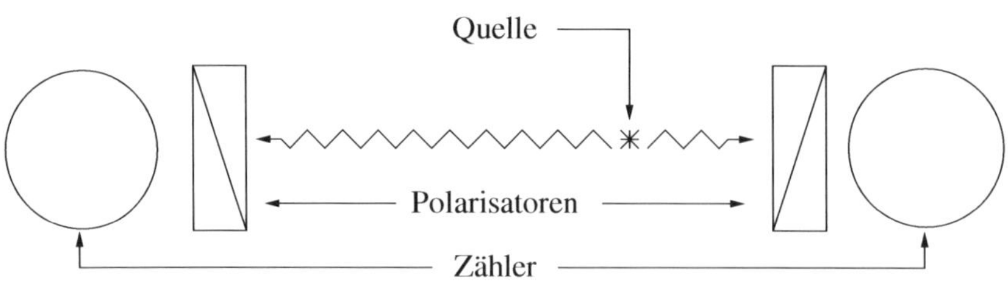

Abb. 24.5: *Einstein-Podolsky-Rosen-Bohm-Gedankenexperiment*

Die meisten Physiker waren (und sind) davon ziemlich unbeeindruckt. Das kommt daher, dass die meisten Physiker im Innersten nicht wirklich akzeptieren, dass die Wellenfunktion die ganze Wahrheit ist. Sie sind geneigt zu glauben, dass die Analogie des zu Hause gelassenen Handschuhs passt. Wenn ich sehe, dass ich nur einen Handschuh dabei habe, den rechten, dann kann ich getrost vorhersagen, dass sich der zu Hause gebliebene als linker entpuppen wird. Aber nehmen wir an, dass wir von autorisierter Seite gehört haben, dass Handschuhe weder rechts- noch linkshändig sind, wenn sie nicht angesehen werden. Dann wäre es bemerkenswert, dass wir, indem wir einen ansehen, das Ergebnis des Betrachtens des anderen, an irgendeinem entfernten Ort, vorherbestimmen können. Die Feststellung dessen in der Praxis würde uns sehr schnell auf die Idee bringen, dass Handschuhe bereits von der einen oder anderen Art sind – auch wenn sie nicht angesehen werden. Und wir würden anfangen, an den Autoritäten zu zweifeln, die uns etwas anderes versichert hatten. Diese Position des gesunden Menschenverstandes wurde von Einstein, Podolsky und Rosen in Bezug auf die Korrelationen der Quantenmechanik eingenommen. Sie entschieden, dass die Wellenfunktion, die in keiner Weise eine Unterscheidung zwischen der einen und der anderen Möglichkeit trifft, nicht die ganze Wahrheit sein kann. Und sie vermuteten, dass eine vollständigere Wahrheit lokal kausal sein würde.

Es hat sich jedoch herausgestellt, dass die Quantenmechanik nicht zu einer lokal kausalen Theorie „vervollständigt" werden kann, zumindest solange man, wie Einstein, Podolsky und Rosen, frei operierende Experimentatoren zulässt. Die Analogie zu den Handschuhen passt nicht. Gesunder Menschenverstand funktioniert hier nicht.

24.9 Lokal erklärbare Korrelationen

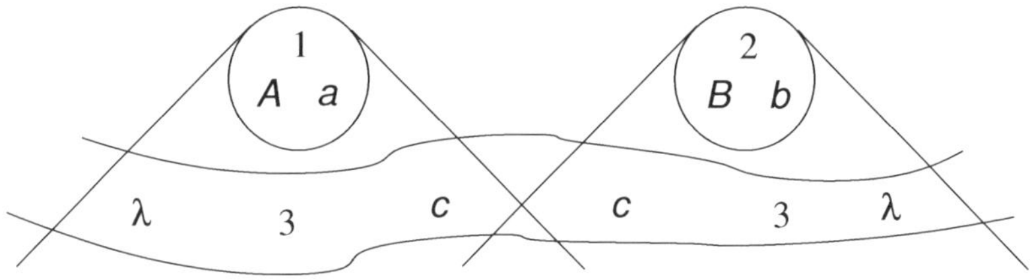

Abb. 24.6: *Diagramm zur Ableitung der CHHS-Ungleichung*

Im Raumzeit-Diagramm von Abb. 24.6 bezeichnen wir mit A $(= +1$ oder $-1)$ die Ausgabe des linken Zählers („yes" oder „no"). Und B $(= +1$ oder $-1)$ ist die Ausgabe des rechten Zählers. Mit a und b bezeichnen wir die Winkel, um die die Polarisatoren aus einer Standardposition, in der sie parallel sind, gedreht sind. Wir betrachten eine Scheibe der Raumzeit 3, früher als die Gebiete 1 und 2, die auch beide ihrer Vergangenheits-Lichtkegel dort kreuzt, wo sie nicht mehr überlappen. In Gebiet 3 soll c für die Werte einer beliebigen Zahl von anderen Variablen stehen, die den experimentellen Aufbau beschreiben, so wie die gewöhnliche Quantenmechanik das zulässt. Und λ bezeichne eine beliebige Zahl von hypothetischen zusätzlichen, ergänzenden Variablen, die benötigt werden, um die Quantenmechanik auf die Weise zu vervollständigen, die EPR vorschwebte. Es sei angenommen, c und λ geben eine vollständige Spezifikation von zumindest den Teilen von 3, die die zwei Vergangenheits-Lichtkegel abschirmen.

Das Symbol

$$\{A, B|a, b, c, \lambda\} \tag{A.8}$$

bezeichne die Wahrscheinlichkeit bestimmter Werte von A und B für gegebene Werte der rechts davon aufgeführten Variablen. Nach einer Standardregel kann die verbundene Wahrscheinlichkeit durch die bedingten Wahrscheinlichkeiten ausgedrückt werden:

$$\{A, B|a, b, c, \lambda\} = \{A|B, a, b, c, \lambda\}\{B|a, b, c, \lambda\}. \tag{A.9}$$

Unter Benutzung der lokalen Kausalität und der angenommenen Vollständigkeit von c und λ in den maßgeblichen Teilen des Gebietes 3 erklären wir bestimmte der bedingten Variablen im letzten Ausdruck als redundant, weil sie raumartig vom betreffenden Ergebnis getrennt sind. Dann haben wir

$$\{A, B|a, b, c, \lambda\} = \{A|a, c, \lambda\}\{B|b, c, \lambda\}. \tag{A.10}$$

Diese Formel hat nun eine sehr einfache Interpretation. Sie zeigt, dass A und B weder voneinander abhängen, noch von den Einstellungen der entfernten Polarisatoren (b bzw. a), sondern nur von den lokalen Polarisatoren (a bzw. b), und von den Ursachen der Vergangenheit c und λ. Korrelationen, die eine derartige Faktorisierung erlauben, können wir offenkundig als „lokal erklärbar“ bezeichnen. Sehr oft wird diese Faktorisierbarkeit als Ausgangspunkt der Analyse genommen. Hier haben wir es vorgezogen, das nicht als *Formulierung* der „lokalen Kausalität“ anzusehen, sondern als eine Konsequenz davon.

24.10 Die Quantenmechanik kann nicht in eine lokal kausale Theorie eingebettet werden

Wir wollen eine Korrelationsfunktion $E(a, b, c)$ als den Erwartungswert des Produktes von A und B definieren:

$$E = \sum_{\lambda} \sum_{A,B} AB\{A, B|a, b, c, \lambda\}\{\lambda|a, b, c\}. \tag{A.11}$$

Darin haben wir eine Wahrscheinlichkeitsverteilung $\{\lambda|a, b, c\}$ über die hypothetischen, ergänzenden beables λ für gegebene Werte der Variablen (a, b, c) eingeführt, die den experimentellen Aufbau in üblicher Weise beschreiben. Nun stellen wir eine wichtige Hypothese auf:

> Die Variablen a und b können als *frei* oder *zufällig* angesehen werden.

In der Anwendung auf das Einstein-Podolsky-Rosen-Bohm-Experiment mit zwei Photonen sind a und b die Einstellungen der Polarisatoren. Dann wollen wir uns das Experiment in einer derartigen Dimension vorstellen – mit den beiden Seiten in einer Entfernung in der Größenordnung von Lichtminuten, so dass wir diese Einstellungen als in der letzten Sekunde frei gewählt ansehen können, von zwei verschiedenen Experimentalphysikern, oder irgendwelchen anderen Zufallsgeneratoren. Wenn diese Auswahlen in letzter Sekunde wirklich frei, oder zufällig sind, werden sie nicht durch die Variablen λ beeinflusst. Die resultierenden Werte für a und b geben dann überhaupt keine Information über λ. Folglich hängt die Wahrscheinlichkeitsverteilung über λ nicht von a oder b ab:

$$\{\lambda|a,b,c\} = \{\lambda|c\}. \tag{A.12}$$

Wir werden darauf zurückkommen. Mit Benutzung der Faktorisierung als Folge der lokalen Kausalität gilt dann

$$E(a,b,c) = \sum_{\lambda} \sum_{A,B} AB\{A|a,c,\lambda\}\{B|b,c,\lambda\}\{\lambda|c\}. \tag{A.13}$$

Daraus kann man mit einfachen Manipulationen die *Clauser-Holt-Horne-Shimony-Ungleichung* ableiten:

$$|E(a,b,c) - E(a,b',c)| + |E(a',b,c) + E(a',b',c)| < 2. \tag{A.14}$$

Gemäß der Quantenmechanik kann dieser Ausdruck jedoch den Wert $2\sqrt{2}$ erreichen. Deshalb kann die Quantenmechanik *nicht* in eine lokal kausale Theorie eingebettet werden.

Ein wesentliches Element in dieser Argumentation ist, dass a und b freie Variablen sind. Man kann sich durchaus Theorien vorstellen, in denen es keine freien Variablen *gibt*, an die man die Polarisatorwinkel ankoppeln könnte. In derartigen „superdeterministischen“ Theorien wären der anscheinend freie Wille der Experimentatoren und jede andere anscheinende Zufälligkeit illusorisch. Eine solche Theorie könnte dann wohl sowohl lokal kausal, als auch in Übereinstimmung mit den quantenmechanischen Vorhersagen sein. Ich erwarte jedoch keine ernstzunehmende Theorie dieser Art. Ich würde erwarten, dass eine ernstzunehmende Theorie „deterministisches Chaos“, oder „Pseudozufälligkeit“ für komplizierte Teilsysteme (z.B. Computer) erlaubt, die Variablen liefert, die für den vorliegenden Zweck hinreichend frei sind. Ich habe jedoch kein Theorem darüber [10].

24.11 Trotzdem können wir keine Signale mit Überlichtgeschwindigkeit senden

Gemäß obiger Argumentation kann die Nichtlokalität der Quantenmechanik nicht einer Unvollständigkeit zugeschrieben werden, sondern ist nicht reduzierbar. Es bleibt jedoch dabei, dass wir durch Raum und Zeit stark eingeschränkt sind, und insbesondere keine Signale schneller als Licht senden können. Angenommen, die zwei Experimentatoren von oben versuchen, mit Hilfe des dort dargestellten Apparates miteinander zu kommunizieren. Was könnten sie tun? Wir haben angenommen, dass der eine von ihnen die Variable a frei manipulieren kann, und der andere die Variable b. Aber jeder muss das A bzw. B akzeptieren, das in seinem Gerät erscheint, und keiner von beiden kennt die verborgenen Variablen λ. Dann ist es leicht, aus den expliziten quantenmechanischen Vorhersagen für das EPRB-Gedankenexperiment zu prüfen, dass gilt

$$\{A|a,b,c\} = \{A|a,c\}, \quad \{B|a,b,c\} = \{B|b,c\}. \tag{A.15}$$

Das heißt: Wenn über das unbekannte λ gemittelt wird, hat die Manipulation von b keinen Einfluss auf die Statistik von A; und Manipulation von a hat keinen Einfluss auf die Statistik von B. Und das ist eine völlig allgemeine Folge der „lokalen Kommutativität“, insofern die Variablen a und b Auswahlen von „Messungen“ oder „Präparationen“, oder „äußere Felder“ darstellen.

24.12 Fazit

Die offensichtliche Definition der „lokalen Kausalität“ funktioniert in der Quantenmechanik nicht, und das kann nicht der „Unvollständigkeit“ der Theorie zugeschrieben werden [11].

Experimentatoren haben versucht herauszufinden, ob die maßgeblichen Vorhersagen der Quantenmechanik tatsächlich zutreffen [1,2,9,12]. Die allgemeine Meinung ist, dass die Quantenmechanik hervorragend funktioniert, ohne jeden Hinweis auf einen Fehler von $\sqrt{2}$. Oft wird dann gesagt, dass das Experiment gegen die lokale Ungleichung entschieden hat. Strenggenommen ist das nicht so. Die derzeitigen Experimente sind zu weit weg vom Ideal [13]; und nur dann, wenn die verschiedenen Mängel durch theoretische Extrapolation „korrigiert“ werden, sind die derzeitigen Experimente entscheidend. Es gibt eine Denkschule [14], die diese Tatsache betont und die Idee befürwortet, dass bessere Experimente der Quantenmechanik widersprechen und die Lokalität rehabilitieren können. Ich selbst ziehe diese Hoffnung nicht in Erwägung. Ich bin vom quantitativen Erfolg der Quantenmechanik zu beeindruckt – für die bereits jetzt ausgeführten Experimente –, um zu hoffen, dass sie für näher am Ideal liegende versagen wird.

Müssen wir dann auf das „keine Signale mit Überlichtgeschwindigkeit“ zurückgreifen, als Ausdruck der fundamentalen Struktur der zeitgenössischen theoretischen Physik? Das ist für mich schwer zu akzeptieren. Denn zum einen haben wir die Vorstellung verloren, dass Korrelationen erklärt werden können; oder zumindest bedarf diese Vorstellung einer Neuformulierung. Wichtiger ist, dass der Gedanke „keine Signale...“ auf Konzepten beruht, die äußerst vage sind, oder nur vage anwendbar.

Die Behauptung „wir können keine Signale mit Überlichtgeschwindigkeit senden" provoziert sofort die Frage

Was, glauben wir, sind *wir*?

Wir, die „Messungen" machen können; *wir*, die „äußere Felder" manipulieren können; *wir*, die „Signale senden" können, wenn auch nicht schneller als Licht? Schließen *wir* Chemiker mit ein, oder nur Physiker, Pflanzen, oder nur Tiere; Taschenrechner, oder nur Großrechner?

Die Unwahrscheinlichkeit, auf diese Frage eine präzise Antwort zu bekommen, erinnert mich an die Beziehung der Thermodynamik zur fundamentalen Theorie. Je näher man sich die fundamentalen Gesetze der Physik ansieht, desto weniger findet man von den Gesetzen der Thermodynamik. Die Zunahme der Entropie tritt nur für große, komplizierte Systeme zutage; in einer Näherung, die von der „Größe" und „Komplexität" abhängig ist. Wäre es möglich, dass die kausale Struktur nur in etwas Ähnlichem, wie einer „thermodynamischen Approximation", zutage tritt, in der die Begriffe „Messung" und „äußeres Feld" begründete Approximationen werden? Möglicherweise ist das ein Teil der Wahrheit, aber ich glaube nicht, dass es die ganze ist. Lokale Kommutativität sieht für mich nicht nach Thermodynamik aus. Die Herausforderung besteht eher darin, sie mit präzisen, inneren Konzepten zu verknüpfen, als mit vagen, äußeren Konzepten. Vielleicht ist in der „Quantenmechanik mit spontanem Wellenfunktions-Kollaps" [15,16] bereits ein Hinweis darauf enthalten. Aber das ist eine andere Geschichte. Was die jetzige Situation angeht, ende ich hier mit Einsteins Urteil über die neue Kochkunst, so wie es von Casimir [17] übersetzt wurde:

> ... meiner Meinung nach enthält das trotzdem eine gewisse Unverdaulichkeit.

Anhang: Geschichte

Es wäre interessant zu erfahren, wann und wie sich die Vorstellung von der Lichtgeschwindigkeit als Grenze entwickelt hat. Der früheste Hinweis, der mir bekannt ist, ist eine Bemerkung von G. F. FitzGerald in einem Brief an O. Heaviside, vom 4. Februar 1889. Heaviside hatte das elektromagnetische Feld einer gleichförmig bewegten, starren Kugel berechnet. Das tat er zuerst für kleinere Geschwindigkeiten als die des Lichts. An FitzGerald schrieb er, dass er nicht wisse, was bei Bewegungen schneller als Licht passiert. FitzGerald bemerkte dazu „... ich frage mich, ob das möglich ist..." Heaviside machte weiter, um das Problem für Geschwindigkeiten größer als c zu lösen, und fand, dass die Lösung tatsächlich eine deutlich andere Form, als für den Fall der Unterlichtgeschwindigkeit hat. Er sah aber, zumindest zu dieser Zeit, keinen Grund, Bewegung mit Überlichtgeschwindigkeit nicht zu betrachten.

Die Vorstellung von der Lichtgeschwindigkeit als Grenze war eines der Themen von Poincarés berühmter Ansprache beim „Internationalen Kongress für Kunst und Wissenschaft“ in St. Louis im Jahre 1904 [19]. Nach einem Überblick über die Experimente und Ideen, die aus heutiger Sicht zur Speziellen Relativitätstheorie führten, sagte er [20]:

> ... aus allen diesen Ergebnissen würde, wenn sie bestätigt würden, eine vollkommen neue Mechanik hervorgehen, die durch diese Tatsache gekennzeichnet ist: Dass keine Geschwindigkeit die des Lichts übertreffen könnte; genau wie keine Temperatur unter den absoluten Nullpunkt fallen kann...

Einer der Gründe, die er dafür angab, war die Zunahme der trägen Masse mit der Geschwindigkeit [21]:

> ... vielleicht müssen wir eine neue Mechanik konstruieren, die wir erst zu verstehen beginnen; in der die träge Masse mit der Geschwindigkeit wächst, und deshalb die Lichtgeschwindigkeit zu einer unüberwindlichen Grenze wird...

Die Verfechter der „Tachyonen“ haben seitdem betont, dass man sich Teilchen vorstellen kann, die schon mit Überlichtgeschwindigkeit *erzeugt* werden, und darum nicht erst von einer Unterlichtgeschwindigkeit beschleunigt werden müssen. Poincaré hatte noch ein weiteres Argument, bezüglich Signalausbreitung und der Einstellung von Uhren [22]:

> ... was würde passieren, wenn man mit Signalen kommunizieren würde, deren Ausbreitungsgeschwindigkeit von der des Lichts abweicht? Wenn man, nachdem die Uhren optisch synchronisiert wurden, die Einstellung mit Hilfe dieser neuen Signale prüfen möchte, würde man Diskrepanzen feststellen, die die gemeinsame Bewegung der zwei Stationen aufzeigen würde...

In der Schweiz können Sie aber Ihre Uhr durch Beobachtung der Züge in einem Bahnhof, und Nachsehen im Fahrplan, stellen. Ihre Uhr ist dann mit allen Stationsuhren in der Schweiz, und mit der Schweizer Referenzuhr in Neuchatel synchronisiert. Obwohl die Züge nicht mit Lichtgeschwindigkeit fahren, wurden niemals irgendwelche Diskrepanzen beobachtet, und ganz bestimmt keine, die es erlauben würden, die Bewegung der Stationen (zusammen mit dem Rest der Schweiz) durch den Äther zu bestimmen [24]. Die Fahrpläne berücksichtigen die endliche „Ausbreitungszeit“ der Züge, aber natürlich ist eine solche Berücksichtigung sogar für das Licht notwendig. Und offensichtlich wird dasselbe Ergebnis mit jeder anderen Methode erhalten, wenn die maßgeblichen Ausbreitungsgesetze (mit Unter- oder Überlichtgeschwindigkeit) korrekt berücksichtigt werden – vorausgesetzt, diese Gesetze sind so regelmäßig wie die Schweizer Züge. Ich glaube, dass Poincaré hier ein Nickerchen gemacht hat. Er war jedoch selbst nicht besonders überzeugt von seinem Gedankengang. Unmittelbar nach der zuletzt zitierten Passage bringt er die Möglichkeit ins Spiel, dass sich die Gravitation schneller als Licht ausbreitet. Aber einige Seiten weiter behauptet er entschieden, dass die Bewegung der Stationen nicht festgestellt wird [23]:

> Michelson hat uns gezeigt, wie ich sagte, dass die Prozeduren der Physik unfähig sind, die Absolutbewegung aufzudecken; und ich bin überzeugt, dass das auch für astronomische Prozeduren zutreffen wird, gleichgültig, wie weit die Genauigkeit auch getrieben wird.

Anmerkungen und Literatur

[1] *International Symposium on the Foundations of Quantum Mechanics in the Light of New Technology 1, Tokyo 1983*, Physical Society of Japan, (1984).

[2] *International Symposium on the Foundations of Quantum Mechanics in the Light of New Technology 2, Tokyo 1986*, Physical Society of Japan, (1987).

[3] H. B. G. Casimir, *Haphazard reality*, Harper and Row, New York, (1983).

[4] H. B. G. Casimir, *Koninklijke Nederlandse Acadamie van Wetenschappen 1808-1958*, Noord-Hollandsche Uitgeversmij., Amsterdam, (1958), S. 243-51.

[5] A. Einstein, *Ann. Phys*, **23**, 371 (1907).

[6] A. Miller, *Albert Einstein's special theory of relativity*, Addison-Wesley, Reading, M.A., (1981), S. 238.

[7] M. Gell-Mann, M. Goldberger und W. Thirring, *Phys. Rev.* **95**, 1612 (1954).

[8] Ich glaube, das wurde von den früheren Autoren als selbstverständlich betrachtet. Es wurde ausgesprochen von P. Eberhard, *Nuovo Cimento* **B46**, 416 (1978).

[9] Viele der früheren Artikel sind gesammelt in: J. A. Wheeler und W. H. Zurek (Hrsg.), *Quantum theory and measurement*, Princeton University Press, Princeton, N.J. (1983).

[10] Diese Frage wurde kurz in einer Diskussion zwischen Bell, Clauser, Horne und Shimony aufgeworfen, 1976, in *Epistemological Letters*, Nachdruck in: *Dialectica* **39**, 85 (1985).

[11] Für ein Spektrum heutiger Sichtweisen siehe: J. T. Cushing und E. McMullin (Hrsg.), *Philosophical consequences of quantum theory*, Notre Dame, IN (1989)

[12] *Quantum mechanics versus local realism*, hrsgg. von F. Selleri, Plenum Publishing Corporation, (1988). A. J. Duncan und H. Kleinpoppen besprechen die Experimente.

[13] Ein „ideales“ Experiment ist skizziert in Ref. 13. [AdÜ ???]

[14] Siehe zum Beispiel die Beiträge von Ferrero, Marshall, Pascazio, Samos und Selleri, zu Selleri 12.

[15] G. C. Ghirardi, A. Rimini und T. Weber, *Phys. Rev.* **D34**, 470 (1986).

[16] Ref. 22.

[17] H. B. G. Casimir, in: *The lesson of quantum theory*, hrsgg. von J. de Boer, D. Dal und O. Ulfbeck, Elsevier (1986), S. 19.

[18] A. M. Bork und G. F. FitzGerald, *Dictionary of scientific biography*, Scribner, N.Y., (1981).

[19] *Physics for a new century*, hrsgg. von K. R. Sopka, Tomash Publishers, American Institute of Physics (1986), S. 289.

[20] H. Poincaré, *La Valeur de la Science*, Flammarion (1970), S. 138.

[21] H. Poincaré, *La Valeur de la Science*, Flammarion (1970), S. 147.

[22] H. Poincaré, *La Valeur de la Science*, Flammarion (1970), S. 134.

[23] H. Poincaré, *La Valeur de la Science*, Flammarion (1970), S. 144.

[24] Bei einer noch größeren Genauigkeit sollten, selbst bei Synchronisation mit Lichtsignalen, kleine, kumulative Diskrepanzen auftauchen. Sie würden aber nicht die bloße Bewegung der Schweiz durch den Äther aufzeigen, sondern, dass diese Bewegung keine gleichförmige Translationsbewegung ist, und dass die Gravitation am Werk ist; und diese beeinflusst selbst *Schweizer* Uhren.

Abbildungsverzeichnis

Index